다양한 예제를 중심으로 **머시닝센터 정복하기**

최신 머시닝센터
프로그램과 가공 기술

실기시험 완벽 대비

윤경욱 저

 **40여 년 강의 경험의 명품 know-how 해설서**

- 기계가공기능장 수기 프로그램 및 CAM 완벽 대비
- 기계별 기계조작법 및 공작물 좌표계 선택 G54 찾기
- 컴퓨터응용가공산업기사 수기 프로그램 및 CAM 완벽 대비
- 하이트 프리세터 사용방법 제시
- 문법별 다양한 예제문제

도서출판 건기원

preface

최근 4차 산업시대에 들어서면서 산업 현장과 국경 없는 글로벌 사회의 치열한 경쟁 속에서, 개인의 능력이 회사의 운명은 물론 본인의 장래 성공 여부의 열쇠로 자리매김하는 요즘, 제품의 정밀성과 생산 원가의 절감을 통하여 양질의 제품을 생산하는 것이 아주 중요하다.

머시닝센터의 기초에서부터 중급·고급까지 프로그램을 이해하기에는 쉽지가 않다. 본 저자가 교육현장에서의 40여 년 동안 풍부한 교육경험을 토대로, 머시닝센터의 이해를 쉽게 이해할 수 있도록 예제문제를 체계적으로 배치하였고, 실기의 경우는 컴퓨터응용가공산업기사, 기계가공기능장의 머시닝센터 전체 공개 도면 및 수기 프로그램을 준비하여, 자격시험 및 현장 머시닝센터 프로그램에 대해서도 손쉽게 프로그램할 수 있는 있도록 체계적으로 편집하였다.

책의 특징을 간략히 설명하면 다음과 같다.

1. 예제를 통한 충분한 이해가 되도록 편집하였으며, 국가기술 머시닝센터 시험장에 많이 보급된 TNV 계열의 Series를 기준으로 프로그램하였으며, 다른 기종의 기계도 이와 거의 유사한 코드이므로 이 책의 프로그램으로 이해한다면 모두 소화할 수 있다.
2. 컴퓨터응용가공산업기사, 기계가공기능장의 머시닝 실기문제도 충분히 해결할 수 있도록 편집하였고, 공개문제 전체를 도면과 답을 함께 수록하여 하나하나 풀어보면 머시닝센터 전문 기술자가 될 수 있고, 실기시험에도 100% 합격할 수 있다.
3. 머시닝센터 각 기종 하이트 프리세터의 사용방법에 대하여도 상세히 수록하여 산업 현장에서 실무에 바로 적응할 수 있도록 하였다.

이 교재를 통하여 머시닝센터의 기초부터 중급·고급 프로그램을 학습하고, 국가자격 검정의 실기시험에서 알찬 참고서로서 많은 도움이 되길 간절히 바라며, 앞으로도 더욱 보완하여 여러분의 기대에 부응하도록 하겠습니다.

끝으로 이 책이 나오기까지 도와주신 건기원의 직원 여러분께 진심으로 감사드립니다.

저자 씀

차 례

Part I. NC의 개요

1.1 CNC 공작기계의 개요 · 10
1. CNC(컴퓨터 수치제어) · 10
2. CNC 공작기계의 구성 · 10

1.2 서보 기구(Servo System)의 형식 · 13
1. 개방 회로 방식(Open Loop System) · 13
2. 반폐쇄 회로 방식(Semi-Closed Loop System) · 13
3. 폐쇄 회로 방식(Closed Loop System) · 14
4. 복합회로 서보 방식(Hybrid Servo System) · 14

1.3 NC의 구분 · 15
1. 위치 결정 NC(Positioning NC) · 15
2. 직선 절삭 NC(Straight Cutting Control NC) · 15
3. 연속 절삭 NC(Contour Control NC) · 16

Part II. 머시닝센터의 개요

2.1 머시닝센터(Machining Center)의 특징 · 18
2.2 머시닝센터 생산현장의 모습 및 가공품 · 18
1. 머시닝센터 생산현장 · 18
2. 머시닝센터의 구조 · 19
3. 머시닝센터의 절삭 조건 · 21

Part III. 머시닝센터 프로그래밍 작업

3.1 좌표축의 개요 · 26
3.2 NC 프로그램의 구성 · 27
1. 주소(Address) · 27
2. 수치(Data) · 28

3. 단어=워드(Word) ·· 29
  4. 지령절(Block) ·· 29
  5. 프로그램 번호(O) ··· 29
  6. 전개 번호(N: Sequence Number) ································· 29
  7. 준비 기능(G: Prepararation Function) ··························· 30
  8. 주축 기능(S: Spindle Speed Function) ··························· 33
  9. 이송 기능(F: Feed Function) ···································· 33
  10. 드웰 기능=휴지 시간(Dwell: G04) ······························ 34
  11. 공구 기능(T: Tool Fuction) ···································· 35
  12. 보조 기능(M: Miscellaneous Fuction) ·························· 36

 3.3 일반 프로그램의 구성 형식 ·· 36
  1. G54~G59: 공작물 좌표계 선택 ·································· 36
  2. G92(공작물 좌표계 설정) ······································ 37

 3.4 프로그램 원점과 기계 원점복귀 ·································· 38
  1. 프로그램 원점 ··· 38
  2. 기계 원점복귀 ··· 39
  3. 자동 기계 원점복귀 ··· 40
  4. 수동 기계 원점복귀 ··· 41
  5. 공작물 좌표계 설정, 선택 ······································ 42

 3.5 좌표치의 지령 방법 ·· 51
  1. 절대 지령(Absolute: G90) ······································ 51
  2. 증분 지령(Incremental: G91) ··································· 51
  3. 위치 결정 및 직선 보간(G00, G01) ······························ 52
  4. 원호 보간(G02, G03) ··· 58
  5. 작업평면 선택(G17, G18, G19) ·································· 63

Part IV. 보정 기능

 4.1 공구지름(직경) 보정 ··· 66
  1. 공구지름 보정 방법 ··· 66
  2. 스타트업 블록과 오프셋 모드 ··································· 68
  3. 공구경 보정 시 주의 사항 ······································ 71
  4. 원호 가공 시 공구경의 위치 ···································· 72

차 례

     5. I, J, K를 사용한 원호 가공방식 ·· 72
     6. 평면선택에 따른 I, J, K의 부호 ··· 73
4.2 공구 길이 보정 ··· 90
     1. 공구 길이 보정(G43, G44, G49) ·· 90
     2. 다양한 공구 길이 예제 종류 ··· 95

Part V. 극좌표 지령(G16)

5.1 극좌표의 지령 및 취소 ··· 106
5.2 공작물 좌표계 원점을 이용한 지령 방식 ···································· 107
5.3 현재의 장소를 극좌표 중심으로 지령 방식 ································· 107
5.4 극좌표의 다양한 프로그램 ··· 109

Part VI. 보조 프로그램(Sub Program)

6.1 보조 프로그램(Sub Program) ··· 118
     1. Sub Program의 호출 방법 ··· 118
6.2 다양한 보조 프로그램 예제 종류 ·· 142

Part VII. 고정 사이클

7.1 고정 사이클의 개요 ·· 150
     1. 지령 방식 ·· 150
     2. 복귀점의 위치 ·· 151
     3. 구멍가공 모드 ·· 151
7.2 고정 사이클의 종류 ·· 152
     1. 드릴링, 스폿 드릴링 사이클(G81) ··· 152
     2. 드릴링, 카운터 보링, 보링 사이클(G82) ···································· 158

3. 팩 드릴링 사이클(G843) ………………………………………… 158
  4. 고속 팩 드릴링 사이클(G73) …………………………………… 160
  5. 태핑 사이클(G84) ………………………………………………… 162
  6. 역 태핑 사이클(G74) ……………………………………………… 169
  7. 정밀 보링 사이클(G76) …………………………………………… 170
  8. 보링 사이클(G85) ………………………………………………… 171
  9. 보링 사이클(G86) ………………………………………………… 172
  10. 백 보링 사이클(G87) ……………………………………………… 174
  11. 보링 사이클(G88) ………………………………………………… 175
  12. 보링 사이클(G89) ………………………………………………… 176
  13. 고정 사이클 취소(G80) …………………………………………… 176

Part VIII. 좌표회전(G68)

8.1 좌표회전의 개요 …………………………………………………… 178

8.2 좌표회전의 기본 지령 규칙 ……………………………………… 179
  1. 지령 형식과 의미 …………………………………………………… 179
  2. 좌표회전 프로그램의 법칙 ………………………………………… 180

8.3 좌표회전의 다양한 프로그램 작성 ……………………………… 194

Part IX. 미러 이미지 기능

9.1 미러 이미지 지령 방식 …………………………………………… 198
  1. 부호지정 요령 ……………………………………………………… 198
  2. 미러 이미지 지령 시 주의 사항 …………………………………… 199

9.2 미러 이미지 기능을 이용한 프로그램 작성 …………………… 199

Part X. 스켈링 기능

10.1 스켈링 기능 지령 방식 ·· 202
10.2 스켈링 지령 시 주의 사항 ·· 202
10.3 스켈링 기능을 이용한 프로그램 작성 ·························· 203

부 록

I. 좌표계 선택 및 공구 길이 보정 ···································· 208
  1.1 TNV-40 가공하기: 1 방법 ····································· 208
  1.2 TNV-40 가공하기: 2 방법 ····································· 216
    • 두산(FAUNC) 가공하기 ·· 224
    • DM-42VL(FAUNC) 가공하기 ································ 230
    • NM-410 가공하기 ··· 236
    • SMEC PCV 400(FAUNC) 가공하기 ······················· 245

II. 하이트 프리세터를 이용한 좌표계 선택 ························ 251
  2.1 NM-410 하이트 프리세터를 이용한 작업 ················· 251
  2.2 두산(FAUNC) 하이트 프리세터를 이용한 작업 ········· 260

III. 각 공구의 절삭 조건표 ··· 281
  3.1 밀링 페이스 커터 ··· 281

IV. UG로 Nc Data 내는 법 ·· 292
  4.1 UG CAM 따라 하기 ··· 292

V. 컴퓨터응용가공산업기사 도면 및 답 ···························· 297

VI. 기계가공기능장 도면 및 답 ·· 363

VII. 산업현장 가공방식 ·· 407

▶ 참고 문헌 및 인용 자료 / 423

최신 머시닝센터 프로그램과 가공 기술

NC의 개요

1·1 CNC 공작기계의 개요
1·2 서보 기구(Servo System)의 형식
1·3 NC의 구분

1·1 CNC 공작기계의 개요

1. CNC(컴퓨터 수치제어)

1) CNC의 정의
① NC(Numerical Control, 수치제어): 공작물에 대하여 절삭공구의 위치를 공작물의 치수에 맞게 대응하는 수치정보를 지령하는 제어(KSB 0125에 규정)
② CNC(Compute Numerical Control): 컴퓨터를 내장한 NC(수치제어)를 의미하며, CNC 장치가 장착된 공작기계를 CNC 공작기계라고 한다.
CNC를 보통 NC라고 표현하고, NC와 CNC를 정확하게 구별하는 방법으로는 모니터가 있는 것과 없는 것으로 구별한다.

2) CNC 공작기계의 발달과정
① 제1단계(NC): 공작기계 1대로 단순제어
② 제2단계(CNC): 공작기계 1대를 CNC 1대로 제어하며 복합기능수행
③ 제3단계(DNC): 여러 대의 CNC 공작기계를 컴퓨터로 제어
④ 제4단계(FMC): 하나의 공작기계에 공작물을 자동으로 공급하는 장치 및 가공물을 탈착하는 장치(자동화된 치공구, 로봇 등)를 가지고 소수의 작업자만 있으면 무인운전 가능
⑤ 제5단계(FMS): 여러 대의 공작기계를 컴퓨터로 생산관리 수행

2. CNC 공작기계의 구성

1) 기계와 인간 신체 구조와의 비교
① 유압유닛: 인체의 심장
② 서보모터: 인체의 손과 발
③ 기계 본체: 인체의 몸체
④ 정보처리회로(CNC 장치): 인체의 두뇌
⑤ 데이터 입출력 장치: 인체의 눈
⑥ 강전 제어반: 굵은 신경에서 가는 신경으로 에너지 전달

2) 데이터의 기억
초기에는 천공 테이퍼에 저장하였고 현재는 많이 사용하지 않으며, 폭이 1인치이며 폭 방향에는 8개의 채널에 숫자, 문자, 부호 등을 저장하고 길이 방향의 열을 트랙이라 한다.

NC 테이프의 지령은 2진법(0, 1)으로 나타내며 0은 off, 1은 on을 의미하며, 구멍이 뚫리면 1을 나타내고, 구멍이 없을 때는 0을 나타내게 되어 있다.

(1) EIA 코드

가로 방향의 구멍수가 홀수, 패리티 체크를 하는 채널은 5번째 채널이며, 공작기계에 많이 사용된다.

(2) ISO 코드

가로 방향의 구멍 수가 짝수, 패리티 체크를 하는 채널은 8번째 채널이다.

※ 패리티 체크: 테이프상에 천공된 구멍의 숫자가 짝수인지 홀수인지에 따라 그 작성된 테이프의 오류를 검사하는 방법을 패리티 체크(parity check)라 한다.

3) CNC System 구동장치

(1) DC 서보모터(DC Servomotor)

공작기계의 제어를 위해 NC용 DC 모터는 특별한 토크 및 속도특성을 가지고 있다.
① 큰 출력을 낼 수 있어야 한다.
② 가감속 및 응답성이 우수해야 한다.
③ 넓은 속도 범위에서 안정한 속도제어가 필요하다.
④ 연속운전 및 빈번한 가감속이 가능하다.
⑤ 온도상승이 적고, 내열성이 우수하다.
⑥ 진동이 적고 소형이며 견고해야 한다.
⑦ 높은 회전 각도를 얻을 수 있어야 한다.
⑧ 신뢰도와 수명이 길고 보수가 용이해야 한다.

(2) 서보 기구와 Encoder

서보 기구는 범용기계와 비교해 보면, 핸들을 돌리는 손에 해당하는 부분으로, 머리에 해당하는 정보처리회로(CPU)의 명령에 따라 공작기계 테이블(Table) 등을 움직이게 하는 모터(Motor)이다. 일반 3상 모터와는 달리 저속에서도 큰 토크(Torque)와 가속성, 응답성이 우수한 모터로서 속도와 위치를 동시에 제어한다. 일반적으로 모터 뒤에 붙어있다.

(3) 볼 스크류(Ball Screw)

제어 가능한 회전력을 발생시키는 것이 Servomotor이고, 볼 스크류는 회전을 직선운동으로 변환시킬 수 있는 기계요소이다. 서보모터의 회전을 받아서 테이블을 움직이는 것, 서보모터에 연결되어 서보모터의 회전운동을 받아 NC 공작기계의 테이블을 직선 운동시키는 일종의 정밀한 나사로서 백래쉬(Backlash)가 0에 가까우며, 높은 정밀도로 이송할 수 있으나 강성이 낮은 단점이 있다.

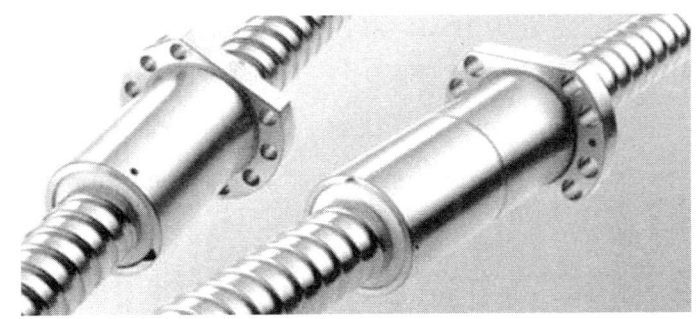

[그림 1-1] 볼 스크류

(4) 리졸버(Resolver)

CNC 공작기계의 각도(角度) 검출용 모터의 일종으로서, 코일이 감긴 스테이터와 로터를 갖추고 있다.

NC 공작기계의 움직임을 전기적인 신호로 표시하는 일종의 회전 피드백 장치이다.

- 펄스: 정보처리 회로에서 서보 기구로 보내는 신호의 형태로서 맥박처럼 짧은 시간에 생기는 진동 현상이며, 극히 짧은 시간만 흐르는 전류를 말한다. 일반적으로는 신호로서의 기능을 완수하는 비교적 약한 간헐전류를 말한다.

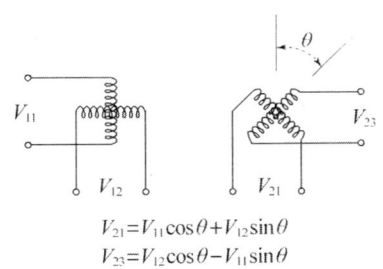

$V_{21} = V_{11}\cos\theta + V_{12}\sin\theta$
$V_{23} = V_{12}\cos\theta - V_{11}\sin\theta$

[그림 1-2] 리졸버의 원리

(5) 엔코드

기계에 사용되는 CNC 모터 같은 정밀기계 및 움직임이 발생하는 각종 기기에는 모터와 그 모터의 움직임을 측정하는 계측기가 필요한데, 이때 엔코더는 움직임이 발생하는 각종 기기에서 회전량 등의 변위를 정확히 측정하기 위한 정밀 계측기이다.

1·2 서보 기구(Servo System)의 형식

사람의 손과 발에 해당하는 것으로써 사람의 두뇌에 해당하는 정보처리 회로로부터 지령을 받아 CNC 기계의 테이블을 이동시키는 역할을 한다. 구동 모터의 회전에 따른 속도와 위치를 피드백시켜 입력된 양과 출력된 양이 같아지도록 제어할 수 있는 구동기구로서, 피드백 장치의 유무와 검출 위치에 따라 다음과 같이 나눈다.

1. 개방 회로 방식(Open Loop System)

피드백 장치 없이 스태핑 모터(전기 펄스 모터, 전기 유압 펄스 모터)를 사용하는 방식이다. (현재 거의 사용 안 함)

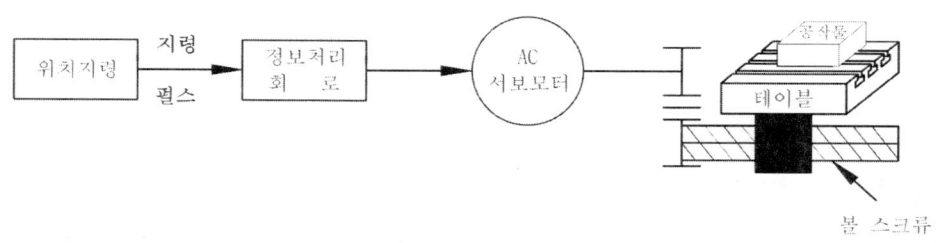

[그림 1-3] 개방 회로 방식 -교체

2. 반폐쇄 회로 방식(Semi-Closed Loop System)

AC 서보모터에 내장된 디지털형 검출기인 로터리 엔코더에서 위치 정보를 피드백하고, 타코제너레이터에서 전류를 피드백하여 속도를 제어하는 방식으로, 최근 고정밀도의 볼 스크류 등에 의해 실용적으로 많이 사용된다.

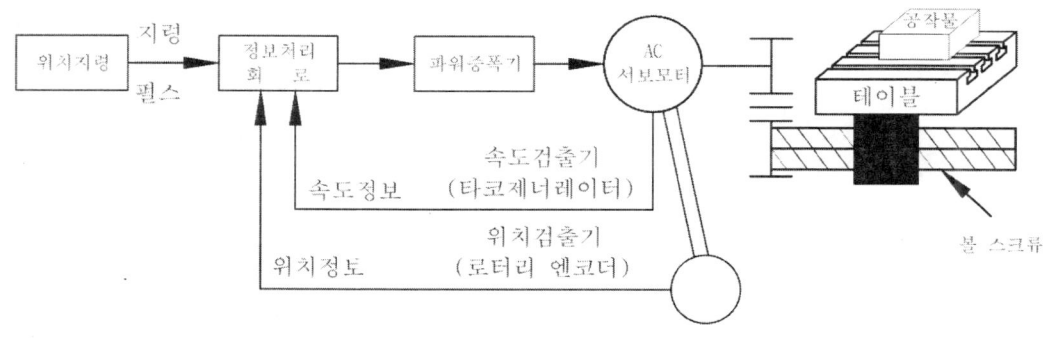

[그림 1-4] 반폐쇄 회로 방식

3. 폐쇄 회로 방식(Closed Loop System)

서보모터의 엔코더에서 나오는 펄스열의 주파수로부터 속도를 제어하고, 기계의 테이블에 위치검출 스케일을 부착하여 위치 정보를 피드백시키는 방식이다. (고정밀도의 대형 공작기계에 주로 사용)

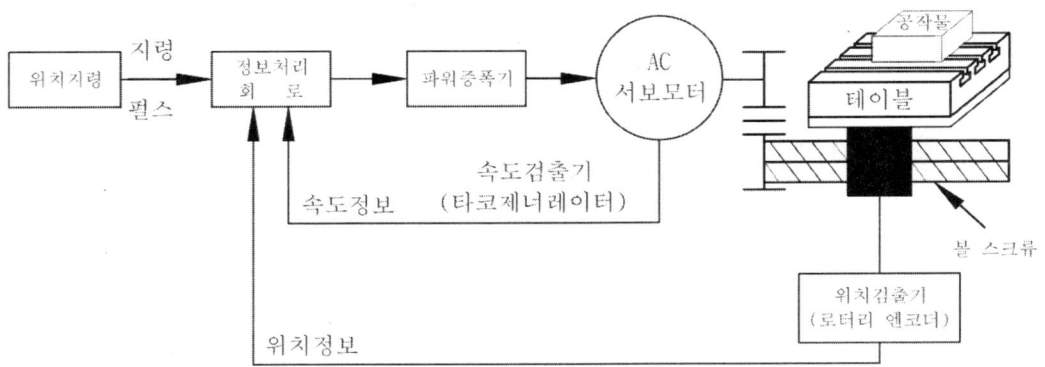

[그림 1-5] 폐쇄 회로 방식

4. 복합회로 서보 방식(Hybrid Servo System)

반폐쇄 회로와 폐쇄 회로 방식을 결합하여 고정밀도로 제어하는 방식이다. (가격이 고가이고 고정밀도를 요구하는 기계에 사용)

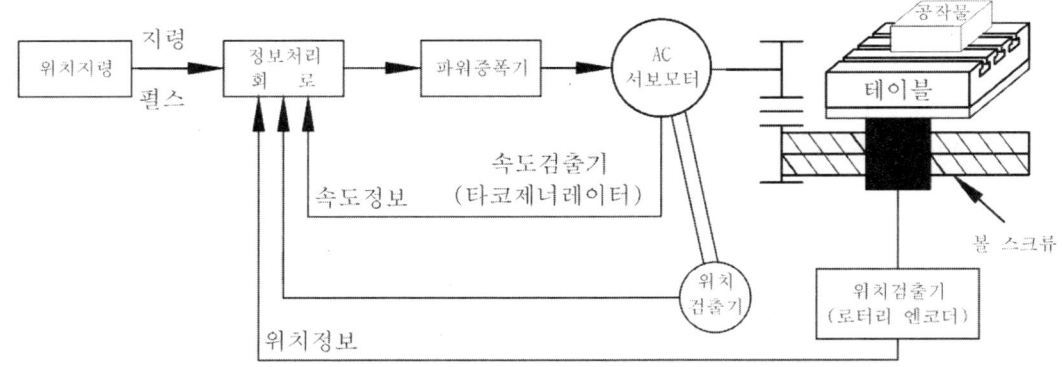

[그림 1-6] 복합회로 서보 방식

1·3 NC의 구분

NC는 사용 공구의 이동 경로와 가공형상에 따라 3가지로 나눌 수 있다.

1. 위치 결정 NC(Positioning NC)

중간의 경로는 무시하고 그다음의 작업 위치까지 얼마나 신속하고, 주어진 프로그램에 맞게 정확하게 공구가 이동할 수 있는지가 문제가 된다.

공구를 통제하는 정보처리 회로는 프로그램이 지령하는 이동 거리 기억회로와 Table의 현재 위치 기억회로, 이 두 가지를 비교 분석하는 회로로 구성되어 있다.

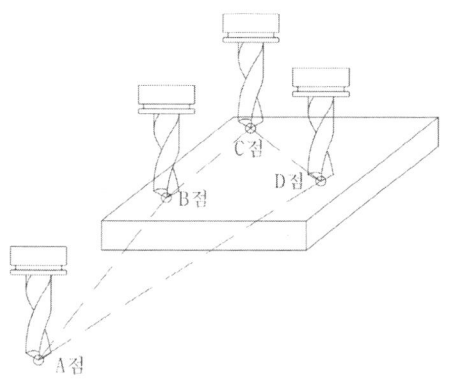

[그림 1-7] 위치 결정

2. 직선 절삭 NC(Straight Cutting Control NC)

위치 결정 NC와 유사하지만, 공구의 이동 중에 가공 소재를 절삭하기 때문에 가공 도중의 경로가 문제가 된다. 단, 그 경로는 직선 절삭에만 해당한다.

Tool 치수의 보정, Spindle의 속도변화, Tool의 선택 기능이 첨가되기 때문에 정보처리 회로는 위치 결정 NC보다 복잡하게 구성되어 있다.

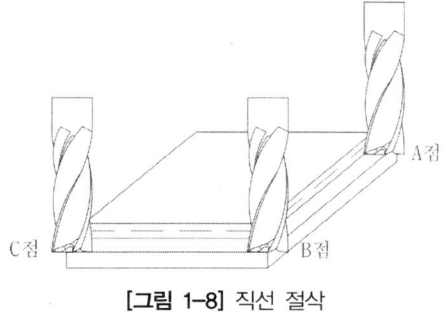

[그림 1-8] 직선 절삭

3. 연속 절삭 NC(Contour Control NC)

S자형 이동 경로나 Crank형 경로 등 자유자재로 Tool을 이동시켜 연속적으로 절삭을 할 수 있다. 위치 결정 NC, 직선 절삭 NC의 처리 회로는 가감산 연삭을 할 수 있지만, 연속 절삭 NC는 가감산 외에 승제산까지 할 수 있는 회로 기능을 겸비하고 있다.

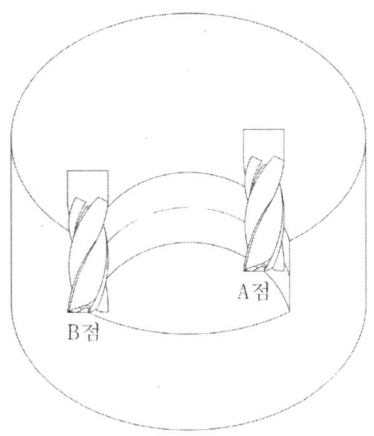

[그림 1-9] 연속 절삭

최신 머시닝센터 프로그램과 가공 기술

Part 2

머시닝센터의 개요

2·1 머시닝센터(Machining Center)의 특징
2·2 머시닝센터 생산현장의 모습 및 가공품

2·1 머시닝센터(Machining Center)의 특징

Machining Center는 CNC 밀링머신에 자동공구 교환장치(ATC)를 장착하고 있는 기계를 말하며, 직선, 원호, 홈, 드릴, 보링, 탭 및 캠과 같은 입체절삭, 복합곡면으로 구성된 면 등의 여러 가지 작업을 할 수 있다. 수직형(Vertical Type)과 수평형(Horizontal Type)이 있으며 최근 대형 Machining Center에는 Horizontal Type이 많이 사용되고 있으나, 본 교재에서는 통일중공업(주)의 TNV-40A 모델의 수직형을 기준으로 설명하기로 한다.

[그림 2-1] 수직 머시닝센터

[그림 2-2] 수평 머시닝센터

2·2 머시닝센터 생산현장의 모습 및 가공품

1. 머시닝센터 생산현장

[그림 2-3] 현장의 머시닝센터 작업 모습

1) 머시닝센터 가공품

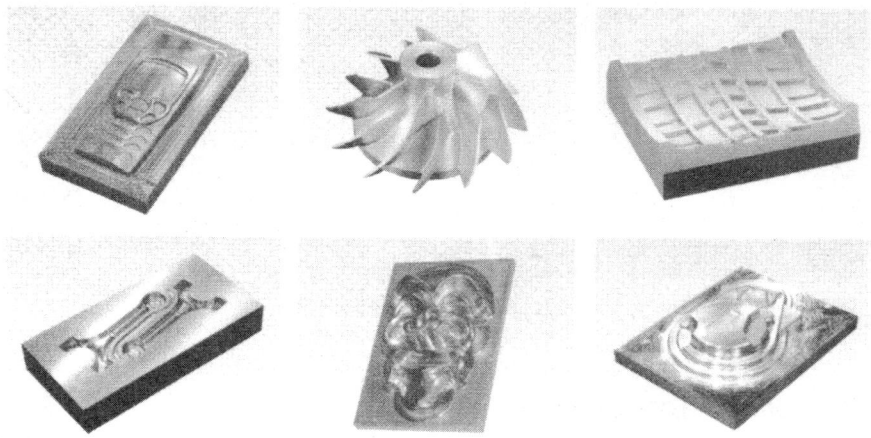

[그림 2-4] 머시닝센터 가공품 1

2) 머시닝센터 가공품

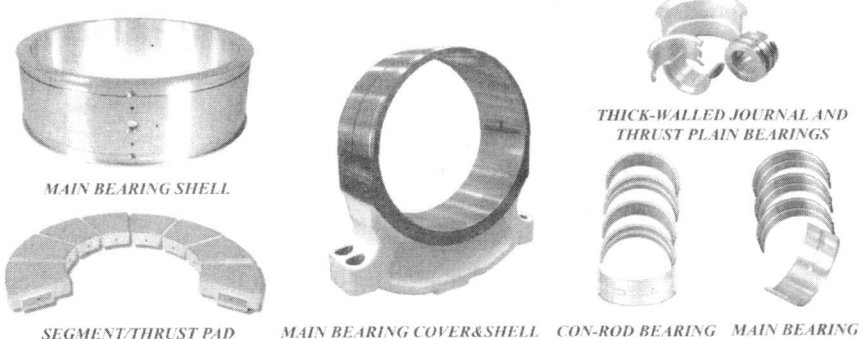

[그림 2-5] 머시닝센터 가공품 2

2. 머시닝센터의 구조

주요 구성요소는 주축대, 베이스와 컬럼, 테이블 및 이송기구, 조작반, 제어장치 및 서보기구, 전기 회로장치, ATC(Automatic Tool Changer) 및 APC(Automatic Pallet Changer)로 구성되어 있다.

1) 공구 매거진(Tool Magazine)

공구대는 형상에 따라 드럼형 터릿 공구대, 데스크형 공구대, 수평형 공구대로 분류한다.

[그림 2-6] 공구 매거진의 종류

2) ATC(Automatic Tool Changer)

공구를 프로그램의 반자동 지령으로 자동 교환하여주는 장치를 말하며 자동공구 교환장치라고 한다.

ATC가 있으면 머시닝센터라고 하며, ATC가 없는 것을 CNC 밀링이라고 한다.

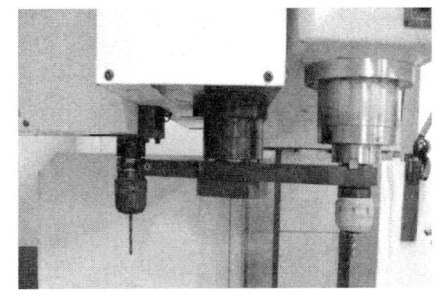

[그림 2-7] ATC 형태

3) APC(Automatic Pallet Changer)

머시닝센터의 부가장치의 하나로 자동 팔레트 교환장치라고 한다.

기계 내의 팔레트에 고정되어 있는 공작물을 기계 가공 중에 기계밖에 없는 팔레트에 다음 가공 소재를 장착한 후, 현재의 가공품이 작업이 완료되면, 자동으로 즉시 바꿔줌으로써 기계의 가동률을 높이고, 생산성을 향상시킬 수 있다.

[그림 2-8] APC 형태

3. 머시닝센터의 절삭 조건

1) 절삭 속도

절삭 속도 V는 공구와 공작물 사이의 최대 상대속도를 말하며, 단위는 m/min 또는 ft/min을 사용한다.

절삭 속도는 공구 수명에 중대한 영향을 끼치며, 가공면의 거칠기, 절삭률 등에도 밀접한 관계가 있는 절삭 현상에서 기본적 변수이다.

작성할 때에는 [부록 편]의 절삭 조건표를 참고하여 사용하는 공구와 가공물의 재질에 적합한 절삭 속도를 선택하여 지령하여야 한다.

머시닝센터는 공구가 회전하며 절삭이 이루어지므로 절삭 속도(V)는

$$V = \frac{\pi DN}{1,000}$$

여기서, V: 절삭 속도(m/min), D: 커터 지름(mm), N: 회전수(rpm)

2) 이송 속도

이송 속도 F는 절삭 중 공구와 공작물 사이의 상대운동의 크기를 말하며, CNC 공작기계에 대한 이송 속도는 보통 분당 이송 거리(mm/min)로 표시된다.

$$F = fz \times Z \times N$$

여기서, F: 분당 이송(mm/min), fz: 날당 이송(mm/tooth), Z: 날수, N: 회전수(rpm)

만일 절삭 조건표에 이송 속도가 회전당 이송 거리(mm/rev)로 주어질 경우, 분당 이송 거리(mm/min)로 환산하여야 한다.

(1) 밀링 커터의 경우

$F(\text{mm/min}) = N(\text{rpm}) \times 커터의 날수 \times fz\,(\text{mm/tooth})$

(2) 드릴, 리머 카운터 싱크의 경우

$F(\text{mm/min}) = N(\text{rpm}) \times f\,(\text{mm/rev})$

(3) 태핑 및 머시닝센터의 나사 절삭의 경우

$F(\text{mm/min}) = N(\text{rpm}) \times 나사의 피치$

3) 각종 작업의 절삭 조건

(1) 페이스 밀링
페이스 밀링은 주로 초경합금 공구를 사용하므로 사용하는 공구의 지름과 날이 몇 개인가 확인하여, 이에 적합한 절삭 조건은 [부록 편]을 참고하여 프로그래밍한다.

(2) 엔드밀 작업
엔드밀은 초경합금, 고속도강 및 코팅된 고속도강 공구를 일반적으로 사용하므로 〈표 2-1〉을 참고하여 프로그래밍한다.

〈표 2-1〉 엔드밀 절삭 조건

공구 재종 및 작업의 종류		가공물 재료 및 조건	강		주철		알루미늄	
			절삭 속도 (m/min)	이송 속도 (mm/rev)	절삭 속도 (m/min)	이송 속도 (mm/rev)	절삭 속도 (m/min)	이송 속도 (mm/rev)
엔드밀	HSS	황삭	25~29	0.1~0.25	25~29	0.1~0.25	30~60	0.1~0.3
		정삭	25~29	0.08~0.12	25~29	0.08~0.15	30~60	0.1~0.12
	초경합금	황삭	30~50	0.1~0.25	42~46	0.1~0.25	50~80	0.15~0.3
		정삭	45~50	0.08~0.12	45~50	0.08~0.15	50~80	0.1~0.12

(3) 드릴 작업
드릴이나 카운터 싱킹 등과 같은 공구는 [그림 2-9]와 같이 드릴 끝점의 길이 h를 구해야 정확한 가공을 할 수 있다.

h는 다음과 같이 구할 수 있다. h=드릴 지름(d)×k

〈표 2-2〉는 드릴 각도별 k의 값이며, 이 k를 이용하여 h를 쉽게 구할 수 있다.

〈표 2-2〉 드릴 각에 대한 상수 k의 값

각도	k	비 고
60	0.87	
90	0.50	
118	0.29	표준 드릴의 날끝각(118°)
125	0.26	
145	0.16	
150	0.13	

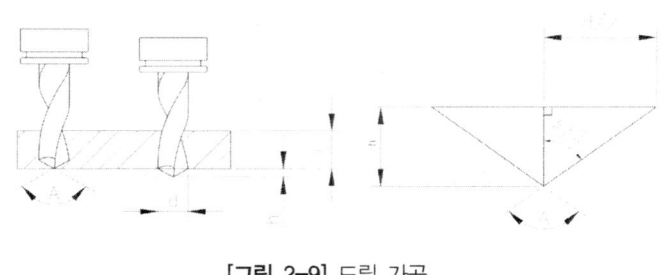

[그림 2-9] 드릴 가공

〈표 2-3〉 드릴, 태핑의 절삭 조건표

공구 및 작업의 종류			강		주 철		알루미늄	
	드릴 지름	재종	절삭 속도 (m/min)	이송 속도 (mm/rev)	절삭 속도 (m/min)	이송 속도 (mm/rev)	절삭 속도 (m/min)	이송 속도 (mm/rev)
드릴	5~10	HSS	25	0.1~10	22	0.2	30~45	0.1~0.2
		초경	50	0.15~10	42	0.2	50~80	0.25
	5~10	HSS	25	0.25	25	0.25	50	0.25
		초경	50	0.25	50	0.25	80~100	0.25
	5~10	HSS	25	0.3	25	0.3	50	0.25
		초경	50	0.3	50	0.3	80~100	0.3
태핑	일반 탭		8~12		8~12			
	테이퍼 탭		5~8		5~8			

(4) 카운터 보링(Counter boring)

볼트로 조립되는 부품의 경우 볼트의 머리가 공작물 표면으로 튀어 나오지 않도록 공작물 구멍을 넓히는 작업을 말하며, 밀링 머신이나 드릴링 머신에서 작업 할 경우에는 구멍과 머리 부분 동심도를 높이기 위하여 카운터 보링 공구를 이용하였으나, 머시닝센터에서는 엔드밀을 이용하여 작업하는 것이 더 효과적이다.

〈표 2-4〉 6각 구멍붙이 볼트의 자리 파기 치수

기호 \ 규격	M3	M4	M5	M6	M8	M10	M12	M16
d	3.4	4.5	5.5	6.6	9	11	14	18
D	6.5	3	9.5	11	14	17.5	20	26
H	3.3	4.4	5.4	6.5	8.6	10.8	13	17.5

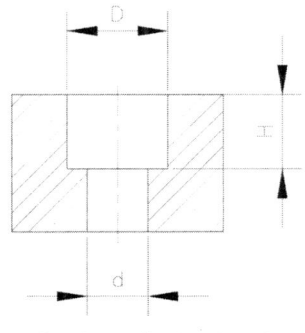

[그림 2-10] 카운터 보링

(5) 리머 작업(Reaming)
- 리머의 절삭 속도와 이송
  리머는 날이 많고 절삭량이 적으므로 날의 마모와 떨림이 적도록 [부록 편]의 조건을 사용하는 것이 좋다.

〈표 2-5〉 리머의 다듬질 여유

구멍의 지름(mm)	다듬질 여유(mm)
0.8~1.2	0.05
1.2~1.6	0.1
1.6~3	0.15
3~6	0.2
6~18	0.3
18~30	0.4
30~100	0.5

최신 머시닝센터 프로그램과 가공 기술

Part III

머시닝센터 프로그래밍 작업

3·1 좌표축의 개요

3·2 NC 프로그램의 구성

3·3 일반 프로그램의 구성 형식

3·4 프로그램 원점과 기계 원점복귀

3·5 좌표치의 지령 방법

3·1 좌표축의 개요

CNC 공작기계에 사용되는 좌표축은 기본적인 기준축으로는 X, Y, Z축을 사용하며, 보조축으로는 〈표 3-1〉과 같이 사용되며, X, Y, Z축 주위에 대한 회전 운동은 A, B, C 3개의 회전축을 사용한다.

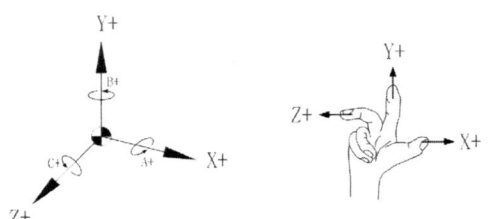

[그림 3-1] 오른손 직교좌표계와 운동 기호

〈표 3-1〉 CNC 공작기계에 사용되는 좌표축

구분 기준축	보조축 (1차)	보조축 (2차)	회전축	기준축의 결정방법
X축	U축	P축	A축	기계 가공의 기준이 되는 축
Y축	V축	Q축	B축	X축과 90° 각을 이루는 이송 축
Z축	W축	R축	C축	절삭동력이 전달되는 스핀들 축

※ 모든 기계의 회전축 방향은 항상 Z축이 되어야 한다.

〈표 3-2〉 CNC 기계에 사용되는 좌표축

머시닝센터 G90, G91	CNC 선반 G90	CNC 선반 G91
X, Y, Z	X, Z	U, W

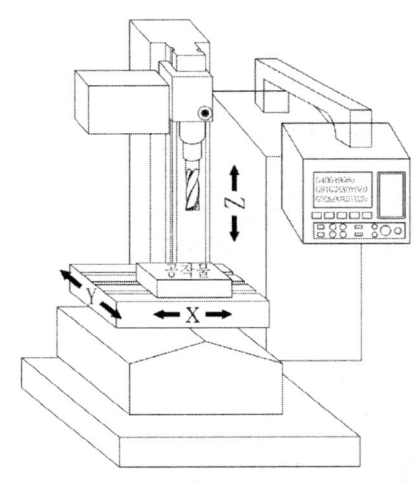

[그림 3-2] 수직 머시닝센터

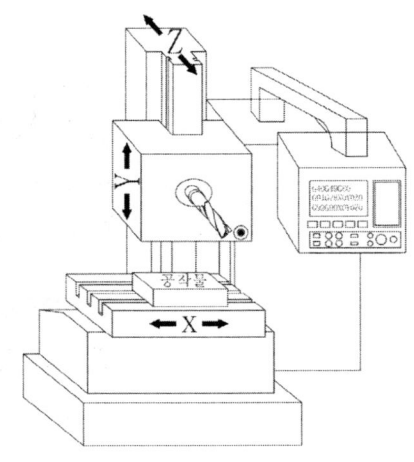

[그림 3-3] 수평 머시닝센터

3·2 NC 프로그램의 구성

CNC 프로그램은 여러 개의 블록으로 구성되며, 한 개의 블록은 한 개의 기계 동작을 나타낸다. 일반적으로 프로그램은 다음과 같은 내용으로 구성되어 있다.
① 좌표계 설정
② 공구 교환
③ 주축의 회전
④ 위치 결정(X, Y, Z축)
⑤ 절삭가공(직선 절삭 및 원호절삭)
⑥ 귀환
⑦ 프로그램 정지

NC 프로그램은 주소(address)와 수치(data)의 조합으로 이루어진 단어(word)들이 조합되어 지령절(block)을 구성한다.

■ NC 프로그램
① 주 프로그램(main Program)
② 보조 프로그램(Sub Program)
  - 호출: M98로 호출 명령
  - 종료: M99로 종료 명령 후 주 프로그램으로 복귀함

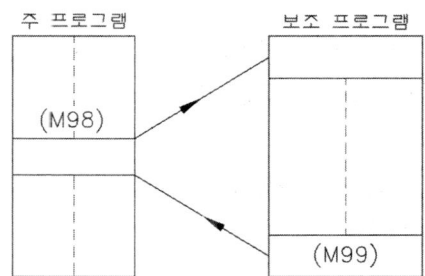

[그림 3-4] 주 프로그램과 보조 프로그램의 실행

1. 주소(Address)

주소는 영문 대문자(A-Z) 중의 한 개로 표시되며, 각 주소의 기능은 〈표 3-3〉과 같다.

예) G01, M08, — (G, M이 주소임)

〈표 3-3〉 각종 주소의 기능

기능	주소(address)			의미
프로그램 번호	O			프로그램 번호
전개 번호	N			전개 번호(작업순서)
준비 기능	G			이동형태(직선, 원호 등)
좌표어	X	Y	Z	각 축의 이동 위치 지정(절대 방식=G90)
	U	V	W	각 축의 이동 거리와 방향 지정(증분 방식=G91)
	A	B	C	부가 축의 이동 명령
	I	J	K	원호 중심의 각 축성분, 모따기량 등
	R			원호 반지름, 코너 R
이송 기능	F, E			이송 속도, 나사 리드
보조 기능	M			기계 각 부위 지령
주축 기능	S			주축 속도
공구 기능	T			공구 번호 및 공구 보정번호
휴지	X, P, U			휴지 시간(dwell)
프로그램 번호 지정	P			보조 프로그램 호출 명령
전개 번호 지정	P, Q			복합 반복 사이클에서의 시작과 종료 번호
반복 횟수	L			보조 프로그램 반복 횟수
매개 변수	D, I, K			주기에서의 파라미터(절입량, 횟수 등)

※ I, J, K: 반드시 G91로만 사용, R대신 사용 가능함

2. 수치(Data)

주소의 기능에 따라 2자리에서 4자리까지의 수치를 사용한다.
수치의 최소 지령단위는 0.001mm까지 표시한다.

G00, G01, G02 또는 G0, G1, G2: 2 자릿수
(수치값 처음에 나오는 0은 생략 가능함)
T0101 : 4 자릿수
X20.015 Y1234.005: 소수점 이상 4자리, 소수점 이하 3자리, 총 8자리까지 가능함
X100000 = X100.000mm = X100. mm(소수점 다음의 마지막에 나오는 0은 생략 가능)
X20. = 20mm
X100. = 100mm
(CNC에 사용되는 최소 지령단위가 0.001mm이므로 소수점이 없으면 뒤쪽에서 3번째에 소수점이 있는 것으로 간주한다)
X10.02 = 10.02mm
S2000.: 알람 발생(길이를 나타내는 수치가 아니므로 소수점 입력 에러임)
소수점: 거리와 시간 속도의 단위를 갖는 것에 사용

※ 주의: 파라미터 설정에 따라 소수점 없이 사용 가능함
　　소수점 사용 가능한 것: X, Y, Z, U, V, W, A, B, C, I, J, K, R, F

3. 단어 = 워드(Word)

지령절을 구성하는 가장 작은 단위로 주소와 수치의 조합이다.

> 예   G　　　　50　　　　X　　　　100.0
> 　　주소　　수치　　주소　　수치

4. 지령절(Block)

몇 개의 단어가 모여 구성된 한 개의 지령단위를 지령절이라 하며, 지령절의 끝을 EOB(End Of Block)로 구분하고 회사에 따라 ";" 또는 "#"과 같은 부호로 표시한다.

지령절의 구성

N	G	X	Y	Z	F	S	T	M	;__
전개 번호	준비 기능		좌표어		이송 기능	주축 기능	공구 기능	보조 기능	EOB

5. 프로그램 번호(O)

주소 영문자 "O" 다음에 4 자릿수, 즉 0001~9999까지를 임의로 정할 수 있다.

> 예   O　　　　□□□□(화낙)　　　　P　　　　□□□□(한국산전)
> 　　주소　　프로그램 번호　　주소　　프로그램 번호

6. 전개 번호(N: Sequence Number)

영문자 "N" 다음에 4자리 이내의 숫자로 번호를 표시한다.
　지령절마다 붙이지 않아도 프로그램의 수행에는 지장이 없으나 특정 지령절을 탐색하고자 할 때는 반드시 필요하다.

> 예   N10 G50 X150.0 Z200.0 S1500 T0100 M41 ;
> 　　N20 G96 S120 M03 ;
> 　　N30 G00 X62.0 Z0.0 T0101 M08 ;

7. 준비 기능(G: Prepararation Function)

준비 기능은 제어장치의 기능을 동작하기 위한 준비를 하는 기능으로 영문자 "G"와 두 자리의 숫자로 구성되어 있다.

G 코드는 준비 기능으로서 CNC의 여러 가지 모드의 프로그램 동작을 정의한다.

대표적인 준비 기능으로는 다음과 같다.

G00, G01, G02, G03 G04, G10 G20, G21, G28, G30, G40, G41, G42 G50 G71, G70 G74 G92, G94

G96(절삭 속도 일정 제어 m/min)
G97(주축 회전수 일정 제어 rpm)
G98(분당 이송 지정 mm/min)
G99(회전당 이송 지정 mm/rev)

〈표 3-4〉 머시닝센터의 G-코드 일람표　　　　　　　　　　＊: 전원 투입 시 자동으로 설정됨

G-코드	그룹	기능	관련기능	비 고
G00	01	급속 위치 결정		*
G01		직선 보간(절삭)	G94, G95	*
G02		원호 보간(시계 방향) CW	G17, G18, G19	헬리컬 보간
G03		원호 보간(반시계 방향) CCW		헬리컬 보간
G04	00	Dwell(휴지)	P는 소수점사용 불가	
G09		Exact stop	G01, G02, G03	
G10		데이터 설정	G54~G59 보정량 입력	
G15	17	극좌표 지령 취소		*
G16		극좌표 지령	고정 사이클	
G17	02	X-Y 평면	원호 보간, 공구경 보정, 좌표 회전, 고정 사이클	*
G18		Z-X 평면		
G19		Y-Z 평면		단독블록으로 지령
G20	06	inch 입력		
G21		Metric 입력		
G22	04	금지영역 설정	파라미터	*
G23		금지영역 설정 취소		
G27	00	원점복귀 Check		
G28		자동 원점복귀		
G30		제2, 3, 4 원점복귀	파라미터	P3 = 제3 원점, P4 = 제4 원점
G31		Skip 기능		

G-코드	그룹	기능	관련기능	비 고
G33	01	나사절삭		
G37	00	자동 공구 길이 측정	공구보정	
G40	07	공구경 보정 취소	G00, G01	*
G41		공구경 보정 좌측	G00, G01	D_: 보정번호
G42		공구경 보정 우측	G00, G01	D_: 보정번호
G43	08	공구 길이 보정 "+"		H_: 보정번호
G44		공구 길이 보정 "−"		H_: 보정번호
G49		공구 길이 보정 취소		*
G50	08	스켈링, 미러 기능 무시		*
G51		스켈링 미러기능	I, J, K에 " "부호가 지령되면, 미러 기능 단독블록으로 지령	
G52	00	로컬 좌표계 설정	G52 X0 Y0 Z0; 로컬 좌표계 취소	
G53		기계 좌표계 선택	G00	
G54	G14	공작물 좌표계 1번 선택		
G55		공작물 좌표계 2번 선탁		
G56		공작물 좌표계 3번 선택		
G57		공작물 좌표계 4번 선택		
G58		공작물 좌표계 5번 선택		
G59	14	공작물 좌표계 6번 선택		
G60		한 방향 위치 결정	G00	
G61	00	Exact sto check 모드	절삭기능	
G62		자동 코너 오버라이드	내측 G02, G03	
G64		연속 절삭 모드	절삭기능	
G65	00	매크로 호출	P=프로그래 번호	
G66	12	매크로 모달 호출	p=프로그램 번호	
G67		매크로 모달 호출 취소		
G68	16	좌표회전	G17, G18, G19	
G69		좌표회전 취소	단독블록으로 지령	
G73	09	고속 심공 드릴 사이클	G17, G18, G19	R=R점 P=드웰 시간 Q=1회 절입량 또는 도피량 L=반복 횟수 (1회 반복은 생략한다) ※ 0M에서는 L 대신 K를 사용한다.
G74		왼 나사 탭 사이클	G17, G18, G19	
G76		정밀 보링 사이클	G17, G18, G19	
G80		고정 사이클 취소		
G81		드릴 사이클	G17, G18, G19	
G82		카운터 보링 사이클	G17, G18, G19	
G83		심공드릴 사이클	G17, G18, G19	

G-코드	그룹	기능	관련기능	비 고
G84	09	탭 사이클	G17, G18, G19	R=R점 P=드웰 시간 Q=1회 절입량 또는 도피량 L=반복 횟수 (1회 반복은 생략한다) ※ OM에서는 L 대신 K를 사용한다.
G85		보링 사이클	G17, G18, G19	
G86		보링 사이클	G17, G18, G19	
G87		백보링 사이클	G17, G18, G19	
G88		보링 사이클	G17, G18, G19	
G89		보링 사이클	G17, G18, G19	
G90	03	절대 지령		
G91		증분 지령		
G92	00	공작물 좌표계 설정		
G94	05	분당 이송(mm/min)	G01, G02, G3, G33, 고정 사이클	
G95		회전당 이송(mm/rev)	G01, G02, G3, G33, 고정 사이클	
G96	13	주축 속도 일정제어	M03, M04	
G97		주축 회전수 일정제어	M03, M04	
G98	10	고정 사이클 초기점 복귀	G73~G89	
G99		고정 사이클 R점 복귀	G73~G99	

※ 모달 G 코드: 한번 지령하면 그 코드를 취소하는 G 코드를 프로그램할 때까지 가공 프로그램 내에서 유효한 것을 의미함.
※ 원샷 G 코드: 프로그램된 데이터 블록 내에서만 유효한 것을 의미함.

1) 모달 G 코드

(1) 생략하지 않고 프로그램 작성 시

G90 G00 X20. Y30. ;
G90 G00 Z250. ;
G90 G00 Z5. ;

(2) 모달 G 코드 지령법

G90 G00 X20. Y30. ;
   Z250. ; (앞에 G90 G00 모달 기능)
   Z5. ; (앞에 G90 G00 모달 기능)

2) 원샷 G 코드

(1) 생략하지 않고 프로그램 작성 시

G90 G00 X20. Y30. ;
G90 G00 Z250. ;
G90 G00 Z5. ;

```
            G90 G01 Z -5. F80 ;
            G90 G00 Z20. ;
```

   (2) 원샷 G코드 지령법
```
            G90 G00 X20. Y30. ;
                    Z250. ;
                    Z5. ;
            G01 Z -5. F80 ;
            G04 U1. ;
                    Z20. ;
```

> **참고** 위의 '원샷 G 코드 지령법'의 해설
>
> G01 Z -5. F80 ;
> G04 U1. ;
>   Z20. ;
>
> Z20.의 의미는 위의 G04로 인하여 Z20.의 코드에는 전혀 영향을 받지 않는다.
> G04 자체가 원샷 G 코드이므로 G04는 그 블록에서만 영향을 주고 다른 블록에는 전혀 영향을 주지 않는다.
> 그러므로 Z20. = G01 Z20.의 의미와 같으므로 프로그램 작성 시 주의하여야 한다.

8. 주축 기능(S: Spindle Speed Function)

주축의 회전속도를 지령하는 기능으로, 영문자 "S"를 사용하며, 준비 기능 G96(주축 속도 일정제어)과 G97(주축 회전수 일정제어)을 함께 사용하여 지령하여야 하나, 머시닝센터는 사용 공구의 지름 정보를 CNC 장치에 제공할 수 없으므로 프로그래머가 적합한 절삭 속도를 얻을 수 있는 주축 회전수를 계산하여 G97로 지령하여야 한다.

머시닝센터는 전원을 공급할 때에 G97이 설정되도록 파라미터에 지정되어 있으므로 G97을 생략할 수 있다.

또한, 보조기능인 M03, M04와 함께 지령하여 스핀들의 회전 방향을 지정해야 한다.

단, 선행 블록에 M03, M04가 지령되어 있으면 S값만 지정해도 된다.

G97 S1200 M03 ; 주축 1200rpm으로 정회전 또는 S1200 M03 ;

9. 이송 기능(F: Feed Function)

준비 기능의 G95(회전당 이송)나 G94(분당이송) 중 하나와 함께 사용하여 F를 지령해야 한다. 머시닝센터에서는 사용 공구의 지름이나 날의 수에 대한 정보를 CNC 장치에 알려주는 기능이 없으므로 프로그래머가 사용하는 공구에 적합한 분당이송 속도를 계산하여 G94와 함께 지령한다.

단, 전원을 공급할 때에 G94가 설정되도록 파라미터에 지정되어 있으므로 G94는 생략할 수 있다.

10. 드웰 기능 = 휴지 시간(Dwell: G04)

G04 X(P)_ ;

지령한 시간 동안 이송이 정지되는 기능을 휴지(Dwell: 일시 정지) 기능이라고 한다.
머시닝센터에서는 모서리 부분의 치수를 정확히 가공하거나, 드릴 작업, 카운터 싱킹, 카운터 보링, 스폿 페이싱 등에서 목표점에 도달한 후, 즉시 후퇴할 때 생기는 이송만큼의 단차를 제거하여 진원도의 향상 및 깨끗한 표면을 얻기 위하여 사용한다. 어드레스 X, U 또는 P와 정지하려는 시간을 수치로 입력한다.

P는 소수점을 사용할 수 없으며, X, U는 소수점 이하 세 자리까지 유효하다.
일반적으로 1.5~2회 공회전하는 시간을 지령하면 되며, 정지시간(Dwelltime)과 스핀들축의 회전수(rpm)와의 관계는 다음과 같다.

$$\text{정지시간(초)} = \frac{60}{\text{스핀들 회전수(rpm)}} \times \text{공회전수(회)} = \frac{60}{N(\text{rpm})} \times n (\text{회})$$

G4 X7. ; 7초간 휴지 시간 수행
G4 U7. ; 7초간 휴지 시간 수행
G4 P7000 ; 7초간 휴지 시간 수행
단, P는 소수점을 사용할 수 없다.

[3-1] ∅30-2날 엔드밀을 이용하여 절삭 속도 30m/min로 카운터 보링 작업을 할 때 구멍 바닥에서 2회전 일시 정지(Dwell)를 주려고 한다. 정지시간을 구하고, NC 프로그램을 작성하시오.

풀이

- 정지시간(초) $= \dfrac{60}{N(\text{rpm})} \times n (\text{회})$ 　　　$N = \dfrac{1000 \times V}{\pi \times D}$

- 정지시간(초) $= \dfrac{60}{N(\text{rpm})} \times n (\text{회}) = \dfrac{3.14 \times 30 \times 60 \times 2}{1000 \times 30} = 0.377 (\text{초})$

- NC 프로그램 작성 시 표현: G04 X0.377 = G04 U0.377 = G04 P377

11. 공구 기능(T: Tool Fuction)

T는 공구를 선택하는 기능을 담당하며, M06(공구 교환)과 함께 지령하여야 한다. 소수점을 사용할 수 없다.

선행 블록에 M06이 있어도 M06 지령 없이 T 지령을 하게 되면 에러가 된다.

단, 공구를 교환하려면 공구 길이 보정이 취소된 상태에서, 공구 교환 지점(일반적으로 제2 원점)에 위치해 있어야 한다.

공구를 교환할 때 공구의 선택과 보정을 하는 기능으로 어드레스는 T로, 연속되는 숫자는 4 자릿수로 지정한다.

1) 머시닝센터

      T□□   M06
   공구선택번호   공구 교환

2) CNC 선반

      T□□   ▲▲
공구선택번호(01~99)   공구보정번호(01~09)   단, 00은 보정 취소

> T0100: 공구번호 1번, 보정번호 0번으로 1번 공구 호출의 의미
> T0101: 1번 공구에, 보정번호 1번의 보정을 지령(가공 시작)
> T0100: 1번 공구의 보정을 취소 시키는 지령(가공 완료)

참고 공구 교환 방식

(1) 센트롤 등 화낙 계열	(2) 현장 사용방식	(3) 삼성 머시닝센터
반자동에서 G91 G30 Z0 M19 ; T01 M06 ; 자동개시	반자동에서 G91 G30 Z0 M19 T01 ; M06 ; 자동개시	반자동에서 G91 G28 X0 Y0 Z0 M19 ; T01 ; M06 ; 자동개시

※ 작업의 시간을 절약하기 위하여 G91 G3C Z0. M19 T01을 사용하는 것이 좋다.
  이 방식은 공구의 교환 위치로 공구가 이동하는 동안 다음 공구가 툴 테이블에서 회전하면서 공구 대기 상태로 대기한다. (삼성의 경우 기계 원점에서 공구가 교환됨)

12. 보조 기능(M: Miscellaneous Fuction)

공구 교환, 주축의 시동, 정지, 프로그램의 스톱, 절삭유의 ON/OFF 등 기계의 동작을 보조해주는 기능이다. 즉, 주축 제어에 사용하는 전기적 회로 기능이다.

〈표 3-5〉 보조 기능(M 코드)의 기능

코드	기능 내용	코드	기능 내용
M00	Program Stop	M19	주축 Orientation Stop
M01	Optional Program Stop	M28	Magazine 원점복귀
M02	Program End(Reset)	M30	Program End(Reset) & Rewind
M03	주축 정회전(CW)	M48	Spindle Override Cancel OFF
M04	주축 역회전(CCW)	M49	Spindle Override Cancel ON
M05	주축 정지	M60	APC Cycle Start
M06	공구 교환	M80	Index 테이블 정회전
M08	절삭유 ON	M81	Index 테이블 역회전
M09	절삭유 OFF	M98	Sub-Program 호출
M16	Tool Into Magazine	M99	End of Sub-Program

3·3 일반 프로그램의 구성 형식

1. G54~G59: 공작물 좌표계 선택

각 축의 기계 원점에서 각각의 공작물 원점까지의 거리를 공작물 보정(Work offset) 화면의 (01)~(06)에 직접입력, 또는 파라미터에 입력하여 공작물 좌표계의 원점을 정해 놓고 G54~G59의 지령으로 선택하여 사용한다.

이때 X _Y _ Z _에 입력되는 수치는 기계 원점에서 공작물 원점까지의 거리이다.

(00)은 공작물 좌표계 이동(Shift)량으로 입력된 수치만큼 공작물 좌표계 전체가 이동되어 기계 원점에서 보았을 때 공작물 원점까지의 거리를 공작물 보정(Work offset)에 직접입력하는 방식이다.

G92와 X, Y, Z값은 똑같고 단지 '-' 값으로 입력한다.

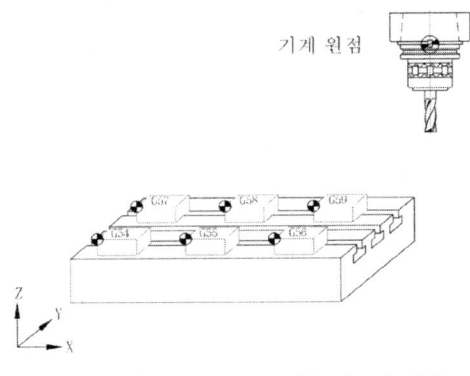

[그림 3-5] G54~G59: 공작물 좌표계 선택

〈표 3-6〉 프로그램의 구성(G54: 공작물 좌표계 선택)

프로그램 내용	프로그램 설명
% ;	데이터 전송을 위한 %(End of record)
G40 G49 G80 ;	공구 보정 해제, 길이 보정 해제, 고정 사이클 해제
G54 G90 G00 X0. Y0. Z150. ;	공작물 좌표계 선택 후 위치 결정(MDI 모드를 설정하는 경우에는 생략)
G91 G30 Z0. ;	제2 원점(공구교환점)으로 복귀
T02 M06 ;	2번 공구로 교환(사용하려는 공구 번호 지정)
G01 G90 X0. Y0. Z5. G43 H02 ;	위치 결정(공구 길이 보정하며 가공이 시작되는 지점으로 급속이송)
S1000 M03 ;	주축 1000rpm으로 정회전
G01 Z -5. F80 M08 ;	Z축 -5 위치까지 이송 속도 80mm/min 직선 절삭하며, 절삭유 ON
G01 X8. G41 D02 ;	공구경 좌측보정하며 X8.까지 직선 절삭
↓	↓
↓	↓
G90 G00 G49 Z150. M09 ;	공구 길이 보정 취소하며 Z150.까지 급속이송, 절삭유 OFF
G40 M05 ;	공구경 보정 취소, 주축 정지
M02 ;	프로그램 끝
% ;	데이터 전송을 위한 %(End of record) (데이터 전송이 불필요한 경우에는 생략 가능)

2. G92(공작물 좌표계 설정)

공작물 원점에서 시작점까지의 각 축의 거리를 측정하여 G92 G90 X Y Z ;와 같이 지령하여 공작물 좌표계를 정하는 방법을 말한다.

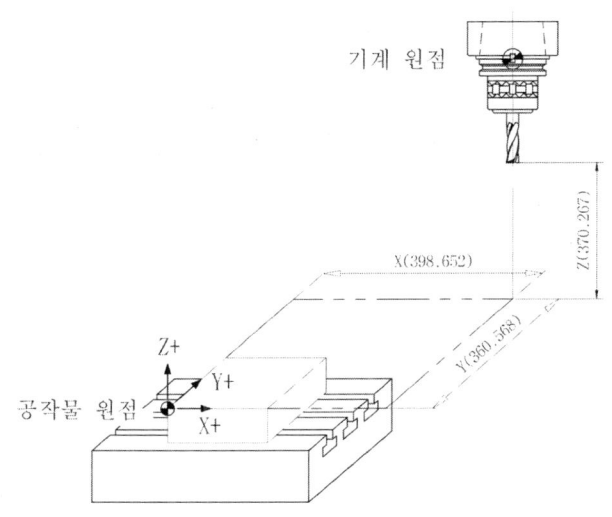

[그림 3-6] G92: 공작물 좌표계 설정

〈표 3-7〉 프로그램의 구성(G92 : 공작물 좌표계 설정)

프로그램 내용	프로그램 설명
% ;	데이터 전송을 위한 %(End of record)
G40 G49 G80 ;	공구 보정 해제, 길이 보정 해제, 고정 사이클 해제
G91 G28 X0. Y0.Z0. ;	기계 원점복귀
G92 G90 X100. Y200. Z150. ;	공작물 좌표계 설정
G91 G30 Z0 ;	제2 원점(공구교환점)으로 복귀
T02 M06 ;	2번 공구로 교환(사용하려는 공구 번호 지정)
G90 G00 X0. Y0. Z5. G43 H02 ;	위치 결정(공구 길이 보정하며 가공이 시작되는 지점으로 급속이송) (MDI 모드를 설정하는 경우에는 생략)
S1000 M03 ;	주축 1000rpm으로 정회전
G01 Z -5. F80 M08 ;	Z축 -5 위치까지 이송 속도 80mm/min 직선 절삭하 며, 절삭유 ON
G01 X8. G41 D02 ;	공구경 좌측보정하며 X8.까지 직선 절삭
↓	↓
↓	↓
G90 G00 G49 Z150. M09 ;	공구 길이 보정 취소하며 Z150.까지 급속이송, 절삭유 OFF
G40 M05 ;	공구경 보정 취소, 주축 정지
M02 ;	프로그램 끝
% ;	데이터 전송을 위한 %(End of record)

3·4 프로그램 원점과 기계 원점복귀

1. 프로그램 원점

가공 시 편리한 임의의 점을 프로그램 원점으로 한다.

보통 교육기관에서는 공작물의 위쪽 좌측 하단을 지정한다.

현장에서는 바이스 조(Jaw)의 상단, 즉 고정 측의 좌측 위를 지정하는 경우가 많다.

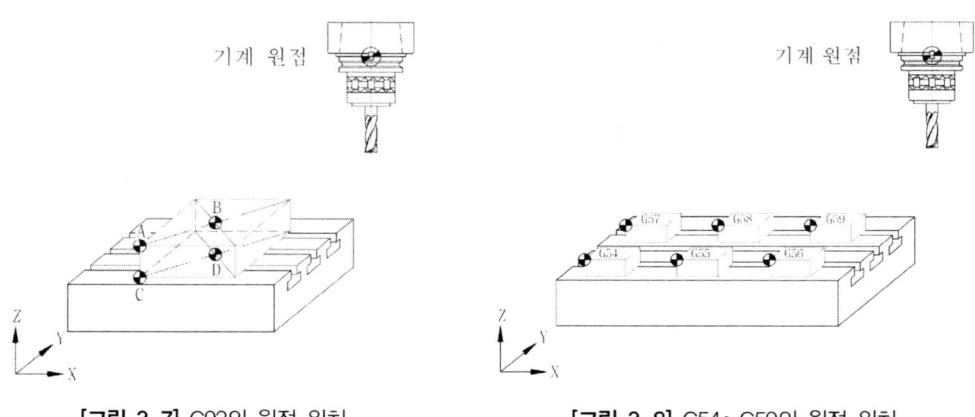

[그림 3-7] G92의 원점 위치   [그림 3-8] G54~G59의 원점 위치

프로그램 원점은 도면을 분석하여 프로그래밍이 편리하고, 가공이 편리한 임의의 점을 프로그램 원점으로 지정한다.

2. 기계 원점복귀

머시닝센터도 CNC 선반과 같이 전원을 공급하면 기계 원점복귀를 시켜 기계 좌표를 인식시켜야 한다. 머시닝센터에도 CNC 선반에서 사용하는 기계 원점복귀(G28), 제2, 제3, 제4 원점복귀(G30), 원점복귀 확인(G27), 원점으로부터 자동 복귀(G29)의 G-코드와 동일한 코드를 사용하여 다음과 같이 지령함으로써 같은 기능을 수행할 수 있다. 중간 경유 점을 지정할 때에는 증분 지령으로 지령하는 것이 안전하다.

1) 지령 방법

(1) 반자동에서 지령

① CRT 화면에 다음과 같이 지령한다.
② G91 G28 X0. Y0. Z100. ;를 입력한다.
③ 자동개시를 누른다.
④ 현 위치에서 X0. Y0. Z100.인 위치를 경유하여 자동 원점복귀가 된다.

(2) 수동에서 지령

① 이송은 0.1mm로 조정한다.
② (-X) 누르고 → - (마이너스) 방향으로 3바퀴 회전한다.
③ (-Y) 누르고 → - (마이너스) 방향으로 3바퀴 회전한다.
④ (-Z) 누르고 → - (마이너스) 방향으로 3바퀴 회전한다.
⑤ REF를 지정한다.
⑥ 8(+X), 4(+Y), 1(+Z)을 차례로 누른다.
⑦ 기계 원점복귀가 된다.

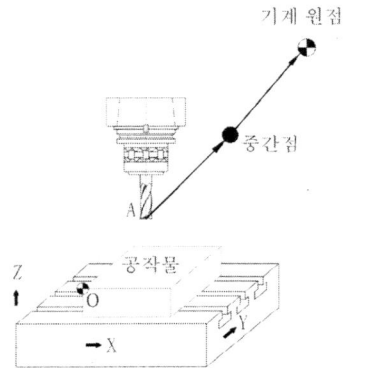

[그림 3-9] G91 G28 X0. Y0. Z0 원점복귀 방식

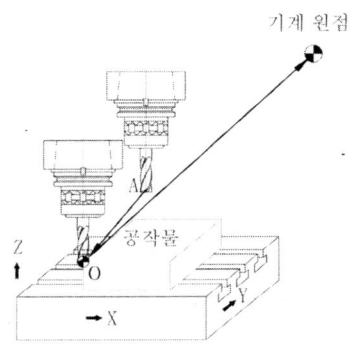

[그림 3-10] G90 G28 X0. Y0. Z0. 원점복귀 방식

단, 이때 원점복귀를 실행하려고 한때는 반드시 공구 길이 보정 취소(즉 G49)를 한 후에 하여야 한다. 그렇지 않으면 알람이 발생한다.

> 💡 프로그램상의 원점복귀 위치(G92로 공작물 좌표계 설정 시)
> G40 G49 G80 ;
> G91 G28 X0. Y0. Z0. ; : 프로그램 원점복귀
> G92 G90 X0. Y0. Z0. ;

2) 제2 원점복귀, 제3 원점복귀, 제4 원점복귀

제1 원점복귀와 같이 중간점을 경유하여 지령된 원점에 급속으로 복귀한다.
이 명령은 기계 원점복귀를 사전에 완료한 후에 수행하여야 한다.

> 지령 형식 G30 { G90, G91 } { P2, P3, P4 }X_ Y_ Z_ ;

P2, P3, P4: 제2 원점 선택, 제3 원점 선택, 제4 원점 선택

기계 원점은 기계제작 시에 제작사에서 원점을 고정하는 경우이지만 제2 원점, 제3 원점, 제4 원점은 기계의 내부 파라미터에서 다르게 설정을 할 수 있는 특징이 있다. 보통 제2 원점은 공구의 교환 위치로 사용한다.

3. 자동 기계 원점복귀

> 지령 형식 G28 { G90, G91 } X_ Y_ Z_ ;

현재의 위치에서 공구를 기계 원점으로 복귀시키는 방법이며 이 원점복귀를 반자동에서 프로그램으로 지령하여 수행할 수 있는 기능을 말한다.
자동이나 반자동에서 G28 코드를 사용하여야 하며, 다음에 중간 경유 점을 지령하여야 하고, 각 축을 기계 원점까지 급속 복귀하는 기능이다.

1) 워드의 의미

> G90, G91: 절대 지령, 증분 지령

- X, Y, Z: 원점복귀 축을 지령하고, 코드 뒤의 숫자 값은 중간 경유 점의 좌푯값이다. 지령을 하지 않는 축은 원점복귀를 하지 않는다.

(1) G28 G91 X0. Y0. Z0. ;
   반자동에서
   G28 G91 X0. Y0. Z0. ; 입력
   자동개시를 누른다.
   결과: 현재의 공구 위치에서 바로 원점복귀한다. (일반적으로 사용하는 기능이다)

   반자동에서
   G28 G91 Y70. 입력
   자동개시를 누른다.
   결과: 현재의 공구 위치에서 Y축만 Y 방향으로 70mm 이동 후에 원점복귀한다.

(2) G28 G90 X0. Y0. Z0. ;
   반자동에서
   G28 G90 X0. Y0. Z0. ; 입력
   자동개시를 누른다.
   결과: 현재의 공구 위치에서 X0. Y0. Z0.인 점, 즉 공작물 좌표계의 원점까지 이동 후에 원점복귀한다.

   반자동에서
   G28 G90 Y70. 입력
   자동개시를 누른다.
   결과: 현재의 공구 위치에서 Y축만 Y 방향으로 70mm 이동 후에 원점복귀한다.

> **참고** 자동 기계 원점복귀 시 특히 주의사항
> ① 원점 가까이 지점에서 원점복귀하면 알람이 발생한다.
> ② 테이블의 중간 정도까지 각 축을 이동하고 원점복귀시킨다.
> ③ 급속으로 원점복귀가 이루어지므로 머시닝 안에서 셋팅 후 사람이 있는 상태에서는 절대로 원점복귀하지 않는다. 즉 공작물 셋팅 후 원점복귀를 시행하는 경우에는 2인 1조로 하여 원점복귀하지 않는다.

4. 수동 기계 원점복귀

이 기능은 핸들 운전으로 X, Y, Z의 각축을 기계 원점에서 일정한 거리만큼 이동 후에 원점을 복귀한다.

1) 수동 원점복귀 방법

　(1) 모드를 핸들에 놓는다.
　　→ RANGE를 0.1로 하고
　　→ 수동펄스기의 X로 하고 → 3바퀴 이상 돌린다.
　　→ 수동펄스기의 Y로 하고 → 3바퀴 이상 돌린다.
　　→ 수동펄스기의 Z로 하고 → 3바퀴 이상 돌린다.

　(2) 모드를 원점에 놓는다.
　　→ 조작판의 '8' 누른다 → '4' 누른다 → '1' 누른다 → 원점이 복귀된다.

2) 원점복귀 확인

각 축을 기계 원점에 복귀한 후에 정확히 원점에 복귀하였는지 확인을 하는 기능이다. 지령된 원점이 기계 원점이면 원점복귀 램프가 점등하고, 원점 위치가 아니면 알람이 발생한다.

> 지령 형식 G27 { G90, G91 } X_ Y_ Z_ ;

X, Y, Z: 중간 경유 점을 표시한다.

3) 원점에서 자동 복귀

원점복귀 후에 G28, G30(제2 원점복귀, 제3 원점복귀, 제4 원점복귀)과 같이 함께 지령된 중간점을 경유하여 G29 다음의 좌푯값으로 위치 결정을 하는 기능이다.

> 지령 형식 G28 { G90 } X_ Y_ ;
> 　　　　　 G29 X_ Y_

X, Y, Z: 중간 경유 점을 표시한다.

5. 공작물 좌표계 설정, 선택

시작점은 작업 시 공구가 출발하는 지점이므로 가공물과 공구와의 충돌을 일으키지 않는 안전한 위치를 선택해야 한다. 프로그램의 원점과 시작점의 위치 관계를 NC에 알려주어 프로그램의 원점을 절대 좌표의 기준점(X0, Y0, Z0)으로 설정하여 주는 공작물 좌표계 설정은 다음과 같이 2가지가 있다.

가공물의 원점에서 보았을 때 공구의 위치가 어디에 있는지 기계에 알려주는 것으로 작업 시 공구가 출발하는 지점이므로 가공물과의 안전을 고려하여 지정하여야 한다.

1) G92를 이용한 방법: 공작물 좌표계 설정

공작물 원점에서 시작점까지의 각 축의 거리를 측정하여 G92G90 X, Y, Z ;와 같이 지령하여 공작물 좌표계를 정하는 방법을 말하며, 반자동(MDI) 모드 또는 프로그램에 아래의 지령 방법과 같은 좌표계 설정 블록을 입력하고 운전을 개시하면 됨
공구와 가공물의 위치가 [그림 3-11]과 같을 때 지령 방법은 아래와 같다.

형식: G92 G90 X398.652. Y360.568. Z370.267. ;

■ 프로그램상의 지령 방법(G92로 공작물 좌표계 설정 시)
G40 G49 G80 ;
G91 G28 X0. Y0. Z0. ;
G92 G90 X398.652 Y360.568 Z370.267 ;
G91 G30 Z0. M19 ;
T01 M06 (∅3 센터 드릴) ;
G90 G00 X20. Y20. ;

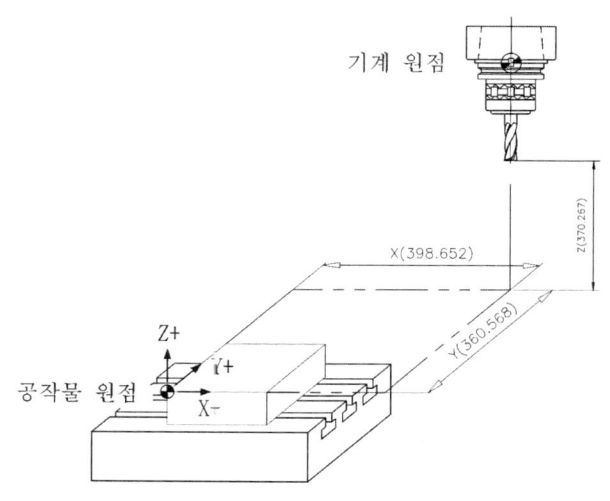

[그림 3-11] G92로 공작물 좌표계를 설정할 시 공작물의 원점 위치 및 좌푯값

2) G54-G59 공작물 좌표계를 선택하는 방법

각 축의 기계 원점에서 각각의 공작물 원점까지의 거리를 공작물 보정(Work offset) 화면의(01)~(06)에 직접 입력, 또는 파라미터에 입력하여 공작물 좌표계의 원점을 정해 놓고 G54~G59의 지령으로 선택하여 사용한다.
이때 X _ Y _ Z _에 입력되는 수치는 기계 원점에서 공작물 원점까지의 거리이다.

(00)은 공작물 좌표계 이동(Shift)량으로 입력된 수치만큼 공작물 좌표계 전체가 이동되어 기계 원점에서 보았을 때 공작물 원점까지의 거리를 공작물 보정(Work offset)에 직접 입력하는 방식이다. G92와 X, Y, Z값은 똑같고 단지 '-' 값으로 입력한다.
G54-G59의 코드로 다음과 같이 지령하면, 공작물 보정(Work offset) 화면(01)~(06)에 입력되어 있는 좌표계를 선택하여 공작물 좌표계가 설정되며, 지령된 위치로 급속 위치 결정한다.

형식: G54 G00 G90 X0. Y0. Z200. ;

G54에 입력되어 있는 수치만큼 길이 보정하여 좌표계를 설정한 후 절대 좌표
X0. Y0. Z200.인 위치에 급속 위치 결정

(1) 프로그램상의 지령 방법(G54 공작물 좌표계 선택 시)
   G40 G49 G80 ;
   G54 G90 G00 X20. Y30. ;
   G91 G30 Z0. M19 ;
   T01 M06 (∅3 센터 드릴) ;
   G90 G00 X20. Y20. ;
   G43 Z50. H001 S1500 M03 ;
   Z5. M08 ;

(2) G54값을 CRT 화면에 입력하는 방법
   편집(EDIT) 또는 핸들(M 프로그램)에서 화면을 누른다.
   보정(F5)을 누른다.
   워크(F2)를 누른다.
   N0. 1(G54)에 다음과 같이 입력한다.
   (F3, F4로 커서 이동하여 화면에 수치를 입력한다.)
   X -398.652 입력 ENTER를 누른다.
   Y -360.568 입력 ENTER를 누른다.
   Z -370.267 입력 ENTER를 누른다.

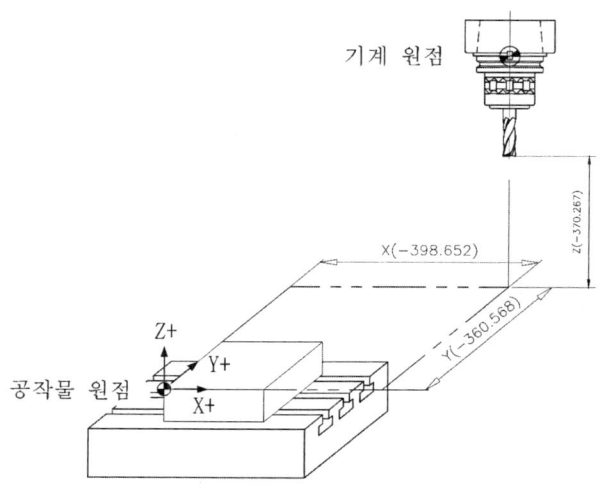

[그림 3-12] G54로 공작물 좌표계를 선택 시 공작물의 원점 위치 및 좌푯값

(3) G54와 G92의 프로그램 작성상의 비교

⟨표 3-8⟩ G54와 G92의 프로그램 비교

G40 G49 G80 ; G91 G30 Z0. M19 ; T01 M06 (∅3 센터 드릴) ; G54 G90 G00 X20. Y20. ; G43 Z50 H001 S1500 M03 ; Z5. M08 ;	G40 G49 G80 ; G91 G28 X0. Y0. Z0. ; G92 G90 X70. Y100. Z30. ; G91 G30 Z0. M19 ; T01 M06 (∅3 센터 드릴) ; G90 G00 X20. Y20. ; G43 Z50. H001 S1500 M03 ; Z5. M08 ;

(4) G10을 지정하는 경우(DATA 입력)

> 형식: G90 G10 L2 P1 X_ Y_ Z - ;

공작물 보정(1)에 각 축의 기계 원점에서의 각각 공작물 원점까지의 거리입력

G40 G49 G80 ;

G91 G30 Z0. M19 ;

T01 M06 (∅3 센터 드릴) ;

G90 G10 L2 P0 X0. Y0. Z0. ;

G10 L2 P01 X -398.652 Y -360.568 Z -370.267 ;

G54 G00 X20. Y20. ;

G43 Z50. H001 S1500 M03 ;

Z5. M08 ;

(5) 구역 좌표계(Local coordinate system) = G52

G92나 G54-G59 지령에 의하여 공작물 좌표계를 설정하고 작업할 때, 극좌표로 지령하면 편리한 작업을 할 수 있다. 이러한 경우 공작물 좌표계를 기준으로 새로운 구역 좌표계를 설정하여, 극좌표의 원점으로 사용하고자 할 때 G52를 사용하며, 다음과 같이 지령한다. 일단 G52가 설정되면 취소할 때까지 절대 좌표(G90)로 지령하는 좌푯값은 이 구역좌표를 기준으로 한다.

① 구역 좌표계 설정(G52)

형식: G52 X_ Y_ Z_ ;

지령하는 X_ Y_ Z_ 의 좌표는 구역좌표계의 원점위치를 공작물 좌표계상에서 본 좌표이다. 즉, 구역 좌표계의 지령은 좌표계의 원점(절대 좌표X0 Y0)에서 지령된다. 일단 설정하면 취소할 때까지 절대좌표(G90)로 지령하는 좌푯값은 이 구역좌표를 기준으로 한 좌표이다.

② 구역 좌표계의 변경

㉮ 새로운 구역 좌표계 입력으로 변경할 수 있다.

　　G52X_ Y_ Z_ ; 를 새로 입력

㉯ G52 X0. Y0. Z0. ;를 입력하거나, 리셋(Reset)하면 구역좌표가 취소되며, 이후의 절대 좌푯값은 공작물 좌표계를 기준으로 한 좌표계이다.

㉰ 새로운 공작물 좌표계를 설정하면 구역 좌표계는 취소된다.

　　G92X Y Z ;를 새로 입력하면 새로운 공작물 좌표계가 설정된다.

> **주의사항**
> (a) 위의 (다)의 경우 X, Y, Z의 값 중에 좌표 치를 입력하지 않은 축은 그 앞의 구역 좌표계의 값으로 유지된다.
> (b) G52 블록 직후의 이동 지령은 반드시 절대 지령으로 해야 한다.
> (c) 공구지름 보정에서는 G52에 의해 일시적으로 보정 취소가 된다.
> (d) 구역 좌표계를 설정해도 공작물 좌표계나 기계 좌표계는 변하지 않는다.

[예제] [3-2] 다음 그림은 G54의 공작물 좌표계 선택에 의해 설정된 공작물 좌표계에서, X55. Y55. 떨어진 위치에 구역좌표계를 설정하여 원점을 재지정하고, A-B-C-D를 위치 결정하는 프로그램을 작성하고, 다시 구역좌표계를 취소하고, G54에 의한 원점을 원위치시키는 프로그램을 작성하시오. (단, Z의 위치는 변화가 없으므로 X, Y의 원점 만을 변경한다. 공작물의 깊이는 22mm이다.)

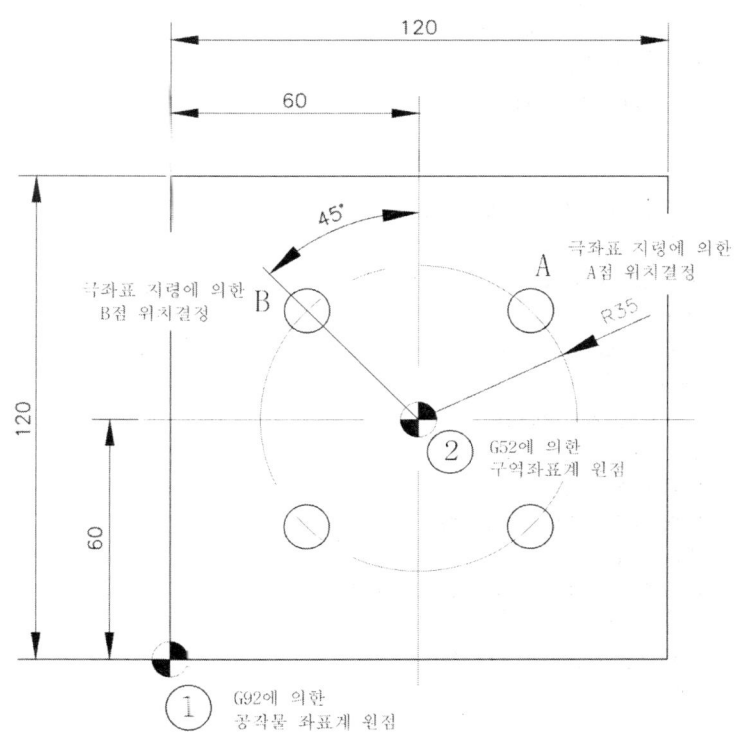

[그림 3-13] 구역 좌표계 설정

 풀이

주 프로그램

O1310 ;
G40 G49 G80 ;
G91 G30 Z0. M19 ;
T01 M06 (∅3 센터 드릴) ;
G54 G90 G00 X0. Y0. ;
G52 G90 X50. Y50. ;
G16 ;
X35. Y45. ;
G43 Z200. H01 S1500 M03 ;
Z10. M08 ;
G81 G99 G90 Z -5. R3. F80 ;
M98 P1311 ;
G00 Z200. G49 G80 M09 ;
M05 ;
G91 G30 Z0. M19 ;
T02 M06 (∅8 드릴) ;
G90 G00 X35. Y45. ;
G43 Z200. H02 S800 M03 ;
Z10. M08 ;
G73 G99 G90 Z -26. Q3. R3. F80 ;
M98 P1311 ;
G00 Z200. G49 G80 M09 ;
M05 ;
G15 ;
G91 G28 X0. Y0. Z0. ;
M02 ;

보조 프로그램

O 1311 ;
G90 Y135. ;
　　　Y225. ;
　　　Y315. ;
　　　M08 ;
　　　M99 ;

<u>만약, 보조 프로그램을 사용하지 않고 프로그램 작성 시</u>

다음과 같이 프로그램하면 공구의 공정 수가 많아지며 프로그램이 길어지고 잘못 입력하는 오류가 발생할 수 있다.

G81 G99 G90 Z -5. R3. F80 ;　　　　G73 G99 G90 Z -26. Q3. R3. F80 ;
　　　　Y135. ;　　　　　　　　　　　　　　Y135. ;
　　　　Y225. ;　　　　　　　　　　　　　　Y225. ;

예제 [3-3] 다음 그림은 G54의 공작물 좌표계 선택에 의해 설정된 공작물 좌표계에서, X50. Y50. 떨어진 위치에 구역 좌표계를 설정하여 원점을 재지정하고, A부터 반시계 방향으로 가공하는 프로그램을 작성하고 다시 구역 좌표계를 취소하고, G54에 의한 원점을 원위치시키는 프로그램을 작성하시오. (단, Z의 위치는 변화가 없으므로 X, Y의 원점만을 변경한다.)

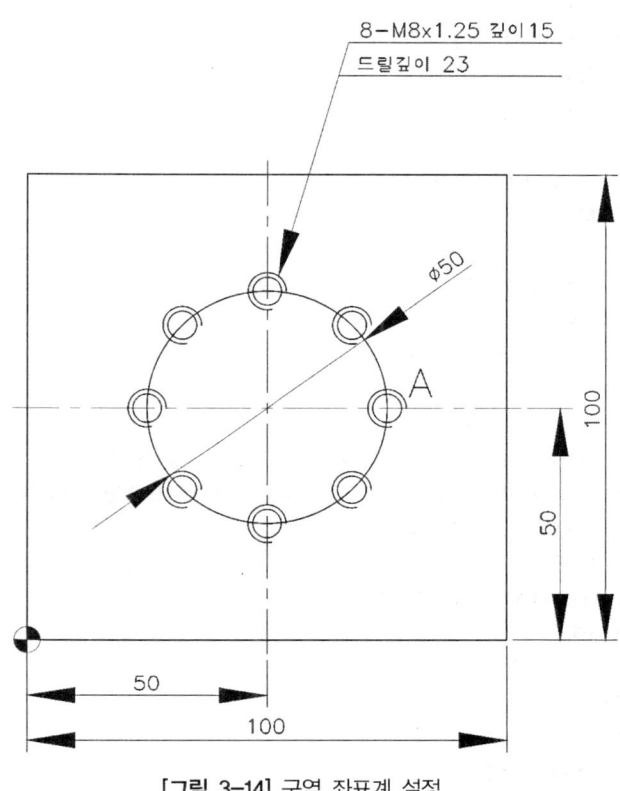

[그림 3-14] 구역 좌표계 설정

풀이

주 프로그램

```
O1320 ;
G40 G49 G80 ;
G91 G30 Z0. M19 ;
T01 M06 (∅3 센터 드릴) ;
G54 G90 G00 X0. Y0. ;
G52 G90 X50. Y50. ;
X0. Y0. ;
G43 Z200. H01 S1000 M03 ;
Z10. M08 ;
G16 ;
G81 G99 G90 X25. Y0. Z −5. R3. F80 ;
M98 P1321 ;
G00 Z200. G49 G80 M05 ;
M09 ;
G91 G30 Z0. M19 ;
T02 M06(∅6.8 드릴) ;        원래는 d = 8 − 1.25 = 6.75
G90 G00 X30. Y0. ;          6.75이지만 6.8mm 드릴을 선택한다.
G43 Z200. H02 S800 M03 ;
Z10. M08 ;
G81 G99 G90 Z −21. R3. F80 ;
M98 P1321 ;
G00 Z200. G49 G80 M05 ;
M09 ;
G91 G30 Z0. M19 ;
T03 M06(M8 탭) ;
G90 G00 X30. Y0. ;
G43 Z200. H03 S200 M03 ;
Z10. M08 ;
G84 G99 G90 Z −12. R3. F250 ;
M98 P1321 ;
G15 ;
G52 X0. Y0. ;
M09 ;
G91 G28 X0. Y0. Z0. ;
M02 ;
```

보조 프로그램

```
O1321 ;
G90 Y45. ;
    Y90. ;
    Y135. ;
    Y180. ;
    Y225. ;
    Y270. ;
    Y315. ;
    M99 ;
```

3·5 좌표치의 지령 방법

공구의 이동량을 지령하는 방법에는 절대(Absolute) 지령과 증분(Incremental) 지령의 2가지 방법이 있다.

1. 절대 지령(Absolute: G90)

프로그램 원점을 기준으로 직교좌표계의 좌표 값을 입력하는 방식으로 (G90)과 함께 X, Y, Z 끝점의 위치를 지령한다.

2. 증분 지령(Incremental: G91)

현재의 공구 위치를 기준으로 끝점까지의 X, Y, Z의 증분 값을 입력하는 방식으로 G91과 함께 X, Y, Z의 증분 값을 지령한다. 쉽게 표현하면 공구의 이동 시작점이 좌표의 원점이 된다.

예제 [3-4] [그림 3-15]를 보고 G90, G91로 프로그램을 하시오.

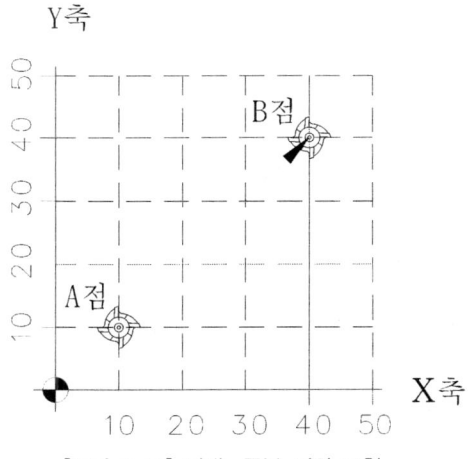

[그림 3-15] 절대·증분 지령 표현

풀이

가. A점에서 B점으로 이동할 때
- 절대 지령: G00 G90 X40. Y40. ;
- 증분 지령: G00 G91 X30. Y30. ;

나. B점에서 A점으로 이동할 때
- 절대 지령: G00 G90 X10. Y10. ;
- 증분 지령: G00 G91 X -30. Y -30. ;

예제 [3-5] [그림 3-16]을 보고 G90, G91로 프로그램을 하시오.

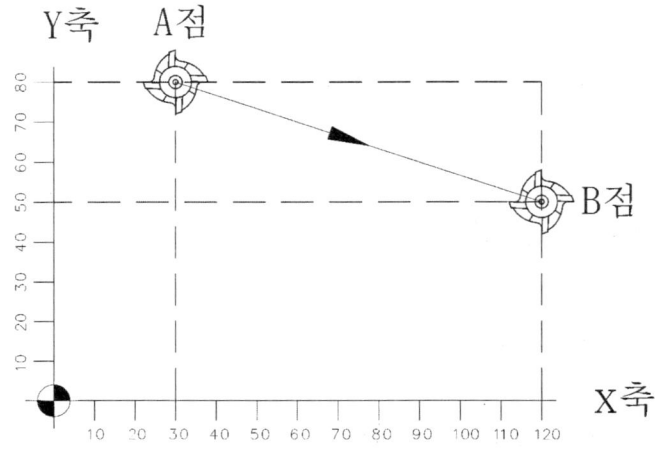

[그림 3-16] 절대·증분 지령 표현

가. A점에서 B점으로 이동할 때
- 절대 지령: G00 G90 X120. Y50. ;
- 증분 지령: G00 G91 X90. Y -30. ;

나. B점에서 A점으로 이동할 때
- 절대 지령: G00 G90 X30. Y80. ;
- 증분 지령: G00 G91 X -90. Y30. ;

3. 위치 결정 및 직선 보간(G00, G01)

1) 급속 위치 결정(G00)

급속 위치 결정은 가공을 하기 위하여 공구를 일정한 위치로 이동하는 지령을 말하며, 파라미터에서 지정된 급속이송 속도로 빠르게 움직이므로 공구가 가공물이나 기계에 충돌하지 않도록 특히 주의하여야 한다.

형식: G00 { G90, G91 } X_ Y_ Z_ ;

G90, G91: 절대·증분 지령(2개 중 하나만 지령)
X, Y, Z: X, Y, Z축의 급속이동 끝점

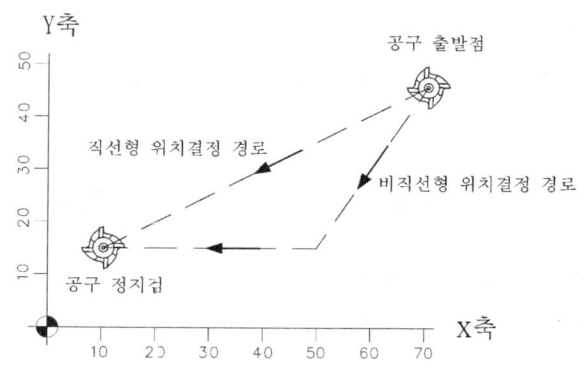

[그림 3-17] 급속 위치 결정의 경로

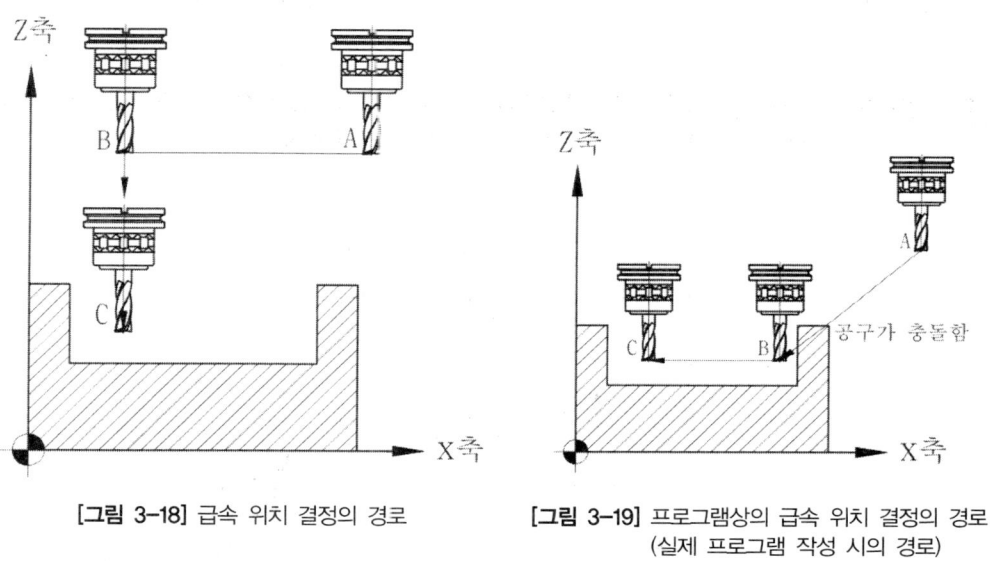

[그림 3-18] 급속 위치 결정의 경로   [그림 3-19] 프로그램상의 급속 위치 결정의 경로
(실제 프로그램 작성 시의 경로)

급속 위치 결정은 2차원 공구의 이동은 [그림 3-17]과 같이 비 직선형 위치로 이동을 하므로 충돌의 우려가 없지만, [그림 3-18]과 같이 3차원 형상의 이동할 때는 특히 급속위치 결정의 이동 경로를 생각하고 프로그램을 하여야 한다. 3차원 형상의 프로그램을 지정할 시에는 반드시 X, Y로 이동을 하고 Z 방향으로 이동을 지령한다.
3차원 형상의 프로그램은 [그림 3-18]과 같이 A → B → C의 이동 경로로 프로그램을 지정한다.

2) 직선 보간(G01)

프로그램에서 지령된 끝점으로 F의 이송 속도로 직선으로 이동하며 가공할 때 사용한다.

형식: G00 { G90, G91 } X_ Y_ Z_ F_ ;

G90, G91: 절대 · 증분 지령(2개 중 하나만 지령)
X, Y, Z: X, Y, Z축의 가공 끝점의 좌표
F: 이송 속도

직선 보간 이송 속도의 지령은 분당 이송(G94)과 회전당 이송(G95)으로 지령할 수 있으나, 머시닝센터의 경우에는 분당 이송으로 선택되도록 파라미터에 설정하여 사용한다.

예제 [3-6] [그림 3-20] 도면에서 A점부터 E점까지의 프로그램을 절대, 증분 지령으로 작성하시오. (단, 현재의 공구 위치는 X10. Y40.의 위치에 있다.)

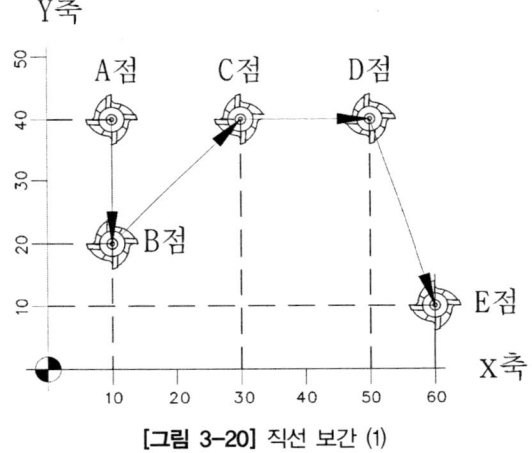

[그림 3-20] 직선 보간 (1)

풀이

가. 절대 지령
  G90 G01 X10. Y20. ; B점
  G90 G01 X30. Y40. ; C점
  G90 G01 X50. Y40. ; D점
  G90 G01 X60. Y10. ; E점

나. 증분(상대) 지령
  G91 G01 X0. Y -20. ; B점
  G91 G01 X20. Y20. ; C점
  G91 G01 X20. Y0. ; D점
  G91 G01 X10. Y -30. ; E점

[예제] [3-7] [그림 3-21] 도면에서 A점의 P1 위치로 이동하여 P2 위치까지 절삭하고, 계속하여 B점, C점까지 절삭하는 프로그램을 절대, 증분 지령으로 작성하시오. 단, 이송 속도는 100mm/min 절삭 깊이는 절대 지령으로 표현하고, 공구의 현재 위치는 X0. Y0. Z12.이다. A → B → C 이동은 절대, 증분으로 작성함)

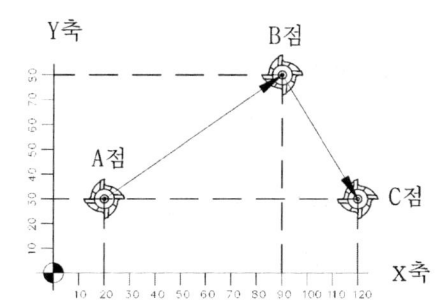

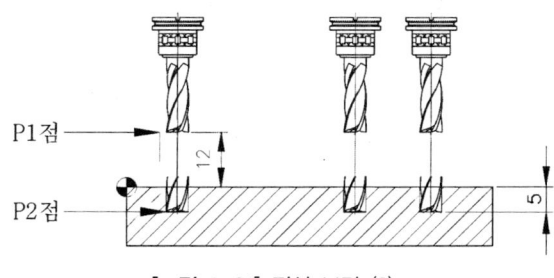

[그림 3-21] 직선 보간 (2)

[풀이]

가. 절대 지령

A점 이동 G90 G00 X20. Y30. Z12. ;
P2점 절삭 G90 G01 Z -5. F50 ;
P1점 이동 G90 G01 Z12. F50 ;
B점 이동 G90 G00 X90. Y80. ;
P2점 절삭 G90 G01 Z -5. F50 ;
P1점 이동 G90 G01 Z12. F50 ;
C점 이동 G90 G00 X120. Y30. ;
P2점 절삭 G90 G01 Z -5. F50 ;
P1점 이동 G90 G01 Z12. F50 ;

나. 증분 지령

A점 이동 G91 G00 X20. Y30. Z0. ;
P2점 절삭 G91 G01 Z -17. F50 ;
P1점 이동 G91 G01 Z17. F50 ;
B점 이동 G91 G00 X70. Y50. ;
P2점 절삭 G91 G01 Z -17. F50 ;

P1점 이동 G91 G01 Z17. F50 ;
C점 이동 G91 G00 X30. Y -50. ;
P2점 절삭 G91 G01 Z -17. F50 ;
P1점 이동 G91 G01 Z17. F50 ;

3) 직선 구간의 임의의 면취 ,C 및 코너 ,R 기능

직선과 직선 사이에 교차하는 곳의 면취 ,C(Chamfering)나 코너(Corner) ,R 가공을 모두 좌표를 지정하면 프로그램도 길어지므로 간단히 한 블록으로 지령할 수 있다.
직선 가공 지령의 블록 끝에 면취 가공 시에는 C를 지정하면 되고, 코너 ,R 가공 시에는 R을 지령하면 간단히 프로그램할 수 있다.

$$\text{지령 형식: G01 } \{ \text{ G90, G91 } \} \text{ X}_\_\text{ Y}_\_ \begin{Bmatrix} ,\text{C}\_\_ \\ ,\text{R}\_\_ \end{Bmatrix} \text{ F}\_\_ \text{ ;}$$

C_ : C 다음의 숫자 값은 가상 교점에서 면취 개시 점 및 종료 점까지의 거리이다.
R_ : R 다음의 숫자 값은 반경 값을 의미한다.

※ 보통 임의의 ,C_ 및 ,R_ 평면에서의 가공을 말하며, 3차원 가공에서의 가공은 Z값이 존재하므로 이 기능을 사용하지 않는다.

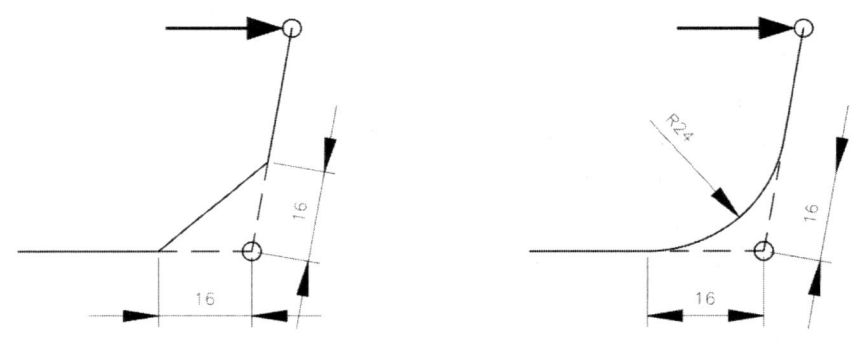

[그림 3-22] 임의의 ,C 및 ,R 지령

〈표 3-9〉 ,C 및 ,R 지령 방법

,C 지령 방법	,R 지령 방법
G01 X200. Y70. ,C16. F80 ;	G01 X200. Y70. ,R16. F80 ;

〈가공 시 주의할 사항〉
1. 이 기능은 자동운전에서만 사용이 가능하다.
2. 두 직선 사이에서만 사용이 가능하다.
3. 면취 = ,C나 코너 ,R 가공의 주소 C, R 앞에는 ','를 반드시 사용하여야 한다.

예제 **[3-8]** 면취 ,C와 코너 ,R 기능을 사용하여 다음을 프로그램하시오. (단, 현재의 공구 위치는 X -15. Y -15. 점에 있다.)

가공경로: O → A → B → C → D → E → O

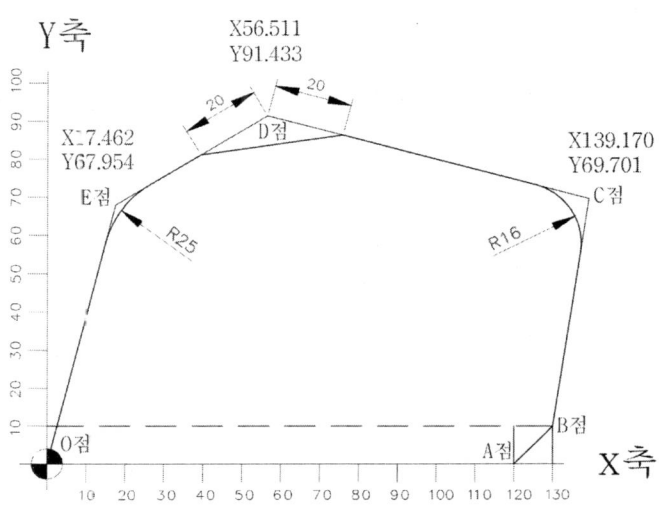

[그림 3-23] 면취 ,C와 코너 ,R 지령

풀이

O점	G90 G42 G01 X0. Y0. F100 ;
A점-B점	G90 G01 X130. ,C10. ;
C점	G01 X139.170 Y69.701 ,R16. ;
D점	G01 X56.511 Y91.433 ,C20. ;
E점	G01 X17.462 Y67.954 ,R25. ;
	G01 X0. Y0. ;
	G01 Y -10. ;
	G40 G00 X -15. Y -15. ;

4. 원호 보간(G02, G03)

지령된 시작점에서 끝점까지 반지름 R로 시계 방향(G02)과 반시계 방향(G03)으로 원호를 가공한다.

G02=CW : Clock Wise   G03=CCW : Counter Clock Wise

```
          G17
형식: G18 { G02, G03 } { G90, G91 } X_ Y_ Z_ F_ {R_ }F_ ;
          G19                                   I_ J_ K_
```

여기서, G17, G18, G19: 작업평면을 의미한다.
R 또는 I, J, K: 원호 반지름 또는 시작점에서 원호 중심까지의 벡터량을 입력함
I, J, K의 값 중에서 0인 값은 생략할 수 있다.
F: 이송 속도

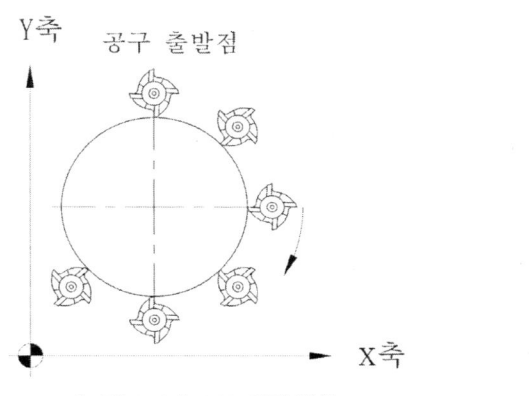
[그림 3-24] G02 회전 방향

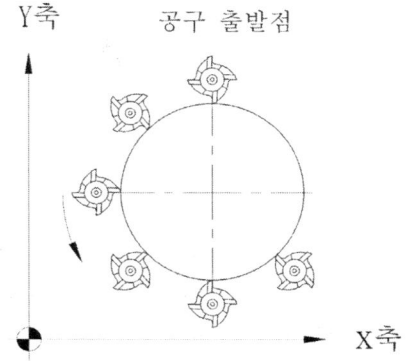
[그림 3-25] G03 회전 방향

참고 R대신 I, J, K를 사용하는 이유

원호 가공 시 R로 지령하면 좌표의 시작점에서 종점까지 R의 값만큼 서로를 연결해 주는 가공이 되지만, I, J, K의 지령은 시작점에서 종점 및 원호 R의 중심점을 서로 연결하여 내부적으로 원호가 정확하게 성립되는 지를 판독하여 가공을 시작한다. 만약 값이 틀려서 원호가 정확히 성립하지 않으면 알람을 발생하여 새로운 값을 요구한다. 보통 R 지령보다 I, J, K의 지령이 정밀한 경우가 많으며 특히 와이어 컷 방전가공의 경우는 원호 가공을 G17 평면에서는 I, J를 주어야 정밀한 원호 가공을 할 수 있다.
I, J, K의 지령에 대해서는 'Part Ⅳ. 보정기능'에서 상세히 설명하겠다.

(1) R 지령의 부호 결정
  • A 좌표점: 원호 가공의 시작점
  • B 좌표점: 원호 가공의 끝점

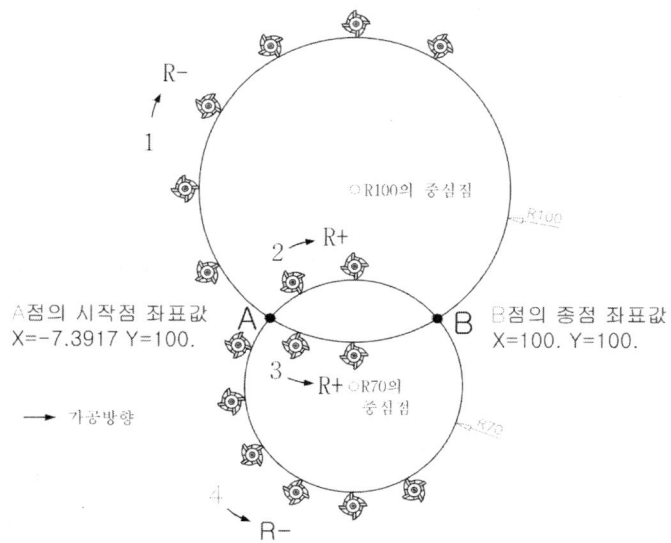

[그림 3-26] 원호 가공의 R 지령 부호

(2) 원호의 부호 결정
  • R+: 원호의 시작점에서 종점까지의 각도를 계산하여 180°까지(180°는 -하여도 관계없음)
  • R-: 원호의 시작점에서 종점까지의 각도를 계산하여 180° 이상

 [3-9] [그림 3-26]을 참고하여 1, 2, 3, 4의 원호 가공 프로그램을 완성하시오. (각도를 구하는 방법은 → 표시대로 따라가 보면 각도를 구할 수 있다.)

풀이

1: G02X100.Y100.R-100. ; A에서 → R100.의 중심점
   → B점까지 시계 방향 각도 180° 이상

2: G02X100.Y100.R70. ; A에서 → R70.의 중심점
   → B점까지 시계 방향 각도 180° 이하

3: G03X100.Y100.R100. ; A에서 → R100.의 중심점
   → B점까지 반시계 방향 각도 180° 이하

4: G03X100.Y100.R-70. ; A에서 → R70.의 중심점
   → B점까지 반시계 방향 각도 180° 이상

예제 [3-10] [그림 3-27]의 도면을 보고 프로그램을 작성하시오.

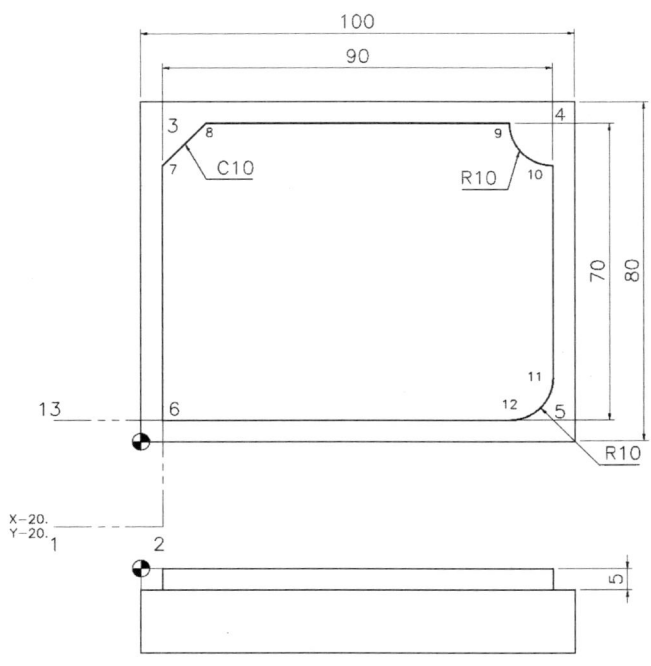

<표 3-10> 공구 제원

공구 이름	엔드밀
공구 번호	1
공구 직경	∅12
회전수(rpm)	1500
이송(mm/min)	150

[그림 3-27] G02, G03 원호 보간

풀이

O0001	프로그램 번호. 영문자 O 다음에 숫자 지정. 0001~9999 지정
G40 G49 G80 G17	G40 공구 직경 보정 취소, G49 공구 길이 보정 취소, G80 고정 사이클 취소 G17 X-Y 평면 지정
T01 M06	1번 공구를 교체하라
G54 G90 G00 X -20. Y -20.	G54 공작물 좌표계 선택, 절대 지령, X -20. Y -20으로 급속 위치 결정
G43H01Z150.S1500M03	G43으로 길이 보정하면서 H01에 보정값을 지정하고, Z150.까지 급속이송, 회전수 1500, 시계 방향 회전 공구 번호와 동일하게 길이 보정을 지정한다. 위 T01 = H01
Z5.	Z5. 안전높이까지 급속이송
Z -5.	Z -5. 절삭 깊이까지 급속이송
G41 G01 X5. D01 F150 M08	G41로 좌측보정하면서 D01에 보정값 6.0 주고, X5.까지 직선 보간 150mm/min로 이송, 절삭유 ON
Y75.	③ 위치의 위로 이동
X95.	④ 위치의 우측으로 이동
Y5.	⑤ 위치의 아래로 이동
X5.	⑥ 위치의 좌로 이동
Y65.	⑦ 위치의 위로 이동

X15. Y75.	⑧ 위치의 우측 위로 이동
X85.	⑨ 위치의 우측으로 이동
G03 X95. Y65. R10.	⑩ 위치의 우측 아래로 이동
G01 Y15.	⑪ 위치의 아래로 이동
G02 X85. Y5. R10.	⑫ 위치의 좌측 아래로 이동
G01 X -20.	⑬ 위치의 좌측으로 이동
G00 Z150. M09	Z150.까지 위로 급속이송
G49 M05	G49 공구 길이 보정 취소, 공작물 회전 정지
M02	프로그램 끝
G43 (+ 방향 보정)	G41 공구지름 좌측 보정 = 좌측 보정
G44 (- 방향 보정)	G42 공구지름 우측 보정 = 우측 보정
G49 (공구 길이 보정 취소)	G40 공구지름 보정 취소 = 보정 취소

예제 [3-11] [그림 3-28]의 도면을 보고 프로그램을 작성하시오.

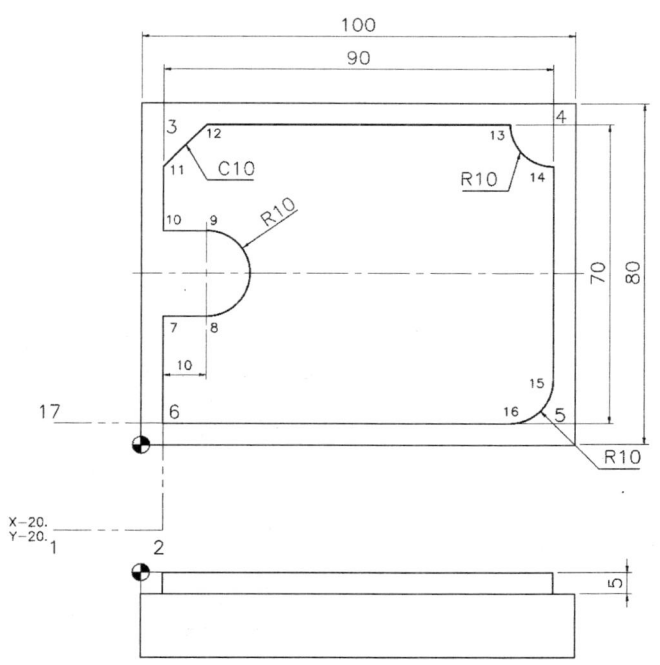

[그림 3-28] G02, G03 원호 보간

〈표 3-11〉 공구 제원

공구 이름	엔드밀
공구 번호	1
공구 직경	⌀12
회전수(rpm)	1500
이송(mm/min)	150

O0002	G03 Y50. R10.
G40 G49 G80 G17	G01 X5.
T01 M06	Y65.
G54 G90 G00 X -20. Y -20.	X15. Y75.
G43 H01 Z200. S1500 M03	X85.
Z5.	G03 X95. Y65. R10.
Z -5.	G01 Y15.
G41 G01 X5. D01 F150 M08	G02 X85. Y5. R10.
Y75.	X -20.
X95.	G00 Z150. M09
Y5.	G49 M05
X5.	M02
Y30.	
G01 X15.	

예제 [3-12] [그림 3-29]의 도면을 보고 프로그램을 작성하시오.

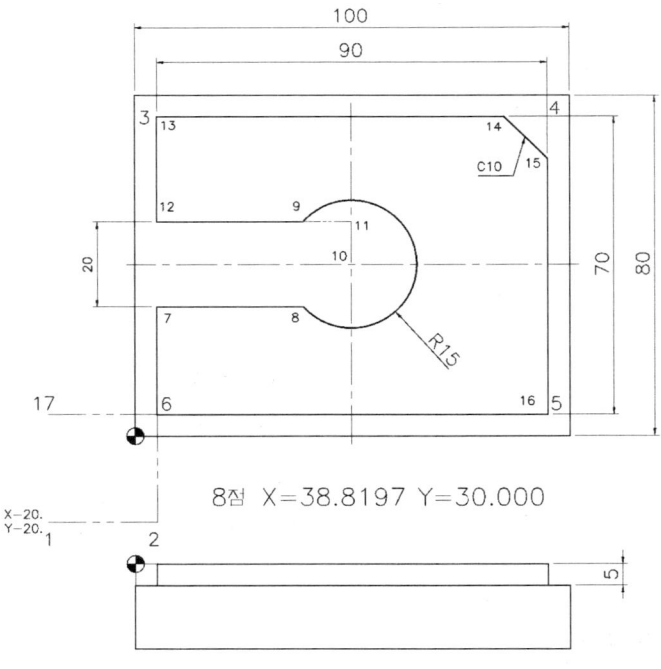

〈표 3-12〉 공구 제원

공구 이름	엔드밀
공구 번호	1
공구 직경	∅12
회전수(rpm)	1500
이송(mm/min)	150

[그림 3-29] R- 원호 보간

O0003		
G40 G49 G80 G17	Y5.	X5.
T01 M06	X5.	Y75.
G54 G90 G00 X -20. Y -20.	Y30.	X85.
G43 H01 Z200. S1500 M03	X38.819	X95. Y65.
Z5.	G03 Y50. R-15.	Y5.
Z -5.	G40 G01 X50. Y40.	G01 X -20.
G41 G01 X5. D01 F150 M08	G41 Y50.	G00 Z150. M09
Y75.		G49 M05
X95.		M02

5. 작업평면 선택(G17, G18, G19)

원호 가공은 가공물의 형상에 맞는 작업평면을 선택하고 회전 방향을 지령하여야 하는데, 수직형 머시닝센터의 경우에는 가장 많이 사용하는 평면인 XY 평면이 초기에 설정되도록 파라미터에 지정하여 사용하므로, X-Y 평면이 아닌 다른 평면을 선택할 때에만 지정하면 된다.

오른손 좌표계에서의 작업평면과 회전 방향은 XY 평면, YZ 평면, YZ 평면에 대하여 Z축, Y축, X축의 (+) 방향에서 바라보며, 회전 방향을 정한다.

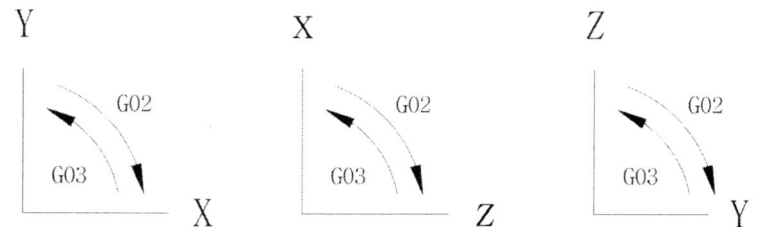

[그림 3-30] G17, G18, G19의 평면선택과 원호 방향 표시

〈표 3-13〉 작업평면

작업평면 선택	
G17	X - Y 평면
G18	Z - X 평면
G19	Y - Z 평면

최신 머시닝센터 프로그램과 가공 기술

Part IV

보정 기능

4·1 공구지름(직경) 보정
4·2 공구 길이 보정

4·1 공구지름(직경) 보정

공작물을 가공할 때 공구의 중심은 가공할 때 아주 중요하다. 좌표선 상에서 공구의 중심이 어디에 있는가에 따라서 공작물의 형태가 다르게 가공되므로 프로그램을 작성할 때는 좌표선 상에서 공구의 중심 위치를 반드시 알려 주어야 한다.

가공 시에는 사용하는 Tool이 많고, Tool의 지름과 길이도 일정하지 않다. 어떤 부품을 가공하기 위해 사용되는 Tool의 지름과 길이를 생각하며 Program을 한다면, 복잡한 부품의 경우에는 많은 시간이 소요되거나 프로그램을 할 수 없을 것이다. 그러므로 Tool의 크기와 상관없이 Program을 작성하고, Tool의 지름과 길이의 차이를 CNC 기계의 Tool 보정값 입력란에 입력하고 그 값을 불러 보정하여 사용한다.

1. 공구지름 보정 방법

[그림 4-1]과 같은 공작물을 절삭할 경우, Tool 중심의 통로는 Tool 반지름(R)만큼 떨어진 점선 부분으로 이동하여 가공을 하게 된다. 이 경우 Tool 중심으로부터 떨어진 거리를 오프셋(Offset)이라고 한다. [그림 4-1]과 같이 Tool를 가공형상으로부터 일정 거리(Distance)만큼 떨어지게 하는 것을 Tool 지름 보정이라 한다.

Tool 지름 보정은 G00, G01과 함께 지령하여야 하며, Tool의 진행 방향에 따라서 3가지의 G-코드로 분류하며 이 중에서 가공 소재의 가공 형상을 생각하여 하나를 선택하여 사용한다.

> 형식 (G17, G18, G19) G90(G91) G00(G01) G41(G42) X_ Y_ D_ ;
> 취소 G00(G01) G40 X_ Y_ ;

D: 보정화면에 Tool 지름 보정값을 입력한 번호
　공구 보정이 G02, G03과 함께 지령하면 알람이 발생한다.
　보정량이 D 코드(Code)로 한번 선택되면 다른 보정량이 선택될 때까지 변하지 않는다.

공구경의 보정 G 코드는 평면선택기능(G17, G18, G19)의 기능에 따라 1축 이상의 이동지령과 함께 사용하며 가능하면 1축(X, 또는 Y축)으로 지령하는 것이 좋으며, 공구경의 보정 이동량도 공구경의 반경 이상으로 이동시키는 것이 좋으며, 짧은 거리에서 공구경을 지령하다 보면 Offset의 알람이 발생하면 공구의 이동 거리를 변경하며 다시 보정을 하면 알람이 해제된다.

보정량 코드는 공구지름을 보정할 때 D를 사용하고, 공구 길이를 보정할 때 H를 사용한다.

공구지름 보정의 기능으로 2개의 축을 동시에 이동시킬 경우 공구 보정은 2축에 모두 유효하다. 공구지름을 보정할 때 이동 지령값보다 보정량이 더 클 경우 공구의 실제 이동은 프로그램의 반대 방향으로 이동한다.

공구지름 보정 G-코드	
G41	공구지름 좌측 보정
G42	공구지름 우측 보정
G40	공구지름 보정 취소

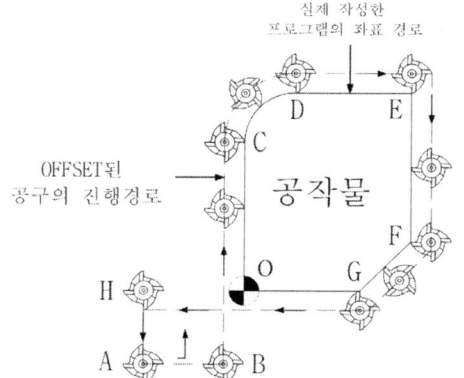

[그림 4-1] OFFSET된 가공경로

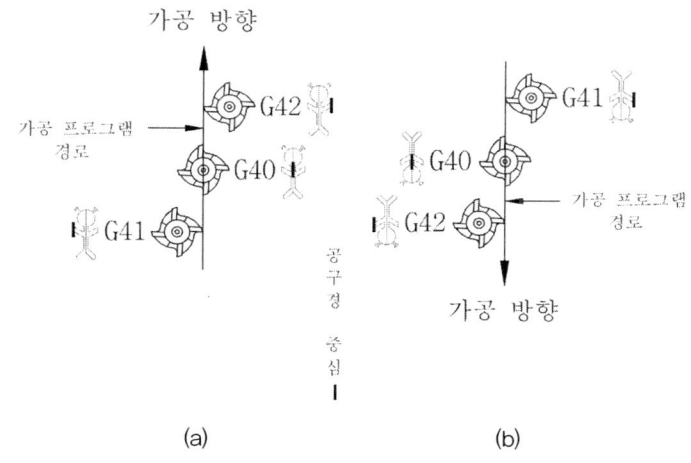

[그림 4-2] 공구 보정에 따른 공구의 위치(1)

[그림 4-2]에서 (a)와 같이 공구의 진행 방향에서 보았을때, 공구의 중심이 좌표선 상에서 좌측에 있으면 좌측보정이라고 하고, 좌표 선상에서 우측에 있으면 우측보정이라고 한다.

(b)와 같이 위에서 아래로 가공을 할 때도 공구의 진행 방향을 생각하여야 하며, 반드시 가공경로 프로그램을 보고 공구의 중심 위치를 생각하는 것이 중요하다고 할 수 있다.

그리고 현장에서는 수동 프로그램을 작성할 때에는 공구의 보정값을 이용하여 황삭, 중삭, 정삭의 가공을 많이 하며, 공구는 1개를 사용하더라도 황삭은 D01=5.5, 중삭 D02=5.01, 정삭은 D03=5.0의 방법으로 가공을 하면 아주 좋은 가공이 될 수 있으며, 대부분의 2차원 가공은 보정값을 잘 이용하면 훌륭한 프로그램 기술자가 될 수 있다.

[그림 4-3]에서와 같이 수평으로 가공을 할 때도 가공프로그램의 경로를 먼저 생각하고 보정을 주어야 하며, 보통 좌측보정(G41)의 경우에는 하향 절삭의 방식이며, 우측보정(G42)의 경우에는 상향절삭의 방식으로 가공이 이루어지므로 공작물의 저항을 고려하여 가공 시에는 적절한 가공 방법을 선택하는 것도 아주 중요한 기술적인 문제이다.

그리고 보정을 줄 때는 X, Y, Z 중 한 개의 값만을 사용하여야 하며, 절대로 Z 방향으로 이동하면서 보정을 주면 가공물의 형태에 따라 가공물의 오작일 경우가 많으므로 절대로 피해야 한다.

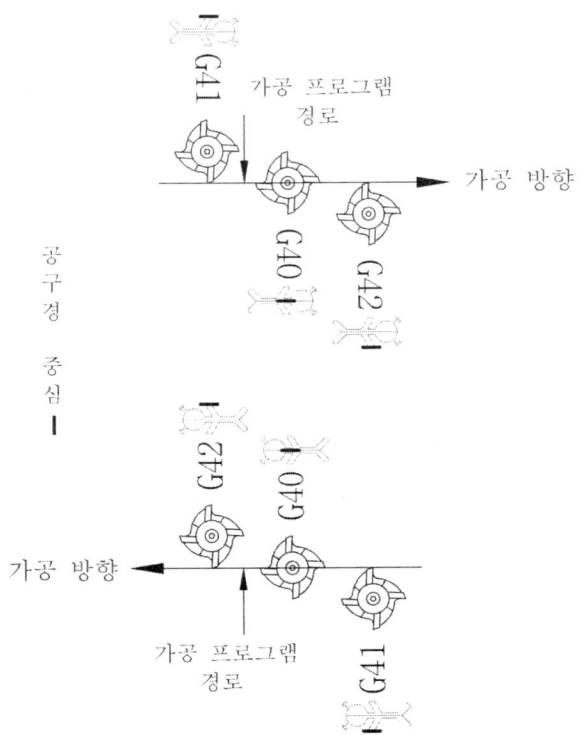

[그림 4-3] 공구 보정에 따른 공구의 위치(2)

2. 스타트업 블록과 오프셋 모드

프로그램 작성 시 공구경 보정을 하지 않은 상태(G40의 상태)에서 공구경 보정(G41, G42)을 시작하는 블록을 스타트업(Startup) 블록이라고 하며, 다음 블록부터 다른 보정이 지정되지 않고 계속 보정이 유효한 블록을 오프셋 모드(Offset Mode)라 한다.

G41, G42의 보정 코드는 모달(Modal) 지령으로서 한 번 지령하면 취소(G40)될 때까지 계속하여 유효하다.

```
G41 G90 G01 X5. D01 F60 ;      공구경 보정 시작(스타트업 블록)
Y70. ;                          G41이 계속 보정 중(오프셋 모드)
X70. ;                          G41이 계속 보정 중(오프셋 모드)
Y10. ;                          G41이 계속 보정 중(오프셋 모드)
X -20. ;                        G41이 계속 보정 중(오프셋 모드)
G40 G00 Y -20. ;                공구경 보정 취소
```

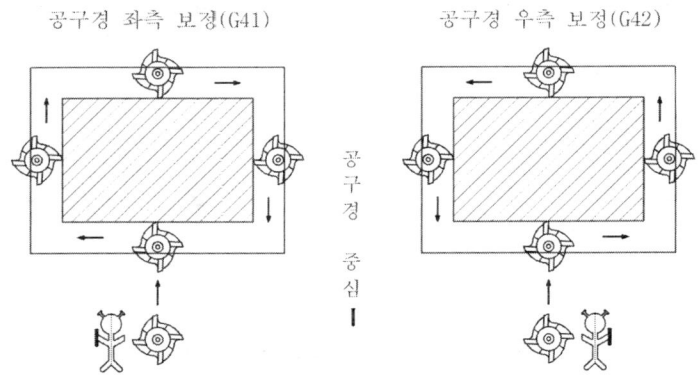

[그림 4-4] 공구 보정에 따른 공구의 위치(3)

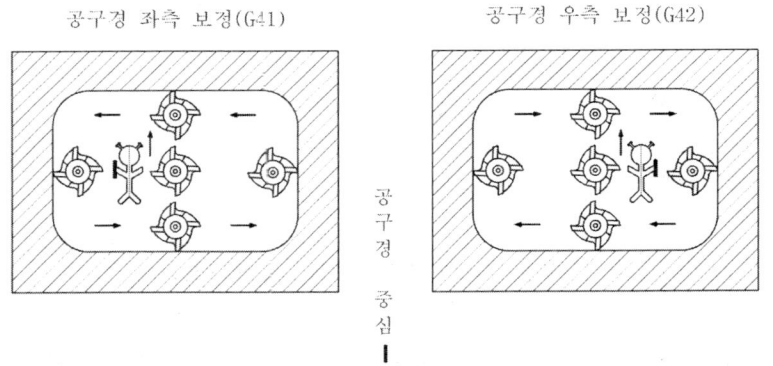

[그림 4-5] 공구 보정에 따른 공구의 위치(4)

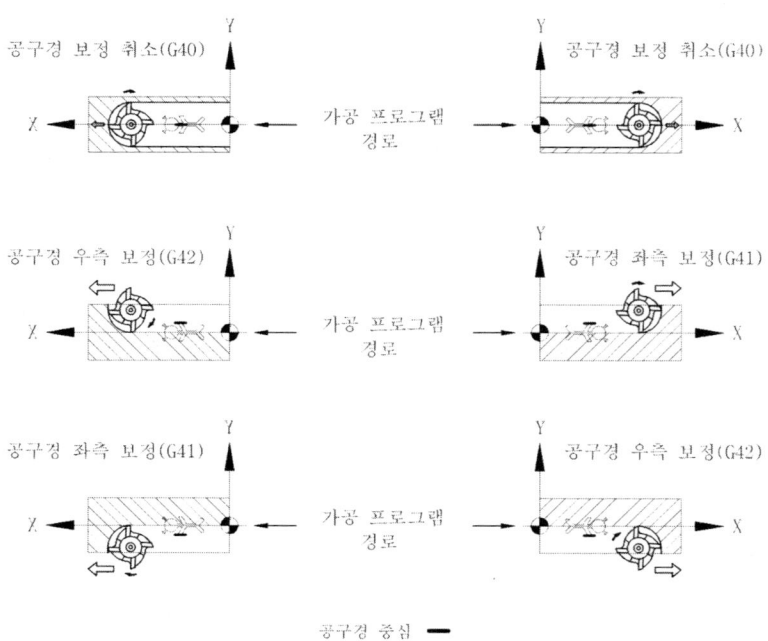

[그림 4-6] 공구 보정에 따른 공구의 위치(5)

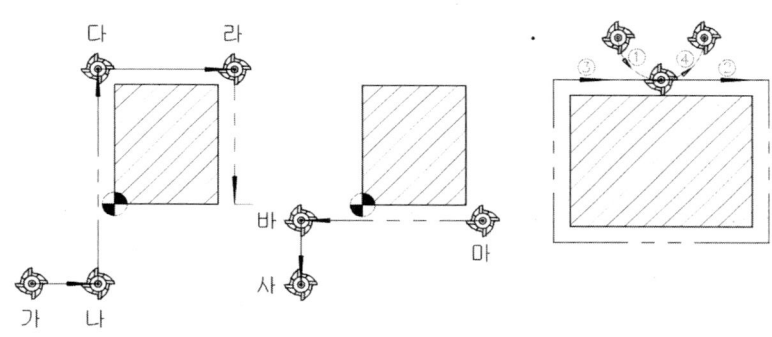

[그림 4-7] 직선 면의 공구 접근 및 도피 방법

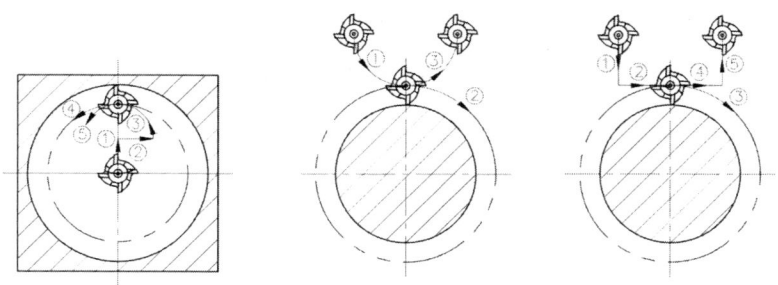

[그림 4-8] 내측 원호 및 외측 원호의 접근 및 도피 방법

[그림 4-9]와 같이 360° 원호 가공을 하면 원호의 가공 시작점과 가공 끝점이 2회 가공되므로 시작 부분에 거스러미가 발생하여 부품의 끼워 맞춤 시 조립이 되지 않는 경우가 많다. 그러므로 보통 두 번을 돌려서 가공하는데, 이렇게 하면 시간이 오래 걸리고 또한, 시작 부분은 항상 파팅 라인이 생기기 쉬우므로 [그림 4-7], [그림 4-8]과 같이 공구를 접근시키고 도피하면 더욱 정밀한 진원(가공 시작점과 끝점)을 얻을 수 있다.

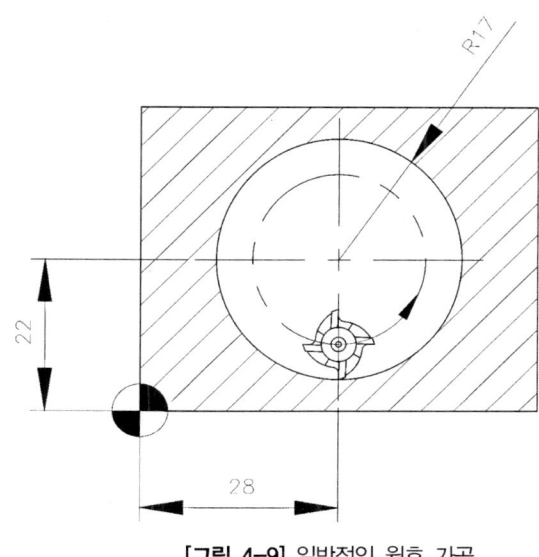

[그림 4-9] 일반적인 원호 가공

3. 공구경 보정 시 주의 사항

1) 보정량 D는 양수(+)로 입력하는 것이 정상이나, 음수로 지령하면 지령하는 코드와 반대로 지령이 되므로 가능하면 양수를 사용하는 것이 좋다.
2) 공구경 보정이 지령되어 있는 상태에서 다시 공구경 보정을 하면, 2배의 보정이 지령된다.
3) 공구경의 반경보다 작은 원호나 작은 홈을 가공하려고 하면 알람이 발생한다.
4) 머시닝센터에서는 프로그램 선두에 G40 G49 G80의 코드를 지령하는 경우가 일반적인데, 이중의 보정을 피하기 위하여 G40, G49를 지령하는 것이 좋다.
5) 공구경의 해제 시에는 보통 G00, G01로 지령을 하여야 하며, G02, G03으로 지령을 하면 알람이 발생한다.

4. 원호 가공 시 공구경의 위치

💡 다음의 원호 가공에서 G41, G42의 가공 시 공구의 위치는 어떻게 이동하는가?

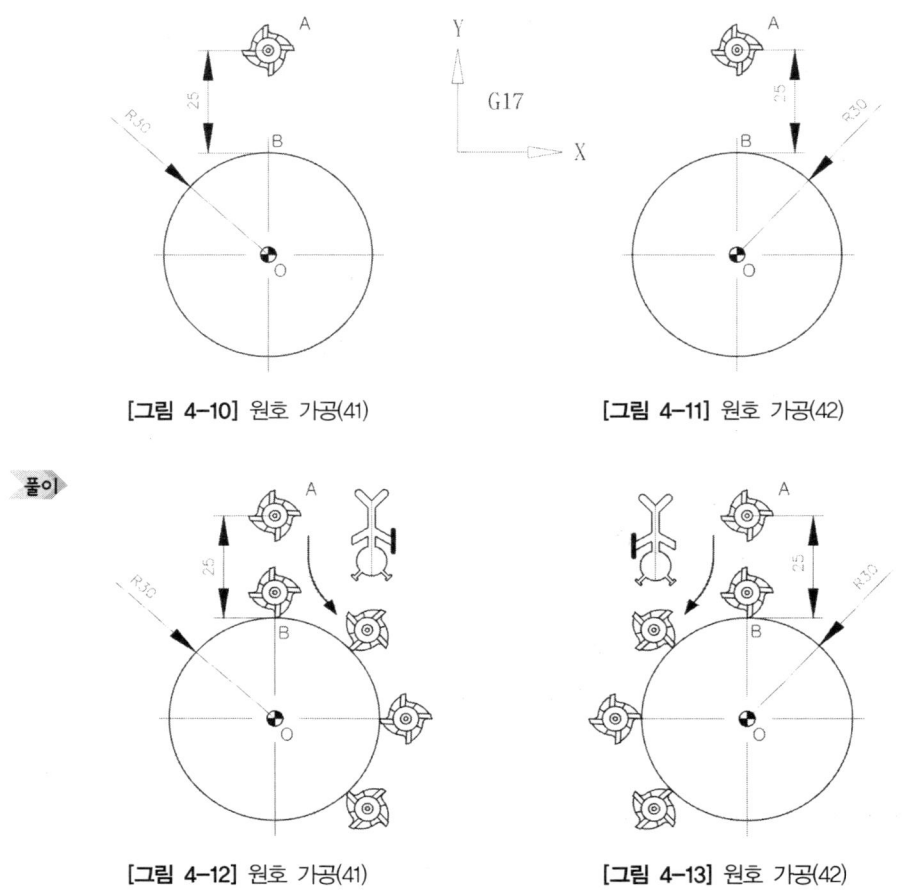

[그림 4-10] 원호 가공(41)   [그림 4-11] 원호 가공(42)

풀이

[그림 4-12] 원호 가공(41)   [그림 4-13] 원호 가공(42)

5. I, J, K를 사용한 원호 가공방식

1) 원호반경을 R 대신 I, J, K를 이용할 시에는 특히 부호에 주의하여야 한다.
2) CNC 선반, 머시닝센터 프로그램에서 R 대신 I, J, K를 사용하려면 그에 대응하는 변수값은 다음과 같다.

⟨표 4-1⟩ R대신 사용되는 증분 코드

CNC 선반	머시닝센터
R = I, K	R = I, J

3) 부호지정의 원칙

① I, J, K는 항상 증분으로만 사용가능하다.
② 원호의 시작점을 G17인 경우에는 I0. J0. 주고 시작한다.
　　　　　　　　　 G18인 경우에는 I0. K0. 주고 시작한다.
　　　　　　　　　 G19인 경우에는 J0. K0. 주고 시작한다.
③ 원호의 시작점에서 보았을 때 원호의 중심을 보고 '+', '−' 값을 지정한다.
　원호의 중심이 우측에 있으면 '+', 좌측에 있으면 '−' 부호를 준다.
　원호의 중심이 위쪽에 있으면 '+', 아래에 있으면 '−' 부호를 준다.

6. 평면선택에 따른 I, J, K의 부호

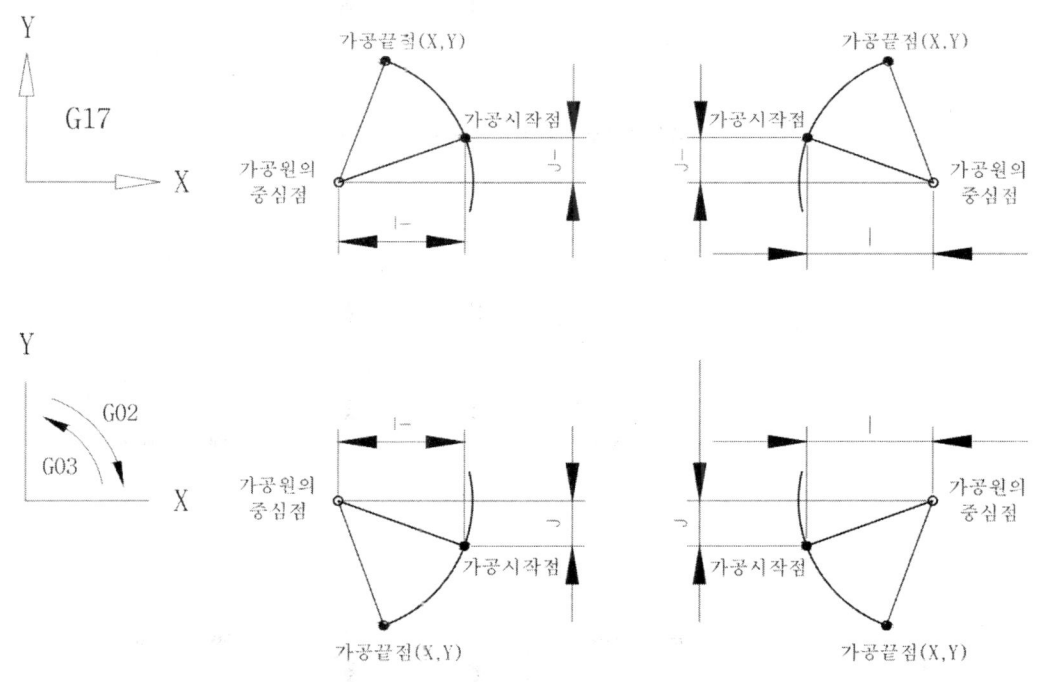

[그림 4-14] G17 평면에서의 I, J 부호

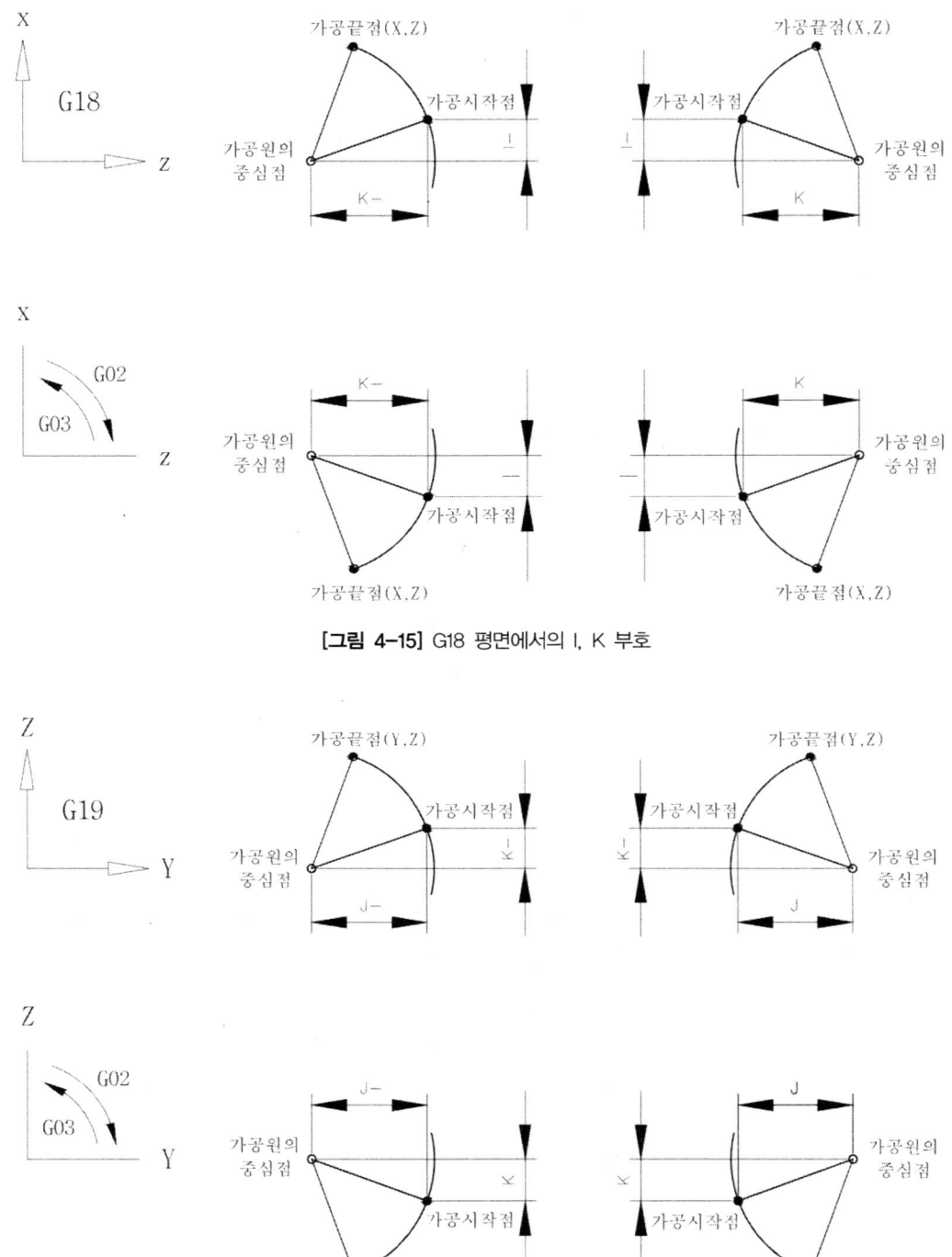

[그림 4-15] G18 평면에서의 I, K 부호

[그림 4-16] G19 평면에서의 J, K 부호

예제 **[4-1]** 다음과 같은 원호 가공에서 J를 사용하여 원호 가공하는 프로그램을 작성하시오.
(단, 공구는 현재 기계 원점에 있다.)

[조건] 1. 가공물의 깊이는 15mm, 원의 중심에는 8mm 예비 구멍이 뚫려 있다.
2. 공구는 ⌀16mm 2날 엔드밀이다.
3. 원가공은 1회를 원칙으로 한다.

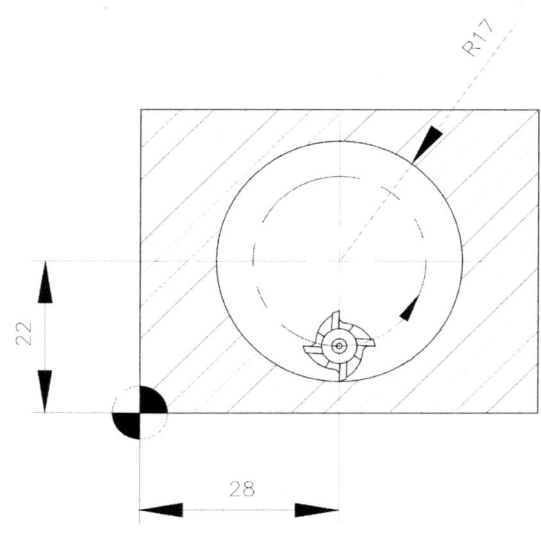

[그림 4-17] 360° 원호 가공

풀이

G40 G49 G80 ;
G91 G30 Z0. M19 ;
T01 M06 ;
G54 G90 G00 X28. Y22. ;
G43 Z150. H01 S1000 M03 ;
Z5. M08 ;
Z -17. ;
G41 G01 Y5. D01 F100 ;
G03 J17. ;
G40 G01 Y22. ;
G00 Z150. M09 ;
G49 M05 ;
M02 ;

예제 [4-2] 다음과 같은 원호 가공에서 I를 사용하여 원호 가공하는 프로그램을 작성하시오.
(단, 공구는 현재 기계 원점에 있다.)

[조건] 1. 가공물의 깊이는 15mm이다.
2. 공구는 ∅16mm 2날 엔드밀이다.
3. 원가공은 1회를 원칙으로 한다.

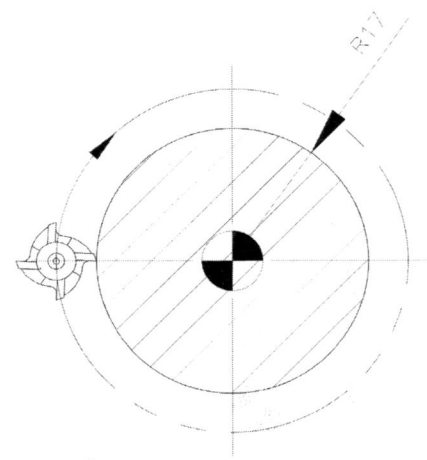

[그림 4-18] 360° 원호 가공

풀이

G40 G49 G80 ;
G91 G30 Z0. M19 ;
T01 M06 ;
G54 G90 G00 X -35. Y0. ;
G43 Z150. H01 S1000 M03 ;
Z5. M08 ;
Z -17. ;
G41 G01 X17. D01 F100 ;
G02 I17. ;
G40 G01 X -35. ;
G00 Z150. M09 ;
G49 M05 ;
M02 ;

예제 [4-3] 그림을 보고 R 프로그램과 I, J의 프로그램을 선택 평면에 맞게 프로그램하시오.
(단, 공구의 위치는 A에 있는 상태에서 출발한다.)

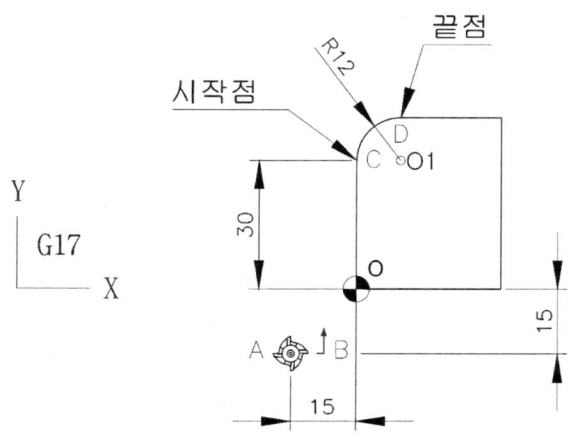

[그림 4-19] R 및 I, J 원호 가공

 풀이

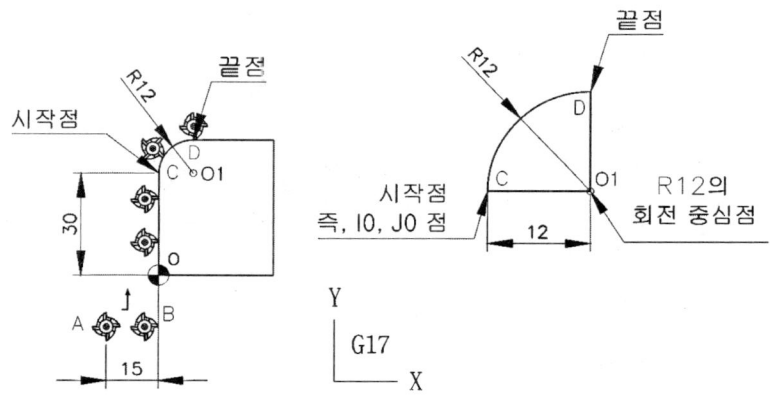

[그림 4-20] R 및 I, J 원호 가공

〈표 4-2〉 R 지령 및 I, J 지령 방식

R 프로그램 작성	I, J로 프로그램 작성
G90 G41 G01 X0. D01 ;	G90 G41 G01 Z0. D01 ;
Y30. ;	X30. ;
G02 X13. Y45. R12. ;	G02 X42. Y45. I12. J0. ; (= G02 X12. Y45. I12. ;)

 **[4-4]** 그림을 보고 R 프로그램과 I, K의 프로그램을 선택 평면에 맞게 프로그램하시오.
(단, 공구의 위치는 A에 있는 상태에서 출발한다.)

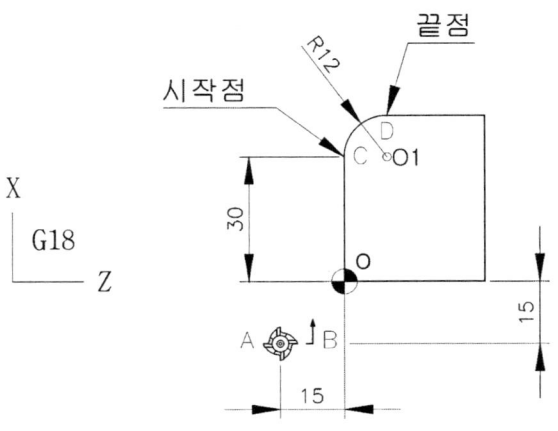

[그림 4-21] R 및 I, K 원호 가공

풀이

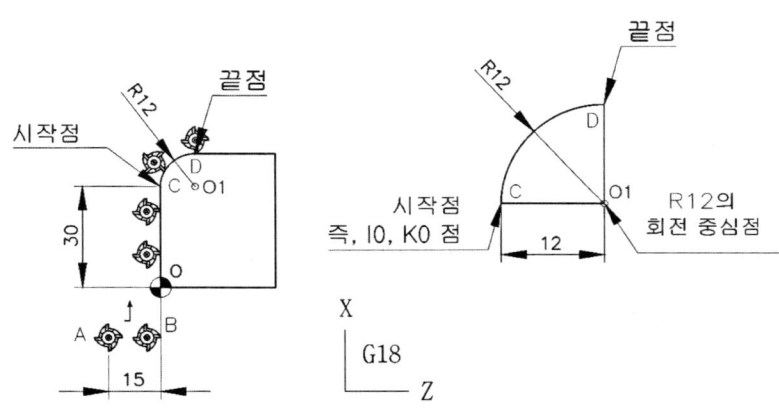

[그림 4-22] R 및 I, K 원호 가공

⟨표 4-3⟩ R 지령 및 I, K 지령 방식

R 프로그램 작성	I, K로 프로그램 작성
G90 G41 G01 Z0. D01 ;	G90 G41 G01 Z0. D01 ;
X30. ;	X30. ;
G02 X42. Z12. R12. ;	G02 X42. Z12. I0. K12. ; (= G02 X42. Z12. K12. ;)

[예제] [4-5] 그림을 보고 R 프로그램과 I, J의 프로그램을 선택 평면에 맞게 프로그램하시오.
(단, 공구의 위치는 A에 있는 상태에서 출발한다.)

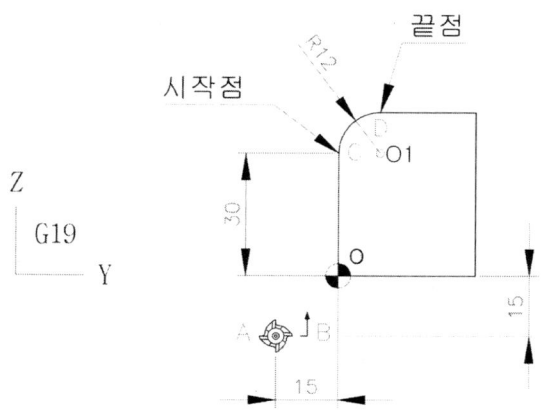

[그림 4-23] R 및 J, K 원호 가공

풀이

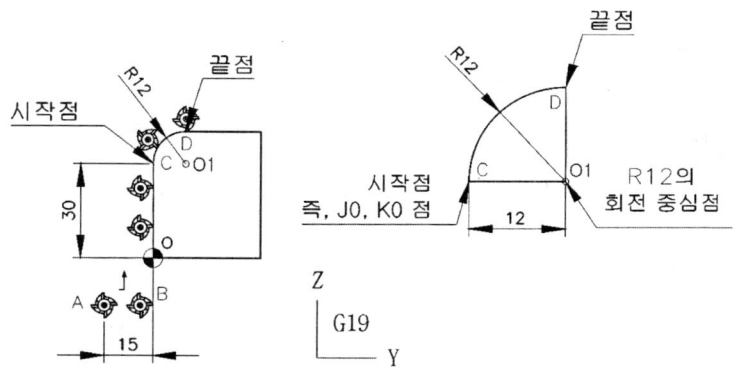

[그림 4-24] R 및 J, K 원호 가공

⟨표 4-4⟩ R 지령 및 J, K 지령 방식

R 프로그램 작성	J, K로 프로그램 작성
G90 G41 G01 Y0. D01 ;	G90 G41 G01 Y0. D01 ;
Z30. ;	Z30. ;
G02 Y12. Z42. R12. ;	G02 Y12. Z42. J12. K0. ; (= G02 Y12. Z42. J12. ;)

[예제] [4-6] 그림을 보고 R 프로그램과 I, J의 프로그램을 선택 평면에 맞게 프로그램하시오.
(단, 공구의 위치는 A에 있는 상태에서 출발한다.)

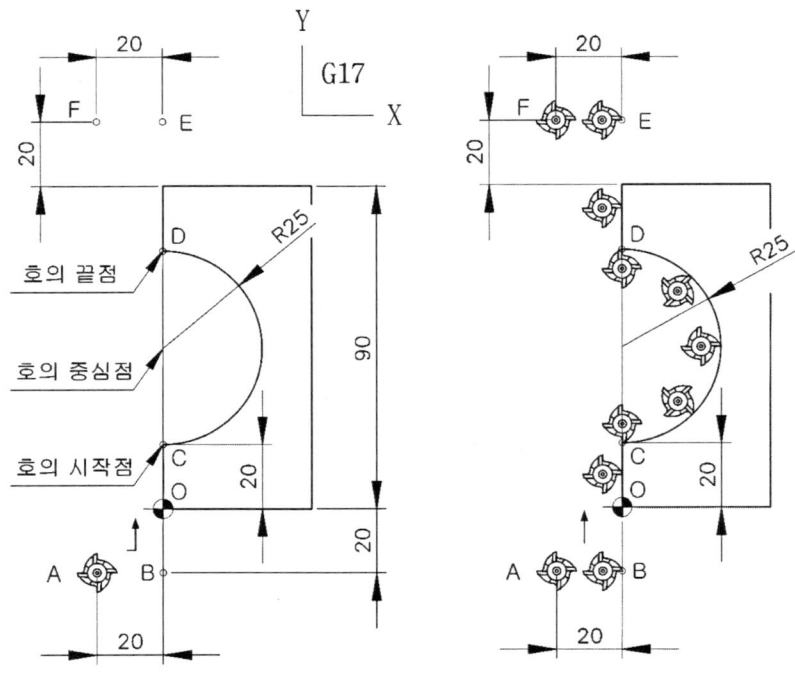

[그림 4-25] 일반 원호 가공 및 I, J 원호 가공

〈표 4-5〉 R 지령 및 I, J 지령 방식

R 프로그램 작성	I, J로 프로그램 작성
G90 G41 G01 X0. D01 ;	G90 G41 G01 X0. D01 ;
Y20. ;	Y20. ;
G02 Y70. R25. ;	G02 X0. Y70. I0. J25. ; (= G02 X0. Y70. J25. ;)
G01 Y110. ;	G01 Y110. ;
X -20. ;	X -20. ;

예제 [4-7] 그림을 보고 R 프로그램과 I, K의 프로그램을 선택 평면에 맞게 프로그램하시오.
(단, 공구의 위치는 A에 있는 상태에서 출발한다.)

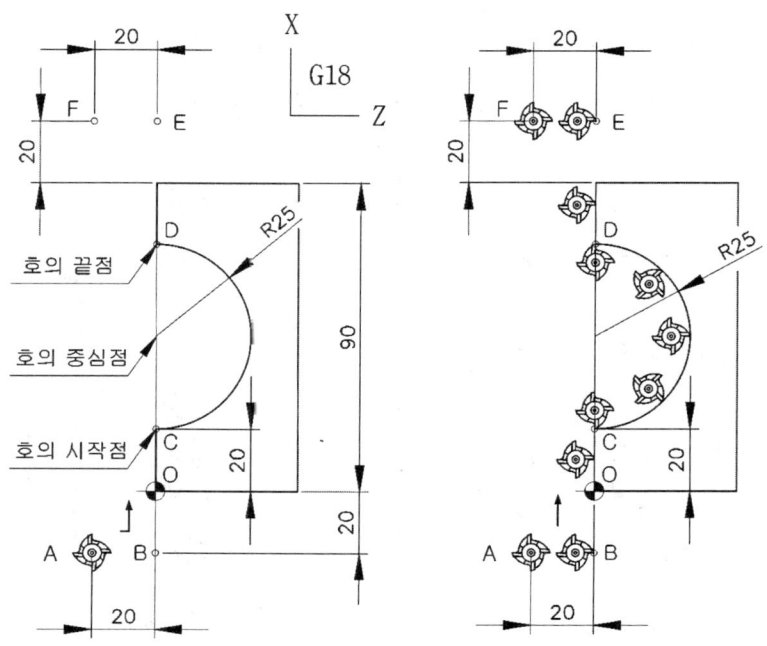

[그림 4-26] 일반 원호 가공 및 I, K 원호 가공

풀이

〈표 4-6〉 R 지령 및 I, K 지령 방식

R 프로그램 작성	I, K로 프로그램 작성
G90 G41 G01 Z0. D01 ;	G90 G41 G01 Z0. D01 ;
X20. ;	X20. ;
G03 X70. Z0. R25. ;	G02 X70. Z0. I25. K0. ; (= G02 X70. Z0. I25. ;)
G01 X110. ;	G01 X110. ;
Z -20. ;	Z -20. ;

예제 [4-8] 그림을 보고 R 프로그램과 J, K의 프로그램을 선택평면에 맞게 프로그램하시오.
(단, 공구의 위치는 A에 있는 상태에서 출발한다.)

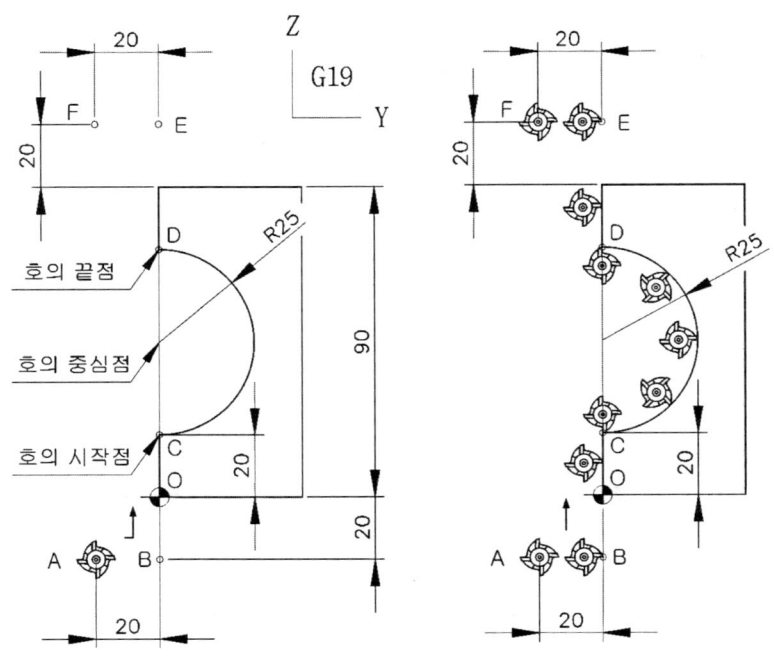

[그림 4-27] 일반 원호 가공 및 J, K 원호 가공

풀이

⟨표 4-7⟩ R 지령 및 J, K 지령 방식

R 프로그램 작성	J, K로 프로그램 작성
G90 G41 G01 Y0. D01 ;	G90 G41 G01 Y0. D01 ;
Z20. ;	Z20. ;
G03 Y0. Z70. R25. ;	G03 Y0. Z70. J0. K25. ; (= G03 Y0. Z70. K25.;)
G01 Z110. ;	G01 Z110. ;
Y -20. ;	Y -20. ;

예제 [4-9] 그림을 보고 R 프로그램과 I, J의 프로그램을 선택 평면에 맞게 프로그램하시오.
(단, 공구의 위치는 A에 있는 상태에서 출발한다.)

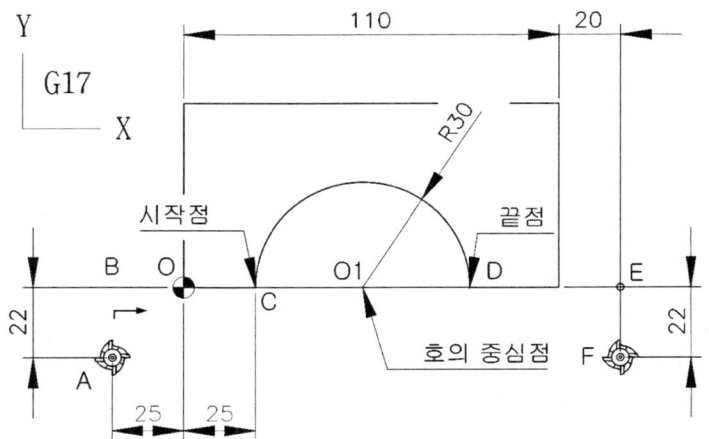

[그림 4-28] 180° 원호 가공 및 I, J 원호 가공

풀이

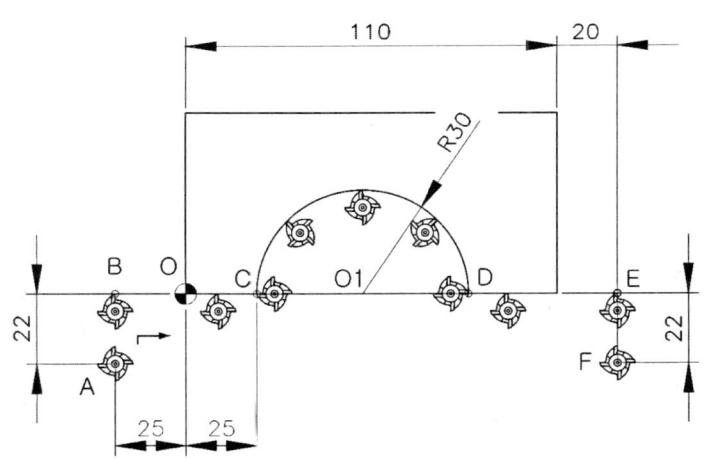

[그림 4-29] 180° 원호 가공 및 I, J 원호 가공

⟨표 4-8⟩ R 지령 및 I, J 지령 방식

R 프로그램 작성	I, J로 프로그램 작성
G90 G42 G01 Y0. D01 ;	G90 G42 G01 Y0. D01 ;
X25. ;	X25. ;
G02 X85. Y0. R30. ;	G02 X85. Y0. I30. J0. ; (=G02 X85. Y0. I30. ;)

예제 [4-10] 그림을 보고 R 프로그램과 I, J의 프로그램을 선택 평면에 맞게 프로그램하시오.
(단, 공구의 위치는 A에 있는 상태에서 출발한다.)

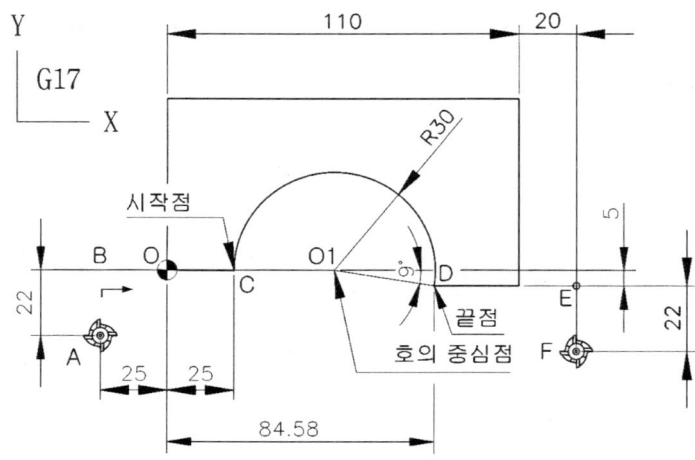

[그림 4-30] 180° 원호 가공 및 I, J 원호 가공

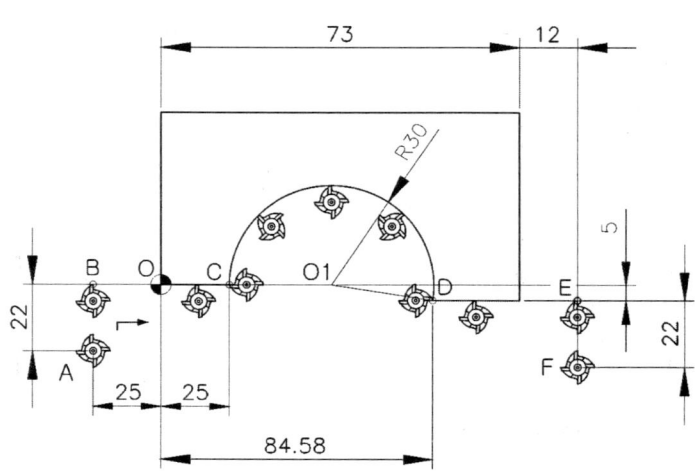

[그림 4-31] 180° 원호 가공 및 I, J 원호 가공

〈표 4-9〉 R 지령 및 I, J 지령 방식

R 프로그램 작성	I, J로 프로그램 작성
G90 G42 G01 Y0. D01 ;	G90 G42 G01 Y0. D01 ;
X25. ;	X25. ;
G02 X84.5 Y -5. R-30. ;	G02 X84.5 Y -5. I30. J0. ; (=G02 X84.5 Y -5. I30. ;)

[예제] [4-11] 그림을 보고 J의 프로그램을 선택 평면에 맞게 프로그램하시오. (단, 공구의 위치는 A에 있는 상태에서 출발한다.)

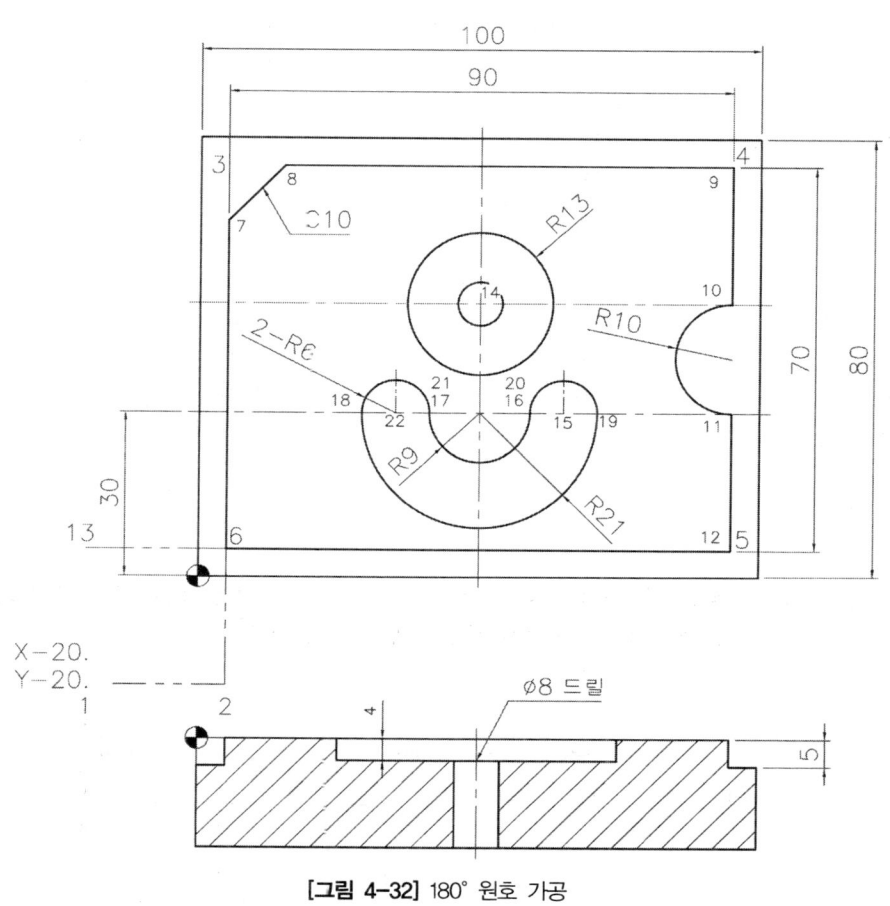

[그림 4-32] 180° 원호 가공

〈표 4-10〉 공구 제원

공구 이름	엔드밀	센터 드릴	드릴
공구 번호	1	2	3
공구 직경	∅10	∅3	∅8
회전수(rpm)	1800	2000	800
이송(mm/min)	150	100	50

O0005	G43 H01 Z1500. S1800 M03	Y75.
G40 G49 G80 G17	Z5.	X15. Y75.
G21	Z -5.	X95.
T01 M06	G41 G01 X5. D01 F150 M08	Y50.
G54 G90 G00 X -20. Y -20.	G41 X59. F80	
G03 Y30. R10.	G02 X41. R9.	Y65.
G01 Y5.	G03 X29. R6.	G41 Y63. F80
X -20.	G03 X71. R21.	G03 J-13.
G00 Z5.	G03 X59. R6.	G03 J-13.
G40 X50. Y50.	G02 X41. R9.	G40 G01 X50. Y50.
G01 Z -4. F30	X95.	G00 Z150. M09
G00 Z5.	Y5.	G49 M05
X65. Y30.	X5.	M02
G01 Z -4. F30		

예제 [4-12] 그림을 보고 R의 프로그램과 I, J의 프로그램을 선택 평면에 맞게 프로그램하시오.
(단, 공구의 위치는 A에 있는 상태에서 출발한다.)

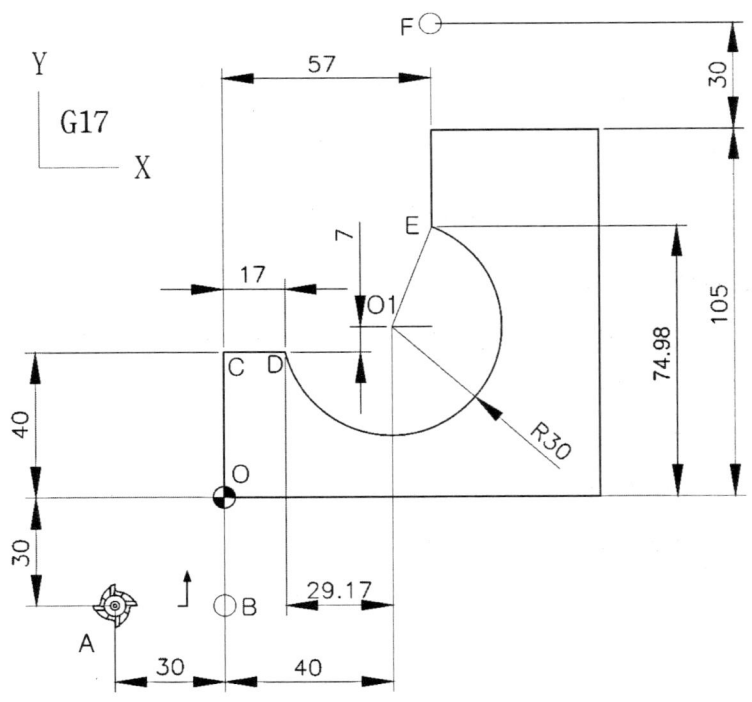

[그림 4-33] 180° 이상의 R 원호 가공 및 I, J 원호 가공

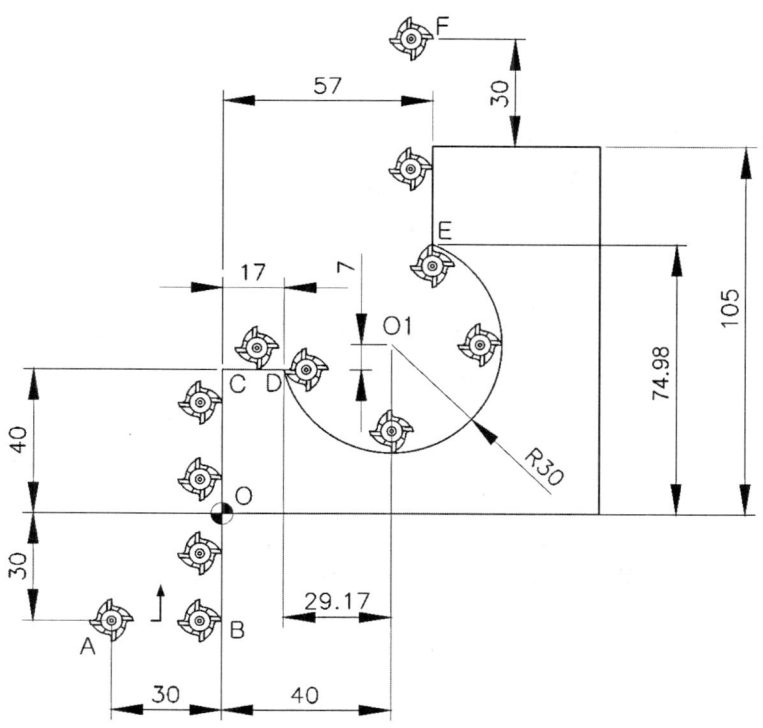

[그림 4-34] 180° 이상의 R 원호 가공 및 I, J 원호 가공경로

〈표 4-11〉 R 지령 및 I, J 지령 방식

R 프로그램 작성	I, J로 프로그램 작성
G90 G41 G01 X0. F80 D01 ;	G90 G41 G01 X0. F80 D01 ;
Y40. ;	Y40. ;
X15. ;	X15. ;
G03 X76. Y74.98 R-30. ;	G03 X76. Y74.98 I29.17 J7. ;
G01 Y132. ;	G01 Y132. ;

위의 [그림 4-34]에서 I, J의 지령 방법에 대하여 다시 한번 강조하면 I, J, K는 반드시 R대신에만 사용할 수 있으며 증분으로만 사용 가능하다.

G17 X, Y 평면에서 R대신 사용할 수 있는 좌표어는 I, J이다.
G18 X, Z 평면에서 R대신 사용할 수 있는 좌표어는 I, K이다.
G19 Y, Z 평면에서 R대신 사용할 수 있는 좌표어는 J, K이다.

산업 현장에서 정밀한 진원 가공을 하려면 R대신 I, J, K 중 2개 또는 1개를 사용하여 프로그램을 하면 더욱 진원도가 좋은 보링 작업을 할 수 있다.
다음의 원칙에 따르면 된다.

▶ **I, J, K의 부호 지정의 원칙**

1. I, J, K는 항상 증분으로만 사용 가능하다.
2. 원호의 시작점을 G17인 경우에는 I0. J0. 주고 시작한다.
   G18인 경우에는 I0. K0. 주고 시작한다.
   G19인 경우에는 J0. K0. 주고 시작한다.
3. 원호의 시작점에서 보았을 때 원호의 중심을 보고 '+', '−' 값을 지정한다.
   원호의 중심이 우측에 있으면 '+', 좌측에 있으면 '−' 부호를 준다.
   원호의 중심이 위쪽에 있으면 '+', 아래에 있으면 '−' 부호를 준다.

예제 [4-13] 그림을 보고 R의 프로그램과 I, J의 프로그램을 선택 평면에 맞게 프로그램하시오.
(단, 공구의 위치는 A에 있는 상태에서 출발한다.)

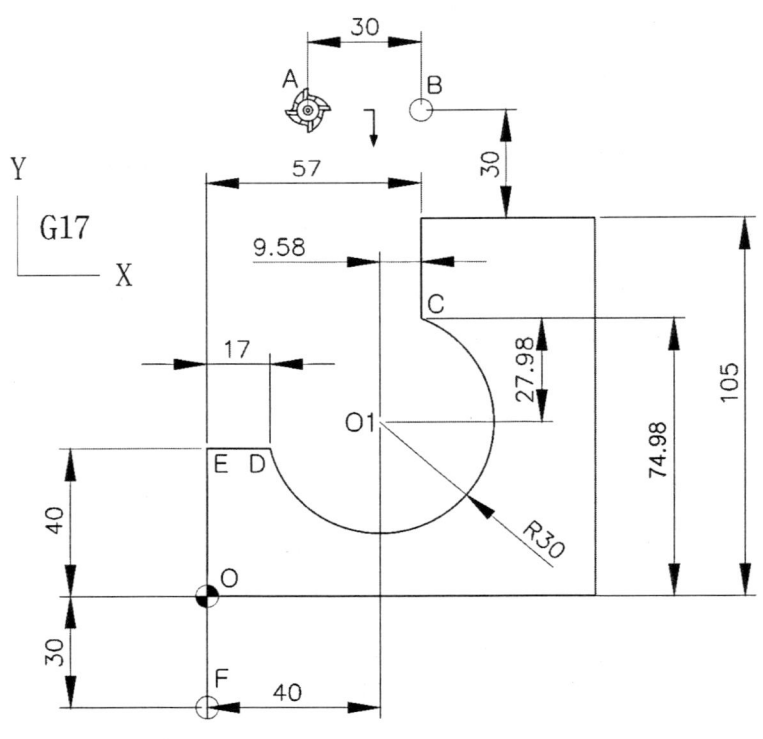

[그림 4-35] 180° 이상의 R 원호 가공 및 I, J 가공

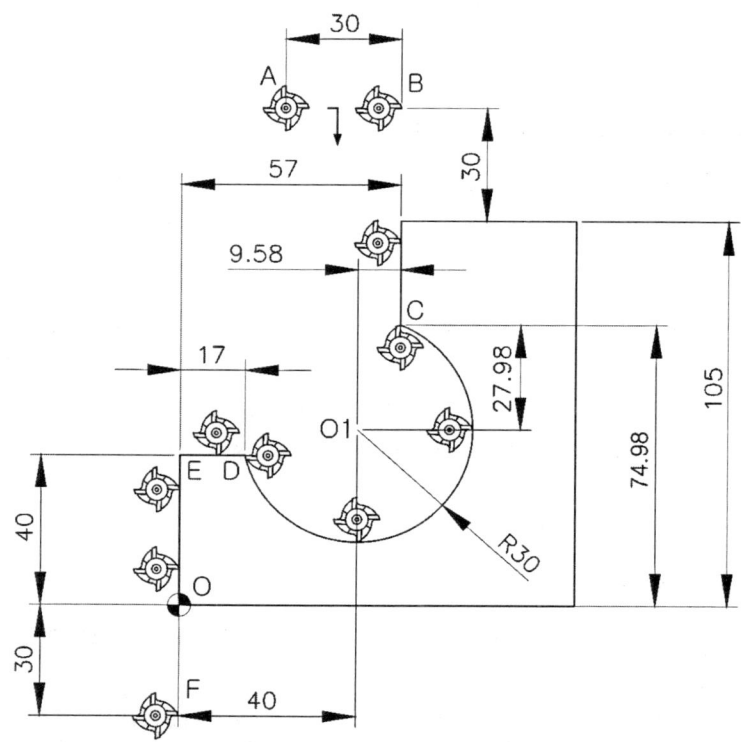

[그림 4-36] 180° 이상의 R 원호 가공 및 I, J 원호 가공경로

〈표 4-12〉 R 지령 및 I, J 지령 방식

R 프로그램 작성	I, J로 프로그램 작성
G90 G42 G01 X57. F80 D01 ;	G90 G42 G01 X57. F80 D01 ;
Y74.98 ;	Y74.98 ;
X15. ;	X15. ;
G02 X15. Y40. R-30. ;	G02 X15. Y40. I-13.42 J-27.98 ;
G01 X0. ;	G01 Y132. ;
Y -30. ;	Y -30. ;

4·2 공구 길이 보정

1. 공구 길이 보정(G43, G44, G49)

공구 길이 보정이라는 것은 공작물을 가공할 시 모든 공구를 길이를 같게 툴에 장착한다는 것은 기술적으로 상당히 난해한 문제이다. 이러한 문제를 해결하기 위하여 공구 길이 보정을 하는 데 간단히 설명하면, 공구의 길이가 다르더라도 공구의 끝이 기준 공구와 같은 위치에 오도록 각 공구의 길이를 측정하여 해당 공구에 알려주는 것으로 이해하면 된다.

즉, 기준이 되는 공구와 각각의 공구 길이의 차이를 공구 길이 보정란(오프셋 화면이라는 곳에 입력되어 있다)에 입력해 두고 작업 프로그램에서 사용 공구의 보정값을 불러들여 보정하여 사용함으로써 공구 길이의 차이를 해결할 수 있도록 하는 작업을 공구 길이 보정이라고 한다.

〈표 4-13〉 공구 길이 보정 G-코드

공구 길이 보정에 사용되는 G-코드 43	각 평면에 따른 지령 형식
G43(+ 방향 보정)	G17 (G43, G44) Z_ H_ ;
G44(- 방향 보정)	G18 (G43, G44) Y_ H_ ;
G49(공구 길이 보정 취소)	G19 (G43, G44) X_ H_ ;

[그림 4-37]을 참조로 설명하겠다.

범례) 엔드밀: T01   페이스커터: T03
    드릴: T02   탭: T04

[그림 4-37]을 보면서 설명하면 T01, T02, T03, T04를 비교하면, 모두 공구의 길이가 다르다. 여기서는 G54의 기준 공구 방식에 대하여 설명하겠다.

기준 공구 방식이란 여러 개의 공구 중 기준 공구를 1개 정하고 나머지 공구를 기준 공구와의 길이 차를 측정하여 G43, G44에 입력하는 방식으로 보통 학교 현장에서 많이 사용한다.

나머지는 툴 프리세터를 사용하여 모든 공구의 길이를 구하여 길이 보정 창에 입력하여 작업하는 방식으로 산업 현장에서 많이 사용하는데, 이것에 대하여는 [부록 Ⅱ. 하이트 프리세터를 이용한 좌표계 선택]에 상세히 설명되어 있으므로 참고하길 바란다.

[그림 4-38]은 길이 보정을 하지 않고 그대로 사용하면 길이가 긴 것은 충돌이 일어나고, 길이가 짧은 것은 원하는 위치에 가지 않아 작업할 수가 없다.

따라서 길이 보정을 쉽게 표현하면 어떠한 공구라도 Z 좌푯값을 주면(예를 들어 Z0.를 주면) 모두 공작물 상면에 접촉하므로 길이의 장단에 관계없이 작업할 수 있다.

기준 공구를 공작물 좌표계를 설정한 후에 길이가 긴 공구는 G43으로 길이가 짧은 것은 G44에 길이 보정해 주면 된다.

그런데 보통 작업 시 G43과 G44의 개념에 혼돈이 있으므로, 교육 현장 및 산업 현장에서도 G43만을 사용하는데, 기준 공구를 기준으로 기준 공구보다 길이가 긴 것은 '+' 값을 주고, 길이가 기준 공구보다 짧은 것은 '-' 값을 주면 된다.

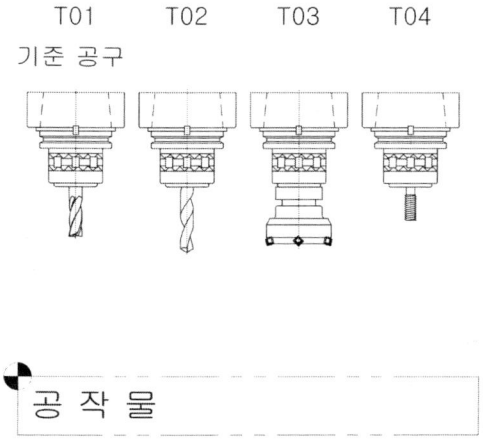

[그림 4-37] 기계좌표계 Z0.의 위치에서 볼 때 기준 공구와 다른 공구와의 길이 차

[그림 4-38]에서 보는 바와 같이 기준 공구로 공작물 좌표계를 선택하여 G00 G54 G90 X_ Y_를 구한 후, 다른 공구는 길이 보정을 하지 않고, 기준 공구를 공작물의 제일 상면 즉, Z0점에 일치시키고 나머지 공구를 모두 Z0.로 하여 공작물에 접촉시켜보면 그림과 같이 충돌하는 경우도 있고, Z0.에 못 미치는 경우도 있다. [그림 4-38]과 같이 되면 프로그램으로 정확한 가공을 하기가 어렵다. 이것을 방지하기 위해서는 G43을 사용하여 기준 공구보다 길이가 긴 것은 '+' 값, 기준 공구보다 짧은 것은 '-' 값으로 보정을 하여야 한다.

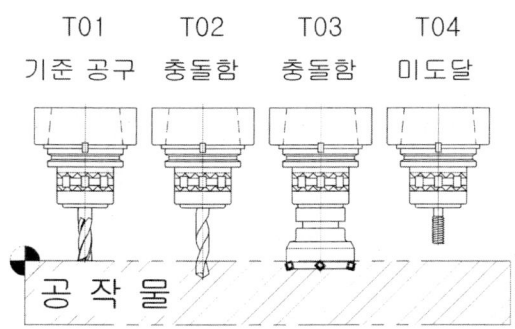

[그림 4-38] G54 설정 후 기준 공구를 Z0.에 위치시키고 나머지 공구를 Z0.으로 프로그램 시의 각 공구의 가상 위치 상태(단, 기준 공구만 공작물 상면에서 보정한 상태임)

[그림 4-39]에서 보는 바와 같이 T02는 기준 공구보다 11mm 길고, T03 공구는 기준 공구보다 8mm 길며, T04 공구는 기준 공구보다 12mm 짧다.

위와 같은 충돌을 방지하기 위하여 기준 공구 T01에 대하여 다른 공구가 큰지 작은지를 알려주는 것을 공구의 길이 보정이라 하며 G43, G44 둘 중에서 적합한 1개를 사용하여 프로그램 시 지정하고, 또한 실제 기계에서 길이 보정 시 그 값을 입력하여야 한다. 이론으로 설명하면 조금 어렵고 이해되지 않지만, 기계에서 실제 실습을 해 보면 생각보다 쉽게 이해할 수 있음을 알 수 있다.

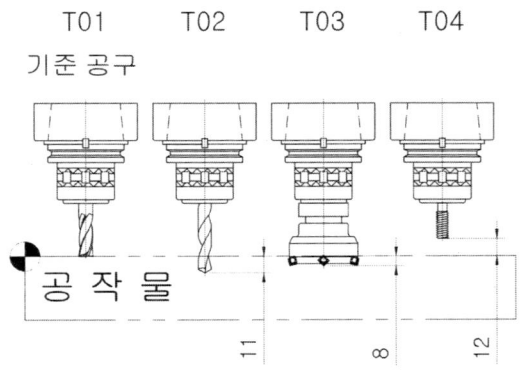

[그림 4-39] 각 공구의 공구 길이 보정차 값(가상의 상태)

[그림 4-39]의 상태에서 프로그램을 주는 방식은 다음과 같이 주면 된다. (단, 공구 길이 보정차 값은 [그림 4-39]을 참고하여 보정한다.)

T01 Z0. ;
T02 G43 H02 ;
T03 G43 H03 ;
T04 G43 H04 ;

⟨표 4-14⟩ 공구 길이 보정값

핸들 운전	보정	상대	기계 좌표	O0002 N0000	07/22 09.32
	번호		DATA	번호	DATA
	H001		0.000	D001	0.000
	H002		11.000	D002	0.000
	H003		8.000	D003	0.000
	H004		-12.000	D004	0.000

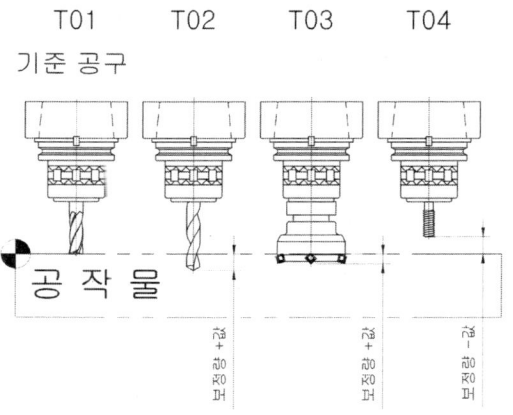

[그림 4-40] 기준 공구와 다른 공구의 길이 보정 시 부호 적용

[그림 4-41]에서의 그림은 T02를 길이 보정 후 Z150.에 이동할 때 기준 공구와의 공구 위치를 보여주는 것으로 H002 12.000 보정값을 확인하면서 설명하겠다. (단, 공구 길이 보정차는 [그림 4-39]와 〈표 4-14〉를 참고한다.)

T02 M06 ;
G43 Z150. H02 ;   길이 보정 적용상태임

G49 Z150. ;   길이 보정 취소상태임

길이 보정을 하면 기준 공구 외는 모두 기준 공구와 같은 끝면을 유지하지만, 길이 보정을 해제하면 기준 공구보다 길이가 긴 공구는 아래로, 기준 공구보다 길이가 짧은 공구는 위로 보정차만큼 이동한다. [그림 4-41]에서와 같이 G49로 보정 해제하면 아래로 보정차 11mm만큼 내려온다. 그리고 공구를 교체하려면 반드시 공구 길이 보정 해제(G49)를 하여야 한다.

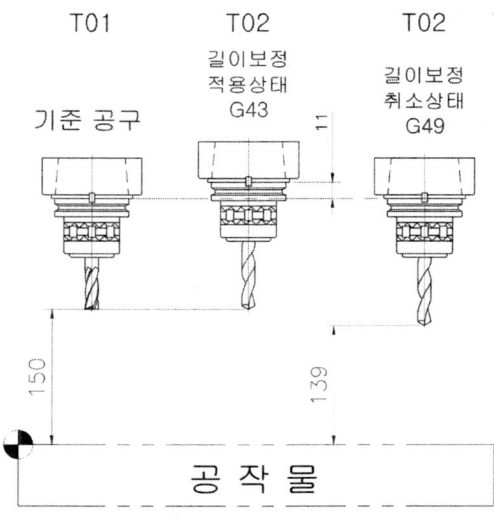

[그림 4-41] 보정 적용 시와 보정 해제 시의 공구의 위치(기준 공구보다 긴 공구)

[그림 4-42]에서의 그림은 T04를 길이 보정 후 Z150.에 이동할 때 기준 공구와의 공구 위치를 보여주는 것으로 H004 -12.000 보정값을 확인하면서 설명하겠다. (단, 공구 길이 보정차는 [그림 4-39]을 참고하고, 〈표 4-14〉을 참고한다.)

T04 M06 ;
G43 Z150. H04 ;   길이 보정 적용상태임

G49 Z150. ;   길이 보정 취소상태임

길이 보정을 하면 기준 공구 외는 모두 기준 공구와 같은 끝면을 유지하지만, 길이 보정을 해제하면 기준 공구보다 길이가 긴 공구는 아래로, 기준 공구보다 길이가 짧은 공구는 위로 보정차만큼 이동한다. [그림 4-42]에서 보는 바와 같이 G49로 보정 해제하면, 위로 보정차 12mm만큼 올라간다. 그리고 공구를 교체하려면 반드시 공구 길이 보정 해제(G49)를 하여야 한다.

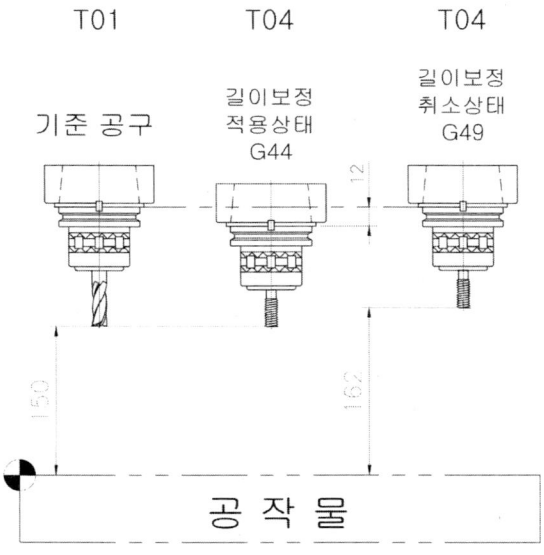

[그림 4-42] 보정 적용 시와 보정 해제 시의 공구의 위치(기준 공구보다 짧은 공구)

2. 다양한 공구 길이 예제 종류

예제 [4-14] [그림 4-43]를 보고 보정을 적용하여 선택 평면에 맞게 프로그램하시오. (단, 공구의 위치는 기계 원점에 있고 가공 시작점은 A에서부터 시작이다.)

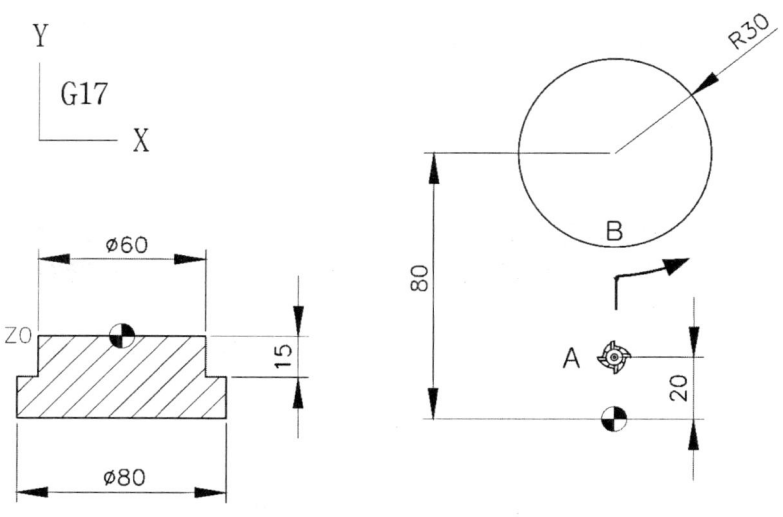

[그림 4-43] 'J+'로 원호 가공

풀이

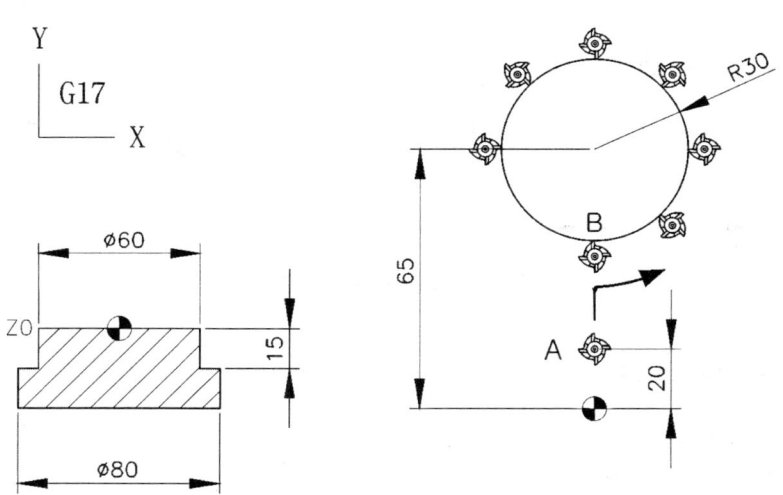

[그림 4-44] 'J+'로 원호 가공 시의 공구의 이동 경로

'J+' 값으로 프로그램 작성

G40 G49 G80 ;
T01 M06 (∅12 엔드밀) ;
G54 G90 G00 X0. Y20. ;

```
G43 Z150. H01 S1200 M03 ;
Z5. ;
Z -15. ;
G42 G01 Y35. F80 D01 ;
G03 J30. ;
```

※ 주의점: J의 부호지령은 원의 가공 시작점인 B에서 보았을 때, 가공원의 중심점을 보면 R20.인데, 부호가 '+', '-'인지 구분은 시작점인 B점에서 볼 때 원의 중심점이 위쪽에 있으므로 I, J, K는 반드시 증분만 사용하므로 J+가 된다.

예제 [4-15] [그림 4-45]를 보고 보정을 적용하여 선택 평면에 맞게 프로그램하시오. (단, 공구의 위치는 기계 원점에 있고 가공 시작점은 A에서부터 시작점이다.)

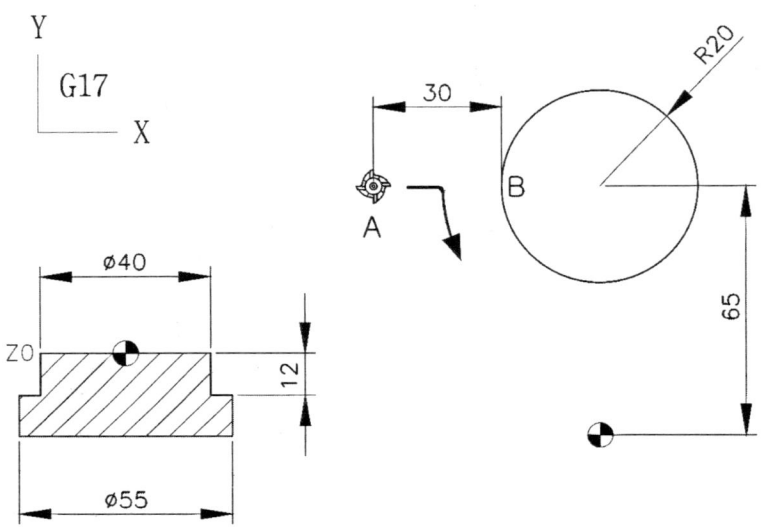

[그림 4-45] 'I+'로 원호 가공

풀이 'I+' 값으로 프로그램 작성

```
G40 G49 G80 ;
T01 M06 (∅12 엔드밀) ;
G54 G90 G00 X -50. Y65. ;
G43 Z150. H01 S1200 M03 ;
Z5. ;
Z -12. ;
G42 G01 X -20. F80 D01 ;
G03 I20. ;
```

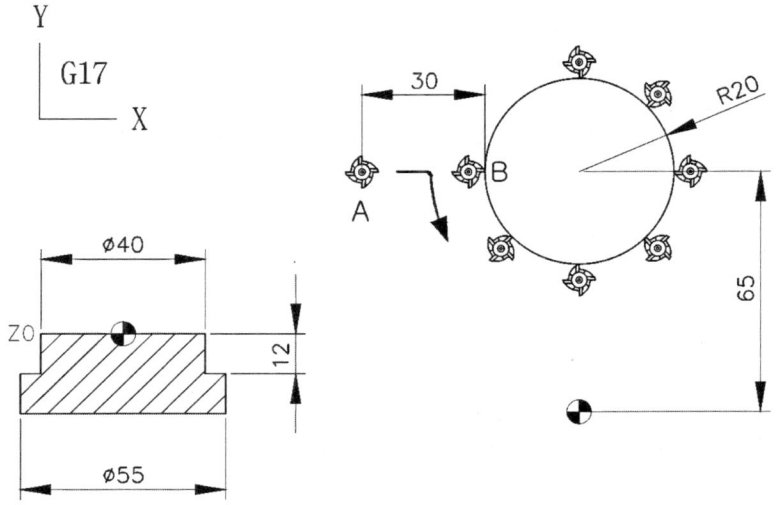

[그림 4-46] 'I+'로 원호 가공 시의 공구의 이동 경로

※ 주의점: I의 부호지령은 원의 가공 시작점인 B에서 보았을 때, 가공원의 중심점을 보면 R20.인데, 부호가 '+', '-'인지 구분은, 시작점인 B점에서 볼 때 원의 중심점이 우측에 있으므로 I, J, K는 반드시 증분만 사용하므로 I+가 된다.

예제 [4-16] [그림 4-47]을 보고 보정을 적용하여 선택 평면에 맞게 프로그램하시오. (단, 공구의 위치는 기계 원점에 있고 가공 시작점은 A에서부터 시작점이다.)

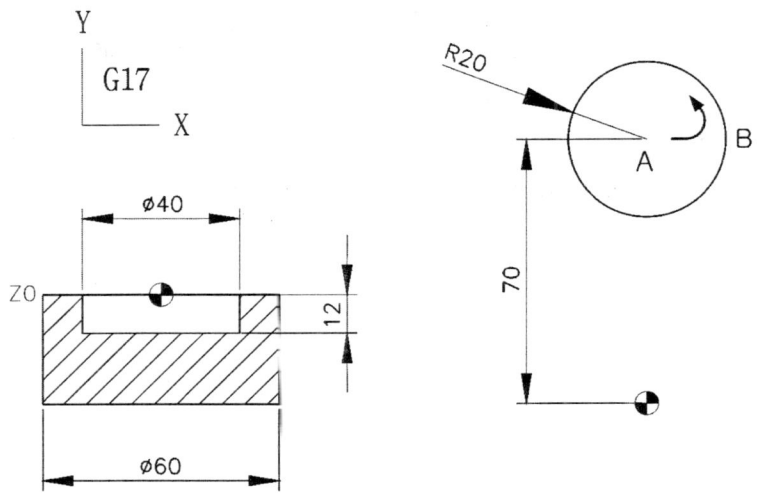

[그림 4-47] 내경 'I-'로 원호 가공

 'I-' 값으로 프로그램 작성

G40 G49 G80 ;
T01 M06 (∅12 엔드밀) ;
G54 G90 G00 X0. Y70. ;
G43 Z150. H01 S1200 M03 ;
Z5. ;
Z -12. ;
G41 G01 X20. F80 D01 ;
G03 I-20. ;

※ **주의점**: I의 부호지령은 원의 가공 시작점인 B에서 보았을 때, 가공원의 중심점을 보면 R20.인데, 부호가 '+', '-'인지 구분은 시작점인 B점에서 볼 때 원의 중심점이 좌측에 있으므로 I, J, K는 반드시 증분만 사용하므로 I-가 된다.

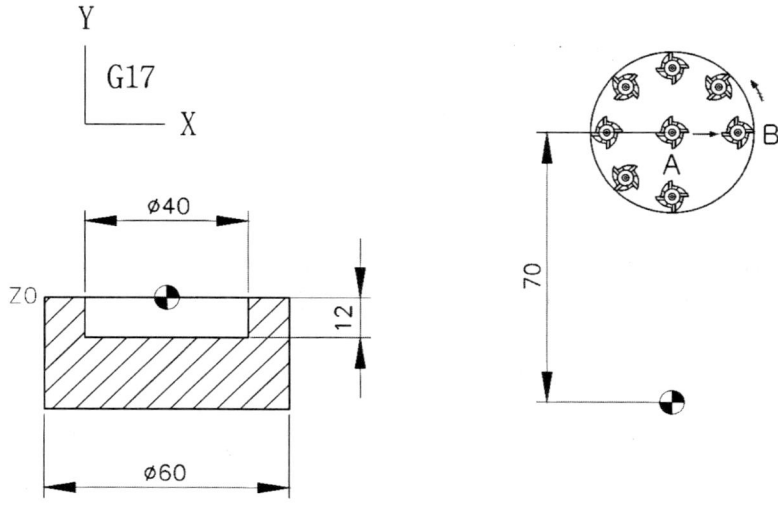

[그림 4-48] 내경 'I-'로 원호 가공 시의 공구의 이동 경로

예제 [4-17] [그림 4-49]을 보고 보정을 적용하여 선택 평면에 맞게 프로그램하시오. (단, 공구의 위치는 기계 원점에 있고 가공 시작점은 A에서부터 시작점이다.)

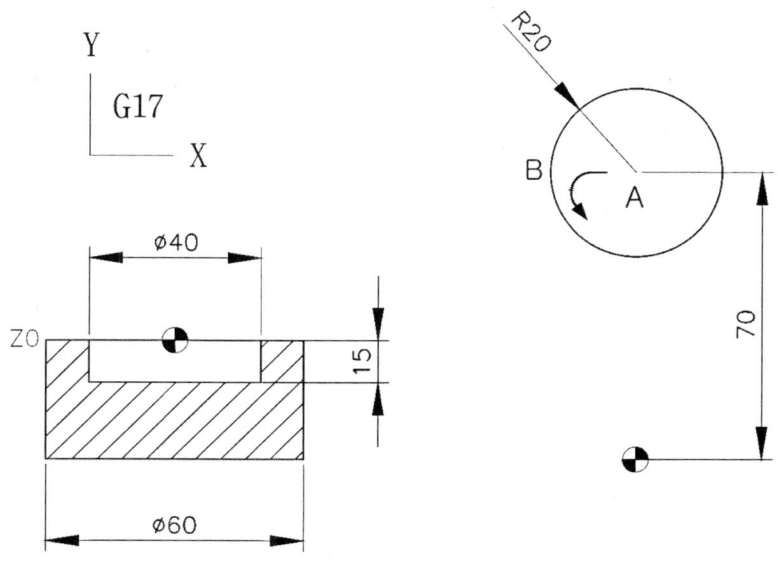

[그림 4-49] 내경 'I+'로 원호 가공

풀이

'I+' 값으로 프로그램 작성

G40 G49 G80 ;
T01 M06 (∅12 엔드밀) ;
G54 G90 G00 X0. Y70. ;
G43 Z150. H01 S1200 M03 ;
Z5. ;
Z -15. ;
G41 G01 X -20. F80 D01 ;
G03 I20. ;

※ **주의점**: I의 부호지령은 원의 가공 시작점인 B에서 보았을 때, 가공원의 중심점을 보면 R20.인데, 부호가 '+', '-'인지 구분은 시작점인 B점에서 볼 때 원의 중심점이 우측에 있으므로 I, J, K는 반드시 증분만 사용하므로 I+가 된다.

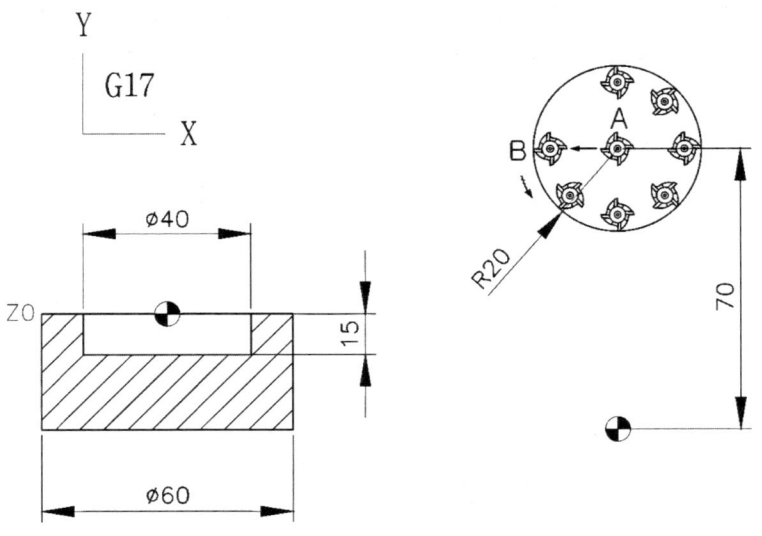

[그림 4-50] 내경 'I+'로 원호 가공 시의 공구의 이동 경로

예제 [4-18] [그림 4-51]을 보고 길이 보정을 적용하여 선택 평면에 맞게 프로그램하시오. (단, 공구의 위치는 기계 원점에 있고 가공 시작점은 X35. Y26.이다.)

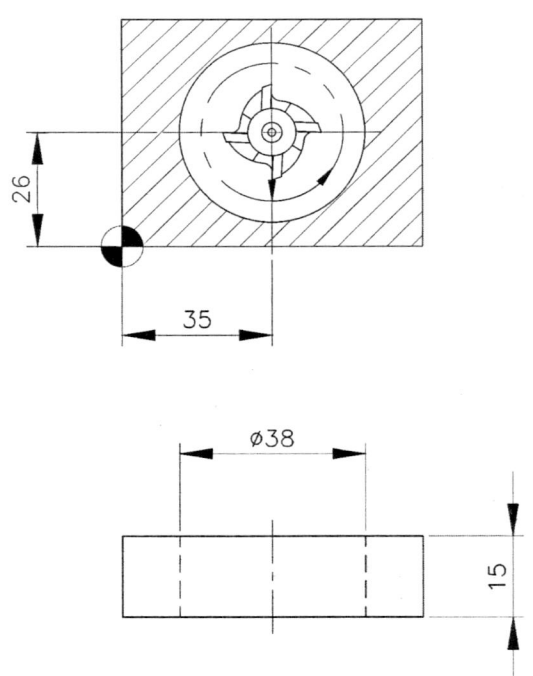

[그림 4-51] 내경 'J+'로 원호 가공

〈표 4-15〉 'J+' 값으로 프로그램 작성

G40 G49 G80 ;	Z5. ;
T01 M06 (∅20 엔드밀) ;	Z -17. ;
G54 G90 G00 X35. Y26. ;	G41 G01 Y7. F80 D01 ;
G43 Z150. H01 S1200 M03 ;	G03 J19. ;

※ **주의점**: J의 부호지령은 원의 가공 시작점인 X35. Y7.에서 보았을 때, 가공원의 중심점을 보면 R19.인데, 부호가 '+', '-'인지 구분은, 원의 가공 시작점인 X35. Y7.에서 볼 때 원의 중심점이 위쪽에 있으므로 I, J, K는 반드시 증분만 사용하므로 J+가 된다.

[예제 4-19] [그림 4-52]을 보고 길이 보정을 적용하여 선택 평면에 맞게 프로그램하시오. (단, 공구의 위치는 기계 원점에 있고 가공 시작점은 X35. Y26.이다.)

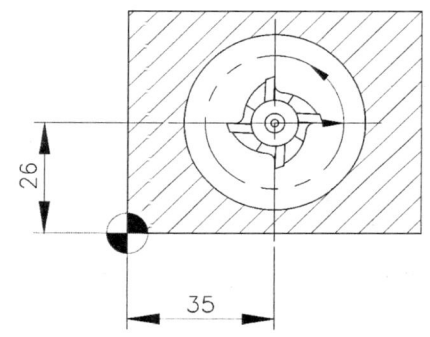

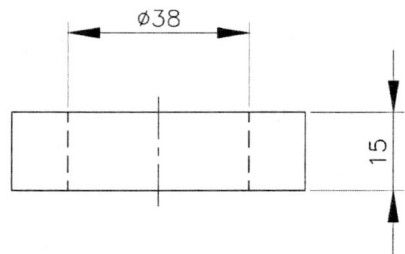

[그림 4-52] 내경 'I-'로 원호 가공

〈표 4-16〉 'I-' 값으로 프로그램 작성

G40 G49 G80 ;	Z5. ;
T01 M06 (∅20 엔드밀) ;	Z -17. ;
G54 G90 G00 X35. Y26. ;	G41 G01 X54. F80 D01 ;
G43 Z150. H01 S1200 M03 ;	G03 I-19. ;

※ **주의점**: I의 부호지령은 원의 가공 시작점인 X54. Y26.에서 보았을 때, 가공원의 중심점을 보면 R19.인데, 부호가 '+', '-'인지 구분은, 원의 가공 시작점인 X54. Y26.에서 볼 때 원의 중심점이 좌측에 있으므로 I, J, K는 반드시 증분만 사용하므로 I-가 된다.

예제 [4-20] [그림 4-53]를 보고 보정을 적용하여 선택 평면에 맞게 프로그램하시오. (단, 공구의 위치는 기계 원점에 있고 가공 시작점은 X0. Y53.이다.)

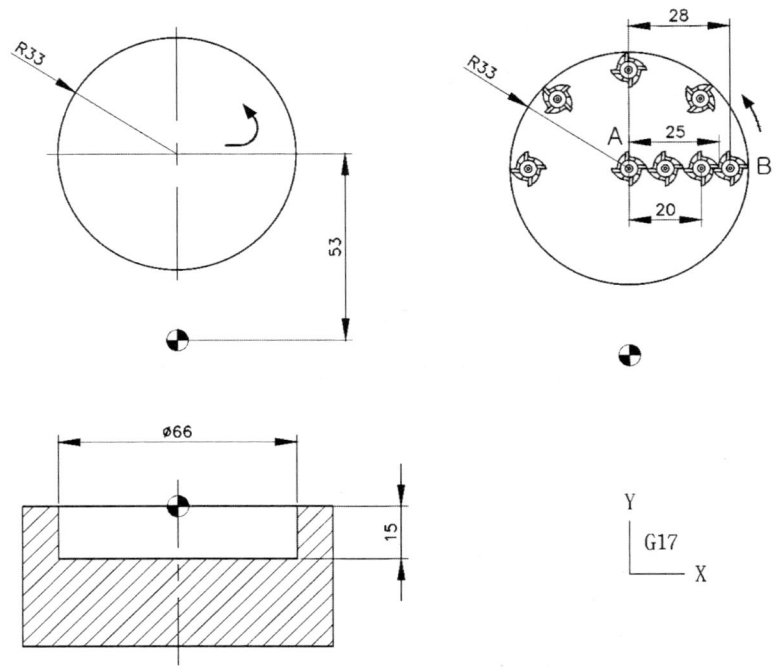

[그림 4-53] 내경 'I-'로 원호 가공경로

〈표 4-17〉 'I-' 값으로 프로그램 작성

G40 G49 G80 ;	G41 G01 X15. F80 D01 ;
T01 M06 (⌀10 엔드밀) ;	G03 I-15. ;
G54 G90 G00 X0. Y53. ;	G01 X25. ;
G43 Z150. H01 S1200 M03 ;	G03 I-25. ;
Z5. ;	G01 X33. ;
Z -15. ;	G03 I-33. ;

[예제] [4-21] [그림 4-54]을 보고 (I, J ,K) 중 선택 평면에 맞게 프로그램하시오. (단, 공구의 위치는 기계 원점에 있고 가공 시작점은 X35. Y -10.이다. 1회 완성가공으로 하며, 공구는 ⌀15 엔드밀을 사용한다.)

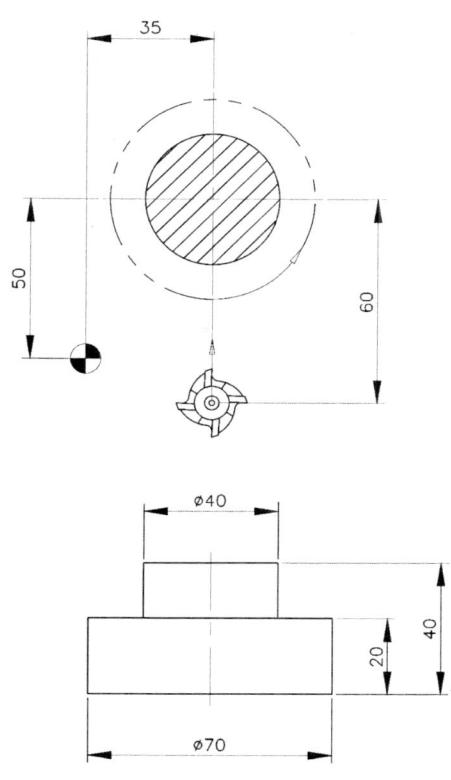

[그림 4-54] 'J+'로 원호 가공경로

〈표 4-18〉 'J+' 값으로 프로그램 작성

G40 G49 G80 ;	Z5. ;
T01 M06 (⌀12 엔드밀) ;	Z -20. ;
G54 G90 G00 X0. Y -10. ;	G42 G01 Y30. F80 D01 ;
G43 Z150. H01 S1200 M03 ;	G03 J20. ;

※ 주의점: J의 부호지령은 원의 가공 시작점인 X35. Y30.에서 보았을 때, 가공원의 중심점을 보면 R20.인데, 부호가 '+', '-'인지 구분은 원의 가공 시작점인 X35. Y30.에서 볼 때 원의 중심점이 위쪽에 있으므로 I, J, K는 반드시 증분만 사용하므로 J+가 된다.

최신 머시닝센터 프로그램과 가공 기술

Part V

극좌표 지령(G16)

5·1 극좌표의 지령 및 취소
5·2 공작물 좌표계 원점을 이용한 지령 방식
5·3 현재의 장소를 극좌표 중심으로 지령 방식
5·4 극좌표의 다양한 프로그램

5·1 극좌표의 지령 및 취소

원주상의 X, Y, Z 좌표점을 찾아서 삼각함수로 좌표점을 구한다는 것은 아주 까다롭고 또한, 삼각함수이므로 정수로 떨어지지 않아서 정확한 작업을 하려면 곤란하다. 이때는 극좌표의 원점을 기준으로 이용하여 좌표점을 주면 정확한 작업이 가능하다.

> 지령 방법: G16 X - Y - ;
> 취소 명령: G15 ;

- 워드의 의미
  X: 원주의 원호반경
  Y: 각도
    각도의 기준점은 3시 방향이 0°이며, 반시계 방향이 '+'이며, 시계 방향이 '-' 값이다. 45도의 경우는 Y45.로 표현한다.
    G15를 입력하면 극좌표 지령(G16)이 취소되고 직교좌표 지령으로 된다.

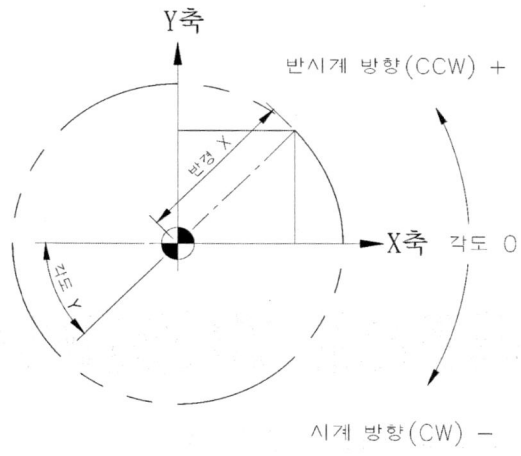

[그림 5-1] 직교좌표 및 극좌표의 부호

5·2 공작물 좌표계 원점을 이용한 지령 방식

반지름을 절댓값으로 지령하며, 공작물 좌표계의 원점이 극좌표의 중심이 된다.
단, 구역 좌표계(G52)를 사용하는 경우에는 구역 좌표계의 원점이 극좌표의 중심이 된다.

5·3 현재의 장소를 극좌표 중심으로 지령 방식

반지름을 증분값으로 지령하며, 현재의 위치가 극좌표의 중심이 된다.

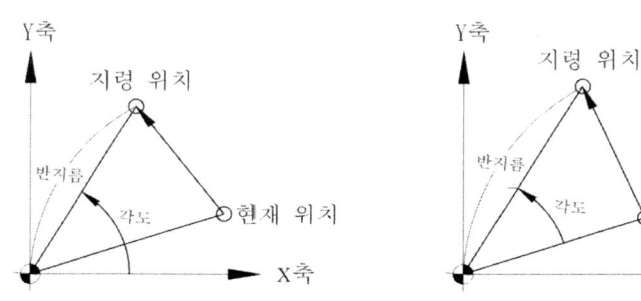

[그림 5-2] 공작물 좌표계의 원점을 중심으로 인식

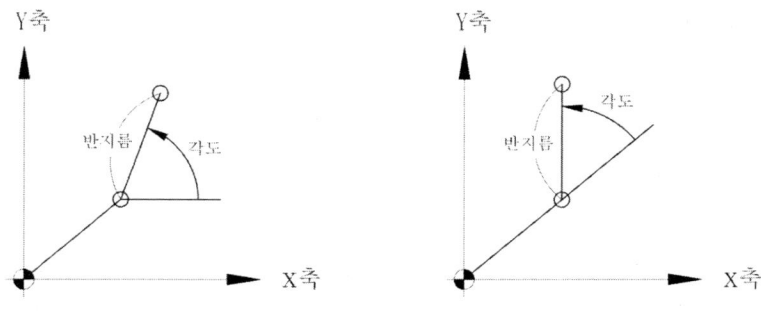

[그림 5-3] 현재 위치를 중심으로 인식

예제 [5-1] 다음 그림을 보고 극좌표로 프로그램을 작성하시오.

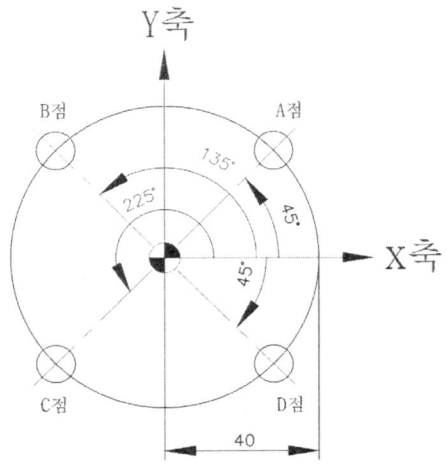

[그림 5-4] 극좌표의 지령 방법

풀이

가. 반지름과 각도가 절대 지령인 경우
   G16 ;
   G81 G90 X40. Y45. Z -15. R3. F80 ;
   Y135. ;
   Y225. ;
   Y315. ;
   G15 G80 ;

나. 반지름은 절대 지령, 각도는 증분 지령
   G16 ;
   G81 G90 X40. Y45. Z -15. R3. F80 ;
   G91 Y90. ;
   Y90. ;
   Y90. ;
   G15 G80 ;

다. 제한 사항
   • 극좌표 모드에서의 반경 지령
     극좌표 모드에서 원호 보간, 헬리컬 보간의(G02, G03) 반경값 지령은 R로 한다.
   • 극좌표 모드에서 극좌표 지령으로 간주할 수 없는 축 지령
     다음의 지령에 동반하는 축 지령에 대해서는 극좌표 지령으로 간주하지 않는다.
     - 휴지(G04)   - Programable 입력(G10)
     - 구역 좌표계 설정(G52)   - 공작물 좌표계 변경(G92)
     - 기계 좌표계 선택(G53)   - 좌표 회전(G68)

5·4 극좌표의 다양한 프로그램

예제 [5-2] 극좌표 프로그램을 작성하시오.

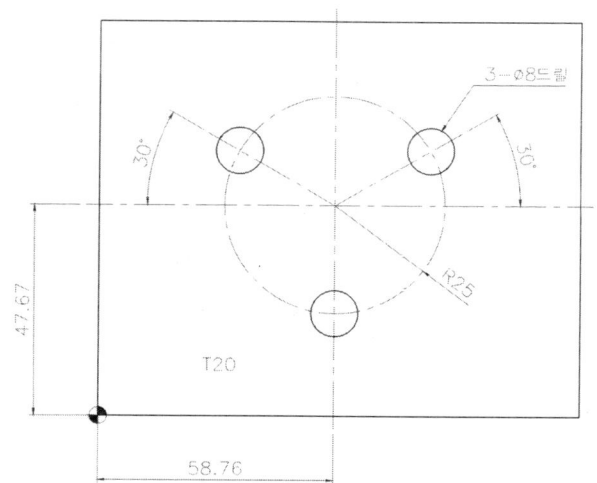

공구 이름	센터 드릴	드릴
공구 번호	2	3
공구 직경	∅3	∅8
회전수(rpm)	2000	1000
이송(mm/min)	100	80

[그림 5-5] 극좌표의 지령 종류

풀이

O0015						
G40 G49 G80 G17						
T02 M06			T03 M06			
G54 G90 G00 X58.76 Y47.67			G54 G90 G00 X58.76 Y47.67			
G52 X58.76 Y47.67			G52 X58.76 Y47.67			
G16			G16			
X25. Y30.			X25. Y30.			
G43 H02 Z200. S2000 M03			G43 H03 Z200. S1000 M03			
Z5. M08			Z5. M08			
G81 G99 Z -5. R3. F100			G83 G99 Z -25. Q3. R3. F80			
Y150.	G91 Y120.	G91 Y120. L2	Y150.	G91 Y120.	G91 Y120. L2
Y270.	Y120.		Y270.	Y120.	
G80 G00 Z150. M09 (L2 경우 G80G90G00Z150.M09)			G80 G00 Z150. M09 (L2 경우 G80G90G00Z150.M09)			
G49 M05			G49 M05			
G15			G15			
G52 X0. Y0.			G52 X0. Y0.			
			M02			

예제 **[5-3]** 극좌표 보조 프로그램을 작성하시오.

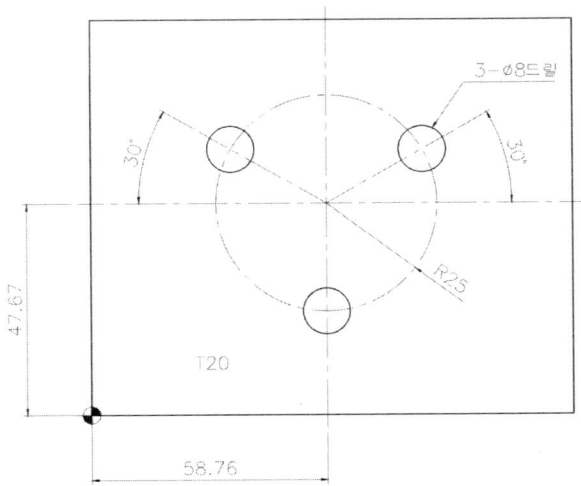

공구 이름	센터 드릴	드릴
공구 번호	2	3
공구 직경	∅3	∅8
회전수(rpm)	2000	1000
이송(mm/min)	100	80

[그림 5-6] 보조 프로그램을 사용한 극좌표 지령

O0016		
G40 G49 G80 G17		1방법
T02 M06	T03 M06	O1015
G54 G90 G00 X58.76 Y47.67	G54 G90 G00 X58.76 Y47.67	G90 Y120. L2
G52 X58.76 Y47.67	G52 X58.76 Y47.67	M99
G16	G16	
X25. Y30.	X25. Y30.	2방법
G43 H02 Z150. S2000 M03	G43 H03 Z150. S1000 M03	O1015
Z5. M08	Z5. M08	G91 Y120.
G81 G99 Z -5. R3. F100	G83 G99 Z -25. Q3. R3. F80	Y120.
M98 P1015	M98 P1015	M99
G80 G00 Z150. M09	G80 G00 Z150. M09	
G49 M05	G49 M05	3방법
G15	G15	O1015
G52 X0. Y0.	G52 X0. Y0.	G90 Y150.
	M02	Y270.
		M99

예제 [5-4] 극좌표 프로그램을 작성하시오.

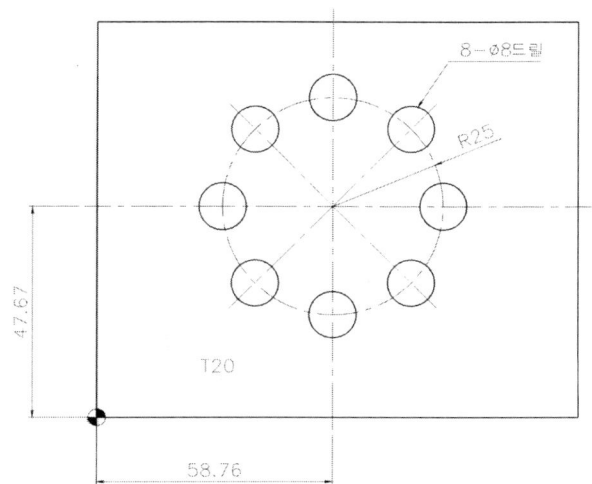

공구 이름	센터 드릴	드릴
공구 번호	2	3
공구 직경	∅3	∅8
회전수(rpm)	2000	1000
이송(mm/min)	100	80

[그림 5-7] 극좌표 지령

풀이

O0017					
G40 G49 G80 G17					
T02 M06			T03 M06		
G54 G90 G00 X58.76 Y47.67			G54 G90 G00 X58.76 Y47.67		
G52 X58.76 Y47.67			G52 X58.76 Y47.67		
G16			G16		
X25. Y0.			X25. Y0.		
G43 H02 Z150. S2000 M03			G43 H03 Z150. S1000 M03		
Z5. M08			Z5. M08		
G81 G99 Z -5. R3. F100			G83 G99 Z -25. Q3. R3. F80		
Y45.	G91 Y45.		Y45.	G91 Y45.	
Y90.	Y45.		Y90.	Y45.	
Y135.	Y45.		Y135.	Y45.	
Y180.	Y45.	G91 Y45. L7	Y180.	Y45.	G91 Y45. L7
Y225.	Y45.		Y225.	Y45.	
Y270.	Y45.		Y270.	Y45.	
Y315.	Y45.		Y315.	Y45.	
G15			G15		
G52 X0. Y0.			G52 X0. Y0.		
G80 G00 Z150. M09 (L7 경우: G80G90G00Z150.M09)			G80 G00 Z150. M09 (L7 경우: G80G90G00Z150.M09)		
G49 M05			G49 M05		
			M02		

예제 [5-5] 극좌표 보조 프로그램을 작성하시오.

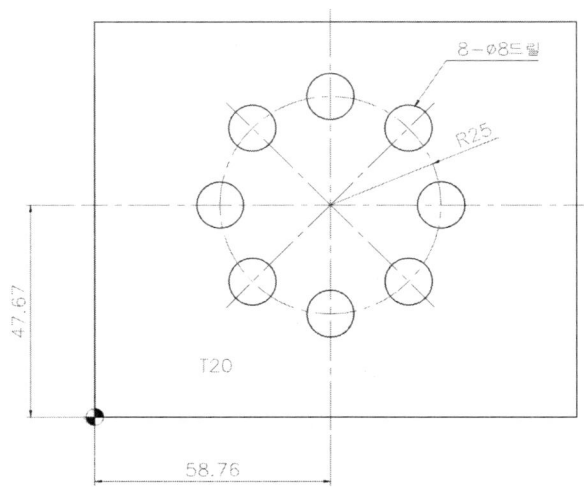

공구 이름	센터 드릴	드릴
공구 번호	2	3
공구 직경	∅3	∅8
회전수(rpm)	2000	1000
이송(mm/min)	100	80

[그림 5-8] 보조 프로그램을 사용한 극좌표 지령

풀이

O0018		
G40 G49 G80 G17		2방법
T02 M06	T03 M06	O1017
G54 G90 G00 X58.76 Y47.67	G54 G90 G00 X58.76 Y47.67	G91 Y45.
G52 X58.76 Y47.67	G52 X58.76 Y47.67	Y45.
G16	G16	Y45.
X25. Y0.	X25. Y0.	Y45.
G43 H02 Z150. S1500 M03	G43 H03 Z150. S800 M03	Y45.
Z5. M08	Z5. M08	Y45.
G81 G99 Z -5. R3. F100	G83 G99 Z -25. Q3. R3. F80	Y45.
M98 P1017	M98 P1017	M99
G80 G00 Z150. M09	G80 G00 Z150. M09	
G49 M05	G49 M05	3방법
G15	G15	O1017
G52 X0. Y0.	G52 X0. Y0.	G90 Y45.
	M02	Y90.
		Y135.
참고	참고	Y180.
(L7경우 G80 G90 G00 Z150. M09)	(L7경우 G80 G90 G00 Z150. M09)	Y225.
1방법		Y270.
O1017		Y315.
G91 Y45. L7		M99
M99		

[5-6] 극좌표 프로그램을 작성하시오.

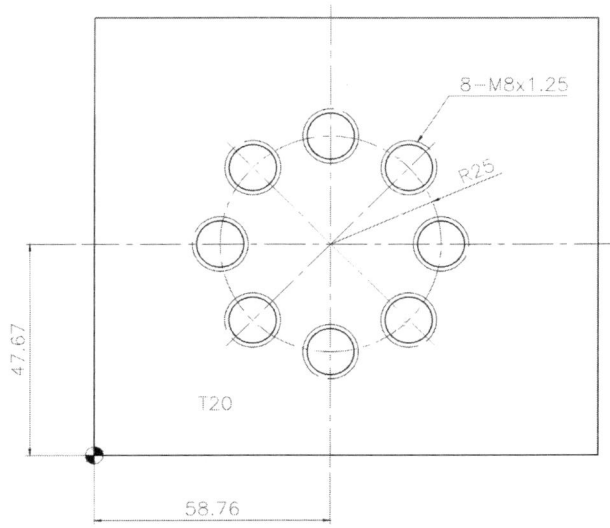

공구 이름	센터 드릴	드릴	탭
공구 번호	2	3	5
공구 직경	∅3	∅8	M8
회전수(rpm)	2000	1000	500
이송(mm/min)	100	80	625

※ 탭 이송 속도 = 회전수 × 피치.
  F = 500 × 1.25 = 625

[그림 5-9] 보조 프로그램을 사용한 탭 작업

O0019					
G40 G49 G80 G17					
T02 M06			T03 M06		
G54 G90 G00 X58.76 Y47.67			G54 G90 G00 X58.76 Y47.67		
G52 X58.76 Y47.67			G52 X58.76 Y47.67		
G16			G16		
X25. Y0.			X25. Y0.		
G43 H02 Z150. S2000 M03			G43 H03 Z150. S1000 M03		
Z5. M08			Z5. M08		
G81 G99 Z −5. R3. F100			G83 G99 Z −25. Q3. R3. F80		
Y45.	G91 Y45.		Y45.	G91 Y45.	
Y90.	Y45.		Y90.	Y45.	
Y135.	Y45.		Y135.	Y45.	
Y180.	Y45.	G91 Y45. L7	Y180.	Y45.	G91 Y45. L7
Y225.	Y45.		Y225.	Y45.	
Y270.	Y45.		Y270.	Y45.	
Y315.	Y45.		Y315.	Y45.	
G15			G15		
G52 X0. Y0.			G52 X0. Y0.		
G80 G00 Z150. M09			G80 G00 Z150. M09		
G49 M05					

G49 M05		
T05 M06		
G54 G90 G00 X58.76 Y47.67		
G52 X58.76 Y47.67		
G16		
X25. Y0.		
G43 H05 Z150. S500 M03		
Z5. M08		
G84 G99 Z -5. R3. F625		
Y45.	G91 Y45.	
Y90.	Y45.	
Y135.	Y45.	
Y180.	Y45.	G91 Y45. L7
Y225.	Y45.	
Y270.	Y45.	
Y315.	Y45.	
G15		
G52 X0. Y0.		참고
G80 G00 Z150. M09		(G91 Y45. L7경우 G80 G90 G00 Z150. M09)
G49 M05		
M02		

예제 [5-7] 극좌표 보조 프로그램을 작성하시오.

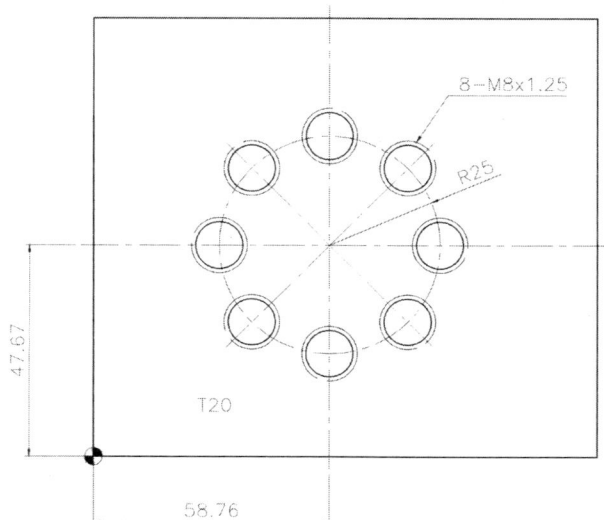

공구 이름	센터 드릴	드릴	탭
공구 번호	2	3	5
공구 직경	∅3	∅8	M8
회전수(rpm)	2000	1000	500
이송(mm/min)	100	80	625

※ 탭 이송 속도 = 회전수 × 피치,
F = 500 × 1.25 = 625

[그림 5-10] 보조 프로그램을 사용한 극좌표

O0020		
G40 G49 G80 G17		
T02 M06	T03 M06	T05 M06
G54G90G00X58.76Y47.67	G54G90G00X58.76Y47.67	G54G90G00X58.76Y47.67
G52 X58.76 Y47.67	G52 X58.76 Y47.67	G52 X58.76 Y47.67
G16	G16	G16
X25. Y0.	X25. Y0.	X25. Y0.
G43H02Z150.S2000M03	G43H03Z150.S1000 M03	G43H05Z150.S500M03
Z5. M08	Z5. M08	Z5. M08
G81G99Z -5.R3.F60	G83G99Z -25.Q3.R3.F50	G84G99Z -5.R3.F625
M98 P1019	M98 P1019	M98 P1019
G80 G00 Z150. M09	G80 G00 Z150. M09	G80 G00 Z150. M09
G49 M05	G49 M05	G49 M05
G15	G15	G15
G52 X0. Y0.	G52 X0. Y0.	G52 X0. Y0.
		M02
1방법	2방법	3방법
G91 Y45. L7	O1019	O1019
M99	G91 Y45.	G90 Y45.
	Y45.	Y90.
	Y45.	Y135.
	Y45.	Y180.
	Y45.	Y225.
	Y45.	Y270.
	Y45.	Y315.
	M99	M99

예제 [5-8] 극좌표 프로그램을 작성하시오.

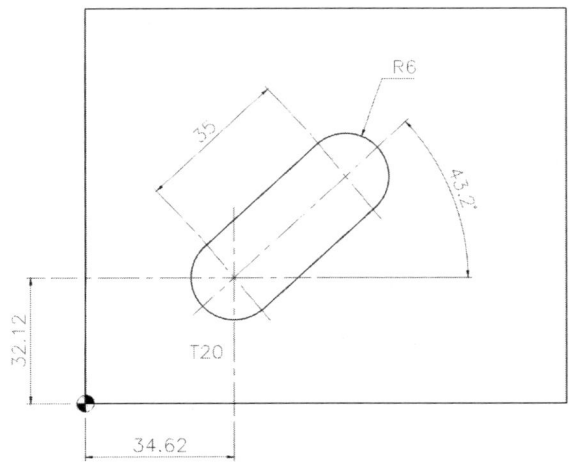

공구 이름	엔드밀	다이아몬드 엔드밀	센터 드릴	드릴
공구 번호	1	12	2	3
공구 직경	∅12	∅10	∅3	∅8
회전수 (rpm)	1000	3000	2000	1000
이송 (mm/min)	80	200	100	80

※ 슬롯(포켓 깊이 Z -6.)

[그림 5-11] 극좌표를 사용한 슬롯 가공

풀이

O0021		
G40 G49 G80 G17		
T02 M06	T03 M06	T01 M06
G54G90G00X34.62Y32.12	G54G90G00X34.62Y32.12	G54G90G00X34.62Y32.12
G52 X34.62 Y32.12	G52 X34.62 Y32.12	G52 X34.62 Y32.12
G43H02Z150.S2000M03	G43H03Z150.S1000M03	G16
Z5. M08	Z5. M08	G43H01Z150.S1000M03
G81 G99 Z -5. R3. F60	G83 G99 Z -5.5 Q3. R3. F50	Z5. M08
G52 X0. Y0.	G52 X0. Y0.	G01 Z -5. F30
G00 Z150. M09	G00 Z150. M09	X35. Y43.2 F80
G49 M05	G49 M05	G15
		G52 X0. Y0.
		G00 Z150. M09
		G49 M05
		M02

최신 머시닝센터 프로그램과 가공 기술

Part VI

보조 프로그램
(Sub Program)

6·1 보조 프로그램(Sub Program)
6·2 다양한 보조 프로그램 예제 종류

6·1 보조 프로그램(Sub Program)

　같은 경로를 여러 번 가공할 시에는 동일한 Program을 여러 번 사용하여야 하는데, 이때 같은 Program을 계속하여 사용한다면 입력시간 및 Program이 길어지므로 좋지 않다. 특히 산업 현장에서는 특별한 경우를 제외하고는 같은 경로일 경우에는 대부분 Sub Program을 사용하여야 하므로 각별히 작성방법을 익혀 두어야 전문적인 Programer로 성장할 수 있다.

1. Sub Program의 호출 방법

　FANUC System의 0M과 11M에서 Sub Program 호출 방법은 아래와 같은 방법으로 한다. 또한, SENTROL-M System에서는 TYPE FORMAT을 0M과 11M으로 변경가능하며, 방법은 다음과 같다.

1) 0M의 경우

　　　　M98P　□□□□　△△△△

- □□□□ : 반복 횟수(생략하면 1회)
- △△△△ : Sub Program 번호

🔅 M98 P50091 ; Sub Program 번호 0091을 5회 연속 호출함

2) 6, 10, 11M의 경우

　　　　M98P　△△△△　L　□□□□

- □□□□ : 반복 횟수(생략하면 1회)
- △△△△ : Sub Program 번호

🔅 M98 P0091 L5 ; Sub Program 번호 0091을 5회 연속 호출함

예제 [6-1]　다음 그림을 보고 보조 프로그램을 사용하여 Program을 작성하시오.

〈표 6-1〉 사용 공구의 제조건

공구 번호	공구 명칭	공구 직경	회전수(rpm)	이송(mm/min)	여유량(mm)
T01	라핑엔드밀	∅12mm	S1500	F150	0.5
T02	엔드밀	∅10mm	S1800	F200	0

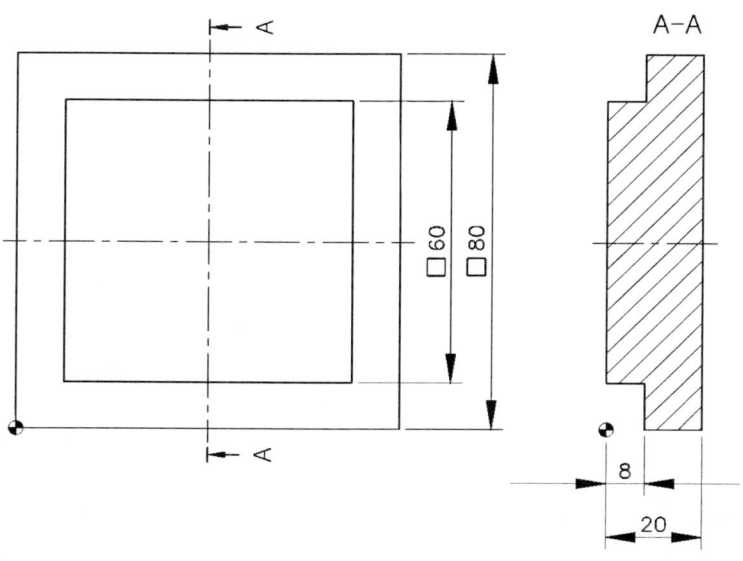

[그림 6-1] 사각형 보조 프로그램 가공

풀이

주 프로그램

O0300 ;
G40 G49 G80 ;
T01 M06 (∅12 라핑엔드밀) ;
G54 G90 G00 X −15. Y −15. ;
G43 Z150. H01 S1500 M03 ;
Z5. ;
Z −7.5 M08 ;
G41 G01 X10. F150 D01 ;   보정값 D01에는 6.5를 입력
M98 P0310 ;   한다. 〈표 6−1〉 참조
G00 Z150. M09 ;
G49 M05 ;
T02 M06 (∅10 엔드밀) ;
G90 G00 X −15. Y −15. ;
G43 Z150. H02 S1800 M03 ;
Z5. M08 ;
Z −8. ;
G41 G01 X10. F200 D02 ;   보정값 D02에는 6.0을 입력
M98 P0310 ;   한다. 〈표 6−1〉 참조
G00 Z150. M09 ;
G49 M05 ;
G91 G28 X0. Y0. Z0. ;
M02 ;

보조 프로그램

O0310 ;
G90 G01 Y70. ;
X70. ;
Y10. ;
X10. ;
Y63. ;
G02 X17. Y70. R7. ;
G01 X63. ;
G02 X70. Y63. R7. ;
G01 Y17. ;
G02 X63. Y10. R7. ;
G01 X17. ;
G02 X10. Y17. R7. ;
G01 Y23. ;
X −10. ;
G40 G00 Y −15. ;
M99 ;

Sub Program의 작성 시 주의할 점은, 처음 시작 블록 시에 특히 주의하여야 한다. 보통 간단한 프로그램은 무난하지만, 충돌 없이 완벽한 프로그램을 위해서는 위의 G90 G01 Y70. ; 과 같이 Sub Program의 시작점이 G90, G91, 절대 좌표(G90)인지 증분 좌표(G91)인지 명확히 지령하여 주는 것이 좋다.

〈표 6-2〉 공구지름 보정값

핸 들 운 전	보 정	상 대	기 계 좌 표	O0300 N0000	07/22 09.32
	번호 H001 H002		DATA 205.581 144.488	번호 D001 D002	DATA 6.500 6.000

[예제] [6-2] 다음 그림을 보고 보조 프로그램을 사용하여 프로그램을 작성하시오.

공구 번호	공구 명칭	공구 직경	회전수(rpm)	이송(mm/min)
T01	센터	∅4 mm	S2000	F150
T02	드릴	∅8 mm	S1200	F60

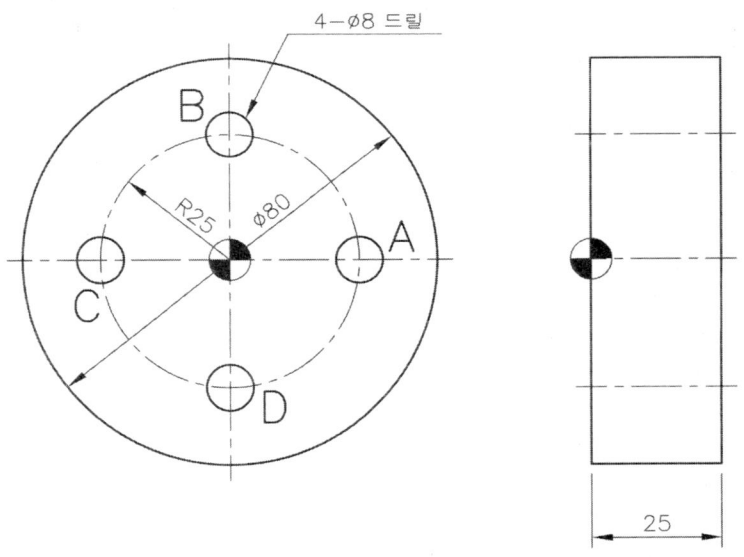

[그림 6-2] 원형 보조 프로그램 가공

주 프로그램

O0301 ;

T01 M06(∅4 센터 드릴) ;
G54 G90 G00 X25. Y0. ;
G43 Z150. H01 S2000 M03 ;
Z10. M08 ;
G81 G99 G90 Z -5. R3. F150 ;
M98 P0311 ;
G00 Z1500. M09 ;
G49 M05 ;
T02 M06(∅8 드릴) ;
G90 G00 X25. Y0. ;
G43 Z150. H02 S1200 M03 ;
Z10. M08 ;
G73 G99 G90 Z -30. R3. Q3. F60 ;
M98 P0311 ;
G00 Z200. M09 ;
G49 M05 ;
G91 G28 X0. Y0. Z0. ;
M02 ;

보조 프로그램

G90 X0. Y25. ;
X -25. Y0. ;
X0. Y -25. ;
M99 ;

〈표 6-3〉 공구지름 보정값

핸들 운전	보정	상대	기계 좌표	O0301 N0000	07/22 09.32
	번호		DATA	번호	DATA
	H001		205.581	D001	0.000
	H002		144.488	D002	0.000
	H003		0.000	D003	0.000

예제 [6-3] 다음 그림을 보고 보조 프로그램을 사용하여 프로그램을 작성하시오.

공구 번호	공구 명칭	공구 직경	회전수(rpm)	이송(mm/min)	여유량(mm)
T01	라핑엔드밀	∅30mm	S350	F50	0.5
T02	엔드밀	∅30mm	S400	F60	0

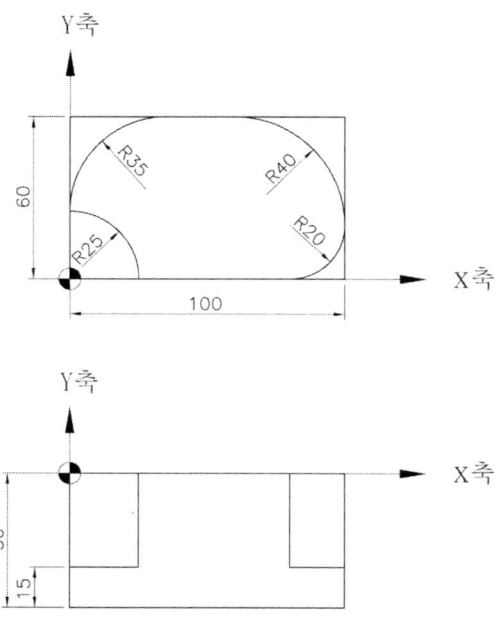

[그림 6-3] 원형 기둥 보조 프로그램 가공

풀이

주 프로그램

O0302 ;
G40 G49 G80 ;
T01 M06 (∅30 라핑엔드밀) ;
G54 G90 G00 X -20. Y -20. ;
G43 Z150. H01 S350 M03 ;
Z10. M08 ;
Z -20. ;
G42 G01 Y0. F150 D01 ; 보정값 D01에는 15.5를
M98 P0312 ;   입력한다. 〈표 6-2〉 참조
Z -34.5 ;
G42 G01 Y0. F350 ;
M98 P0312 ;
G00 Z200. M09 ;
G49 M05 ;
T02 M06 (∅30 엔드밀) ;
G90 G00 X -20. Y -20. ;
G43 Z150. H02 S1500 M03 ;
Z10. M08 ;
Z -35. ;
G42 G01 Y0. F300 D02 ; 보정값 D02에는 15.0을
M98 P0312 ;   입력한다. 〈표 6-2〉 참조

보조 프로그램

O0312 ;
G90 G01 X80. ;
G03 X100. Y20. R20. ;
G03 X60. Y60. R40. ;
G01 X35. ;
G03 X0. Y25. R35. ;
G02 X25. Y0. R25. ;
G01 Y -31. ;
G40 G00 X -31. ;
M09 ;
M99 ;

```
G00 Z150. M09 ;
G49 M05 ;
G91 G28 X0. Y0. Z0. ;
M02 ;
```

〈표 6-4〉 공구지름 보정값

핸 들 운 전	보 정	상 대	기 계 좌 표	O0302 N0000	07/22 09.32
	번호 H001 H002		DATA 205.581 144.488	번호 D001 D002	DATA 15.500 15.000

[예제] [6-4] 다음 그림을 보고 보조 프로그램을 사용하여 보링하는 프로그램을 작성하시오. (단, ∅50의 중앙에는 기초 13mm 드릴에 의하여 드릴링되어 있으며, 1회 절입 깊이는 5mm로 한다.)

공구 번호	공구 명칭	공구 직경	회전수(rpm)	이송(mm/min)
01	엔드밀	∅25 mm	S400	F40

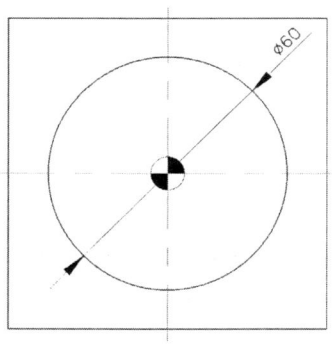

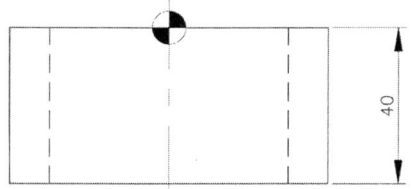

[그림 6-4] 보링 보조 프로그램 가공

주 프로그램

O0303 ;

G40 G49 G80 ;
T01 M06 (∅25 엔드밀) ;
G54 G90 G00 X0. Y0. ;
G43 Z150. H01 S400 M03 ;
Z5. M08 ;
G01 Z0. F40 ;
M98 P0313 L6 ; 11M의 방식
M98 P60313 ; 0M의 방식
G00 Z150. M09 ;
G49 M05 ;
G91 G28 X0. Y0. Z0. ;
M02 ;

보조 프로그램

O0313 ;
G91 G41 G01 X30. Z -8. D01 ;
G03 I-30. ;
X -20. Y20. R20. ;
G90 G40 G01 X0. Y0. ;
M99 ;

보정값 D01에는 12.5를 입력한다. 〈표 6-5〉 참조

〈표 6-5〉 공구지름 보정값

핸 들 운 전	보 정	상 대	기 계 좌 표	O0303 N0000	07/22 09.32
	번호 H001 H002 H003		DATA 205.581 144.488 0.000	번호 D001 D002 D003	DATA 12.500 0.000 0.000

[6-5] 다음 그림을 보고 보조 프로그램을 사용하여 프로그램을 작성하시오. (단, ∅40의 중앙에는 기초 8mm drill에 의하여 drilling 되어 있다.)

〈표 6-6〉 사용 공구의 제조건

공구 번호	공구 명칭	공구 직경	회전수(rpm)	이송(mm/min)	여유량(mm)
T01	라핑엔드밀	∅15 mm	S2000	F150	0.3
T02	엔드밀	∅15 mm	S1000	F100	

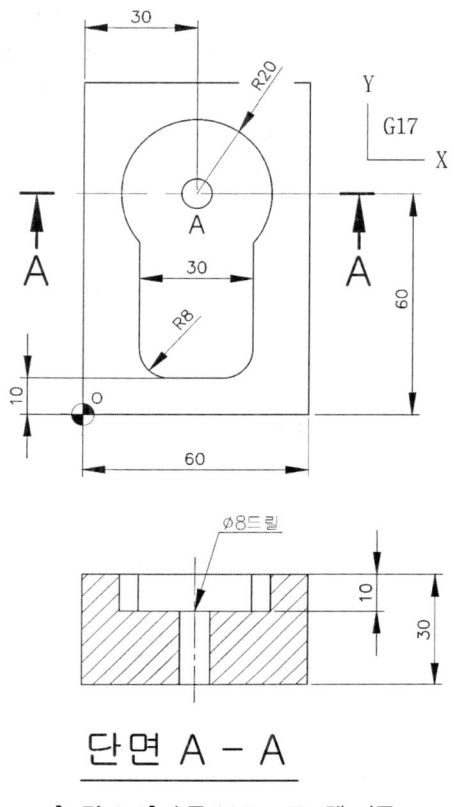

[그림 6-5] 슬롯 보조 프로그램 가공

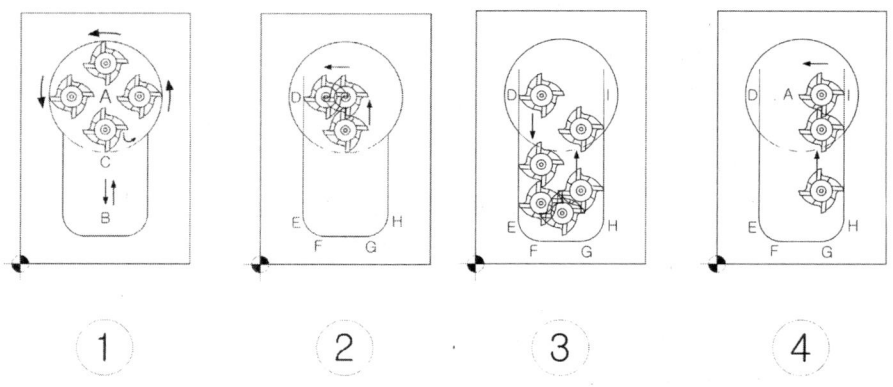

[그림 6-6] 슬롯 가공 순서

Sub Program은 단순히 반복하는 Program이라는 개념으로 이해하면 안 되고, 어떻게 하면 가공횟수를 줄이고 또한 간섭을 피할 수 있는지, 진입 전에 반드시 추후 이동 경로를 파악하여야 한다. 그리고 특히 Pocket 가공 시에는 외부에서 Pocket으로 이동 시에는 반드시 G40 G00 X_ Y_형식으로 이동하고 Pocket에서 깊이를 주고 진입한 후에 좌, 우 또는 상, 하로 보정을 주면서 이동을 하여 Program을 한다.
그리고 공작물의 측면에서 붙어서 Z 방향으로 뜨면서 절대로 보정을 취소하면 안 된다. Pocket 가공에서 원가공 후에 직선 구간으로 진입 시 특히 보정을 받으면서 공작물의 뒷면을 치는 경우가 많은데, 잘 모르면 원가공 후 보정 전의 위치로 G40 G01 X_ Y_로 보정 해제를 한 후에, 다시 직선 구간으로 보정을 주면, 보정으로 인하여 공작물의 과절삭이 없으므로 특히 주의하여야 한다.
초보자의 경우 원가공 후 바로 직선 구간으로 가공을 하는 경우가 많은데 이런 가공형태는 단순한 좌푯값의 이동에 불과하므로 반드시 피하여야 한다.

▶ **작업순서**

- 황삭: A에서 → B로 G01 가공 → A로 G01 가공 → C로 G41 보정해 주면서 G01 가공 → C에서 G03 가공 → D로 G01 가공 → E로 G01 가공 → F로 G03 가공 → G로 G01 가공 → H로 G02 가공 → I로 G01 가공 → A로 보정 해제하면서 G01 가공

- 정삭: A에서 → C로 G41 보정해 주면서 G01 가공 → C에서 G03 가공 → D로 G01 가공 → E로 G01 가공 F로 G03 가공 → G로 G01 가공 → H로 G02 가공 → I로 G01 가공 → A로 보정 해제하면서 G01 가공

주 프로그램

O0304 ;
G40 G49 G80 ;
T01 M06 (∅15 라핑엔드밀) ;
G54 G90 G00 X30. Y60. ;
G43 Z150. H01 S1200 M03 ;
Z10. M08 ;
G01 Z -9.5 F30 ;
Y40. F150 ;
G03 J20. ;
G40 G01 X30. Y60. ;
G41 X15. D01 ;
M98 P0314 ;
G00 Z150. M09 ;
G49 M05 ;
T02 M06 (∅15 엔드밀) ;
G90 G00 X30. Y60. ;
G43 Z150. H02 S1000 M03 ;
Z10. M08 ;
Z -10. ;
Y40. ;
G03 J20. ;
G40 G01 X30. Y60. ;

보정값 D01에는 7.8을 입력한다. 〈표 6-5〉 참조

보조 프로그램

O0314 ;

G90 G01 Y18. ;
G03 X23. Y10. R8. ;
G01 X37. ;
G03 X45. Y18. R8. ;
G01 Y60. ;
G40 X30. Y60. ;
Z5. ;
M09 ;
M99 ;

```
G41 X15. F100 D02 ;
M98 P0314 ;
G00 Z150. M09 ;
G49 M05 ;
G91 G28 X0. Y0. Z0. ;
M02 ;
```

보정값 D02에는 7.5를 입력한다. 〈표 6-7〉 참조

〈표 6-7〉 공구지름 보정값

핸 들 운 전	보 정	상 대	기 계 좌 표	O0304 N0000	07/22 09.32
	번호 H001 H002 H003		DATA 205.581 144.488 0.000	번호 D001 D002 D003	DATA 7.800 7.500 0.000

예제 [6-6] 다음 그림을 보고 보조 프로그램을 사용하여 프로그램을 작성하시오. (단, 황삭, 정삭의 2회 가공으로 완성하는 프로그램으로 작성한다.)

〈표 6-8〉 사용 공구의 제조건

공구 번호	공구 명칭	공구 직경	회전수(rpm)	이송(mm/min)	여유량(mm)
T01	라핑엔드밀	⌀12 mm	S1200	F150	0.5
T02	엔드밀	⌀12 mm	S1500	F200	

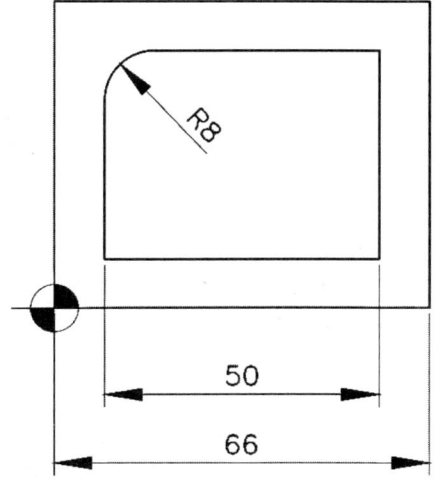
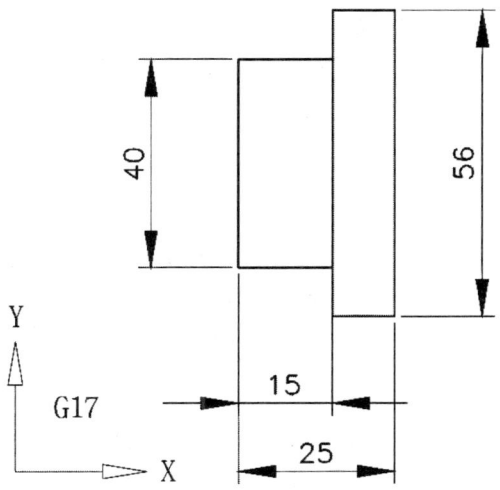

[그림 6-7] 황삭, 정삭 보조 프로그램 가공

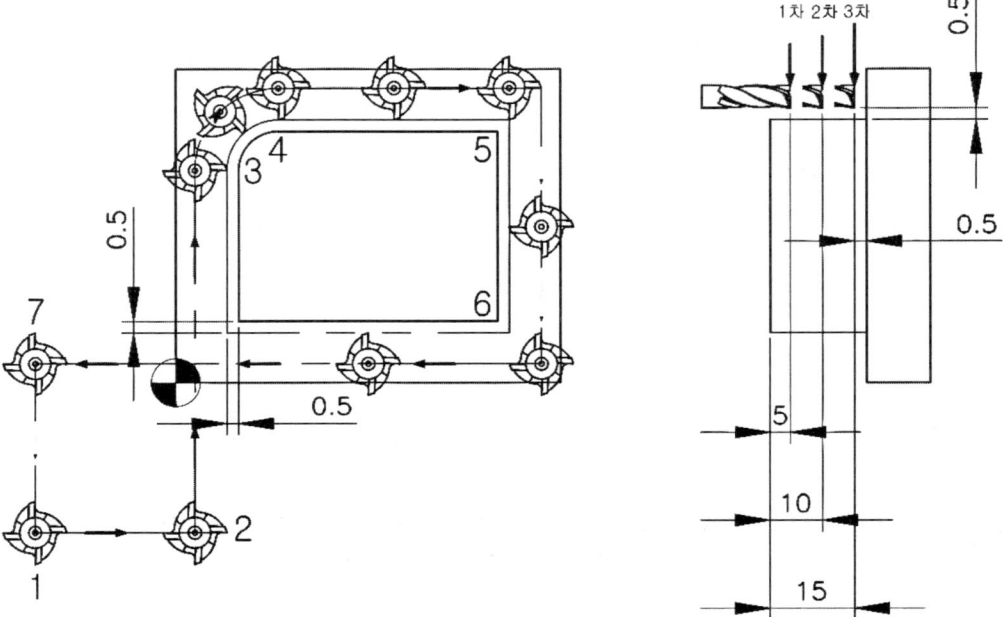

[그림 6-8] 황삭, 정삭 보조 프로그램 가공 순서

▶ **가공경로**

- 황삭 가공 변수

    1에서 깊이 5.0mm를 준다. 보정값은 D01 6.5mm를 준다. → 2로 G41 보정 받으면서 G01 가공 → F3으로 G01 가공 → 4로 G02 가공 → 5로 G01 가공 → 6으로 G01 가공 → 7로 G01 가공 → 1로 G40 보정 해제

    1에서 깊이 10.0mm를 준다. 보정값은 D01 6.5mm를 준다. → 2로 G41 보정 받으면서 G01 가공 → F3으로 G01 가공 → 4로 G02 가공 → 5로 G01 가공 → 6으로 G01 가공 → 7로 G01 가공 → 1로 G40 보정 해제

    1에서 깊이 14.5mm를 준다. 보정값은 D01 6.5mm를 준다. → 2로 G41 보정 받으면서 G01 가공 → F3으로 G01 가공 → 4로 G02 가공 → 5로 G01 가공 → 6으로 G01 가공 → 7로 G01 가공 → 1로 G40 보정 해제

- 정삭 가공 변수

    1에서 깊이 5.0mm를 준다. 보정값은 D02 6.0mm를 준다. → 2로 G41 보정 받으면서 G01 가공 → F3으로 G01 가공 → 4로 G02 가공 → 5로 G01 가공 → 6으로 G01 가공 → 7로 G01 가공 → 1로 G40 보정 해제

1에서 깊이 10.0mm를 준다. 보정값은 D02 6.0mm를 준다. → 2로 G41 보정 받으면서 G01 가공 → F3으로 G01 가공 → 4로 G02 가공 → 5로 G01 가공 → 6으로 G01 가공 → 7로 G01 가공 → 1로 G40 보정 해제

1에서 깊이 15.0mm를 준다. 보정값은 D02 6.0mm를 준다. → 2로 G41 보정 받으면서 G01 가공 → F3으로 G01 가공 → 4로 G02 가공 → 5로 G01 가공 → 6으로 G01 가공 → 7로 G01 가공 → 1로 G40 보정 해제

주 프로그램

```
O0306 ;
G40 G49 G80 ;
T01 M06 (Ø12 라핑엔드밀) ;
G54 G90 G00 X -20. Y -20. ;
G43 Z150. H01 S1200 M03 ;
Z5. M08 ;
G01 Z -5. F60 D01 M08 ;      황삭 가공 1회 절입(D01=6.5 입력)
M98 P0316 ;                   Sub Program 0316 호출
Z -10. D01 ;                  황삭 가공 2회 절입
M98 P0316 ;                   Sub Program 0316 호출
Z -14.5 D01 ;                 황삭 가공 3회 절입
M98 P0316 ;                   Sub Program 0316 호출
G00 Z150. M09
G49 M05
G91 G30 Z0. M19 ;
T02 M06 (Ø12 엔드밀) ;
G54 G90 G00 X -20. Y -20. ;
G43 Z150. H02 S1500 M03 ;
Z5. M08 ;
G01 Z -5. F100 D02 M08 ;     정삭 가공 1회 절입(D02=6.0 입력)
M98 P0317 ;                   Sub Program 0317 호출
Z -10. D02 ;                  정삭 가공 2회 절입
M98 P0317 ;                   Sub Program 0317 호출
Z -15. D02 ;                  정삭 가공 3회 절입
M98 P0317 ;                   Sub Program 0317 호출
G00 Z150. M09 ;
G49 M05 ;
G91 G28 X0. Y0. Z0. ;
M02 ;
```

보조 프로그램

```
O0316 ;
G90 G41 G01 X8. F150 ;
Y40. ;
G02 X16. Y48. R8. ; 사각처리
G01 X58. ;
Y8. ;
X -20. ;
G40 G00 Y -20. ;
M99 ;

O0317 ;
G90 G41 G01 X8. F200 ;
Y40. ;
G02 X16. Y48. R8. ;
G01 X58. ;
Y8. ;
X -20. ;
G40 G00 Y -20. ;
M99 ;
```

〈표 6-9〉 공구지름 보정값

핸 들 운 전	보 정	상 대	기 계 좌 표	O0306 N0000	07/22 09.32
	번호 H001 H002 H003		DATA 205.581 144.488 0.000	번호 D001 D002 D003	DATA 6.500 6.000 0.000

예제 [6-7] 다음 그림을 보고 보조 프로그램을 사용하여 프로그램을 작성하시오. (단, 황삭, 정삭의 2회 가공으로 완성하는 프로그램으로 작성한다.)

〈표 6-10〉 사용 공구의 제조건

공구 번호	공구 명칭	공구 직경	회전수(rpm)	이송(mm/min)	여유량(mm)
T01	라핑엔드밀	⌀12mm	S1200	F150	0.5
T02	엔드밀	⌀12mm	S1500	F200	
T03	센터 드릴	⌀4mm	S1500	F150	
T04	드릴	⌀5mm	S1500	F40	
T05	탭	M6	S370	F370	

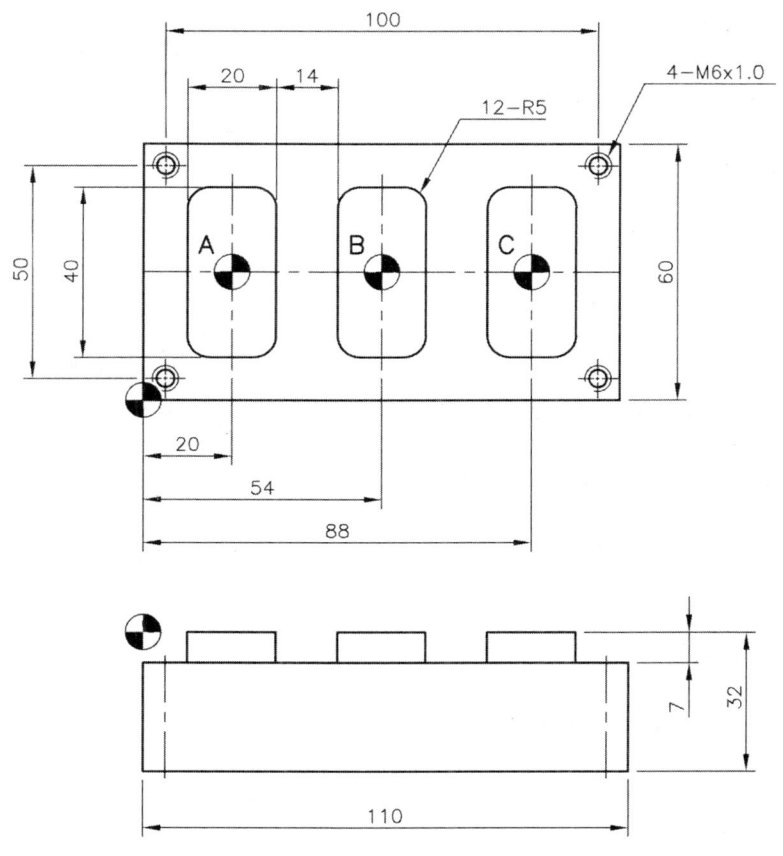

[그림 6-9] 다중 로컬 좌표 프로그램 가공

▶ 가공경로

- 황삭: 2에서 깊이 6.5mm를 준다.
  1에서 12까지 가공 프로그램을 작성한다.

- 정삭: 2에서 깊이 7.0mm를 준다.
  1에서 12까지 가공 프로그램을 작성한다.

주 프로그램

O0307 ;
G40 G49 G80 ;
T03 M06(∅4 센터 드릴) ;
G54 G90 G00 X5. Y5. ;
G43 Z150. H03 S1500 M03 ;
Z10. M08 ;
G81 G99 Z -5. R3. F150 ;
M98 P5600 ;
G00 Z150. G80 M09 ;
G49 M05 ;
G91 G30 Z0. M19 ;
T04 M06(∅5 드릴) ;
G90 G00 X5. Y5. ;
G43 Z200. H04 S1000 M03 ;
Z10. M08 ;
G73 G99 G90 Z -35. R3. Q3. F80 ;
M98 P5600 ;
G00 Z200. G80 M09 ;
G49 M05 ;
G91 G30 Z0. M19 ;
T05 M06(M6 탭) ;
G90 X5. Y5. ;
G43 Z200. H05 S370 M03 ;
Z10. M08 ;
G84 G99 Z -35. R3. F370 ;
M98 P5600 ;
G00 Z200. G80 M09 ;
G49 M05 ;
T01 M06(∅12 라핑엔드밀) ;
G90 G00 X -20. Y -20. ;
G43 Z150. H01 S1200 M03 ;
Z10. ;

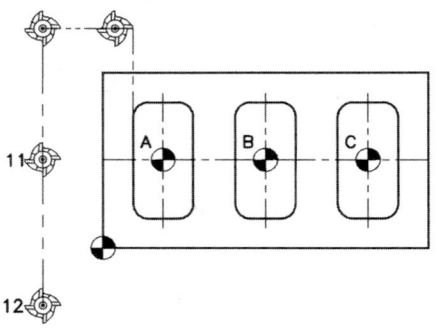

[그림 6-10] 로컬 좌표 가공 순서

```
G01 Z0. F60 M08 ;
G52 X20. Y30. ;
M98 P0317 ;
G52 X54. Y30. ;
M98 P0317 ;
G52 X88. Y30. ;
M98 P0317 ;
G52 X0. Y0. ;
G00 Z150. M09 ;
G49 M05 ;
T02 M06(∅12 엔드밀) ;
G90 G00 X -20. Y -20. ;
G43 Z150. H02 S1500 M03 ;
Z10. M08 ;
G01 Z0. F120 ;
G52 X20. Y30. ;
M98 P0318 ;
G52 X54. Y30. ;
M98 P0318 ;
G52 X88. Y30. ;
M98 P0318 ;
G52 X0. Y0. ;
G00 Z150. M09 ;
G49 M05 ;
G91 G28 X0. Y0. Z0. ;
M02 ;
```

보조 프로그램

```
O5600 ;
G90 X105. ;
Y55. ;
X5. ;
M99 ;
```

보조 프로그램

```
G90 G00 X -35. Y -45. ;
G01 Z -6.8 F60 ;
G41 X -10. D01 F150 ; 보정값 D01에는 12.5를 입력한다.
Y15. ;
G02 X -5. Y20. R5. ;
```

```
G01 X5. ;
G02 X10. Y15. R5. ;
G01 Y -15. ;
G02 X5. Y -20. R5. ;
G01 X -5. ;
G02 X -10. Y -15. R5. ;
G01 Y45. ;
Z5. ;
G40 G00 X -40. Y45. ;
Y -40. ;
M99 ;
```

보조 프로그램

```
O0318 ;

G90 G00 X -35. Y -45. ;
G01 Z -7. F120 ;
G41 X -10. D02 F200 ; 보정값 D02에는 12.0을 입력한다.
Y15. ;
G02 X -5. Y20. R5. ;
G01 X5. ;
G02 X10. Y15. R5. ;
G01 Y -15. ;
G02 X5. Y -20. R5. ;
G01 X -5. ;
G02 X -10. Y -15. R5. ;
G01 Y45. ;
Z5. ;
G40 G00 X -40. Y45. ;
Y -40. ;
G52 X0. Y0. ;
M99 ;
```

〈표 6-11〉 공구지름 보정값

핸 들 운 전	보 정	상 대	기 계 좌 표	O0307 N0000	07/22 09.32
	번호		DATA	번호	DATA
	H001		205.581	D001	12.500
	H002		144.488	D002	12.000
	H003		0.000	D003	0.000

예제 [6-8] 다음 그림을 보고 보조 프로그램을 사용하여 프로그램을 작성하시오. (단, 황삭, 정삭의 2회 가공으로 완성하는 프로그램으로 작성한다.)

〈표 6-12〉 사용 공구의 제조건

공구 번호	공구 명칭	공구 직경	회전수(rpm)	이송(mm/min)	여유량(mm)
T01	라핑엔드밀	⌀12 mm	S2000	F150	0.5
T02	엔드밀	⌀12 mm	S1500	F200	
T03	센터 드릴	⌀4 mm	S1500	F150	
T04	드릴	⌀5 mm	S1500	F40	
T05	탭	M6	S370	F370	

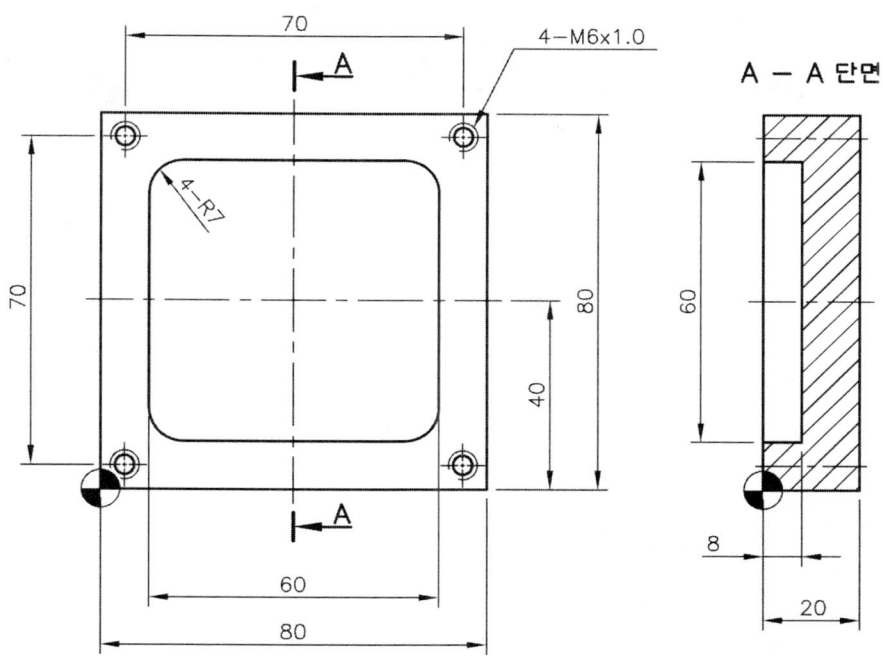

[그림 6-11] 포켓 가공 보조 프로그램 가공

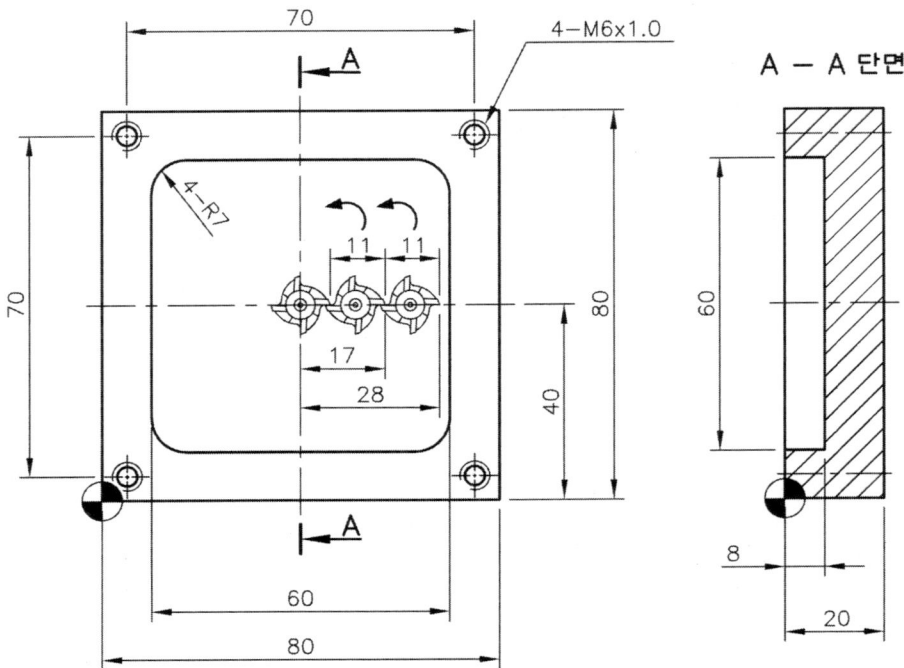

[그림 6-12] 포켓 가공 가공 순서

주 프로그램

O0309 ;

G40 G49 G80 ;
T03 M06(∅4 센터 드릴) ;
G54 G90 G00 X5. Y5. ;
G43 Z150. H03 S1500 M03 ;
Z10. M08 ;
G81 G99 Z -5. R3. F150 ;
M98 P0319 ;
G00 Z150. G80 M09 ;
G49 M05 ;
T04 M06(∅5 드릴) ;
G90 G00 X5. Y5. ;
G43 Z150. H04 S1500 M03 ;
Z10. M08 ;
G73 G99 G90 Z -2. R3. Q3. F4 ;
M98 P0319 ;
G00 Z150. G80 M09 ;

```
G49 M05 ;
T05 M06(M6 탭) ;
G90 G00 X5. Y5. ;
G43 Z150. H05 S370 M03 ;
Z10. M08 ;
G84 G99 Z -25. R3. F370 ;
M98 P0319 ;
G00 Z150. G80 M09 ;
G49 M05 ;
T01 M06(∅12 라핑엔드밀) ;
G90 G00 X0. Y0. ;
G52 X40. Y40. ;
G00 X0. Y0. ;
G43 Z150. H01 S1200 M03 ;
Z10. M08 ;
G01 Z0. F60 M08 ;
M98 P0320 ;
G52 X0. Y0. ;
G00 Z150. M09 ;
G49 M05 ;
G91 G30 Z0. M19 ;
T02 M06(∅12 엔드밀) ;
G90 G00 X0. Y0. ;
G52 X40. Y40. ;
G00 X0. Y0. ;
G43 Z150. H02 S1500 M03 ;
Z10. M08 ;
G01 Z0. F120 M08 ;
M98 P0322 ;
G00 Z150. M09 ;
G49 M05 ;
G91 G28 X0. Y0. Z0. ;
M02 ;
```

보조 프로그램

```
O0319 ;

G90 X75. ;
Y75. ;
X5. ;
M99 ;
```

보조 프로그램

O0320 ;

G91 G01 Z -2.5 F40 ;
M98 P0321 ;
M99 ;

보조 프로그램

O0321 ;
G41 G90 G01 X17. F150 D01 ; 보정값 D01에는 6.5를 입력한다.
G03 I-17. ;
G01 X28. ;
G03 I-28. ;
G01 X30. ;
Y23. ;
G03 X23. Y30. R7. ;
G01 X -23. ;
G03 X -30. Y27. R7. ;
G01 Y -23. ;
G03 X -23. Y -30. R7. ;
G01 X23. ;
G03 X30. Y -27. R7. ;
G01 Y7. ;
G40 X0. Y0. ;
M99 ;

보조 프로그램

O0322 ;
G91 G01 Z -8. F80 ;
M98 P0323 ;
M99 ;

보조 프로그램

```
O0323 ;
G41 G90 G01 X17. F200 D02 ; 보정값 D02에는 6.0을 입력한다.
G03 I-17. ;
G01 X28. ;
G03 I-28. ;
G01 X30. ;
Y23. ;
G03 X23. Y30. R7. ;
G01 X -23. ;
G03 X -30. Y27. R7. ;
G01 Y -23. ;
G03 X -23. Y -30. R7. ;
G01 X23. ;
G03 X30. Y -27. R7. ;
G01 Y7. ;
G40 X0. Y0. ;
M99 ;
```

〈표 6-13〉 공구지름 보정값

핸 들 운 전	보 정	상 대	기 계 좌 표	O0309 N0000	07/22 09.32
	번호		DATA	번호	DATA
	H001		205.581	D001	6.000
	H002		144.488	D002	6.500
	H003		0.000	D003	0.000

예제 [6-9] 다음 [그림 6-13]을 보고 보조 프로그램을 사용하여 프로그램을 작성하시오. (단, 황삭, 정삭 가공으로 완성하는 프로그램으로 작성한다. 깊이는 7mm이다.)

〈표 6-14〉 사용 공구의 제조건

공구 번호	공구 명칭	공구 직경	회전수(rpm)	이송(mm/min)	여유량(mm)	비고
T01	라핑엔드밀	∅14 mm	S800	F100	1차0.5 여유	황삭
T02	엔드밀	∅14 mm	S1000	F120	2차0.2 여유	중삭
T03	엔드밀	∅14 mm	S1500	F150		정삭

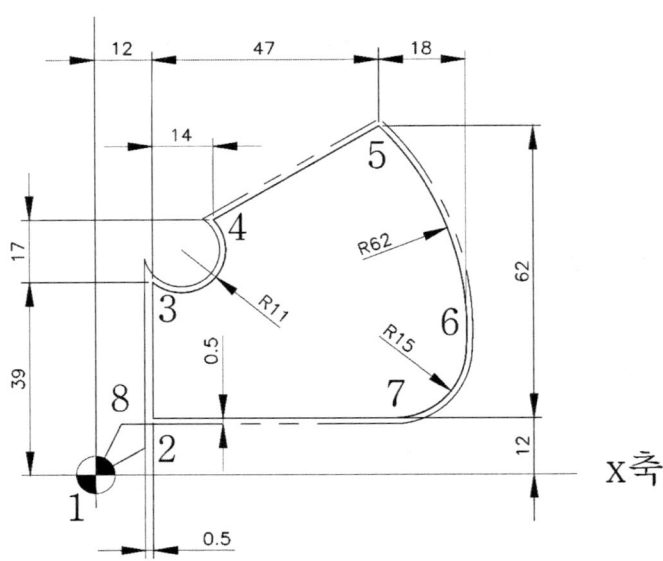

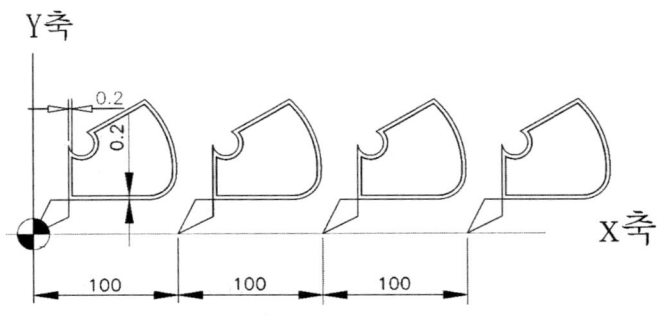

[그림 6-13] 일방향 보조 프로그램 가공

 가. 황삭 경로

1에서 2로 보정 받으면서 보정값은 D01 7.5mm를 준다. → 3으로 G01 가공 → 4로 G03 가공 → 5로 G01 가공 → 6으로 G02 가공 → 7로 G02 가공 → 8로 G01 가공 → 9로 G40으로 보정 해제

나. 중삭 경로

1에서 2로 보정 받으면서 보정값은 D02 7.2mm를 준다. → 3으로 G01 가공 → 4로 G03 가공 → 5로 G01 가공 → 6으로 G02 가공 → 7로 G02 가공 → 8로 G01 가공 → 9로 G40으로 보정 해제

다. 정삭 경로

1에서 2로 보정 받으면서 보정값은 D02 7.0mm를 준다. → 3으로 G01 가공 → 4로 G03 가공 → 5로 G01 가공 → 6으로 G02 가공 → 7로 G02 가공 → 8로 G01 가공 → 9로 G40으로 보정 해제

주 프로그램

O3333 ;
G40 G49 G80 ;
T01 M06 (⌀14 라핑엔드밀) ;
G54 G90 G00 X -15. Y -15. ;
G43 Z150. H01 S800 M03 ;
Z10. M08 ;
G01 Z -7.5 F60 ;
X0. Y0. ;
G41 X12. Y6. D01 F100 ;   보정값 D01에는 7.5을 입력한다.
M98P3100 ;
G91 X100. L3 ;
G00 Z150. M09 ;
G49 M05 ;
T02 M06 (⌀14 엔드밀) ;
G90 G00 X -15. Y -15. ;
G43 Z150. H02 S1000 M03 ;
Z10. M08 ;
G01 Z -7.8 F80 ;
X0. Y0. ;
G41 X12. Y6. D02 F120 ;   보정값 D02에는 7.2을 입력한다.
M98 P3100 ;
G91 X100. L3 ;
G00 Z150. M09 ;
G49 M05 ;
T03 M06 (⌀14 엔드밀) ;
G90 G00 X -15. Y -15. ;
G43 Z150. H03 S1500 M03 ;
Z10. M08 ;
G01 Z -8. F100 ;
X0. Y0. ;
G41 X12. Y6. D03 F150 ;   보정값 D03에는 7.0을 입력한다.
M98 P3100 ;
G91 X100. L3 ;
G00 Z150. M09 ;
G49 M05 ;
G91 G28 X0. Y0. Z0. ;
M02 ;

보조 프로그램

O3100 ;
G90 G01 Y39. ;
G03 X26. Y56. R11. ;
G01 X59. Y74. ;
G02 X77. Y27. R60. ;
G02 X62. Y12. R15. ;
G01 X6. ;
G40 G00 X0. Y0. ;
X100. ;
M99 ;

6·2 다양한 보조 프로그램 예제 종류

예제 [6-10] 다음 [그림 6-14]를 보고 보조 프로그램을 사용하여 프로그램을 작성하시오.

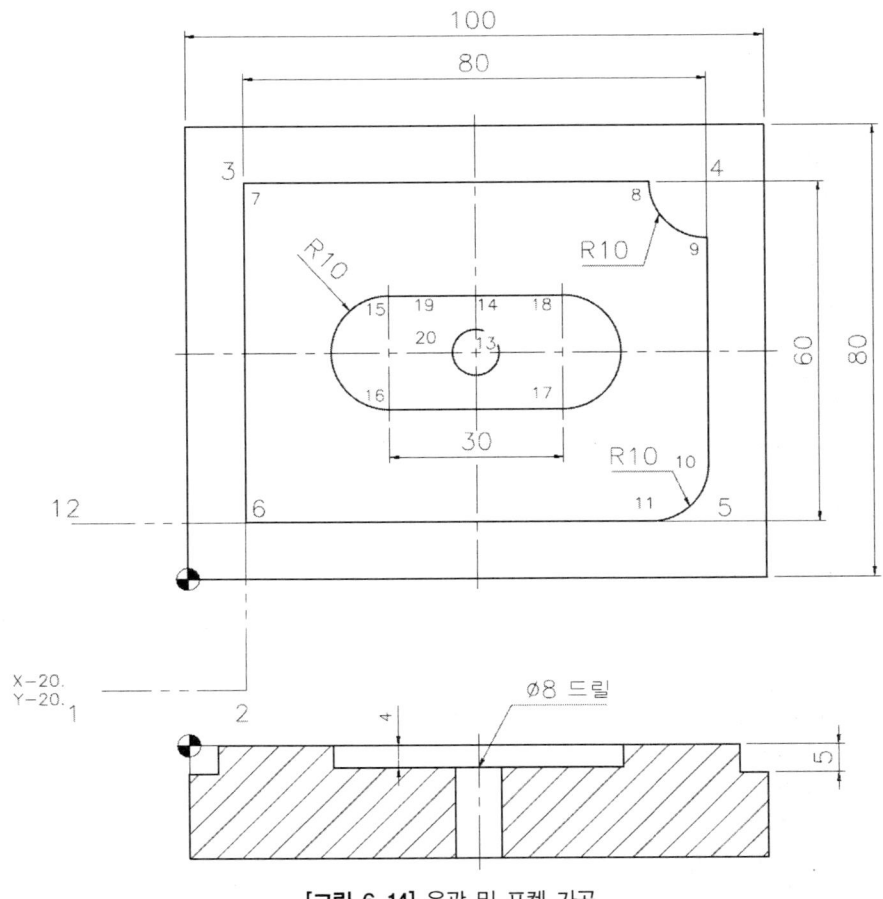

[그림 6-14] 윤곽 및 포켓 가공

〈표 6-15〉 사용 공구의 제조건

공구 이름	엔드밀	다이아몬드 엔드밀	센터 드릴	드릴
공구 번호	1	12	2	3
공구 직경	⌀12	⌀12	⌀3	⌀8
회전수(rpm)	1000	3000	2000	1000
이송(mm/min)	1차 80 2차 120	200	100	80

※ 총 재료 높이: 20mm

O0008		
G40 G49 G80 G17	G49 M05	T01 M06
T02 M06	T03 M06	G54G90G00X −20.Y −20.
G54G90G00X50.Y40.	G54G90G00X50.Y40.	G43H01Z150.S1000M03
G43H02Z150.S1500M03	G43H03Z150.S800M03	Z5.
Z5. M08	Z5. M08	Z −4.5
G81G99Z −5.R3.F60	G83G99Z −25.Q3.R3.F50	G41G01X10.D01F80M08(D01=6.5)
G80 G00 Z150. M09	G80 G00 Z150. M09	M98 P1008
	G49 M05	G00 X −20. Y −20.
		Z −4.98
G41G01X10.D02F120M08(D02=6.02)	O1008	
M98 P1008	G90 G01 Y70. M08	G01 X65.
Z200. M09	X90.	G03 Y50. R10.
G49 M05	Y10.	G01 X48.
T12 M06	X10.	G40 Y40.
G54 G90 G00 X −20. Y −20.	Y70.	G00 Z5.
G43 H12 Z150. S3000 M03	X80.	M99
Z5.	G03 X90. Y60. R10.	
Z −5.	G01 Y20.	
G41 G01 X10. D03 F200 M08 (D03=6.0)	G02 X80. Y10. R10.	
M98 P1008	G01 X −20.	
G00 Z150. M09	G00 Z5.	
G49 M05	G40 X50. Y40.	
M02	G01 Z −4. F30	
	G41 Y50. F80	
	X35.	
	G03 Y30. R10.	

예제 **[6-11]** CAD로 좌표계 찾아서 보조 프로그램을 작성하시오.

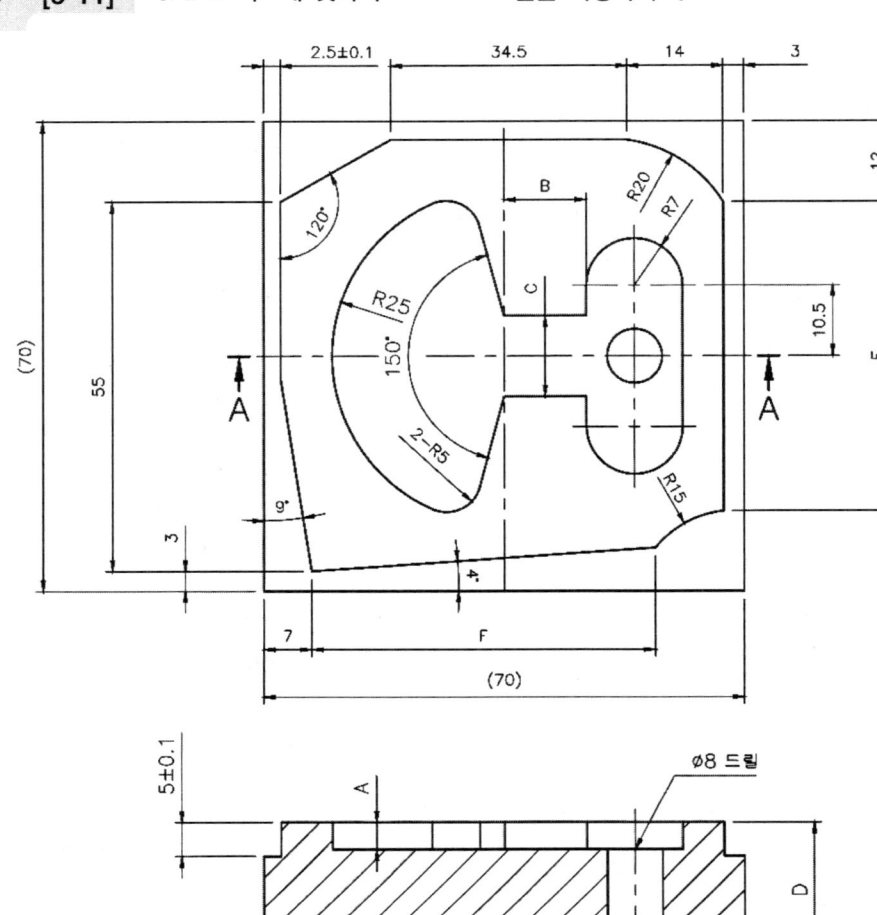

[그림 6-15] CAD 좌표점을 이용한 가공

〈표 6-16〉 사용 공구의 제조건

공구 이름	엔드밀	다이아몬드 엔드밀	센터 드릴	드릴
공구 번호	1	11	2	3
공구 직경	⌀10	⌀10	⌀4	⌀8
회전수(rpm)	1차 1200 2차 1500	3차 2000 4차 3000	2000	1000
이송(mm/min)	1차 80 2차 120	3차 200 4차 300	100	80

 풀이

O0009	
G40G49G80G17	G00X -20.Y -20.
T02M06(∅3 CEN DRILL)	Z -4.8S1500
G54G90G00X54.Y35.	G41G01X2.5D02F120M08(D02=5.2)
G43H02Z150.S2000M03	M98P1009
Z5.M08	T11M06(∅10 DIA ENDMILL)
G81G99Z -5.R3.F60	G54G90G00X -20.Y -20.
G80G00Z150.M09	G43H11Z150.S2000M03
G49M05	Z5.
T03M06(∅8 DRILL)	Z -4.98
G54G90G00X54.Y35.	G41G01X2.5D03F200M08(D03=5.02)
G43H03Z150.S1000M03	M98P1009
Z5.M08	G00X -20.Y -20.
G83G99Z -25.Q3.R3.F50	Z -5.S3000
G80G00Z150.M09	G41G01X2.5D04F300M08(D04=5.0)
G49M05	M98P1009
T01M06(∅10ENDMILL)	G00Z150.M09
G54G90G00X -20.Y -20.	G49M05
G43H01Z150.S1000M03	M02
Z5.	
Z -4.5	
G41G01X2.5D01F80M08(D01=5.5)	
M98P1009	

O1009		
G90G01Y67.238	G00Z5.	X32.060Y18.027
X66.	G40X54.Y35.	G01X35.Y29.
Y3.	G01Z -4.F30	X47.
X7.	X23.633F80	Y24.5
X2.5Y31.412	Y25.213	G03X61.R7.
Y58.	Y44.787	G01Y45.5
X18.5Y67.238	Y35.	G03X47.R7.
X53.	X54.	G01Y35.
G02X67.Y58.R20.	G41Y41.	G00Z5.M09
G01Y12.	X35.	G40
G03X57.Y6.496R15.	X32.060Y51.973	M99
G01X7.Y3.	G03X21.525Y56.058	
X -20.	X21.525Y13.942	

■ 저자의 가공 방법: 포켓의 가공 방향은 프로그래머의 성향에 따라 다를 수 있다.

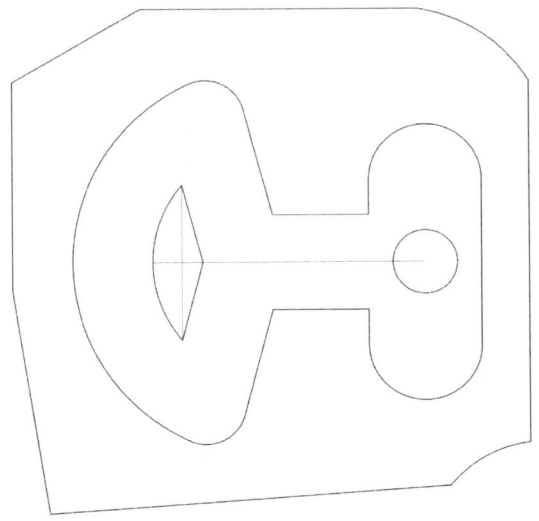

예제 [6-12] 포켓 원통의 보조 프로그램을 작성하시오.

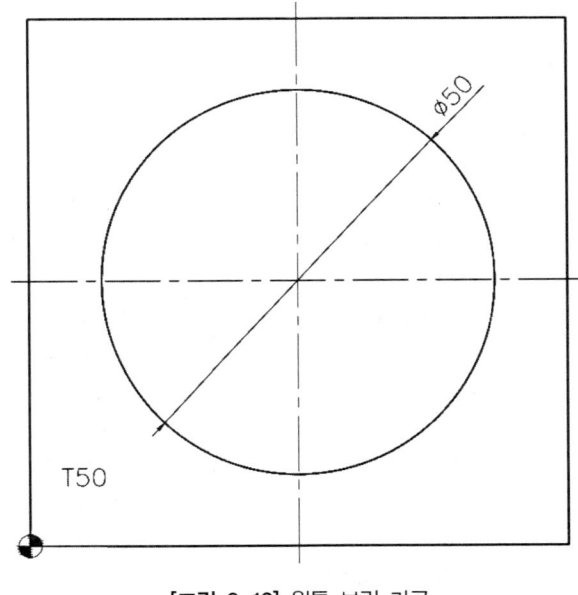

[그림 6-16] 원통 보링 가공

〈표 6-17〉사용 공구의 제조건

공구 이름	엔드밀	다이아몬드 엔드밀	센터 드릴	드릴
공구 번호	1	12	2	3
공구 직경	∅12	∅12	∅3	∅8
회전수(rpm)	1000	3000	2000	1000
이송(mm/min)	80	200	100	80

※ 슬롯(포켓 깊이 Z -6.)

풀이

O0025		
G40 G49 G80 G17		
T02 M06	T03 M06	T01 M06
G54 G90 G00 X50. Y60.	G54 G90 G00 X50. Y60.	G54 G90 G00 X50. Y60.
G52 X50. Y60.	G52 X50. Y60.	G52 X50. Y60.
G43 H02 Z200. S1500 M03	G43 H03 Z200. S800 M03	G43 H01 Z200. S1000 M03
Z5. M08	Z5. M08	Z5. M08
G81 G99 Z -5. R3. F60	G83 G99 Z -55. Q3. R3. F50	Z1.
G52 X0. Y0.	G52 X0. Y0.	M98 P1025L11
G00 Z200. M09	G00 Z200. M09	G00 Z1.
G49 M05	G49 M05	M98 P1026L11
G52 X0. Y0.	O1025(D01=6.5)	O1027(D03=6.02)
G00 Z200. M09	G01G91X25.Z -5.D01F100	G01G91X25.Z -5.D03F100
G49 M05	G03 I-25.	G03 I-25.
T12 M06	X -15. Y15. R15.	X -15. Y15. R15.
G54 G90 G00 X50. Y60.	G40 G01 G90 X0. Y0.	G40 G01 G90 X0. Y0.
G52 X50. Y60.	M99	M99
G43H12Z200.S3000M03		
Z5. M08	O1026(D02=6.2)	O1028(D04=6.0)
Z1.	G01G91X25.Z -5.D02F100	G01G91X25.Z -5.D04F100
M98 P1027L11	G03 I-25.	G03 I-25.
G00 Z1.	X -15. Y15. R15.	X -15. Y15. R15.
M98 P1028 L11	G40 G01 G90 X0. Y0.	G40 G01 G90 X0. Y0.
G52 X0. Y0.	M99	M99
G00 Z200. M09		
G49 M05		
M02		

최신 머시닝센터 프로그램과 가공 기술

Part VII

고정 사이클

7·1 고정 사이클의 개요
7·2 고정 사이클의 종류

7·1 고정 사이클의 개요

고정 사이클은 동일한 위치에 반복 작업을 하는 경우 여러 개의 블록으로 지령하는 가공 동작을 G 기능을 포함한 1개의 블록으로 지령하여 프로그램을 간단히 하는 기능이다.

일반적으로 고정 사이클은 [그림 7-1]과 같은 6개의 동작 순서로 구성된다.

- 상세설명
  - 동작 1: X, Y축 위치 결정
  - 동작 2: R점까지 급속이송(G01)
  - 동작 3: 구멍가공(절삭이송)
  - 동작 4: 구멍 바닥에서의 동작
  - 동작 5: R점 높이까지 복귀(급속이송)
  - 동작 6: 초기점 높이까지 복귀(급속이송)

고정 사이클의 위치 결정은 X, Y 평면상에서, 드릴은 Z축 방향에서 이루어진다. 이 고정 사이클의 동작을 규정하는 것에는 다음 3가지가 있다.

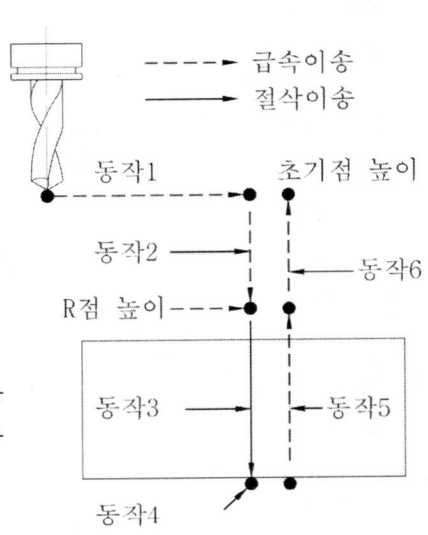

[그림 7-1] 고정 사이클의 동작 순서

1. 지령 방식

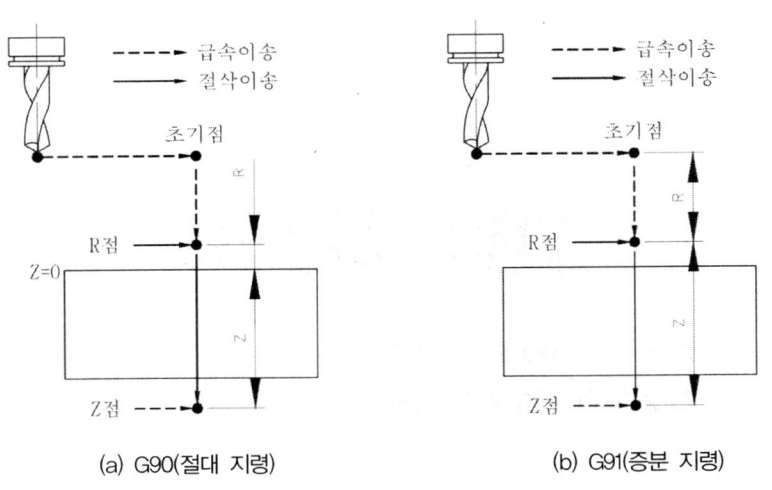

[그림 7-2] 절대 지령 방식과 증분 지령 방식

2. 복귀점의 위치

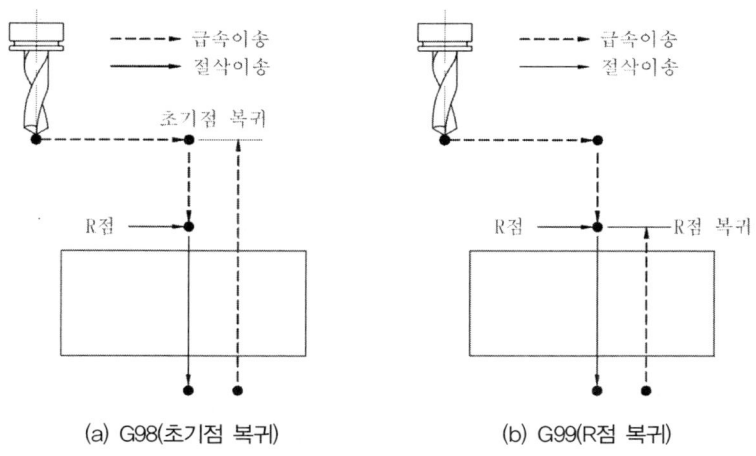

[그림 7-3] 초기점 복귀와 R점 복귀

3. 구멍가공 모드

{G17,G18,G19} G_ {G90,G91} {G98, G99} X_ Y_ Z_ R_ Q_ P_ F_ K_ 또는 L_ ;

① 구멍가공 모드: 〈표 7-1〉 고정 사이클 일람표 참조
② 구멍 위치 데이터: 절대 지령 또는 증분 지령에 의한 구멍의 위치(급속이송)
③ 구멍가공 데이터
   Z: R점에서 구멍 바닥까지의 거리를 증분 지령 또는 구멍 바닥의 위치를 절대 지령으로 지정
   R: 가공을 시작하는 Z 좌표치(Z축 공작물 좌표계 원점에서의 좌푯값)
   Q: G73, G83 코드에서 매회 절입량 또는 G76, G87 지령에서 후퇴량(항상 증분 지령)
   P: 구멍 바닥에서 휴지 시간
   F: 절삭이송속도 K 또는 L: 반복 횟수(0M에서는 K, 0M 이외에는 L로 지정하며, 횟수를 생략할 경우 1로 간주한다)

만일 0을 지정하면 구멍가공 데이터는 기억하지만, 구멍가공은 수행하지 않는다.

고정 사이클의 구멍가공 모드는 한 번 지령되면 다른 방식의 구멍가공 모드가 지령되든가, 또는 고정 사이클을 취소하는 G80 코드가 지령될 때까지 변화하지 않으며, 동일한 사이클 가공 모드를 연속하여 실행하는 경우에는 매 블록마다 지령할 필요가 없다.
고정 사이클을 취소하는 G 코드인 G80 및 G 코드 일람표에서 01 그룹의 코드이다.
그리고 고정 사이클 도중에 구멍가공 데이터를 한번 지정하면, 이 데이터의 지정이 변경되거나 고정 사이클이 취소될 때까지 유지된다.

그러므로 필요한 구멍가공 데이터를 지정하여 고정 사이클을 개시하고 고정 사이클 도중에는 변경되는 구멍가공 데이터의 X '—', Y '—'의 값만 지정하며, 반복 횟수 L은 필요할 때만 지령하는데, L 지정의 데이터는 계속하여 유지되지 않는다. 그리고 F 코드로 지정된 절삭이송 속도는 고정 사이클이 무시되어도 계속 유지되며 값이 다른 F값이 나올 때까지 계속 유지된다.

7·2 고정 사이클의 종류

〈표 7-1〉 고정 사이클 일람표

G 코드	드릴링 동작 (−Z 방향)	구멍바닥 위치에서 동작	구멍에서 나오는 동작 (+Z 방향)	용도
G73	간헐이송	−	급속이송	고속 팩 드릴링 사이클
G74	절삭이송	주축 정회전	절삭이송	역 태핑 사이클
G76	절삭이송	주축 정위치 정지	급속이송	정밀보링(고정 사이클 II)
G80	−	−	−	고정 사이클 취소
G81	절삭이송	−	급속이송	드릴링 사이클(스폿 드릴링)
G82	절삭이송	드웰	급속이송	드릴링 사이클(카운터보링 사이클)
G83	단속이송	−	급속이송	팩 드릴링 사이클
G84	절삭이송	주축 역회전	절삭이송	태핑 사이클
G85	절삭이송	−	절삭이송	보링 사이클
G86	절삭이송	주축 정지	급속이송	보링 사이클
G87	절삭이송	주축 정지	절삭이송 또는 급속이송	보링 사이클 백보링 사이클
G88	절삭이송	드웰, 주축 정지	수동이송 또는 급속이송	보링 사이클
G89	절삭이송	드웰	절삭이송	보링 사이클

1. 드릴링, 스폿 드릴링 사이클(G81)

G81 {G90,G91} {G98, G99} X_ Y_ Z_ R_ F_ ;

일반 드릴링 사이클로서 스폿(spot) 드릴링에 사용된다.

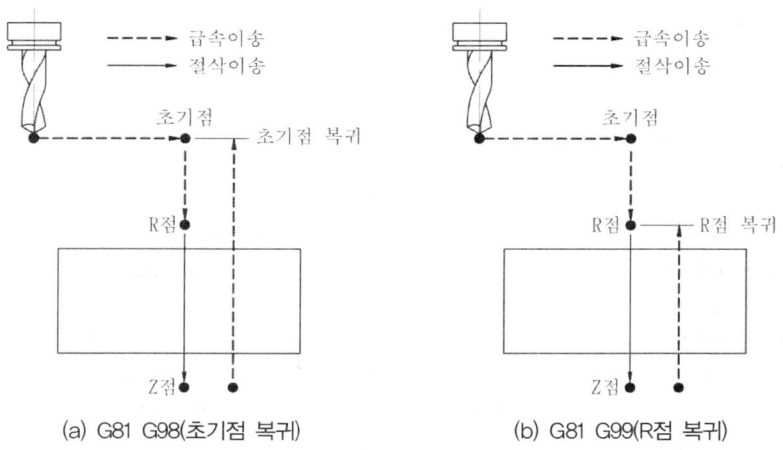

(a) G81 G98(초기점 복귀)　　　(b) G81 G99(R점 복귀)

[그림 7-4] 드릴링, 스폿 드릴링 사이클 동작

예제 [7-1] G81 드릴링 사이클을 이용하여 프로그램을 작성하시오.

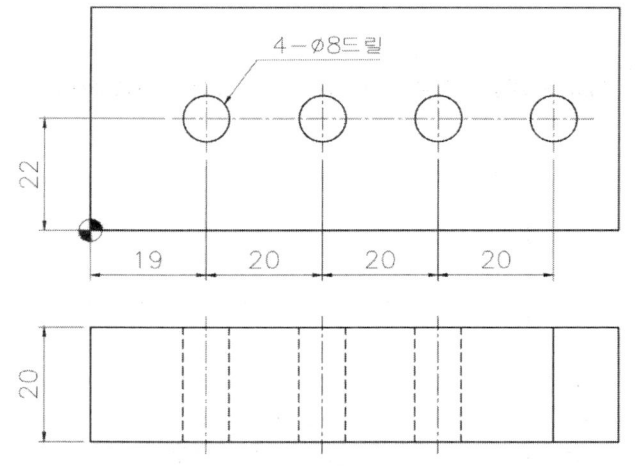

[그림 7-5] 드릴링 사이클 가공

〈표 7-2〉 사용 공구의 제조건

공구 이름	센터 드릴	드릴
공구 번호	2	3
공구 직경	⌀3	⌀8
회전수(rpm)	2000	1000
이송(mm/min)	150	100

※ 소재 크기: 90×44×20

 풀이

O0011	
G40G49G80G17	
T02 M06	T03 M06
G54 G90 G00 X19. Y22.	G54 G90 G00 X19. Y22.
G43 H02 Z150. S2000 M03	G43 H03 Z150. S1000 M03
Z5. M08	Z5. M08
G81G99 Z -5. R3. F150	G83 G99 Z -25. Q3. R3. F100
X39.	G91 X20.		X39.	G91 X20.	
X59.	G91 X20.	G91 X20. L3	X59.	G91 X20.	G91 X20. L3
X79.	G91 X20.		X79.	G91 X20.	
G80G00Z150.M09 (L3 경우 G80G90G00Z1500.M09)	G80G00Z150.M09 (L3 경우 G80G90G00Z1500.M09)
G49 M05	G49 M05
	M02

예제 [7-2] G81 드릴링 사이클을 이용하여 프로그램을 작성하시오.

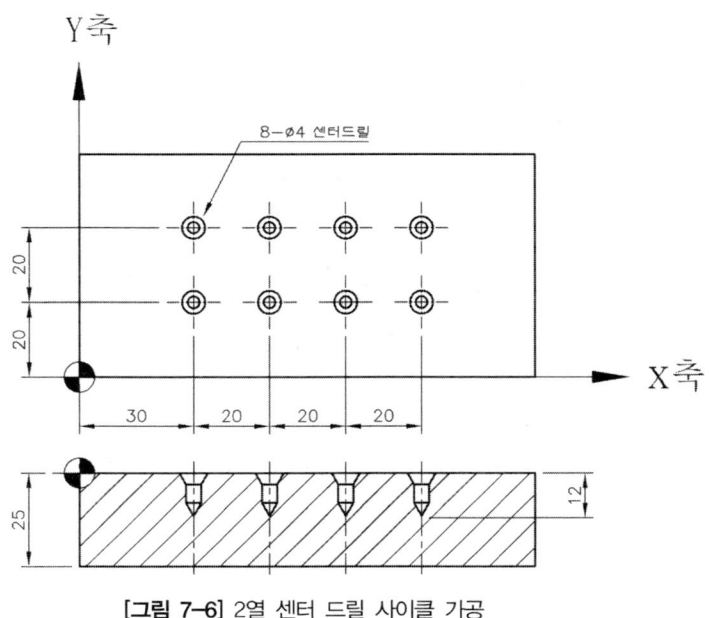

[그림 7-6] 2열 센터 드릴 사이클 가공

```
O0070 ;
G40 G49 G80 ;
T01 M06 (∅3 센터드릴) ;
G54 G90 G00 X20. Y15. ;
G43 Z150. H01 S2000 M03 ;
Z10. M08 ;
G81 G99 Z -14. R3. F150 ;
G91 X22. K3 ;
Y15. ;
X -22. K3 ;
    ↓
```

예제 [7-3] G81 드릴링 사이클을 보조 프로그램으로 작성하시오.

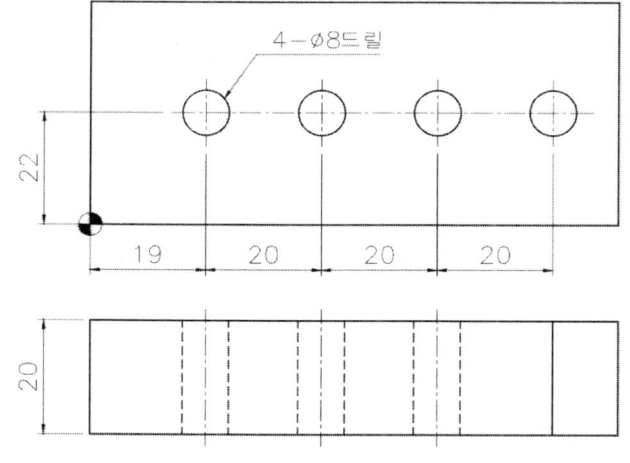

[그림 7-7] 보조 프로그램 드릴링 사이클 가공

〈표 7-3〉 사용 공구의 제조건

공구 이름	센터 드릴	드릴
공구 번호	2	3
공구 직경	∅3	∅8
회전수(rpm)	2000	1000
이송(mm/min)	150	100

※ 소재 크기: 90×44×20

O0012		
G40 G49 G80		O1011
G21		G90 X39.
T02 M06	T03 M06	X59.
G54 G90 G00 X19. Y22.	G54 G90 G00 X19. Y22.	X79.
G43H02Z150.S1500M03	G43H03Z150.S1000M03	M99
Z5. M08	Z5. M08	
G81 G99 Z -5. R3. F150	G83G99Z -25.Q3.R3.F100	
M98 P1011	M98 P1011	
G80 G00 Z150. M09	G80 G00 Z150. M09	
G49 M05	G49 M05	
	M02	

예제 [7-4] G81 드릴링 사이클을 이용하여 프로그램을 작성하시오.

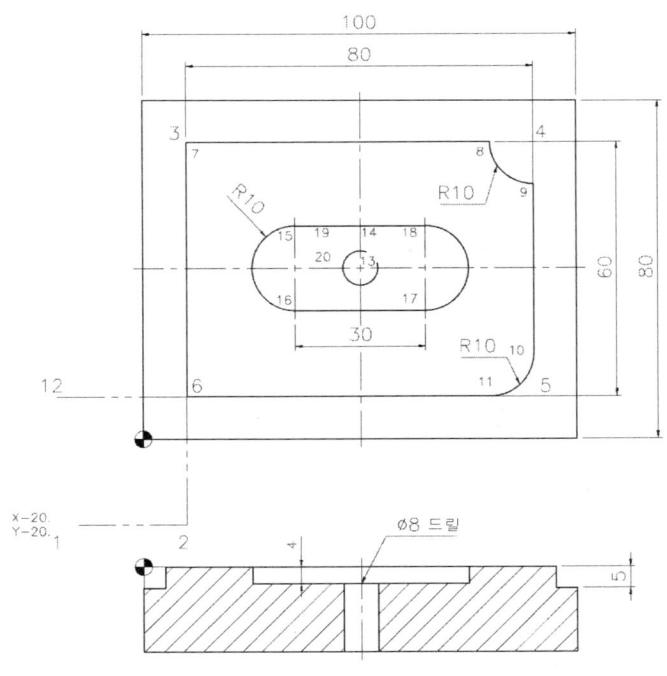

1. 총 3회 보조 프로그램 사용
2. 총 재료 높이: 20mm

[그림 7-8] 윤곽 포켓 보조 프로그램 가공

〈표 7-4〉 사용 공구의 제조건

공구 이름	엔드밀	다이아몬드 엔드밀	센터 드릴	드릴
공구 번호	1	12	2	3
공구 직경	⌀12	⌀12	⌀3	⌀8
회전수(rpm)	1000	3000	1500	800
이송(mm/min)	1차80 2차120	200	60	50

※ 소재 크기: 90×44×20

풀이

O0008		O1008
G40 G49 G80 G17	G00 X -20. Y -20.	G90 G01 Y70. M08
T02 M06	Z -4.98	X90.
G54 G90 G00 X50. Y40.	G41G01X10.D02F120M08 (D02=6.02)	Y10.
G43H02Z150.S1500M03	M98 P1008	X10.
Z5. M08	Z200. M09	Y70.
G81G99Z -5.R3.F60	G49 M05	X80.
G80 G00 Z200. M09	T12 M06	G03 X90. Y60. R10.
G49 M05	G54 G90 G00 X -20. Y -20.	G01 Y20.
T03 M06	G43 H12 Z200. S3000 M03	G02 X80. Y10. R10.
G54 G90 G00 X50. Y40.	Z5.	G01 X -20.
G43H03Z150.S800M03	Z -5.	G00 Z5.
Z5. M08	G41G01X10.D03F200M08 (D03=6.0)	G40 X50. Y40.
G83G99Z -25.Q3.R3.F50	M98 P1008	G01 Z -4. F30
G80 G00 Z200. M09	G00 Z200. M09	G41 Y50. F80
G49 M05	G49 M05	X35.
T01 M06	M02	G03 Y30. R10.
G54 G90 G00 X -20. Y -20.		G01 X65.
G43H01Z150.S1000M03		G03 Y50. R10.
Z5.		G01 X48.
Z -4.5		G40 Y40.
G41G01X10.D01F80M08 (D01=6.5)		G00 Z5.
M98 P1008		M99

2. 드릴링, 카운터 보링, 보링 사이클(G82)

G82 {G90,G91} {G98, G99} X_ Y_ Z_ P_ R_ F_ ;

G81과 기능이 같지만, 구멍 바닥에서 휴지한 후 복귀되므로 구멍의 정밀도가 향상 된다.

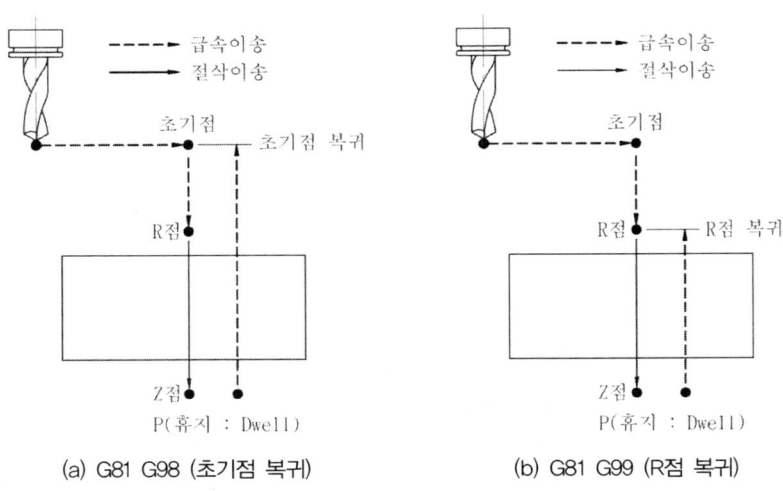

[그림 7-9] 드릴링 카운터 보링 사이클 동작

3. 팩 드릴링 사이클(G843)

G83 {G90,G91} {G98, G99} X_ Y_ Z_ Q_ R_ F_ ;

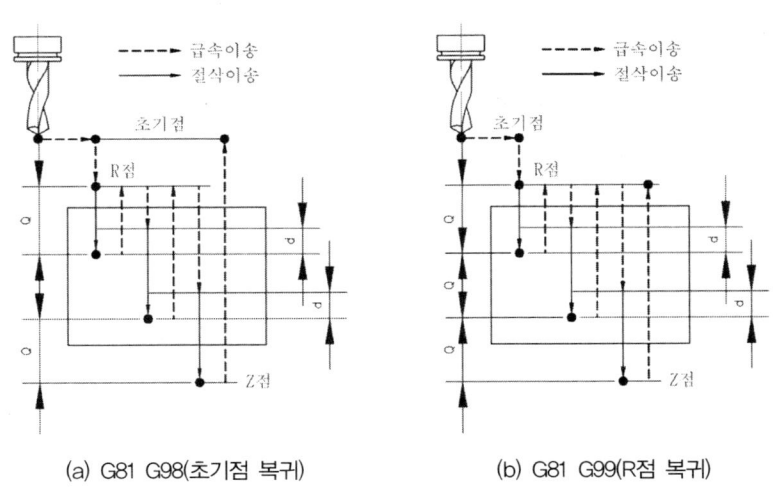

[그림 7-10] 팩 드릴링 사이클 동작

절입 후 매번 R점까지 복귀하여 다시 절삭지점으로 급속이송한 다음 가공하기 때문에 칩 배출이 용이하여 깊은 구멍가공으로 적합하다. d 값은 파라미터로 설정하며 Q는 '+' 값으로 지정한다.

예제 [7-5] G83 팩 드릴링 사이클을 이용하여 드릴링하는 프로그램을 작성하시오.

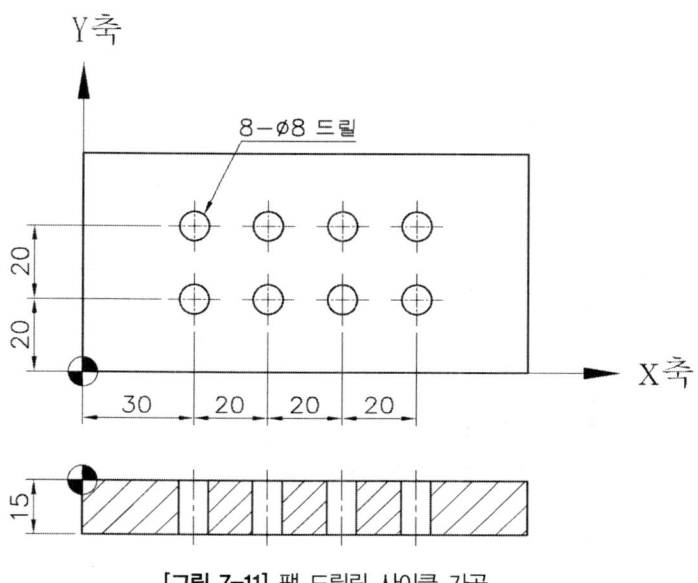

[그림 7-11] 팩 드릴링 사이클 가공

〈표 7-5〉 사용 공구의 제조건

공구 번호	공구 명칭	공구 직경	회전수(rpm)	이송(mm/min)
T01	드릴	∅8mm	S1000	F1000

```
O0571 ;
G40 G49 G80 ;
T01 M06 (∅8 드릴) ;
G54 G90 G00 X30. Y20. ;
G43 Z150. H01 S1000 M03 ;
Z10. M08 ;
G83 G99 Z -18. R3. F100 ;
G91 X20. K3 ;
Y20. ;
X -20. K3 ;
  ↓
```

4. 고속 팩 드릴링 사이클(G73)

> G73 {G90,G91} {G98, G99} X_ Y_ Z_ Q_ R_ F_ ;

G73 고정 사이클은 Z 방향의 간헐 이송으로 깊은 구멍을 절삭할 때 칩의 배출이 용이하고 후퇴량 d를 파라미터에서 설정할 수 있으므로 고능률적인 가공을 할 수 있다. 매회 이송량 Q는 부호 없이 증분값으로 지령한다.

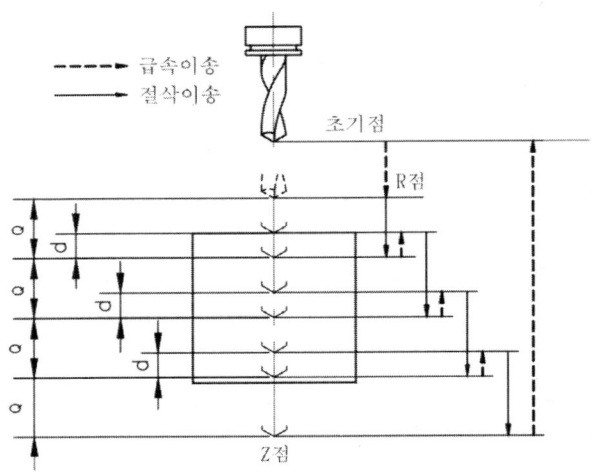

(a) G73 G98(초기점 복귀)

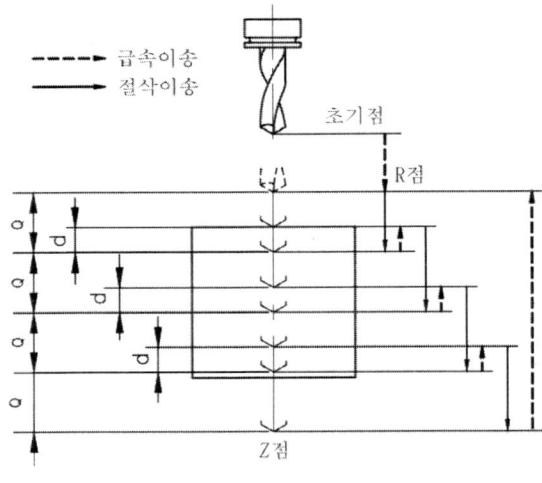

(b) G73 G99(R점 복귀)

[그림 7-12] 고속 팩 드릴링 사이클 동작

예제 [7-6] G73 고속 팩 드릴링 사이클을 이용하여 드릴링 하는 프로그램을 작성하시오.
(단. 구멍 위치에는 센터 드릴로 기초가공을 한 상태이다.)

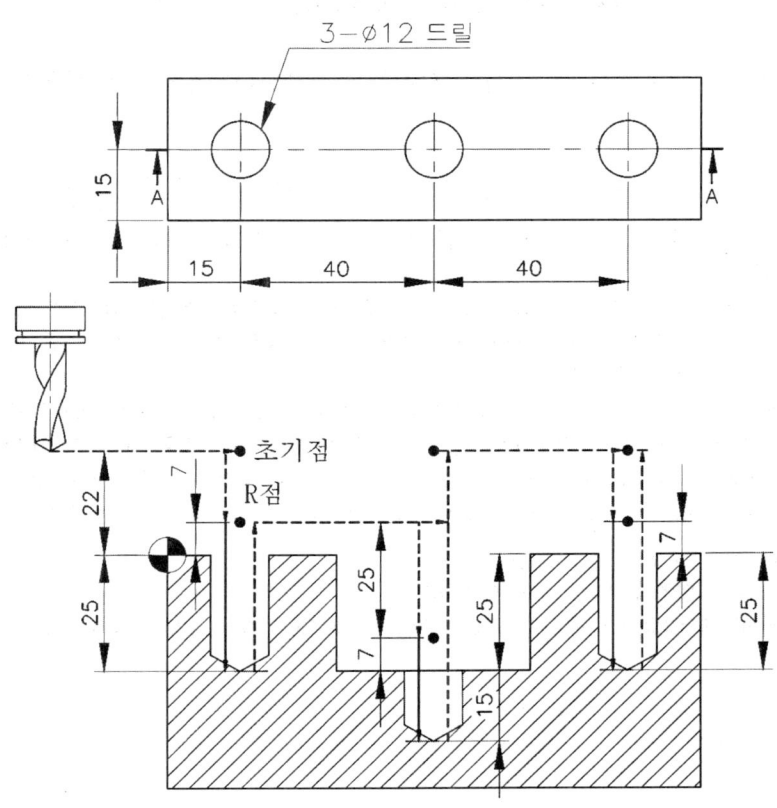

[그림 7-13] 고속 팩 드릴링 가공

풀이

O0573 ;
G40 G49 G80 ;
T01 M06 (∅12 드릴) ;
G54 G90 G00 X15. Y15. ;
G43 Z150. H01 S600 M03 ;
Z22. M08 ;
G73 G99 Z -25. R7. Q3. F60 ;
　　G98 X55. Z -40. R7. ;
　　　　X95. Z -25. R7. ;
G80 ;
G00 Z150. M09 ;
G49 M05 ;
M02 ;

5. 태핑 사이클(G84)

G84 {G90,G91} {G98, G99} X_ Y_ Z_ R_ F_ ;

구멍 바닥에서 주축이 역회전하여 태핑 사이클을 수행한다. 가장 많이 사용되는 기능이다.

> **참고 — Rigid 모드 태핑(M29)**
>
> 근래에는 태핑 사이클(G84)과 역 태핑 사이클, G74)에 종래의 모드와 Rigid 모드(동기 태핑 모드라고도 함)가 추가되어 있다.
>
> 종래의 모드는 태핑 축을 움직임에 따라 M03(주축 정회전), M04(주축 역회전), M05(주축 정지)의 보조 기능에 의해 주축을 회전 혹은 정지시켜 태핑을 함으로써 다소의 오차를 수용할 수 있는 신축성을 가진 탭 홀더인 Float tap holder를 사용하였다.
>
> 그러나 Rigid 모드는 스핀들에 직접 엔코더를 설치하여 접촉시킴으로써 Z축 동작이 스핀들의 회전과 함께 보간을 할 수 있도록 한 방법으로, Z축의 일정량 이송마다 주축을 1회전 하도록 제어하며, 가감속 시에도 변하지 않는다. 따라서 Float Tap holder가 필요 없고 고속 고정도의 태핑이 가능하다. Rigid 모드의 사용 여부는 파라미터에서 지정할 수 있으며, 다음과 같은 방법으로 Rigid 모드의 지령이 가능하다.
>
> - 태핑 지령에 앞서 M29S___을 지령한다.
> - 태핑 지령과 같은 블록에 M29S___을 지령한다.
> - G84를 파라미터에서 Rigid 모드 G-코드로 지령함 (FANUC16M, 18M, 21M 이상의 시스템)
>
>   M29
>   {G84,G74} {G98, G99} X_ Y_ Z_ R_ F_ K_ ;

> **참고 — 명령 워드의 의미**
>
> - X, Y: 구멍의 중심 위치
> - R: G99의 R점 좌표
> - k: 반복 횟수
> - Z: 탭핑 가공의 구멍 깊이
> - F: 탭핑 가공의 이송속도(mm/min)

> **참고 — 탭 가공 시 회전수 및 이송속도 지령하기**
>
> ① 탭의 회전수: 국제적으로 탭에 따라서 정확히 지령되어 있다.
> ② 탭의 이송속도: $F = N \times P$
>   F: 탭의 이송속도(mm/nin), N: 주축의 회전수(rpm), P: 나사의 피치 값(mm)
>
> 특히 탭 가공 시 회전수 및 이송을 잘못 지정하면 탭의 파손이 되고 파손이 되지 않더라도 정확한 피치 값이 생성되지 않으므로 주의하여야 한다.
> 그리고 산업현장에서는 F(피치 값)에 곱하기 0.05를 하여 작업을 하면 떨림 방지 및 탭이 정확히 가공되므로 연습으로 한 번씩 가공하길 권하길 바란다.

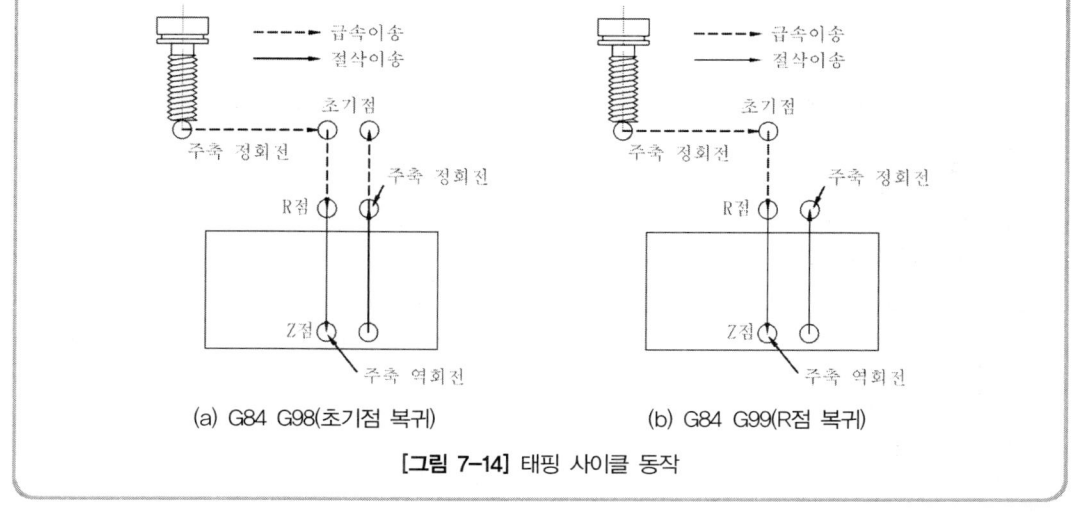

[그림 7-14] 태핑 사이클 동작

예제 [7-7] G84와 Rigid Tapping을 이용하여 프로그램을 작성하시오. (단, 구멍 위치에는 센터 드릴 및 ⌀6.8mm로 기초가공을 한 상태이다.)

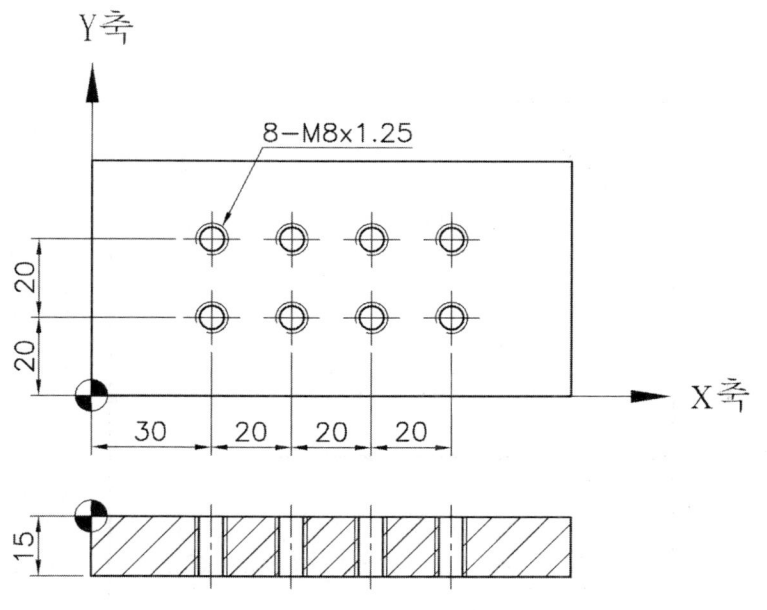

[그림 7-15] G84와 Rigid Tapping의 가공

〈표 7-6〉 사용 공구의 제조건

공구 번호	공구 명칭	공구 직경	회전수(rpm)	이송(mm/min)
T03	탭	M8mm	S500	F625

풀이

G84 프로그램	Rigid Tapping 프로그램

O0574 ;
G40 G49 G80 ;
T03 M06 (M8 탭) ;
G54 G90 G00 X30. Y20. ;
G43 Z150. H03 S500 M03 ;
Z10. M08 ;
G84 G99 Z -18. R5. F625 ;
    G91 X20. K3 ;
    Y20. ;
    X -20. K3 ;
G80 ;
G00 Z150. M09 ;
G49 M05 ;
M02 ;
	O0574 ;
	G40 G49 G80 ;
	T03 M06 (M8 탭) ;
	G54 G90 G00 X30. Y20. ;
	G43 Z150. H03 S500 M03 ;
	Z10. M08 ;
	M29 S100 ;
	G84 G99 Z -18. R5. F625 ;
	    G91 X20. K3 ;
	    Y20. ;
	    X -20. K3 ;
	G80 ;
	G00 Z150. M09 ;
	G49 M05 ;
	M02 ;

예제 [7-8] G84를 이용하여 프로그램을 작성하시오.

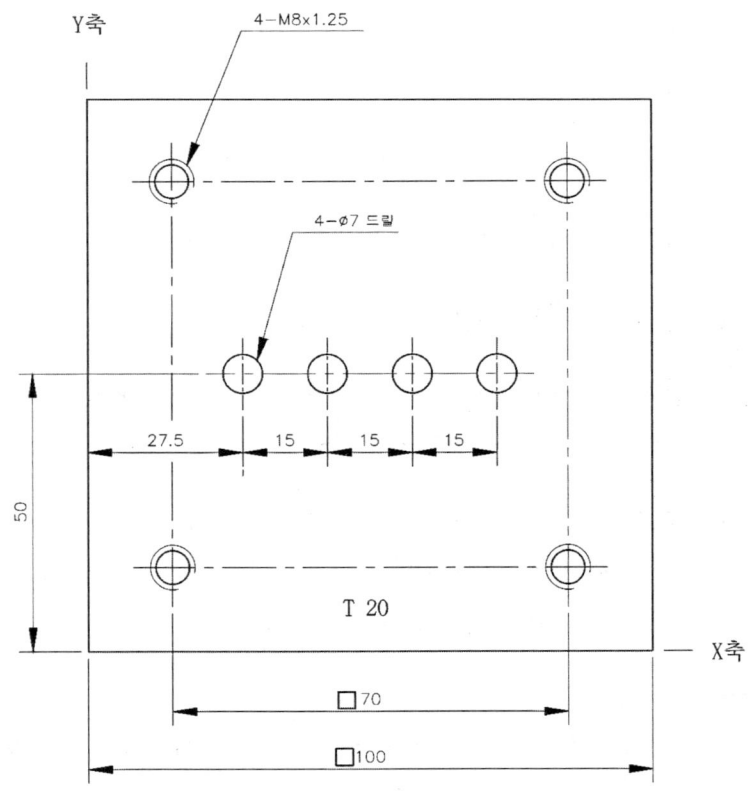

[그림 7-16] 보조 프로그램을 사용한 G84 가공

〈표 7-7〉 사용 공구의 제조건

공구 번호	공구 명칭	공구 직경	회전수(rpm)	이송(mm/min)
T01	센터드릴	∅3mm	S2000	F150
T02	드릴	∅6.8mm	S1000	F80
T03	드릴	∅7.0mm	S800	F60
T04	탭	M8mm	S500	F625

풀이

주 프로그램

O8000 ;
G40 G49 G80 ;
T01 M06(∅4 센터 드릴) ;
G54 G90 G00 X15. Y15. ;
Z200. H01 S2000 M03 ;
Z10. M08 ;
G81 G99 Z -5. R3. F150 ;
M98 P8100 ;
G00 X28. Y50. ;
G81 G99 Z -5. R3. F150 ;
M98 P8900 ;
G00 Z200. G49 G80 M05 ;
G91 G30 Z0. M19 ;
T02 M06 (∅6.8 드릴) ;
G90 G00 X15. Y15. ;
G43 Z200. H02 S1000 M03 ;
Z10. M08 ;
G73 G99 Z -25. R3. Q4. F80 ;
M98 P8100 ;
G00 Z200. G49 G80 M05 ;
T03 M06 (∅7 드릴) ;
G90 G00 X28. Y50. ;
G43 Z200. H03 S800 M03 ;
Z10. M08 ;
G73 G99 Z -25. R3. Q4. F60 ;
M98 P8900 ;
G00 Z150. G49 G80 M05 ;
T04 M06 (M8 탭) ;
G90 G00 X15. Y15. ;
G43 Z200. H04 S500 M03 ;
Z10. M08 ;
G84 G99 Z -25. R3. F625 ;

보조 프로그램

O8100 ;
G91 X70. ;
Y70. ;
X -70. ;
G90 G01 Z10. ;
G00 Z200. ;
M09 ;
M99 ;

보조 프로그램

O8900 ;
G91 X15. ;
X15. ;
X15. ;
M09 ;
M99 ;

```
M98 P8100 ;
G00 Z150. G49 G80 M05 ;
G91 G28 X0. Y0. Z0. ;
M02 ;
```

예제 [7-9] G84를 이용하여 프로그램을 작성하시오. (단, 극좌표를 포함하여 프로그램하시오.)

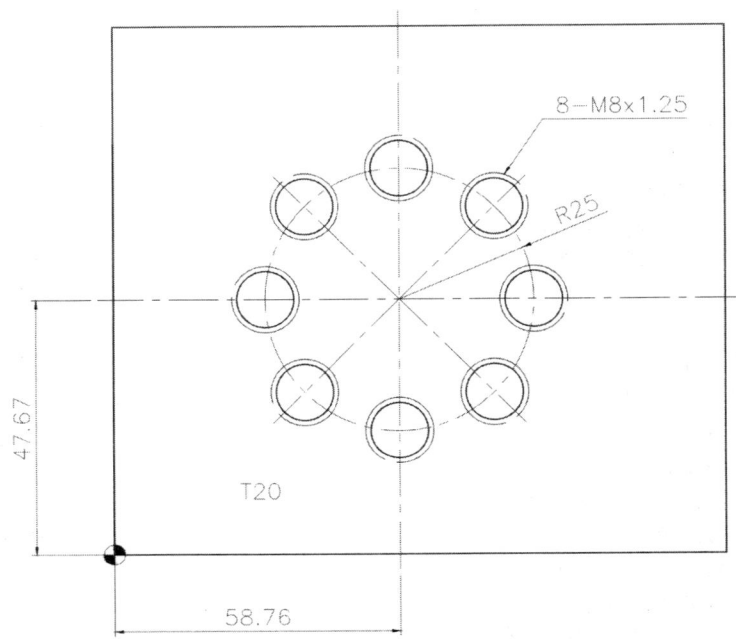

[그림 7-17] 극좌표를 사용한 G84 가공

〈표 7-8〉 사용 공구의 제조건

공구 이름	센터 드릴	드릴	탭
공구 번호	2	3	5
공구 직경	⌀3	⌀8	M8
회전수(rpm)	2000	1000	500
이송(mm/min)	150	100	625

※ 탭 이송속도 = 회전수×피치
　F = 500×1.25 = 625

O0019						
G40 G49 G80 G17						
T02 M06				T03 M06		
G54 G90 G00 X58.76 Y47.67				G54 G90 G00 X58.76 Y47.67		
G52 X58.76 Y47.67				G52 X58.76 Y47.67		
G16				G16		
X25. Y0.				X25. Y0.		
G43 H02 Z150. S2000 M03				G43 H03 Z150. S1000 M03		
Z5. M08				Z5. M08		
G81 G99 Z -5. R3. F150				G83 G99 Z -25. Q3. R3. F100		
Y45.	G91 Y45.			Y45.	G91 Y45.	
Y90.	Y45.			Y90.	Y45.	
Y135.	Y45.			Y135.	Y45.	
Y180.	Y45.	G91 Y45. L7		Y180.	Y45.	G91 Y45. L7
Y225.	Y45.			Y225.	Y45.	
Y270.	Y45.			Y270.	Y45.	
Y315.	Y45.			Y315.	Y45.	
G15				G15		
G52 X0. Y0.				G52 X0. Y0.		
G80 G00 Z150. M09				G80 G00 Z150. M09		
G49 M05				G49 M05		
T05 M06						
G54 G90 G00 X58.76 Y47.67						
G52 X58.76 Y47.67						
G16						
X25. Y0.						
G43 H05 Z200. S200 M03						
Z5. M08						
G84 G99 Z -5. R3. F250						
Y45.	G91 Y45.					
Y90.	Y45.					
Y135.	Y45.					
Y180.	Y45.	G91Y45. L7				
Y225.	Y45.					
Y270.	Y45.					
Y315.	Y45.					
G15						
G52 X0. Y0.				참고		
G80 G00 Z200. M09				(G91 Y45. L7경우 G80 G90 G00 Z200. M09)		
G49 M05						
M02						

[7-10] G84를 이용하여 보조 프로그램을 사용하여 작성하시오. (단, 극좌표를 포함하여 프로그램하시오.)

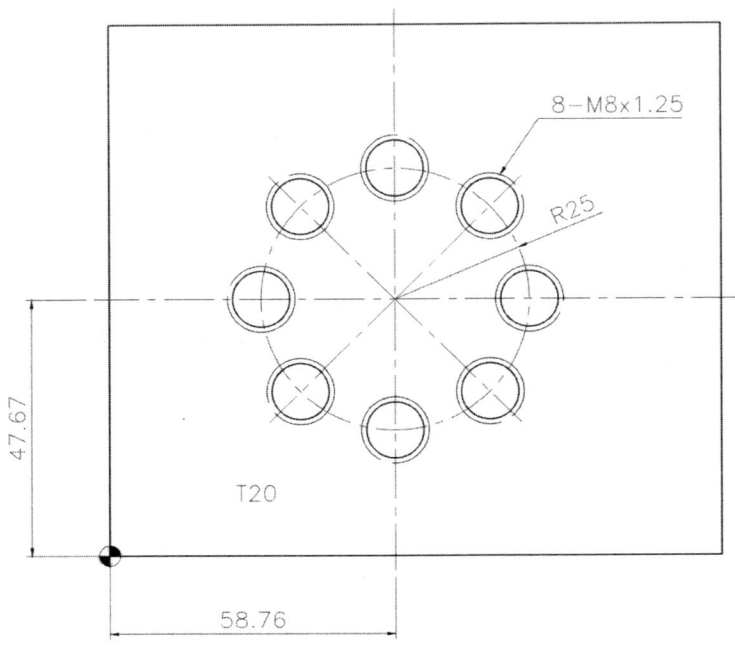

[그림 7-18] 보조 프로그램을 사용한 G84 가공

〈표 7-9〉 사용 공구의 제조건

공구 이름	센터 드릴	드릴	탭
공구 번호	2	3	5
공구 직경	∅3	∅8	M8
회전수(rpm)	2000	1000	500
이송(mm/min)	150	100	625

※ 탭 이송속도 = 회전수×피치
　F = 500×1.25 = 625

O0020		
G40 G49 G80 G17		
T02 M06	T03 M06	T05 M06
G54G90G00X58.76Y47.67	G54G90G00X58.76Y47.67	G54G90G00X58.76Y47.67
G52 X58.76 Y47.67	G52 X58.76 Y47.67	G52 X58.76 Y47.67
G16	G16	G16
X25. Y0.	X25. Y0.	X25. Y0.

G43H02Z150.S1500M03	G43H03Z150.S800M03	G43H05Z150.S500M03
Z5. M08	Z5. M08	Z5. M08
G81 G99 Z -5. R3. F150	G83G99Z -25.Q3.R3.F100	G84 G99 Z -5. R3. F6250
M98 P1019	M98 P1019	M98 P1019
G80 G00 Z200. M09	G80 G00 Z200. M09	G80 G00 Z200. M09
G49 M05	G49 M05	G49 M05
G15	G15	G15
G52 X0. Y0.	G52 X0. Y0.	G52 X0. Y0.
		M02
1방법	2방법	3방법
G91 Y45. L7	O1019	O1019
M99	G91 Y45.	G90 Y45.
	Y45.	Y90.
	Y45.	Y135.
	Y45.	Y180.
	Y45.	Y225.
	Y45.	Y270.
	Y45.	Y315.
	M99	M99

> **참고 극좌표 지령 시 주의사항**
>
> ① 앞의 극좌표 설명을 참조하길 바란다. X, Y에서 각도는 Y인데 극좌표를 지령 시에는 절대 지령, 증분 지령이 있는데, 도면의 형태에 따라 적절히 혼합하여 사용하여도 무방하다.
> ② 극좌표를 사용 후 다시 원래의 절대 좌푯값으로 지령을 하려면 반드시 극좌표 지령 해제 기능인 G15를 지령한 후에 X, Y 좌표를 주어야 한다.

6. 역 태핑 사이클(G74)

G74 {G90,G91} {G98, G99} X_ Y_ Z_ R_ F_ ;

왼나사를 가공하는 기능으로 주축은 먼저 M04(역회전) 하면서 Z점까지 들어가고, 빠져 나올 때는 M03(정회전) 한다. G74 동작 중에는 이송속도 오버라이드(Over ride)는 무시되며, 이송 정지(Feed hold)를 ON 해도 복귀 동작이 완료될 때까지 정지하지 않는다.

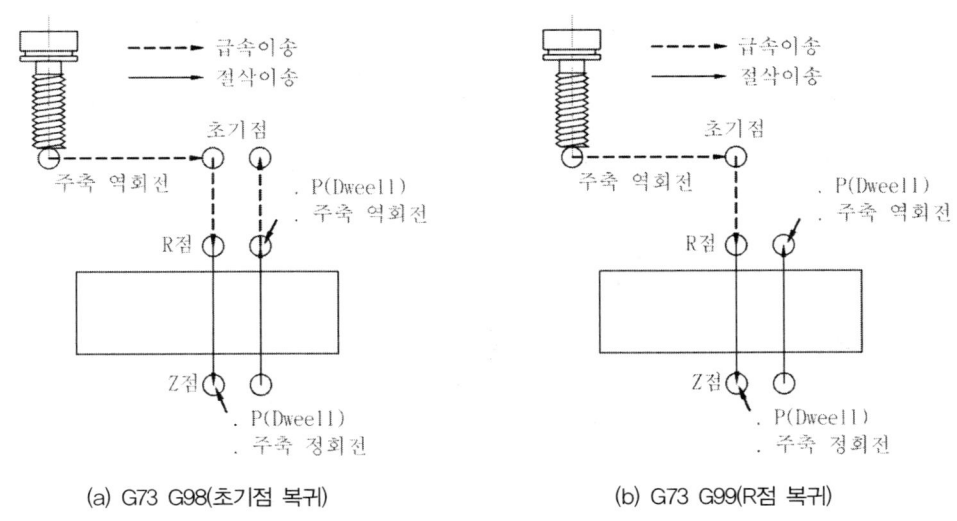

(a) G73 G98(초기점 복귀)　　　　　(b) G73 G99(R점 복귀)

[그림 7-19] 역 태핑 사이클 동작

7. 정밀 보링 사이클(G76)

G76 {G90,G91} {G98, G99} X_ Y_ Z_ R_ F_ ;

보링 작업 시 구멍 바닥에서 주축을 정위치에 정지시키고, 공구를 인선과 반대 방향으로 Q에 지정된 값으로 도피(Shift)시켜, 가공면에 손상 없이 R점이나 초기점으로 빼내므로 고정도 및 고능률적인 가공을 할 수 있다. Q의 값을 생략하면 도피하지 않는다.

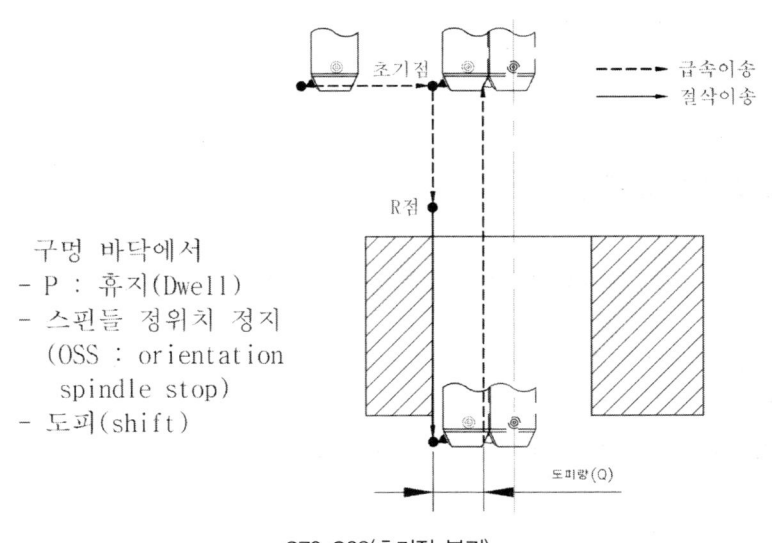

G76 G98(초기점 복귀)

[그림 7-20] 정밀 보링 사이클 동작(초기점 복귀)

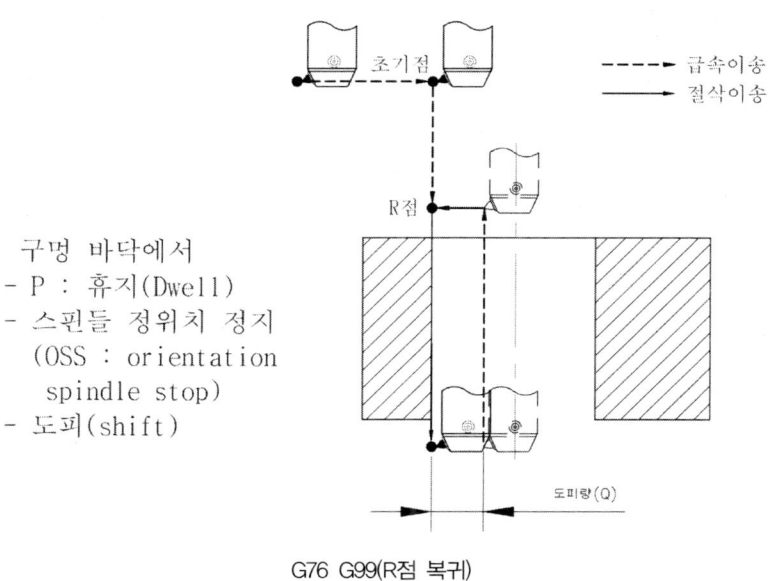

G76 G99(R점 복귀)

[그림 7-21] 정밀 보링 사이클 동작(초기점 복귀)

8. 보링 사이클(G85)

G85 {G90,G91} {G98, G99} X_ Y_ Z_ R_ F_ ;

일반적으로 리머 작업에 많이 사용하는 기능으로, G84의 지령과 같지만 구멍의 바닥에서 주축이 역회전하지 않는다. 따라서 공구가 구멍의 바닥에서 빠져 나올 때도 잔여량을 절삭하면서 나오게 된다.

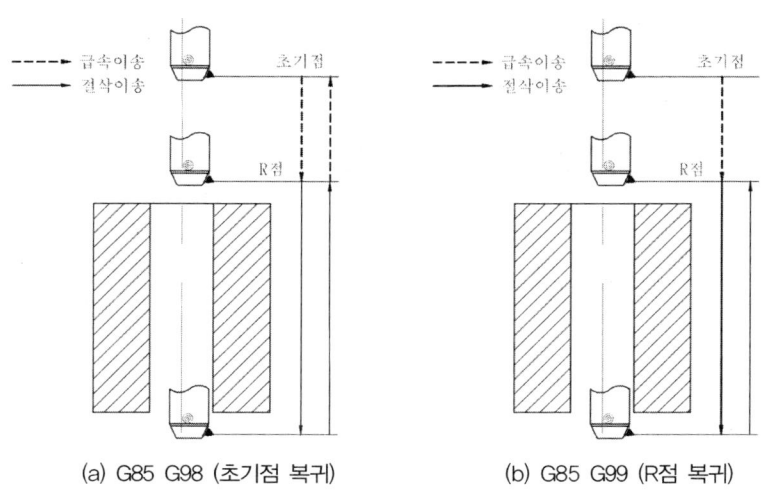

(a) G85 G98 (초기점 복귀)   (b) G85 G99 (R점 복귀)

[그림 7-22] 보링 사이클 동작

9. 보링 사이클(G86)

지령 방법은 G85와 동일하고 사이클의 동작도 같지만, 공구가 구멍의 바닥에서 빠져 나올 때 주축이 정지하여 급속이송으로 나오게 된다. 따라서 이 지령의 경우, 가공 시간은 단축할 수 있지만, G85 보링 사이클에 비해 가공면의 정도가 떨어진다.

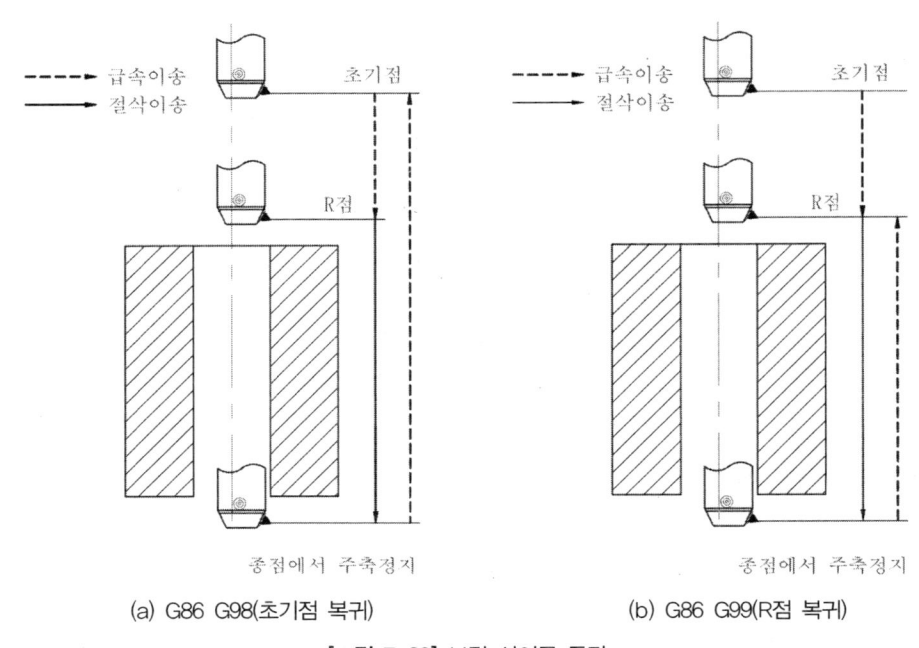

(a) G86 G98(초기점 복귀)　　　　(b) G86 G99(R점 복귀)

[그림 7-23] 보링 사이클 동작

예제 [3-16] G86을 이용하여 프로그램을 작성하시오. (단, G81, G73 기능을 포함하여 프로그램 하시오)

〈표 7-10〉 사용 공구의 제조건

공구 번호	공구 명칭	공구 직경	회전수(rpm)	이송(mm/min)
T01	센터드릴	∅4mm	S2000	F150
T02	드릴	∅9mm	S900	F70
T03	카운터보링	∅12mm	S600	F40

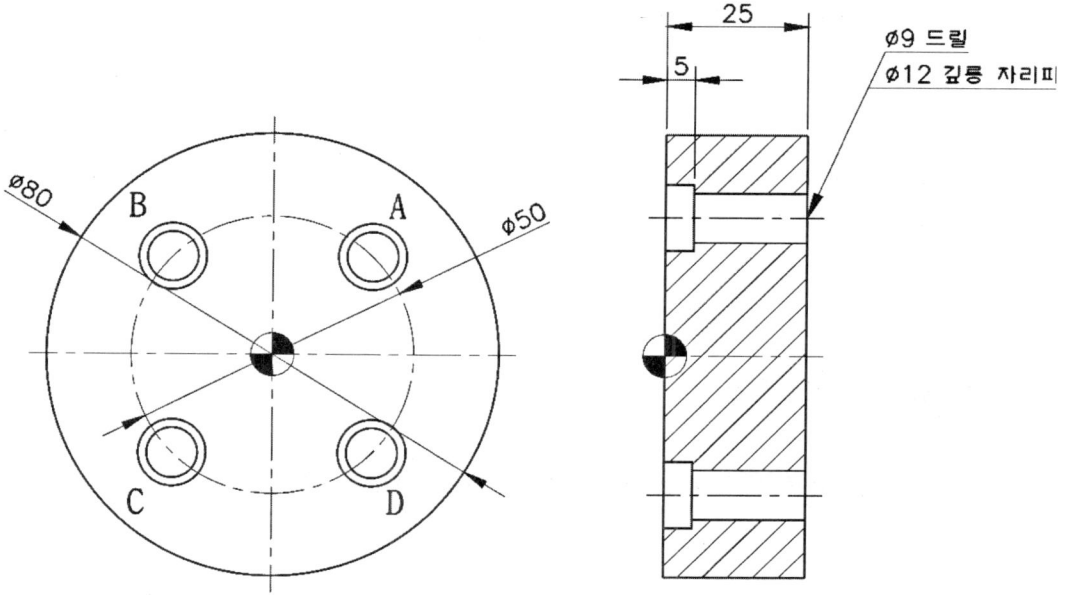

[그림 7-24] 보조 프로그램을 사용한 G86 가공

주 프로그램

O7004 ;

G40 G49 G80 ;
T01 M06 (∅4 센터드릴) ;
G54 G90 G00 X0. Y0. ;
G43 Z150. H01 S2000 M03 ;
Z10. M08 ;
G16 ;
G81 G99 X25. Y45. Z -5. R3. F150 ;
M98 P7104 ;
G00 Z150. G49 G80 M05 ;
T02 M06 (∅9 드릴) ;
G90 G00 X0 Y0 ;
G43 Z200. H02 S900 M03 ;
Z10. M08 ;
G16 ;
G73 G99 X25. Y45. Z -30. R3. Q4. F70 ;
M98 P7104 ;
G00 Z150. G49 G80 M05 ;
T03 M06 (∅12 카운터 보링) ;
G90 G00 X0. Y0. ;

보조 프로그램

O7104 ;
G90 Y135. ;
   Y225. ;
   Y315. ;
G15 ;
M09 ;
M99 ;

```
G43 Z200. H03 S600 M03 ;
Z10. M08 ;
G16 ;
G86 G99 X25. Y45. Z -8.6 R3. F40 ;
M98 P7104 ;
G00 Z150. G49 G80 M05 ;
G91 G28 X0. Y0. Z0. ;
M02 ;
```

10. 백 보링 사이클(G87)

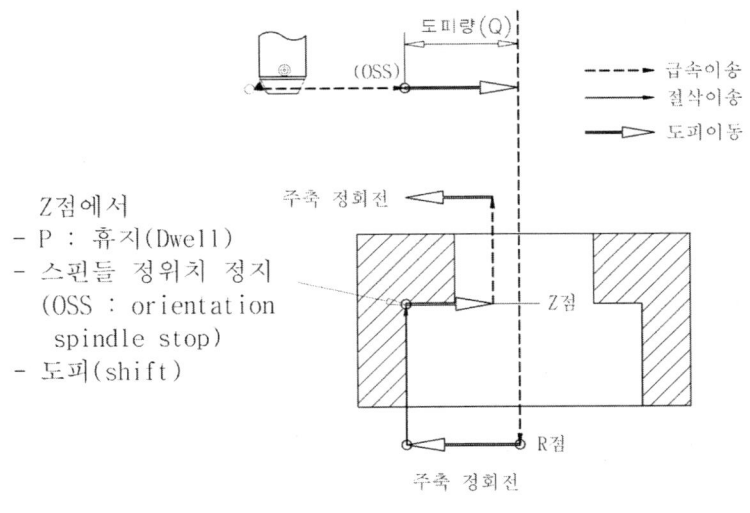

[그림 7-25] 백 보링 사이클 동작

구멍 밑면의 보링이나 2단으로 된 구멍가공에서 구멍의 아래쪽이 더 큰 경우의 가공에서는 주축을 정위치에 정지시켜 공구인선과 반대 방향으로 이동시켜 급속으로 구멍의 바닥 R점에 위치 결정을 한다. 이 위치부터 다시 이동시킨 양 만큼 돌아와 빠져나오면서 주축을 회전시켜 절삭한다.

11. 보링 사이클(G88)

G88 {G90,G91} {G98, G99} X_ Y_ Z_ R_ P_ F_ ;

이 지령은 구멍 바닥에서 일정 시간 드웰(Dwell)한 후 주축이 정지한다.
Z점에서 R점까지 수동으로 공구를 빼내면, 초기점으로 급속이송 주축이 정회전한다.

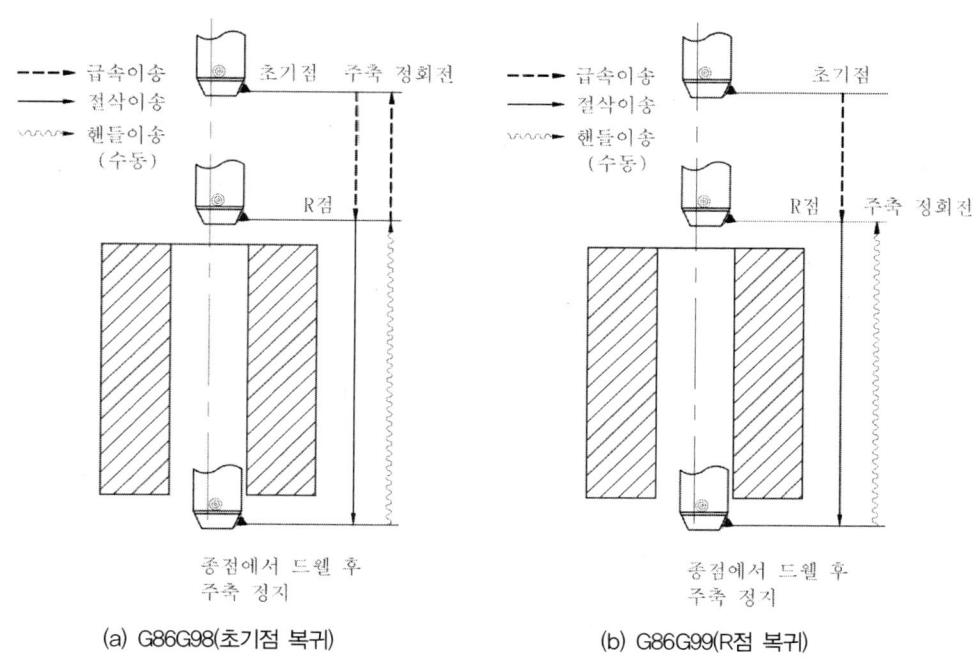

(a) G86G98(초기점 복귀) (b) G86G99(R점 복귀)

[그림 7-26] 보링 사이클 동작

12. 보링 사이클(G89)

G89 {G90,G91} {G98, G99} X_ Y_ Z_ R_ P_ F_ ;

이 지령은 G85의 기능과 동일하나, 구멍의 바닥에서 일정시간을 휴지(Dwell)한다.

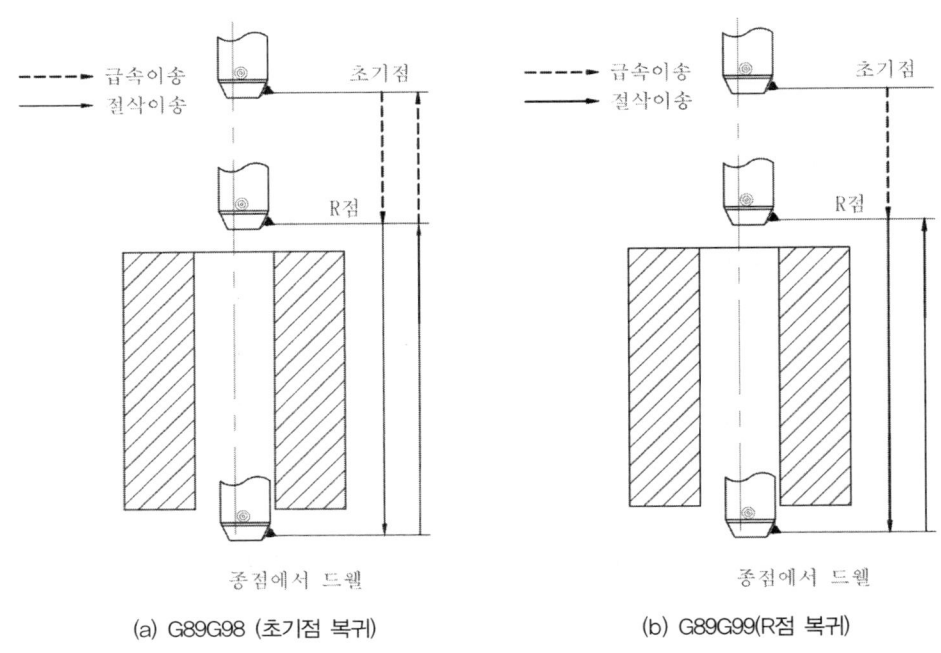

(a) G89G98 (초기점 복귀)   (b) G89G99(R점 복귀)

[그림 7-27] 보링 사이클 동작

13. 고정 사이클 취소(G80)

이 지령은 고정 사이클을 취소하고 다음 블록부터 정상적인 동작을 하게 된다. 이 경우 R점과 Z점 및 기타 구멍가공 데이터도 모두 취소된다.

최신 머시닝센터 프로그램과 가공 기술

Part VIII

좌표회전(G68)

8·1 좌표회전의 개요
8·2 좌표회전의 기본 지령 규칙
8·3 좌표회전의 다양한 프로그램 작성

8·1 좌표회전의 개요

평면좌표를 그대로 두고 도형의 형상을 일정한 각도로 회전시킨 도형을 좌표회전이라고 하는데, 회전된 도형을 프로그램하려면 삼각함수에 의하여 SIN, COS, TAN 등의 함수를 사용하여 좌푯값을 구하여 작업하여야 하는데 이렇게 한다는 것은 간단한 도형은 별 문제가 없지만, 조금이라도 복잡한 도형은 프로그램을 수동으로 작성한다는 것은 불가능하다.

즉, 그림 [그림 8-1] (a)를 프로그램하려면, (b)와 같은 상태에 있다고 생각하고 프로그램 하여야 하는데, 아주 간단하게 생각하면 된다. 평소에 하던대로 프로그램을 하고 회전 값만 주면 된다.

따라서 그림 (a)가 그림 (b)의 수평에 있다고 생각을 하고 프로그램을 작성한 후 각도만큼 회전시키는 명령을 주면 아주 간단히 작성할 수 있다.

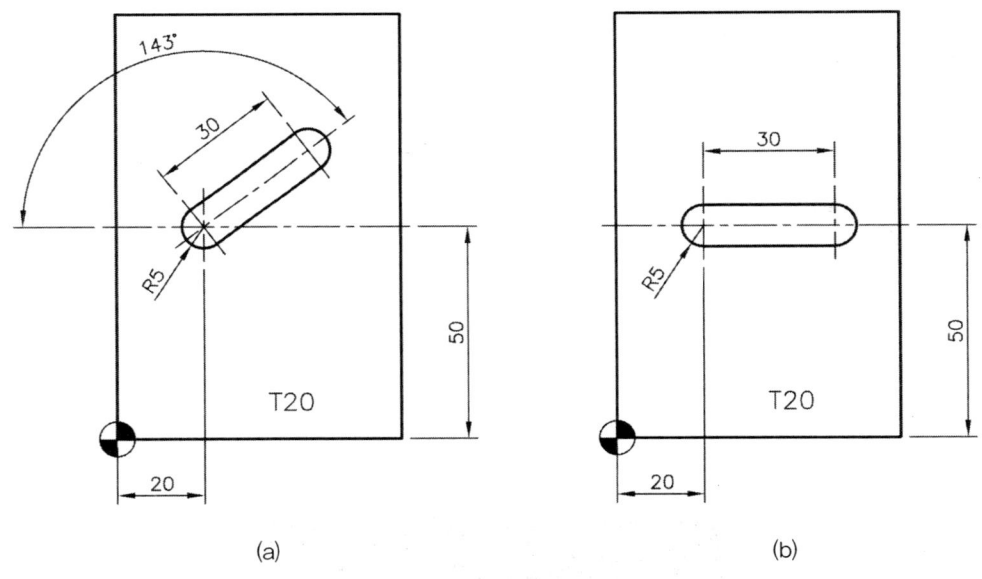

[그림 8-1] 좌표회전의 개념

일반적인 프로그램	
O2000 ; G40 G49 G80 ; T01 M06 (∅4 센터드릴) ; G54 G90 G00 X0. Y0. ; G43 Z150. H01 S2000 M03 ; Z10. ;	T03 M06 (∅8 엔드밀) ; G90 G00 X0. Y0. ; G43 Z1500. H03 S1500 M03 ; Z10. ; G01 Z -12. F80 M08 ;

```
G52 X20. Y50. ;                    X30. ;
G90 G00 X0. Y0. ;                  X15. ;
G01 Z -5. F150 M08 ;               G41 Y5. D03 ;
Z5. ;                              X0. ;
G00 Z150. G49 M09 ;                G03 Y -5. R5. ;
M05 ;                              G01 X30. ;
T02 M06 (∅6 드릴) ;                G03 Y5. R5. ;
G90 G00 X0. Y0. ;                  G01 X4. ;
G43 Z150. H02 S2000 M03 ;          G40 Y0. ;
Z10. ;                             Z5. ;
G01 Z -11.8 F80 M08 ;              G00 Z150. M09 ;
Z5. ;                              G49 M05 ;
G00 Z200. G49 M09 ;                G91 G28 X0. Y0. Z0. ;
M05 ;                              M02 ;
```

위의 일반적인 프로그램을 작성하는 식으로 프로그램을 하고, 다음의 법칙에 의하여 프로그램을 조금만 수정하면 된다.

8·2 좌표회전의 기본 지령 규칙

1. 지령 형식과 의미

> 지령: G68 X_ Y_ R_ ;
> 해제: G69 ;

- X, Y, Z: 중심좌푯값(항상 절댓값으로 지령한다.)
  가공 평면(G17, G18, G19)에 따라 2개의 축만 선택하여 G68 뒤에 지령한다.

- R: 도형의 회전각도
  즉, 수평에 대하여 기울어져 있는 각도를 지령한다.
  시계의 3시 방향을 각도 0°로 하고, 반시계 방향으로 기울어져 있으면 R+
  　　　　　　　　　　　　　　시계 방향으로 기울어져 있으면 R-
  파라미터에 따라 절댓값, 증분값으로 바뀐다.
  파라미터의 6400번의 RIN을 0으로 하면 절댓값으로만 되고
  　　　　　　　　　RIN을 1로 하였을 때는 G90이면 절댓값
  　　　　　　　　　G91이면 증분값으로 된다.

2. 좌표회전 프로그램의 법칙

1) G68을 만나면 X, Y로 지령한 좌표점을 중심으로 하여 뒤의 R_로 지령한 각도로 G68 다음의 프로그램은 회전한 상태에서 작업을 수행한다.
2) 만약, G68 다음의 X, Y의 지령을 생략하면 현재의 위치가 회전 중심이 되며, G68 다음의 R을 생략하면 파라미터 6411번에 설정되어 있는 값만큼 회전한다.
3) 일반적인 프로그램에서는 G17 평면에서 X, Y의 위치 이동에서 위치의 변화가 없으면, X, Y 중 1개만 사용하면 되는데 좌표회전에서는 반드시 G17 평면일 때는 2개 모두 지령하여야 한다. 그렇지 않으면 Alram이 발생한다.

[그림 8-1]의 좌표회전 프로그램

```
O2000 ;

G40 G49 G80 ;
T01 M06 (∅4 센터드릴) ;
G54 G90 G00 X0. Y0. ;
G43 Z150. H01 S2000 M03 ;
Z10. ;
G52 X20. Y50. ;
G90 G00 X0. Y0. ;
G01 Z -5. F150 M08 ;
Z5. ;
G00 Z200. M09 ;
G49 M05 ;
T02 M06 (∅6 드릴) ;
G90 G00 X0. Y0. ;
G43 Z150. H02 S1500 M03 ;
Z10. ;
G01 Z -11.8 F80 M08 ;
Z5. ;
G00 Z150. M09 ;
G49 M05 ;
```

```
T03 M06 (∅8 엔드밀) ;
G90 G00 X0. Y0. ;
G68 X0. Y0. R37.
G43 Z150. H03 S2000 M03 ;
Z10. ;
G01 Z -12. F80 M08 ;
X30. Y0. ;
X15. Y0. ;
G41 X15. Y5. D03 ;
X0. Y5. ;
G03 X0. Y -5. R5. ;
G01 X30. Y -5. ;
G03 X30. Y5. R5. ;
G01 X4. Y5. ;
G40 X4. Y0. ;
Z5. ;
G69 ;
G00 Z150. M09 ;
G49 M05 ;
G91 G28 X0. Y0. Z0. ;
M02 ;
```

예제 [8-1] 다음의 [그림 8-2]를 보고 좌표회전을 이용하여 프로그램을 작성하시오. (단, 1회 가공으로 프로그램한다. X30. Y20.의 위치에는 ⌀8mm 드릴로 기초 구멍이 Z -7.mm 가공되어 있다.)

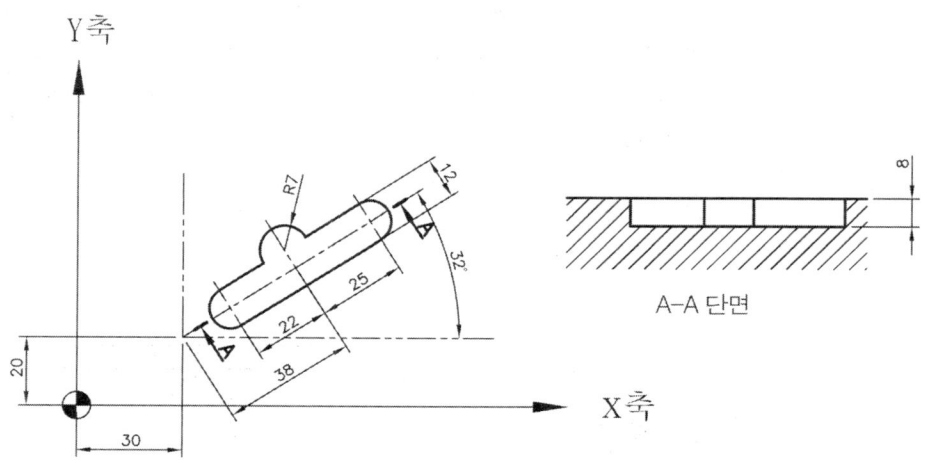

[그림 8-2] 좌표회전 가공

풀이

좌표회전 프로그램

O2000 ;
G40 G49 G80 ;
T03 M06 (⌀8 엔드밀) ;
G54 G90 G00 X0. Y0. ;
G43 Z150. H01 S2000 M03 ;
Z10. ;
G52 X30. Y20. ;
G90 G00 X0. Y0. ;
G68 X0. Y0. R32. ;
G00 X16. Y0. ;
Z5. ;
G01 Z -8. F80 M08 ;
X63. Y0. ;
G41 X63. Y6. D03 ;
X45. Y6. ;

G03 X31. Y6. R7. ;
G01 X16. Y6. ;
G03 X16. Y -6. R6. ;
G01 X63. Y -6. ;
G03 X63. Y6. R6. ;
G01 X58. Y6. ;
G40 X58. Y0. ;
Z5. ;
G69 ;
G00 Z200. M09 ;
G49 M05 ;
G91 G28 X0. Y0. Z0. ;
M02 ;

예제 [8-2] 공구 조건표를 가지고 아래의 [그림 8-3]을 좌표회전으로 프로그램을 작성하시오.
(단, 황삭, 정삭 프로그램으로 구분하여 가공하고 보조 프로그램을 사용한다.)

〈표 8-1〉 사용 공구의 제조건

공구 번호	공구 명칭	공구 직경	회전수(rpm)	이송(mm/min)
T01	센터드릴	∅3mm	S2000	F150
T02	드릴	∅6mm	S1500	F100
T03	라핑 엔드밀	∅8mm	S1200	F80
T04	엔드밀	∅8mm	S1500	F80

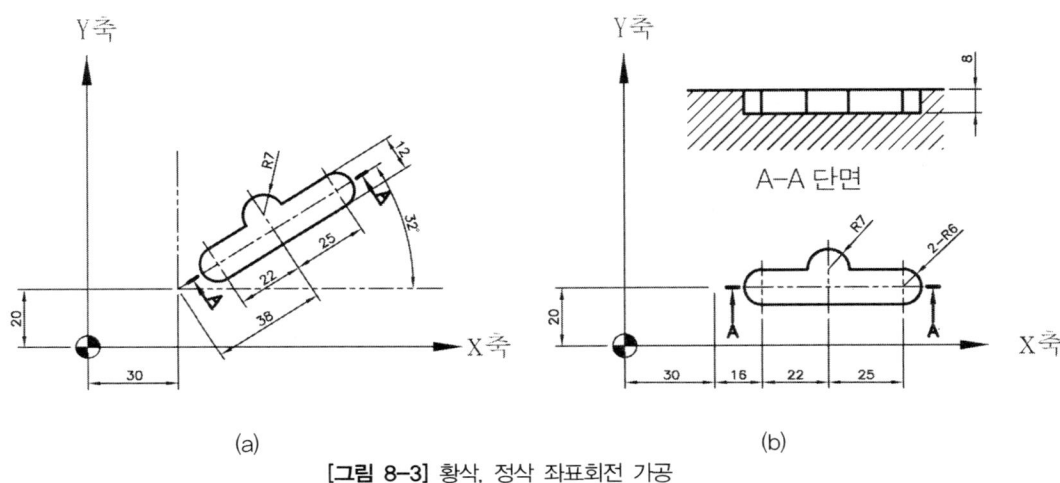

[그림 8-3] 황삭, 정삭 좌표회전 가공

> **참고 — 좌표회전 프로그램 편리하게 작성하는 요령**
> 1. 평면에 놓고 프로그램을 작성한다.
> 2. 좌표회전 공식에맞추어 프로그램을 편집한다.

위의 [그림 8-3]에서처럼 (a)가 좌표회전으로 표현된 프로그램인데 이 상태에서는 로컬 좌표계(G52)로 G52X30.Y20.으로 잡아서 프로그램하면 되는데, 이때에도 삼각함수로 좌푯값을 잡아야 하므로 CAD를 사용하지 않고는 도저히 프로그램할 수가 없다.

이럴 때는 위의 B처럼 수평에 있다고 가정을 하고, 프로그램하고 좌표 회전만큼 회전을 시키는 방법으로 프로그램을 하면 된다.

즉, 평면에서 프로그램을 작성하고 주 프로그램 전에 G68X0.Y0.R_값을 주면 된다.

그림 (b)에서도 특히 주의하여야 할 것은, 로컬 좌표계로 G52X30.Y20.을 변경시킨 후에 프로그램을 하여야 한다는 법칙은 절대 잊어서는 안 된다.

풀이

좌표회전 프로그램

O8006 ;
G40 G49 G80 ;
T01 M06 (∅4 센터드릴) ;
G54 G90 G00 X0. Y0. ;
G43 Z1500. H01 S2000 M03 ;
Z10. ;
G52 X30. Y20. ;
G90 G00 X0. Y0. ;
G16 ;
G00 X16. Y32. ;
G01 Z -5. F150 M08 ;
G15 ;
G52 X0. Y0. ;
G00 Z150. M09 ;
G49 M05 ;
T02 M06 (∅8 드릴) ;
G90 G00 X0. Y0. ;
G43 Z150. H02 S1500 M03 ;
Z10. ;
G52 X30. Y20. ;
G16 ;
G90 G00 X16. Y32. ;
G01 Z -7.8 F100 M08 ;
G15 ;
G52 X0. Y0. ;
G00 Z150. M09 ;
M05 ;
T03 M06 (∅8 라핑 엔드밀) ;
G90 G00 X0. Y0. ;

G43 Z150. H03 S1200 M03 ;
Z10. ;
G52 X30. Y20. ;
G90 G00 X0. Y0. ;
G68 X0. Y0. R32. ;
X16. Y0. ;
G01 Z -7.8 F80 M08 ;
X63. Y0. ;
G41 X63. Y6. D03 (D03 = 4.2 입력) ;
M98 P8106 ;
G00 Z150. M09 ;
G49 M05 ;
T04 M06 (∅8 엔드밀) ;
G90 G00 X0. Y0. ;
G43 Z150. H04 S1500 M03 ;
Z10. ;
G52 X30. Y20. ;
G90 G00 X0. Y0. ;
G68 X0. Y0. R32. ;
G00 X16. Y0. ;
G01 Z -8. F80 M08 ;
X63. Y0. ;
G41 X63. Y6. D04 (D04 = 4. 입력) ;
M98 P8106 ;
G00 Z150. M09 ;
G49 M05
G91 G28 X0. Y0. Z0. ;
M02 ;

보조 프로그램

O8106 ;
G90 G01 X50. Y6. ;
G02 X45. Y11. R5. ;
G01 X45. Y15. ;
G03 X31. Y15. R7. ;
G01 X31. Y11. ;
G02 X26. Y6. R5. ;
G01 X16. Y6. ;
G03 X16. Y -6. R6. ;
G01 X63. Y -6. ;
G03 X63. Y6. R6. ;
G01 X38. Y6. ;
G40 X38. Y0. ;
Z10. ;
G69 ;
M09 ;
M99 ;

[8-3] 다음의 공구조건을 가지고 [그림 8-4]의 좌표회전을 이용하여 프로그램을 작성하시오. (단, 황삭, 정삭 프로그램으로 구분하여 가공하고 보조 프로그램을 사용한다.)

〈표 8-2〉 사용 공구의 제조건

공구 번호	공구 명칭	공구 직경	회전수(rpm)	이송(mm/min)
T01	센터드릴	⌀3mm	S2000	F150
T02	드릴	⌀7mm	S1800	F80
T03	라핑 엔드밀	⌀8mm	S1200	F80
T04	엔드밀	⌀8mm	S1500	F80

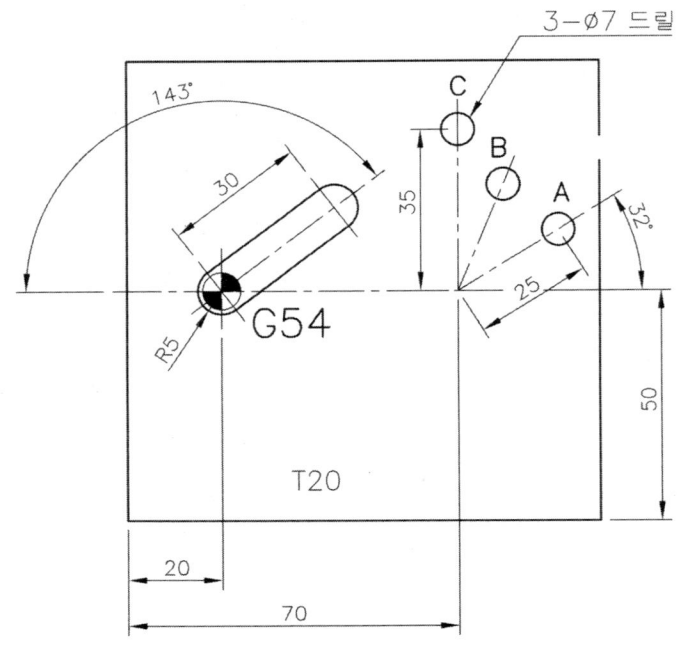

[그림 8-4] 보조 프로그램을 사용한 좌표회전 가공

위의 [그림 8-4]에서도 좌표계를 잡는 방법은, 일단 외곽의 좌표를 잡은 후 X20, Y50, 만큼 값을 뺀 값을 계산하여 G54의 공작물 선택 값에 주어야 하며, G54를 기준으로 하여 좌표회전방식에 의하여 슬롯가공을 하고, 우측의 구멍은 구멍의 각각의 위치를 G54에서 계산하려면 삼각함수를 사용하여야 하는데, 값을 CAD가 아니면 현장에서 구하기가 어려우므로 로컬 좌표계 G52로 (G52X50, Y0,)를 사용하여 구멍가공을 하여야 한다.

그리고 G52를 사용하여 작업하다가 G54의 원래의 공작물 선택 원점을 사용하려면 다음과 같이 G52X0,Y0,하면 로컬 좌표계가 해제되면서 G54의 원점으로 인식할 수 있다.

즉 현장에서 삼각함수의 좌푯값으로 값이 존재하면 극좌표나 또는 로컬 좌표계의 둘중 적절한 방법을 선택하여 프로그램을 할 수 있다면 유능한 프로그래머가 될 수 있다.

좌표회전 프로그램

```
O8004 ;
G40 G49 G80 ;
T01 M06 (∅4 센터드릴) ;
G54 G90 G00 X0. Y0. ;
G43 Z150. H01 S2000 M03 ;
Z10. M08 ;
G01 Z -5. F80 ;
G00 Z10. ;
G52 X50. Y0. ;
G16 ;
G81G99G90X25.Y32.Z -5.R3.F150 ;
Y68. ;
X35. Y90. ;
G15 ;
G50 X0. Y0. ;
G00 Z150. G80 M09 ;
G49 M05 ;
T02 M06 (∅7 드릴) ;
G90 G00 X0. Y0. ;
G43 Z150. H02 S1800 M03 ;
Z10. M08 ;
G73 G99 Z -25. R3. Q4. F80 ;
G00 Z10. ;
G52 X50. Y0. ;
G16 ;
G73G99G90X25.Y32.Z -25.R3.Q4.F80 ;
Y68. ;
X35. Y90. ;
```

```
G52 X0. Y0. ;
G15 ;
G00 Z200. G80 M09 ;
G49 M05 ;
T03 M06 (∅8 라핑엔드밀) ;
G90 G00 X0. Y0. ;
G43 Z150. H03 S1200 M03 ;
Z10. ;
G68 X0. Y0. R37. ;
G01 Z -25. F80 M08 ;
X30. Y0. ;
G41X30.Y5.D03(D03 = 4.2 입력) ;
M98 P8104 ;
G00 Z150. M09 ;
G49 M05
T04 M06 (∅8 엔드밀) ;
G90 G00 X0. Y0. ;
G43 Z150. H04 S1500 M03 ;
Z10. M08 ;
G68 X0. Y0. R37. ;
G01 Z -25. F80 M08 ;
X30. Y0. ;
G41 X30. Y5. D04 (D04 = 4. 입력) ;
M98 P8104 ;
G00 Z150. M09 ;
G49 M05 ;
M02 ;
```

보조 프로그램

```
O8104 ;
G90 G01 X0. Y5. F80 ;
G03 X0. Y -5. R5. ;
G01 X30. Y -5. ;
G03 X30. Y5. R5. ;
G01 X15. Y5. ;
G40 X15. Y0. ;
G00 Z10. ;
G69 ;
M99 ;
```

[예제 [8-4]] 다음의 공구 조건을 가지고 [그림 8-5]의 좌표회전을 이용하여 프로그램을 작성하시오. (G10의 기능을 이용하여 프로그램한다. 단, 황삭, 정삭 프로그램으로 구분하여 가공하고, 보조 프로그램을 사용한다.)

〈표 8-3〉 사용 공구의 제조건

공구 번호	공구 명칭	공구 직경	회전수(rpm)	이송(mm/min)
T01	센터드릴	∅3mm	S2000	F150
T02	드릴	∅7mm	S1800	F100
T03	라핑 엔드밀	∅8mm	S1200	F80
T04	엔드밀	∅8mm	S1500	F80

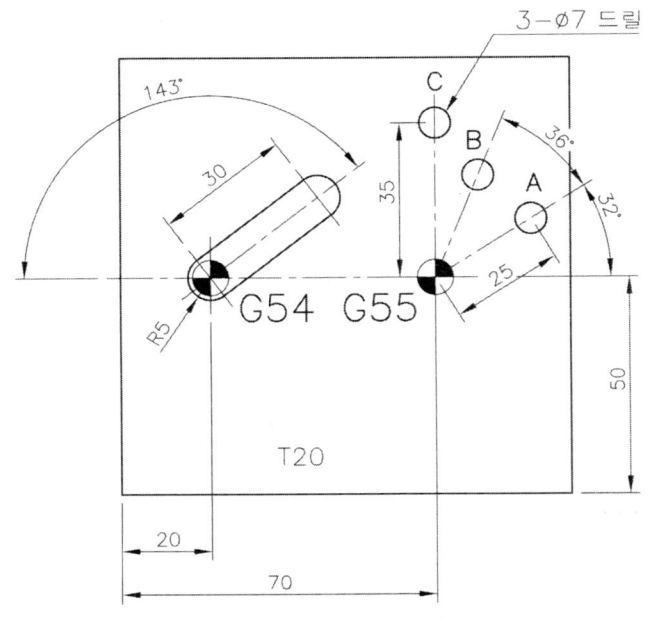

[그림 8-5] G10을 사용한 좌표회전 가공

G10의 좌표계 입력방식의 공작물 가공법은 좋은 방식이므로 G92와 G54와 차이점은 다음과 같다.

G92의 공작물 좌표계 설정 방식은 가공 시 공구가 반드시 원점을 복귀하여야 하며, G54의 공작물 선택 방식은 공작물 셋팅 방법은 G92와 같지만 X, Y, Z의 좌푯값이 화면에 보이지 않고 CRT의 공작물 좌표계 G54에 '-' 값으로 기록되어 있으므로 각각의 좌푯값을 눈으로 직접 볼수 없지만 가공 시 공구가 원점복귀를 하지 않는다는 큰 장점이 있다. 그리고 보통 공장에서는 G54-G59의 좌표계 선택을 많이 사용하고 있다.

G10의 좋은 점은 G92와 G54의 잠점을 모두 내포하고 있으므로 G92와 G54-G59의 개념을 완전히 이해할 수 있다면 적극 추천하고자 한다.

G10 L2를 이용한 좌표회전 프로그램

O8005

G40 G49 G80 ;
T01 M06 (∅4 센터드릴) ;
G90 G10 L2 P0 X0. Y0. Z0. ;
G10 L2 P01 X −200. Y −300. Z −400. ;
G10 L2 P02 X −150. Y −300. Z −400. ;
G54 G90 G00 X0. Y0. ;
G43 Z150. H01 S2000 M03 ;
Z10. M08 ;
G01 Z −5. F80 ;
G00 Z10. ;
G55 X0. Y0. ;
G16
G81 G99 G90 X25. Y32. Z −5. R3. F80 ;
Y68. ;
X35. Y90. ;
G15 ;

G00 Z150. G80 M09 ;
G49 M05 ;
T02 M06 (∅7 드릴) ;
G54 G90 G00 X0. Y0. ;
G43 Z150. H02 S1800 M03 ;
Z10. M08 ;
G73 G99 Z −25. R3. Q4. F60 ;
G00 Z10. ;
G55 X0. Y0. ;
G16 ;
G73G99G90X25.Y32.Z −25.R3 Q4.F100 ;
Y68. ;
X35. Y90. ;
G15 ;
G00 Z150. G80 M09 ;
G49 M05 ;
T03 M06 (∅8 라핑엔드밀)
G54 G90 G00 X0. Y0. ;
G43 Z150. H03 S1200 M03 ;
Z10. ;

G68 X0. Y0. R37. ;
G01 Z −25. F60 M08 ;
X30. Y0. ;
G41 X30. Y5. D03 (D03 = 4.2 입력) ;
M98 P8105 ;
G00 Z200. M09 ;
G49 M05 ;
G91 G30 Z0. M19 ;
T04 M06 (∅8 엔드밀) ;
G54 G90 G00 X0. Y0. ;
G43 Z150. H04 S1500 M03 ;
Z10. M08 ;
G68 X0. Y0. R37. ;
G01 Z −25. F80 M08 ;
X30. Y0. ;
G41 X30. Y5. D04 (D04 = 4. 입력) ;
M98 P8105 ;
G00 Z150. M09 ;
G49 M05 ;
M02 ;

```
보조 프로그램

O8105 ;

G90 G01 X0. Y5. F80 ;
G03 X0. Y -5. R5. ;
G01 X30. Y -5. ;
G03 X30. Y5. R5. ;
G01 X15. Y5. ;
G40 X15. Y0. ;
G00 Z10. ;
G69 ;
M99 ;
```

예제 [8-5] 다음의 공구 조건을 가지고 [그림 8-6]의 좌표회전을 이용하여 프로그램을 작성하시오. (단, 황삭, 정삭 프로그램으로 구분하여 가공하고 보조 프로그램을 사용한다.)

⟨표 8-4⟩ 사용 공구의 제조건

공구 번호	공구 명칭	공구 직경	회전수(rpm)	이송(mm/min)
T01	라핑엔드밀	⌀12mm	S1200	F100
T02	엔드밀	⌀12mm	S1800	F150

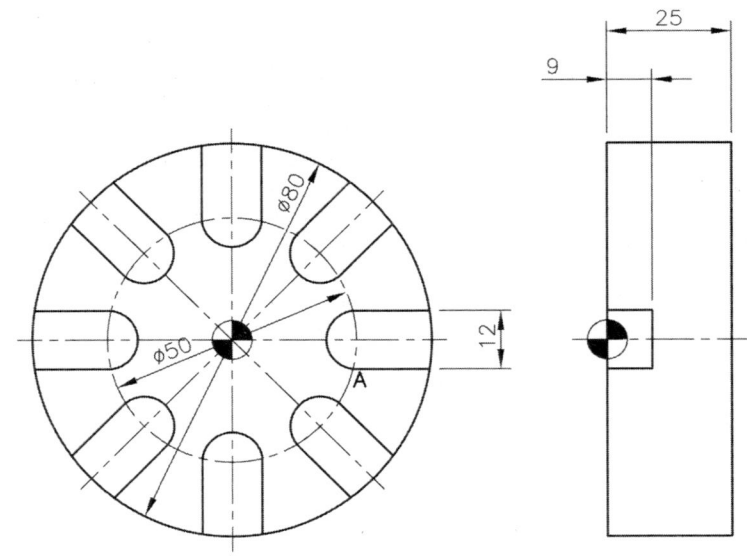

[그림 8-6] 원형 좌표회전 가공

좌표회전 프로그램

```
O9710 ;
G40 G49 G80 ;
T01 M06 (∅12 라핑엔드밀) ;
G54 G90 G00 X51. Y0. ;
G43 Z150. H01 S1200 M03 ;
Z5. ;
M98 P9711 ;        황삭 보조 프로그램 호출
G68 X0. Y0. R45. ;
M98 P9711 ;
G68 X0.Y0. R90. ;
M98 P9711 ;
G68 X0.Y0. R135. ;

M98 P9711 ;
G68 X0. Y0. R180. ;
M98 P9711 ;
G68 X0. Y0. R225. ;
M98 P9711 ;
G68 X0. Y0. R270. ;
M98 P9711 ;
G68 X0. Y0. R315. ;
M98 P9711 ;
G00 Z150 M09 ;
G49 M05 ;
T02 M06 ( ∅12 엔드밀 ) ;
G90 G00 X51. Y0. ;
G43 Z150. H02 S1800 M03 ;
Z5. ;

M98 P9712 ;     정삭 보조 프로그램 호출
G68 X0. Y0. R45. ;
M98 P9712 ;
G68 X0. Y0. R90. ;
M98 P9712 ;
G68 X0. Y0. R135. ;
M98 P9712 ;
G68 X0. Y0. R180. ;
M98 P9712 ;
G68 X0. Y0. R225. ;
M98 P9712 ;
G68 X0. Y0.  R270. ;
M98 P9712 ;
G68 X0. Y0. R315. ;
M98 P9712 ;
G00 Z150. M09 ;
G49 M05 ;
G91 G28 X0. Y0. Z0. ;
M02 ;
```

보조 프로그램

```
O9711 ;
G41 G00 G90 X51. Y6. D01 ;
Z -8.8 ;
G01 X24.269 Y6. F100 ;
G02 X24.269 Y -6. R6. ;
G01 X51. Y6. ;
G40 G00 X51. Y0. ;
Z5. ;
M99 ;
```

```
O9712 ;
G41 G00 G90 X51. Y6. D02 ;
Z -9. ;
G01 X24.269 Y6. F150 ;
G02 X24.269 Y -6. R6. ;
G01 X51. Y6. ;
G40 G00 X51. Y0. ;
Z5. ;
M99 ;
```

다음과 같이 증분 방식으로 프로그램하여도 된다.

O9810 ;	G54 G90 G00 X51. Y0. ;
G40 G49 G80 ;	G43 Z150. H02 S1800 M03 ;
T01 M06 (∅12 라핑엔드밀) ;	Z5. ;
G54 G90 G00 X51. Y0. ;	M98 P9813 ;
G43 Z1500. H01 S1200 M03 ;	M98 P079814 ;
Z5. ;	G69 ;
M98 P9811 ;	G00 Z150. M09 ;
M98 P079812 ;	G49 M05 ;
G69 ;	G91 G28 X0. Y0. Z0. ;
G00 Z200. M09 ;	M02 ;
G49 M05 ;	
T02 M06 (∅12 엔드밀) ;	

보조 프로그램

```
O9811 ;
G41 G00 G90 X51. Y6. D01 ;
Z -8.8 ;
G01 X24.269 Y6. F80 ;
G02 X24.269 Y -6. R6. ;
G01 X51. Y6. ;
G40 G00 X51. Y0. ;
Z5. ;
M99 ;

O9812 ;
G68 G91 X0. Y0. R45. ;   좌표회전 지령(각도 45°로 증분지령)
M98 P9811 ;              황삭 보조 프로그램 O9811 호출
M99 ;
```

보조 프로그램

```
O9813 ;
G41 G00 G90 X51. Y6. D01 ;
Z -9. ;
G01 X24.269 Y6. F80 ;
G64 G02 X24.269 Y -6. R6. ;
G01 X51. Y6. ;
G40 G00 X51. Y0. ;
Z5. ;
M99 ;

O9814 ;
G68 G91 X0. Y0. R45. ;      좌표회전 지령(각도 45 로 증분지령)
M98 P9813 ;                 정삭 보조 프로그램 O9813 호출
M99 ;
```

[예제] [8-6] 다음의 공구조건을 가지고 [그림 8-7]의 좌표회전을 이용하여 프로그램을 작성하시오. (단, 황삭, 정삭 프로그램으로 구분하여 가공하고 보조 프로그램을 사용한다.)

〈표 8-5〉 사용 공구의 제조건

공구 번호	공구 명칭	공구 직경	회전수(rpm)	이송(mm/min)
T01	드릴	∅5mm	S1500	F50
T02	엔드밀	∅6mm	S2500	F60
T03	라핑엔드밀	∅8mm	S1200	F100
T04	엔드밀	∅10mm	S2000	F150

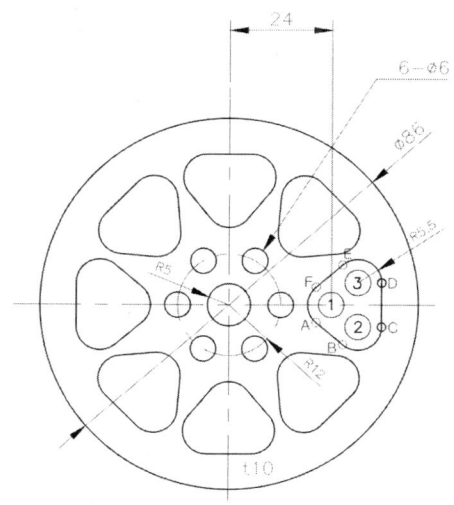

```
명령: 1 ID 점 지정: _cen <-   X = 23.7786    Y = 0.0000    Z = 0.0
명령: 2 ID 점 지정: _cen <-   X = 30.0000    Y = -5.2204   Z = 0.0
명령: 3 ID 점 지정: _cen <-   X = 30.0000    Y = 5.2204    Z = 0.0
```

[그림 8-7] 원형 자륜형 좌표회전 가공

도면은 CAD로 도면의 형태와 같게 그려서, 명령: ID 기능을 이용하여 좌표점을 찾아서 구상하는 툴 패스의 경로를 검토하여 가장 시간을 단축할 수 있는 경로를 선택한다.

 풀이

좌표회전 프로그램	
O5003 ; G40 G49 G80 ; T01 M06 (∅5 드릴) ; G54 G90 G00 X0. Y0. ; G43 Z150. H01 S1500 M03 ; Z5. ; M98 P5021 ; M98 P5032 ; G68 X0. Y0. R45. ; M98 P5032 ; G68 X0. Y0. R90. ; M98 P5032 ; G68 X0. Y0. R135. ; M98 P5032 ; G68 X0. Y0. R180. ; M98 P5032 ; G68 X0. Y0. R225. ; M98 P5032 ; G68 X0. Y0. R270. ; M98 P5032 ; G68 X0. Y0. R315. ; M98 P5032 ; G69 ; G00 Z150. M09 ; G49 M05 ; T02 M06 (∅6 엔드밀) ; G90 G00 X0. Y0. ; G43 Z150. H02 S2500 M03 ; Z5. ;	M98 P5021 ; G00 Z150. M09 ; G49 M05 ; T03 M06 (∅8 라핑엔드밀) ; G90 G00 X0. Y0. ; G43 Z150. H03 S1200 M03 ; Z5. ; M98 P5033 ; G68 X0. Y0. R45. ; M98 P5033 ; G68 X0. Y0. R90. ; M98 P5033 ; G68 X0. Y0. R135. ; M98 P5033 G68 X0. Y0. R180. ; M98 P5033 ; G68 X0. Y0. R225. ; M98 P5033 ; G68 X0. Y0. R270. ; M98 P5033 ; G68 X0. Y0. R315. ; M98 P5033 ; G69 ; G00 Z150. M09 ; G49 M05 ; T04 M06 (∅10 엔드밀) ; G90 G00 X0. Y0. ;

좌표회전 프로그램	
G43 Z150. H04 S2000 M03 ; Z5. ; M98 P5034 ; G68 X0. Y0. R45. ; M98 P5034 ; G68 X0. Y0. R90. ; M98 P5034 ; G68 X0. Y0. R135. ; M98 P5034 ; G68 X0. Y0. R180. ; M98 P5034 ;	G68 X0. Y0. R225. ; M98 P5034 ; G68 X0. Y0. R270. ; M98 P5034 ; G68 X0. Y0. R315. ; M98 P5034 ; G69 ; G00 Z150. M09 ; G49 M05 ; G91 G28 X0. Y0. Z0. ; M02 ;

보조 프로그램

O5021 ;
G90 G16 ;
G81 G99 X12.5 Y0. Z -15. R3. F50 M08 ;
Y60. ;
Y120. ;
Y180. ;
Y240. ;
Y300. ;
G15 ;
G80 ;
G00 Z10. ;
M99 ;

보조 프로그램

O5032
G90 G16 ;
G81 G99 G90 X23.78 Y0. Z -15. R3. F50 M08 ;
X30. Y -5.22 ;
X30. Y5.22 ;
X23.78 Y0. ;
G80 ;
M99 ;

O5033 ;
G90 G00 X23.78 Y0. ;
G01 Z -15. F100 M08 ;
X30. Y -5.22 ;
G04 X2. ;
X30. Y5.22 ;
G04 X2. ;
X23.78 Y0. ;
G01 Z5. ;
M99 ;

O5034 ;

G90 G00 X23.78 Y0. ;
G01 Z -15. F150 M08 ;
G41 X20.243 Y -4.213 ;
X26.464 Y -9.433 ;
G03 X35.500 Y -5.220 R5.5 ;
G01 X35.500 Y5.220 ;
G03 X26.464 Y9.433 R5.5 ;
G01 X20.243 Y4.213 ;
G03 X20.243 Y -4.213 R5.5 ;
G01 X26.464 Y -9.433 ;
G40 X30. Y0. ;
G00 Z5. ;
M99 ;

8·3 좌표회전의 다양한 프로그램 작성

예제 [8-7] 다음의 공구 조건을 가지고 [그림 8-8]의 좌표회전을 이용하여 프로그램을 작성하시오.

〈표 8-6〉 사용 공구의 제조건

공구 이름	엔드밀	다이아몬드 엔드밀	센터 드릴	드릴
공구 번호	1	12	2	3
공구 직경	∅10	∅10	∅3	∅8
회전수 (rpm)	1200	3000	1500	800
이송 (mm/min)	80	200	60	50

※ 슬롯(포켓 깊이 Z −6.)

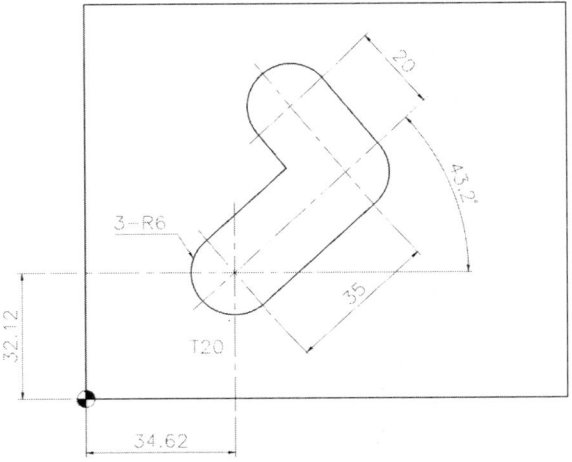

[그림 8-8] 슬롯 좌표회전 가공

풀이

O0024		
G40 G49 G80 G17	Z5. M08	X0. Y6.
T02 M06	G83G99Z −5.5Q3.R3.F50	G03 X0. Y −6. R6.
G54G90G00X34.62Y32.12	G52 X0. Y0.	G01 X35. Y −6.
G52 X34.62 Y32.12	G00 Z150. M09	G03 X41. Y0. R6.
G43H02Z150.S1500M03	G49 M05	G01 X41. Y20.
Z5. M08	T01 M06	G03 X29. Y20. R6.
G81 G99 Z −5. R3. F60	G54G90G00X34.62Y32.12	G01 X29. Y0.
G52 X0. Y0.	G52 X34.62 Y32.12	G00 Z150. M09
G00 Z150. M09	G68 X0. Y0. R43.2	G49 M05
G49 M05	G43H01Z150.S1200M03	G40
T03 M06	Z5. M08	G69
G54G90G00X34.62Y32.12	G01 Z −6. F30	G52 X0. Y0.
G52 X34.62 Y32.12	X35. Y0. F80	M02
G43 H03 Z150. S800 M03	G41 X35. Y6. D01	

[8-8] 다음의 공구 조건을 가지고 [그림 8-9]의 좌표회전을 이용하여 프로그램을 작성하시오.

〈표 8-7〉 사용 공구의 제조건

공구 이름	엔드밀	다이아몬드 엔드밀	센터 드릴	드릴
공구 번호	1	12	2	3
공구 직경	⌀10	⌀10	⌀3	⌀8
회전수 (rpm)	1200	3000	1500	800
이송 (mm/min)	80	200	60	50

※ 1. 총 4회 보조 프로그램 사용
2. 슬롯(포켓 깊이 Z -6.)

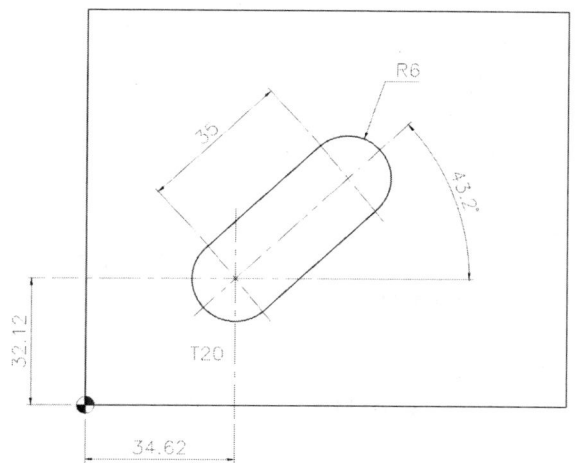

[그림 8-9] 보조 프로그램을 사용한 좌표회전 가공

O0023		
G40 G49 G80 G17		
T02 M06	T03 M06	T01 M06
G54G90G00X34.62Y32.12	G54G90G00X34.62Y32.12	G54G90G00X34.62Y32.12
G52 X34.62 Y32.12	G52 X34.62 Y32.12	G52 X34.62 Y32.12
G43H02Z150.S1500M03	G43H03Z150.S800M03	G68 X0. Y0. R43.2
Z5. M08	Z5. M08	G43Z150.H01S1200M03
G81 G99 Z -5. R3. F60	G83G99Z -5.5Q3.R3.F50	Z5. M08
G52 X0. Y0.	G52 X0. Y0.	G01 Z -5.5 F30
G00 Z150. M09	G00 Z150. M09	X35. Y0. F80
G49 M05	G49 M05	X29. Y0.

G41 X29. Y6. D01(D01=5.5)	Z5. M08
M98 P1022	G01 Z -5.98 F30
Z -5.8 F30	X35. Y0. F80
X29. Y0. F80	X29. Y0.
G41 X29. Y6. D02(D02=5.2)	G41 X29. Y6. D03(D03=5.02)
M98 P1022	M98 P1022
G00 Z150. M09	Z -6.0 F30
G49 M05	X29. Y0. F80
G69	G41 X29. Y6.D04(D04=5.0)
G52 X0. Y0.	M98 P1020
T12 M06	G00 Z150. M09
G54 G90 G00 X34.62 Y32.12	G49 M05
G52 X34.62 Y32.12	G69
G68 X0. Y0. R43.2	G52 X0. Y0.
G43 H12 Z150. S3000 M03	M02

보조 프로그램

O1022
G90 X0. Y6.
G03 X0. Y -6. R6.
G01 X35. Y -6.
G03 X35. Y6. R6.
G01 X23. Y6.
G40 X23. Y0.
X35. Y0.
M99

최신 머시닝센터 프로그램과 가공 기술

Part IX

미러 이미지 기능

9·1 미러 이미지 지령 방식
9·2 미러 이미지 기능을 이용한 프로그램 작성

9·1 미러 이미지 지령 방식

형태가 같은 형상이 한 축(X, Y, Z) 이상에 대칭으로 배치되어 있을 때, 원본 형상 하나만 프로그램을 작성하고 미러 이미지(Mirror Image)기능을 지령하여 서로 대칭인 형상을 가공할 수 있다. 스케일링 기능과 같이 전체 확대, 축소가 가능하며 각 축마다 배율을 다르게 하여 크기를 자유자재로 조절할 수 있다.

지령 방법도 스케일링 지령과 유사하나 어드레스 I, J, K 다음에 어느 한 축 이상이라도 '-' 값이 지령되어야 미러 이미지 지령이 된다.

> **지령 방법:** G51 X_ Y_ Z_ I_ J_ K_ ;
> **취소 방법:** G50

▶ 지령 워드 의미
- X, Y, Z: 미러 이미지 중심좌표(절대치=G90으로 지령)
- I, J, K: X, Y, Z 축마다의 배율 및 부호 지령(X: I, Y: J, Z: K)

1. 부호지정 요령

원본이 1사분면에 있다.

1사분면의 원점의 좌푯값이 I0, J0이다.
3사분면의 좌푯값은 I-, J-
2사분면의 좌푯값은 I-, J+
4사분면의 좌푯값은 I+, J-

P와 I, J, K를 혼용하여 함께 사용하지 못하며, 한 가지만 선택하여 사용하여야 한다.

〈표 9-1〉 미러 이미지 기능의 I, J 부호

사분면	대칭축	I, J의 부호
I	원본	I+, J+
II	X	I-, J+
III	X, Y	I-, J-
IV	Y	I+, J-

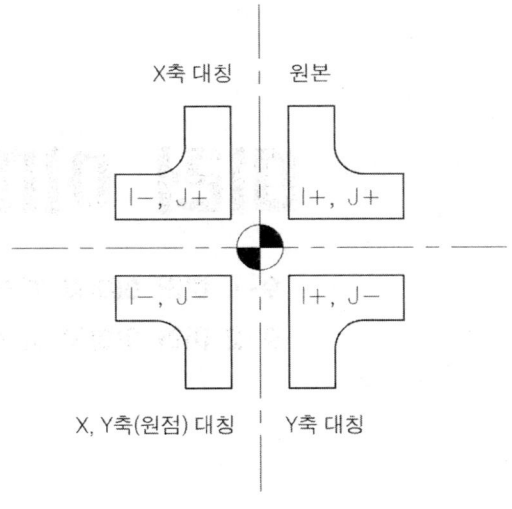

[그림 9-1] 미러 이미지 기능의 I, J 부호(G17 평면)

2. 미러 이미지 지령 시 주의 사항

1) G51의 지령은 단독 블록으로 지령하여야 하며, 각 축마다 서로 다른 배율을 적용시킬 때는 반드시 어드레스로 I, J, K와 정수를 사용하여야 한다.
2) I, J의 부호지정은 무조건 외우면 되지 않고 이해를 하여야 하는데 만약 원본의 형상이 1사분면에 있다고 하면 원본의 원점도 1사분면에 있다고 판단되므로 다른 곳에 있는 원점을 원본의 위치에서 보았을 때의 '+', '-' 값으로 지정하면 된다.

9·2 미러 이미지 기능을 이용한 프로그램 작성

예제 [9-1] 다음의 공구 조건을 가지고 미러 이미지 기능을 이용하여 프로그램을 작성하시오. (단, 1회 가공 프로그램으로 구분하여 가공하고 보조 프로그램을 사용한다.)

〈표 9-2〉 사용 공구의 제조건

공구 번호	공구 명칭	공구 직경	회전수(rpm)	이송(mm/min)
T01	엔드밀	∅2mm	S3000	F30

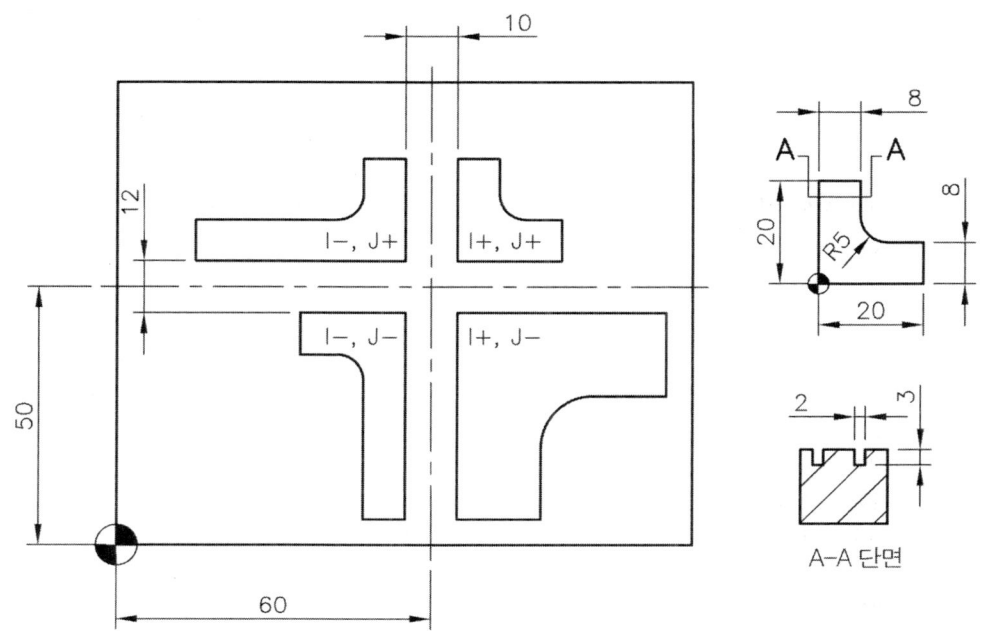

[그림 9-2] 보조 프로그램을 사용한 미러 이미지 가공

풀이

주 프로그램

```
O9740 ;
G40 G49 G80 ;
T01 M06 (∅2 엔드밀) ;
G54 G90 G00 X0. Y0. ;
G52 X65. Y56. ;                  원본 형상 로컬 좌표계 설정
G43 Z150. H01 S3000 M03 ;
Z5. M08 ;
M98 P9741 ;                      미러 이미지 보조 프로그램
G52 X55. Y56. ;                  2사분면에 제2 로컬 좌표계 설정
G51 X0. Y0. I-2000 J1000 ;       미러 이미지 X축 2배 확대
M98 P9741 ;
G52 X55. Y44. ;                  3사분면에 제3 로컬 좌표계 설정
G51 X0. Y0. I-1000 J-2000 ;      미러 이미지 Y축 2배 확대
M98 P9741 ;
G52 X65. Y44. ;                  4사분면에 제4 로컬 좌표계 설정
G51 X0. Y0. I2000 J-2000 ;       미러 이미지 X, Y축 2배 확대
M98 P9741 ;
G50 M09 ;
G52 X0. Y0. ;                    로컬 좌표계 해제
G00 Z150. M09 ;
G49 M05 ;
G91 G28 X0. Y0. Z0. ;
M02 ;
```

보조 프로그램

```
O9741 ;

G90 G00 X0. Y0. ;
G01 Z -3. F30 ;
Y20. ;
X8. ;
Y13. ;
G03 X13. Y8. R5. ;
G01 X20. ;
Y0. ;
X0. ;
Z3. ;
M99 ;
```

최신 머시닝센터 프로그램과 가공 기술

Part

스켈링 기능

10·1. 스켈링 기능 지령 방식
10·2 스켈링 지령 시 주의사항
10·3 스켈링 기능을 이용한 프로그램 작성

10·1 스케일링 기능 지령 방식

형상을 확대 또는 축소하여 프로그램하는 기능이다. 즉, 모양은 동일하나 크기가 다른 형상을 2개 이상 가공할 때 각각의 프로그램을 하지 않고 원본 형상 1개를 프로그램하고 다른 1개는 G51X0,Y0,P_의 프로그램을 이용하여 간단히 프로그램할 수 있다.

적용하는 배율도 전체 배율뿐만 아니라 각 축의 배율을 다르게 지정할 수 있다.

> 지령 방법: G51 X_ Y_ Z_ $\begin{bmatrix} P- \\ I-J-K- \end{bmatrix}$;
> 취소 방법: G50;

스케일링 기능에서는 프로그램을 쉽게 작성하기 위하여 로컬 좌표계(G52)와 보조 프로그램(M98 P-)과 함께 사용하는 것이 좋다.

스케일링에서는 반복되는 프로그램 1개를 보조 프로그램으로 작성하고 다른 형상의 중심점에 로컬 좌표계(G52)원점을 설정하고 앞의 지령과 같이 스케일링 지령(G51X_ Y_ P_)을 하고, 다음에 보조 프로그램을 호출하여 가공하는 형식이다.

10·2 스케일링 지령 시 주의 사항

스케일링을 작성할 때에는 기본 형상에 대한 보조 프로그램을 먼저 작성해 놓은 후에 스케일링 중심과 필요한 배율을 주어 보조 프로그램을 호출하면 배율에 따라 축소 확대가 된다.

G51은 단독 블록으로 지령이 가능하다.
G51은 미러 이미지(mirror image) 기능으로도 함께 사용된다.
공구 경보정, 공구 길이 보정 등의 보정량에 대해서는 스케일링이 적용되지 않는다.

10·3 스켈링 기능을 이용한 프로그램 작성

예제 [10-1] 다음의 공구 조건을 가지고 스켈링 기능을 이용하여 프로그램을 작성하시오. (단, 1회 가공 프로그램으로 구분하여 가공을 하고 보조 프로그램을 사용한다.)

〈표 10-1〉 사용 공구의 제조건

공구 번호	공구 명칭	공구 직경	회전수(rpm)	이송(mm/min)
T01	엔드밀	⌀2mm	S3000	F30

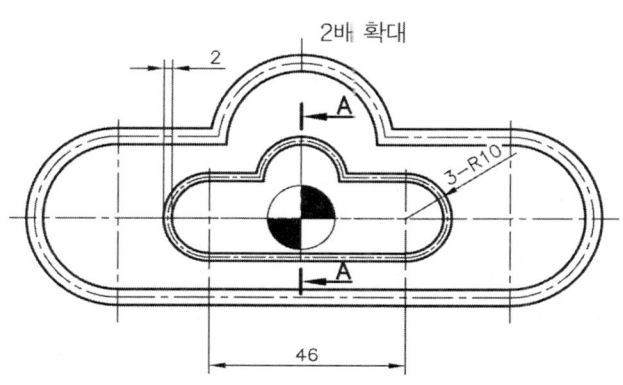
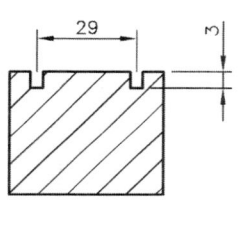

[그림 10-1] 스켈링 가공

주 프로그램

```
G40 G49 G80 ;
T01 M06 (⌀2 엔드밀) ;
G54 G90 G00 X0. Y0. ;
G43 Z150. H01 S3000 M03 ;
G51 X0. Y0. P1000 ;     스켈링 명령(배율 1배)
M98 P7001 ;             보조 프로그램 호출
G51 X0. Y0. P2000 ;     스켈링 명령(배율 2배)
M98 P7001 ;
G50 ;
    ↓
```

보조 프로그램

```
O7101 ;
G90 G00 X0. Y -10. ;
G01 Z -3. F30 ;
X23. ;
G03 Y10. R10. ;
G01 X10. ;
G03 X -10. R10. ;
G01 X -23. ;
G03 Y -10. R10. ;
G01 X2. ;
Z3. ;
G00 Z5. ;
M99 ;
```

[10-2] 다음의 공구조건을 가지고 스켈링 기능을 이용하여 프로그램을 작성하시오. (단, 1회 가공 프로그램으로 구분하여 가공하고 보조 프로그램을 사용한다.)

〈표 10-2〉 사용 공구의 제조건

공구 번호	공구 명칭	공구 직경	회전수(rpm)	이송(mm/min)
T01	엔드밀	⌀2mm	S3000	F30

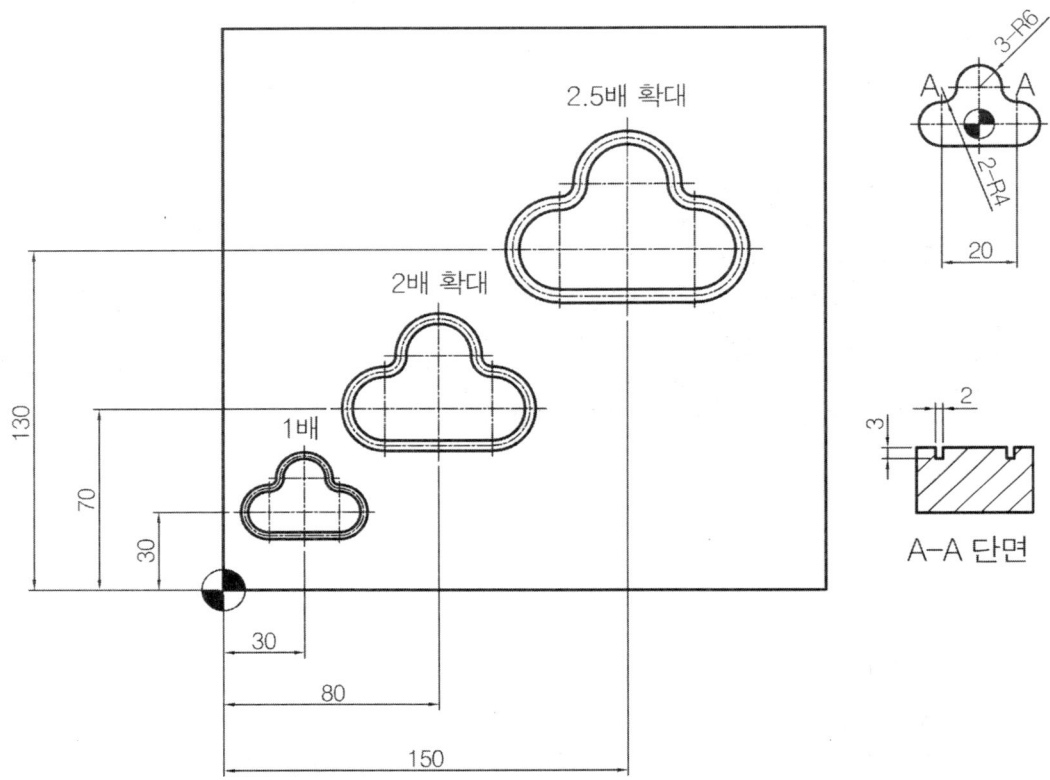

[그림 10-2] 다중 스켈링 가공

주 프로그램

O7200 ;

G40 G49 G80 ;
T01 M06 (⌀2 엔드밀) ;
G54 G90 G00 X0. Y0. ;
G43 Z150. H01 S3000 M03 ;
Z3. M08 ;

G52 X30. Y30. ;	좌표계 설정
G51 X0. Y0. P1000 ;	스켈링 명령(배율 1배)
M98 P7201 ;	보조 프로그램 호출
Z3. ;	
G52 X80. Y70. ;	로컬 좌표계 설정
G51 X0. Y0. P2000 ;	스켈링 명령(배율 2배)
M98 P7201 ;	
Z3. ;	
G52 X150. Y130. ;	로컬 좌표계 설정
G51 X0. Y0. P2500 ;	스켈링 명령(배율 2.5배)
M98 P7201 ;	보조 프로그램 호출
G50 ;	스켈링 무시
G52 X0. Y0. ;	로컬 좌표계 무시
↓	

보조 프로그램

```
O7201 ;
G90 G00 X0. Y −6. ;
G01 Z −3. F30 ;
X10. ;
G03 Y6. R6. ;
G02 X6. Y10. R4. ;
G03 X −6. R6. ;
G02 X −10. Y6. R4. ;
G03 Y −6. R6. ;
G01 X2. ;
Z3. ;
G00 Z5. ;
M99 ;
```

최신 머시닝센터 프로그램과 가공 기술

부록

I. 좌표계 선택 및 공구 길이 보정
II. 하이트 프리세터를 이용한 좌표계 선택
III. 각 공구의 절삭 조건표
IV. UG로 Nc Data 내는 법
V. 컴퓨터응용가공산업기사 도면 및 답
VI. 기계가공기능장 도면 및 답
VII. 산업현장 가공방식

1 좌표계 선택 및 공구 길이 보정

1·1 TNV-40 가공하기: 1 방법

1. 모드 레버 설명

1) **핸들(MPG)**: 공구를 이동시킬 때 사용 시계 방향으로 돌리려면 '+' 이동함
   반시계 방향으로 돌리면 '−' 이동함
2) **편집(EDIT)**: 프로그램 수정, 공작물 좌표계값을 바꿀 때 사용
3) **자동(AUTO)**: 공작물을 가공할 때에만 사용

4) **CYCLE START(자동개시)**: MDI 또는 AUTO에서 작업을 시작할 때 사용
5) **반자동(MDI)**: DISPLAY(모니터 화면)에서 명령 입력 후 작업 수행 시 사용
   반자동(MDI)에서 가능한 작업은 다음과 같다.

공구 회전	공구 정지	공구 정지
MDI(반자동)에서	MDI(반자동)에서	SPINDLE 밑의
S800 M03 ; 엔터	M05 ; 엔터	STOP 누름
자동개시 누름	자동개시 누름	

다시 공구 회전: MPG(핸들)에 놓고 → SPINDLE 밑의 CW 누름
공구 교체
MDI(반자동)에서
T01 M06 ; 엔터
CYCLE START(자동개시)를 누름

2. 기계 작동순서

1) 기계 뒤의 메인 스위치 ON

2) EMERGENCY STOP S/W(비상정지 스위치) 누르면서 천천히 시계 방향으로 돌린다.
   (잠금 해제됨)

3) 머시닝센터의 조작반의 전원 밑의 ON 스위치 (■)을 누름

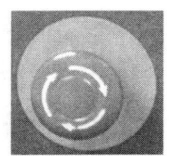
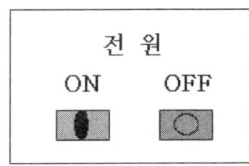

3. 원점복귀

1) 핸들(MPG) → 테이블이 중앙에 위치하도록 X축, Y축, Z축을 이동하여야 함
   이송 단위 레버를 X100(0.1)에 놓고 ('-' 방향으로 3바퀴)
   레버를 X에 놓고 → 반시계 방향(-)으로 3바퀴 이상 천천히 돌린다.
         Y에 놓고 → 반시계 방향(-)으로 3바퀴 이상 천천히 돌린다.
         Z에 놓고 → 반시계 방향(-)으로 3바퀴 이상 천천히 돌린다.

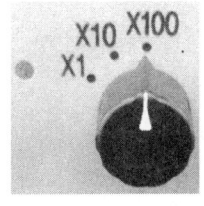

2) 모드를 ZEN(REF. RETURN = 원점)에 놓는다.

   +Z, +X, +Y 를 동시에 누르고

   +Z, +X, +Y 깜박깜박하다가 멈출 때까지 기다린다. STOP은 OFF됨
   3방향이 동시에 원점복귀 된다. 하나씩 하여도 된다.
   위치선택에서 기계 좌표를 누른다.
   기계 좌표 X0.000 Y0.000 Z0.000 상대 좌표, 절대 좌표는 같다.
   상대 좌표, 절대 좌표는 이전의 01(G54) X, Y, Z 좌표계값임(+값)

4. 공작물 세팅순서

1번 공구 엔드밀(⌀10mm)을 교체한다.
반자동(MDI)에서
T1 M6 입력하고 엔터 → 자동개시(=CYCLE START)를 누른다.
(반자동에서는 반드시 자동개시를 눌러야 명령이 수행된다.)

1) 반자동(MDI)에서 → S800 M03 입력하고 엔터를 친다. → 자동개시를 누른다.
2) 최초에는 행정 오버를 방지하기 위하여 X100(0.1)에 놓고 다음과 같이 한다.
   MPG(핸들)에 놓고 X지정 → 반시계 방향[-(마이너스) 방향]으로 1바퀴 회전
                   Y지정 → 반시계 방향[-(마이너스) 방향]으로 1바퀴 회전
                   Z지정 → 반시계 방향[-(마이너스) 방향]으로 1바퀴 회전
   공작물 근처까지 이동한다. 공구를 공작물 X 좌측면 가까이 접근시킨다.
3) 공작물의 2~3mm 가까이에서는 이송 단위 레버를 X10(0.01)으로 하여 세팅

5. X축 설정

1) 이송 단위 레버를 X100(0.1)에 놓고
   공작물의 2~3mm 가까이에서는 이송 단위 레버를 X10(0.01)로 하여 세팅
2) X축 측면을 터치 → 위치선택/상대 좌표에서 → X0(F4) 누른다. → X0.됨
3) Z 방향으로 10mm 정도 반드시 올린다. (☹ 충돌 방지)

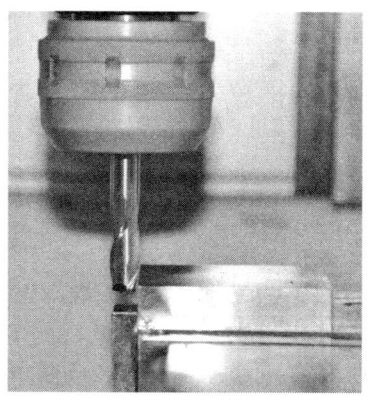

정면에서 본 그림(X 측면에 엔드밀이 접촉된 상태)

이때의 기계 좌푯값 → -317.852 기록하여 둔다.

6. Y축 설정

1) 이송 단위 레버를 X100(0.1)에 놓고
   공작물의 2~3mm 가까이에서는 이송 단위 레버를 X10(0.01)로 하여 세팅
2) Y축 측면(앞쪽)을 터치 → 위치선택/상대 좌표에서 → Y0(F5) 누른다 → Y0. 된다.
3) Z 방향으로 10mm 정도 반드시 올린다. (☺ 충돌 방지)

   이때의 기계 좌푯값 → Y -179.276 기록하여 둔다.

Y 방향에서 본 그림
(Y 측면에 엔드밀이 접촉된 상태)

7. Z축 설정

1) Z 방향으로 10mm 정도 반드시 올린다. (☺ 충돌 방지)
2) 윗면을 터치하고 → 위치선택/상대 좌표에서 → Z0(F6) 누른다. → Z0. 된다.
   이때의 기계 좌푯값 → Z -340.991 기록하여 둔다.
3) 화면 → 보정 → 상대 → 워크 → 다음의 값을 입력한다.
   G54 X -312.852
        Y -174.276
        Z -340.991
4) 공구를 정지한다.
   SPINDLE 밑의 STOP 누름
   또는 MDI(반자동)에서 → M05 입력하고 엔터 → 자동개시 누름 → 회전이 정지됨

정면에서 본 그림
(공작물 상면에 엔드밀이 접촉된 상태)

8. 2번 공구 센터 드릴(∅3mm)을 교체한다.

1) MDI(반자동)에서 → T02 M6 ; 입력하고 엔터 → CYCLE START(자동개시)를 누름

ATC에 의하여 센터 드릴이 교체된 상태

2) 윗면에서 세팅 → MPG(핸들)로 하고 → 공작물 윗면에서 종이를 이용하여 밀착시킨다.

공작물 윗면에서 세팅

3) 2번 공구 길이를 보정한다.

   화면 → 보정 → 상대 → 커서를 H002에 놓는다. → 설정입력을 누른다.

4) 공구를 정지한다.

9. 3번 공구 드릴(8mm)을 교체한다.

1) MDI(반자동)에서 T03 M6 ; 입력하고 엔터 → CYCLE START(자동개시) 누른다.

ATC에 의하여 드릴이 교체된 상태

2) 윗면에서 세팅 → MPG(핸들)로 하고 → 공작물 윗면에서 종이를 이용하여 밀착시킨다.

공작물 윗면에서 세팅

3) 3번 공구 길이 보정한다.

　　화면 → 보정 → 상대 → 커서를 H003에 놓는다. → 설정입력을 누른다.

4) 공구를 정지한다.

　　SPINDLE 밑의 STOP 누름

　　또는 MDI(반자동)에서 → M05 입력하고 엔터 → CYCLE START(자동개시) 누른다.
　　→ 공구의 회전이 정지된다.

10. 공작물 가공하기

1) 편집에서 커서를 프로그램의 선두에 둔다.
   손 모양에서 → 책갈피 그림 = F5(커서가 선두로 가라는 명령임)
2) 모드를 AUTO(자동)에 놓는다.
3) SINGLE BLOCK(싱글 블록)의 레버를 위로 올린다.
4) CYCLE START(자동개시)를 차례로 누른다.
5) 센터 드릴이 공작물의 위 Z150.까지 올 때까지는 반드시 싱글(SINGLE BLOCK)로 함
6) 공작물 위 Z5.에 정확히 오면 싱글 레버를 아래로 내리고 자동개시를 누른다.
7) 공구 교체 후 가공 전 G43 Z150.까지는 반드시 싱글로 한다.

11. 툴 체인지에 있는 공구 불러오기

만약 ATC로 툴 체인지에 있는 드릴을 불러오려면 다음과 같이 하면 된다.

1) 화면 → 진단(F6) → PLC(F4) → 손 모양(F8) → DATA TABL(F4)에서 ↑ ↓를 이용하여 #002를 찾는다.
2) DATA TABLE GROUP #002 화면에서

번호	번지	DATA	
001	D046	1	
002	D047	4	1부터 16까지 주축 번호를 포함하여 17개의 공구를 장착할 수 있다.
.	.		
007	D053	3	

(1) 옆의 툴 체인지의 07에 드릴이 장착되어 있으므로 DATA TABLE GROUP #002의

번호	번지	DATA
007	D053	3

3번을 불어오면 된다.
여기서 DATA의 번호는 변할 수 있지만, 번호와 번지는 변하지 않는다.

(2) 드릴을 불러오기 명령은 다음과 같다.
MDI(반자동)에서
T03 M06
CYCLE START(자동개시)를 누른다. TABL(F4)에서

12. 수동으로 공구 교체하기

수동으로 공구를 주축에 장착하기 위해서는 모드를 MPG(핸들)에 놓고 → 화면 → 조작판을 누른다.
조작판을 누를 때마다 커서가 우측으로 이동한다.

CHCK MODE를 눌리면 사각 창이 ON됨
　　　(F1)

왼손으로 공구를 잡고 주축에 가볍고 끼운 상태에서 기계 전면의 TOOL UNCLAMP를 누르면 공구가 장착된다.

1·2 TNV-40 가공하기: 2 방법

1. 모드 레버 설명

1) **핸들(MPG)**: 공구를 이동시킬 때 사용 시계 방향으로 돌리면 '+' 이동함
   반시계 방향으로 돌리면 '-' 이동함
2) **편집(EDIT)**: 프로그램 수정, 공작물 좌표계값을 바꿀 때 사용
3) **자동(AUTO)**: 공작물을 가공할 때에만 사용

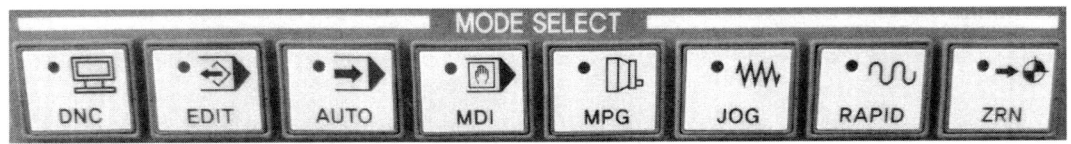

4) **CYCLE START(자동개시)**: MDI 또는 AUTO에서 작업을 시작할 때 사용
5) **반자동(MDI)**: DISPLAY(모니터 화면)에서 명령 입력 후 작업 수행 시 사용
   반자동(MDI)에서 가능한 작업은 다음과 같다.
   반자동에서 명령 입력 후 실행은
   CYCLE START(자동개시)에서만 가능하다.

공구 회전	공구 정지	공구 정지
MDI(반자동)에서	MDI(반자동)에서	SPINDLE 밑의
S800 M03 ; 엔터	M05 ; 엔터	STOP 누름
자동개시 누름	자동개시 누름	

다시 공구 회전: MPG(핸들)에 놓고 → SPINDLE 밑의 CW 누름
공구 교체
MDI(반자동)에서
T01 M06 ; 엔터
CYCLE START(자동개시)를 누름

2. 기계 작동순서

1) 기계 뒤의 메인 스위치 ON

2) EMERGENCY STOP S/W(비상정지 스위치) 누르면서 천천히 시계 방향으로 돌린다.
   (잠금 해제됨)

3) 머시닝센터의 조작반의 전원 밑의 ON 스위치 (ON)을 누름

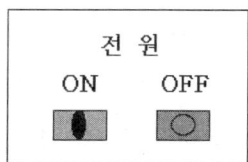

3. 원점복귀

1) 핸들(MPG) → 테이블이 중앙에 위치하도록 X축, Y축, Z축을 이동하여야 함
   이송 단위 레버를 X100(0.1)에 놓고 ('−' 방향으로 3바퀴)
   레버를 X에 놓고 → 반시계 방향(−)으로 3바퀴 이상 천천히 돌린다.
         Y에 놓고 → 반시계 방향(−)으로 3바퀴 이상 천천히 돌린다.
         Z에 놓고 → 반시계 방향(−)으로 3바퀴 이상 천천히 돌린다.

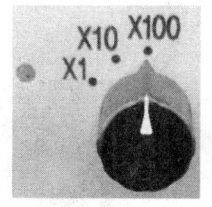

2) 모드를 ZEN(REF. RETURN = 원점)에 놓는다.
   +Z, +X, +Y 를 동시에 누르고
   +Z, +X, +Y 깜박깜박하다가 멈출 때까지 기다린다. STOP은 OFF됨
   3방향이 동시에 원점복귀 된다. 하나씩 하여도 된다.
   위치선택에서 기계 좌표를 누른다.
   기계 좌표 X0.000 Y0.000 Z0.000 상대 좌표, 절대 좌표는 같다.
   상대 좌표, 절대 좌표는 이전의 01(G54) X, Y, Z 좌표계값임(+값)

4. 공작물 세팅 순서

1번 공구 엔드밀(∅10mm)을 교체한다.
반자동(MDI)에서
T1 M6 입력하고 엔터 → 자동개시(= CYCLE START)를 누른다.
(반자동에서는 반드시 자동개시를 눌러야 명령이 수행된다.)

1) 반자동(MDI)에서 → S800 M03 입력하고 엔터를 친다. → 자동개시를 누른다.
2) 최초에는 행정 오버를 방지하기 위하여 X100(0.1)에 놓고 다음과 같이 한다.
　　MPG(핸들)에 놓고 X지정 → 반시계 방향[−(마이너스) 방향]으로 1바퀴 회전
　　　　　　　　　　Y지정 → 반시계 방향[−(마이너스) 방향]으로 1바퀴 회전
　　　　　　　　　　Z지정 → 반시계 방향[−(마이너스) 방향]으로 1바퀴 회전
　공작물 근처까지 이동한다. 공구를 공작물 X 좌측면 가까이 접근시킨다.
3) 공작물의 2~3mm 가까이에서는 이송 단위 레버를 X10(0.01)으로 하여 세팅

5. X축 설정

1) 이송 단위 레버를 X100(0.1)에 놓고 공작물의 2~3mm 가까이에서는 이송 단위 레버를 X10(0.01)로 하여 세팅.
2) X축 측면을 터치 → 위치선택/상대 좌표에서 → X0(F4) 누른다. → X0. 됨
3) Z 방향으로 10mm 정도 반드시 올린다.
   (☹ 충돌 방지)
4) 엔드밀을 X 방향으로 상대 좌표 X5.000만큼 우측으로 이동한다.
5) 위치선택/상대 좌표에서 → X0(F4) 누른다.
   → X0. 된다.

이때의 기계 좌푯값 → −317.852 기록하여 둔다.

정면에서 본 그림
(X 측면에 엔드밀이 접촉된 상태)

6. Y축 설정

1) 이송 단위 레버를 X100(0.1)에 놓고
   공작물의 2~3mm 가까이에서는 이송 단위 레버를 X10(0.01)로 하여 세팅.
2) Y축 측면(앞쪽)을 터치 → 위치선택/상대 좌표에서 → Y0(F5) 누른다 → Y0.됨
3) Z 방향으로 10mm 정도 반드시 올린다. (☹ 충돌 방지)
4) 엔드밀을 Y 방향으로 상대 좌표 Y5.000만큼 우측으로 이동한다.
5) 위치선택/상대 좌표에서 → Y0(F5) 누른다 → Y0.된다.

Y 방향에서 본 그림
(Y 측면에 엔드밀이 접촉된 상태)

이때의 기계 좌푯값 → Y -178.276 기록하여 둔다.

7. Z축 설정

1) Z 방향으로 10mm 정도 반드시 올린다. (☹ 충돌 방지)
2) 윗면을 터치하고 → 위치선택/상대 좌표에서 → Z0(F6) 누른다. → Z0.됨
3) 화면 → 보정 → 상대 → 워크 → 다음과 같이 값을 입력한다.

   G54 X -324.689 → 좌판의 P누르고 → 엔터(=↵)
                     -317.852가 된다.
        Y -179.365 → 좌판의 P누르고 → 엔터(=↵)
                     -173.276이 된다.
        Z -332.147 → 좌판의 P누르고 → 엔터(=↵)
                     -340.991이 된다.

정면에서 본 그림
(공작물 상면에 엔드밀이 접촉된 상태)

4) 공구를 정지한다.
   SPINDLE 밑의 STOP 누름
   또는 MDI(반자동)에서 → M05 입력하고 엔터 → 자동개시 누름 → 회전이 정지됨

이때의 기계 좌푯값 → Z -340.991 기록하여 둔다.

8. 2번 공구 센터 드릴(∅3mm)을 교체한다.

1) MDI(반자동)에서 → T2 M6 ; 입력하고 엔터 → CYCLE START(자동개시)를 누름

ATC에 의하여 센터 드릴이 교체된 상태

2) 윗면에서 세팅 → MPG(핸들)로 하고 → 공작물 윗면에서 종이를 이용하여 밀착시킨다.

공작물 윗면에서 세팅

3) 2번 공구 길이 보정한다.

   화면 → 보정 → 상대 → 커서를 H002에 놓는다. → 설정입력을 누른다.

4) 공구를 정지한다.

9. 3번 공구 드릴(8mm)을 교체한다.

1) MDI(반자동)에서 T3 M6 ; 입력하고 엔터 → CYCLE START(자동개시) 누른다.

ATC에 의하여 드릴이 교체된 상태

2) 윗면에서 세팅 → MPG(핸들)로 하고 → 공작물 윗면에서 종이를 이용하여 밀착시킨다.

공작물 윗면에서 세팅

3) 3번 공구 길이 보정한다.

   화면 → 보정 → 상대 → 커서를 H003에 놓는다. → 설정입력을 누른다.

4) 공구를 정지한다.

   SPINDLE 밑의 STOP 누름

   또는 MDI(반자동)에서 → M05 입력하고 엔터

   → CYCLE START(자동개시)를 누른다. → 공구의 회전이 정지된다.

10. 공작물 가공하기

1) 편집에서 커서를 프로그램의 선두에 둔다.
   손 모양에서 → 책갈피 그림 = F5(커서가 선두로 가라는 명령임)
2) 모드를 AUTO(자동)에 놓는다.
3) SINGLE BLOCK(싱글 블록)의 레버를 위로 올린다.
4) CYCLE START(자동개시)를 차례로 누른다.
5) 센터 드릴이 공작물의 위 Z150.까지 올 때까지는 반드시 싱글(SINGLE BLOCK)로 함
6) 공작물 위 Z5.에 정확히 오면 싱글 레버를 아래로 내리고 자동개시를 누른다.
7) 공구 교체 후 가공 전 G43 Z150.까지는 반드시 싱글로 한다.

11. 툴 체인지에 있는 공구 불러오기

만약 ATC로 툴 체인지에 있는 드릴을 불러오려면 다음과 같이 하면 된다.

1) 화면 → 진단(F6) → PLC(F4) → 손 모양(F8) → DATA TABL(F4)에서 ↑ ↓를 이용하여 #002를 찾는다.
2) DATA TABLE GROUP #002 화면에서

번호	번지	DATA	
001	D046	1	
002	D047	4	1부터 16까지 주축 번호를 포함하여
.	.		17개의 공구를 장착할 수 있다.
007	D053	3	

(1) 옆의 툴 체인지의 07에 드릴이 장착되어 있으므로 DATA TABLE GROUP #002의

번호	번지	DATA
007	D053	3

3번을 불러오면 된다.
여기서 DATA의 번호는 변할 수 있지만, 번호와 번지는 변화지 않는다.

(2) 드릴을 불러오기 명령은 다음과 같다.
MDI(반자동)에서
T03 M06
CYCLE START(자동개시)를 누른다. TABL(F4)에서

12. 수동으로 공구 교체하기

수동으로 공구를 주축에 장착하기 위해서는 모드를 MPG(핸들)에 놓고 → 화면 → 조작판을 누른다.
조작판을 누를 때마다 커서가 우측으로 이동한다.

   CHCK MODE를 눌리면 사각 창이 ON됨
      (F1)

왼손으로 공구를 잡고 주축에 가볍고 끼운 상태에서 기계 전면의 TOOL UNCLAMP를 누르면 공구가 장착된다.

13. USB의 프로그램을 기계로 입력하기

손 모양 그림 → 일람표 → 손 모양 그림 → RS232C → 입력 → 하나 입력 UST-25의 Send File 엔터 → USB 안에 있는 프로그램 커서로 찾아서 대기 → 기계의 실행 → UST-25에서 엔터

두산(FAUNC) 가공하기

1. 모드 레버 설명

1) **핸들(MPG)**: 공구를 이동시킬 때 사용 시계 방향으로 돌리면 '+' 이동함
   반시계 방향으로 돌리면 '−' 이동함
2) **편집(EDIT)**: 프로그램 수정, 삭제, 공작물 좌표계값을 바꿀 때 사용
3) **자동(AUTO)**: 공작물을 가공할 때에만 사용
4) 반자동에서 가능한 작업은 다음과 같다.
   반자동에서 명령 입력 후 실행은 CYCLE START(자동개시)에서만 가능하다.

공구 회전	공구 정지
반자동에서	반자동에서
S800 M3 EOB INSERT	M5 EOB INSERT
자동개시 누름	자동개시 누름

2. 전원공급

1) 기계 뒤의 전원 스위치 ON → AIR 밸브를 연다. → 기계 앞의 DOOSAN POWER ON
2) EMERGENCY STOP S/W 누르면서 시계 방향으로 약하게 돌린다. (잠금 해제됨)
   (제발 부탁드립니다. ☺ 살짝 돌려서 푸십시오! 기계 고장의 원인이 됩니다.)
3) MACHINE READY 누른다. 유압이 작동됨 20초간 기다린다.
   ※ 공기압이 0.5~0.6MPa인지 확인, 작동유가 있는지 확인

3. 수동 원점복귀

1) 핸들(HANDLE) → 테이블이 중앙에 위치하도록 X축, Y축, Z축을 이동하여야 함
2) 이송 단위 레버를 X100(0.1)에 놓고 아래와 같이 작업을 수행한다.
   레버를 X에 놓고 → 반시계 방향(−)으로 3바퀴 이상 천천히 돌린다.
   Y에 놓고 → 반시계 방향(−)으로 3바퀴 이상 천천히 돌린다.
   Z에 놓고 → 반시계 방향(−)으로 3바퀴 이상 천천히 돌린다.
3) 모드 ZRN(REF. RETURN = 원점)에 놓는다.

4) $\boxed{+Z}$를 계속 누르고 있으면 $\boxed{+Z}$ 위에 초록 불이 들어오면 원점복귀됨

$\boxed{+X}$를 계속 누르고 있으면 $\boxed{+X}$ 위에 초록 불이 들어오면 원점복귀됨

$\boxed{+Y}$를 계속 누르고 있으면 $\boxed{+Y}$ 위에 초록 불이 들어오면 원점복귀됨

$\boxed{+Z}$, $\boxed{+X}$, $\boxed{+Y}$ 3개 축 동시에 누르면 원점복귀 되지 않는다.

4. 자동 원점복귀

JOG → REF.1ST → 자동 원점복귀됨(Z축 먼저 X축, Y축 순으로 원점복귀됨)

5. 공구 번호 보기

MDI → PROG → 체크

모달의 HD.T → 현재 축에 있는 공구 번호

NX.T → 현재 축 옆에 있는 공구 번호

T-MANAGE

기준 공구 호출: T1M6을 입력하고 → $\boxed{\text{EOB}}$ $\boxed{\text{INSERT}}$ $\boxed{\text{CYCLE START}}$

6. 공작물 고정 및 윗면 가공

1) HANDLE로 X '-'로 돌리고, Y '-'로 돌린다.

   즉, X -100. Y -100. 되게 테이블을 이동시킨다.

2) 공작물을 바이스에 견고하게 고정

3) 윗면을 가공하기 위해서 정면 커터 호출 및 회전

4) 모드(M.D.I) → $\boxed{\text{PROG}}$

5) T7 M6 $\boxed{\text{EOB}}$ $\boxed{\text{INSERT}}$ $\boxed{\text{CYCLE START}}$ 공구 교체됨

6) S800M6 $\boxed{\text{EOB}}$ $\boxed{\text{INSERT}}$ $\boxed{\text{CYCLE START}}$ 공구 회전함

7) HANDLE → 공작물 근처에 가서 높이에 맞게 가공한다.

❈ MDI 상태에서 공구가 회전하고 있을 때

$\boxed{\text{STOP}}$ 공구가 정지되지 않음

M5입력 → $\boxed{\text{EOB}}$ $\boxed{\text{INSERT}}$ $\boxed{\text{CYCLE START}}$ 공구가 정지됨

JOG, HANDLE 상태에서 STOP → 공구가 정지됨

다시 회전 → HANDLE에서 ON+START 공구 회전함

7. 좌표계 설정을 위하여 기준 공구 호출

기준 공구(T1 ∅10mm 엔드밀)를 호출 및 회전

1) MDI → PROG
2) T1M6 EOB INSERT CYCLE START
3) S1000 M3 EOB INSERT CYCLE START 공구 회전됨

8. X축 설정

최초에는 행정 오버를 방지하기 위하여 레버를 X100(0.1)에 놓고 다음과 같이 함

1) 핸들(M.P.G) X지정 → 반시계 방향[-(마이너스) 방향]으로 1바퀴 회전시킨다.
   Y지정 → 반시계 방향[-(마이너스) 방향]으로 1바퀴 회전시킨다.
   Z지정 → 반시계 방향[-(마이너스) 방향]으로 1바퀴 회전시킨다.

2) 공작물 근처까지 이동한다. 공구를 공작물 X좌측면 가까이 접근시킨다.

3) 공작물의 2~3mm 가까이에서는 RANGE를 X10(0.01)으로 하여 세팅한다.

4) HANDLE로 X100(0.1)로 놓고
   X -3바퀴, Y -3바퀴, Z -3바퀴 돌린다.
   X측면 가까이 이동시킨다.

5) (가까이에서는 X10(0.01)으로 변경)
   공작물 X축 측면을 터치한다.
   Z 방향으로 10mm 정도 반드시 올린다.
   (☹ 충돌 방지)

6) OFS/SET → 좌표계 → G54에서,
   X에 커서 놓고 → X -5. 입력하고 → 측정
   현재의 기계 좌표 X -472.923 상태임
   G54의 값이 X -467.923로 변함

정면에서 본 그림
(X 측면에 엔드밀이 접촉된 상태)

9. Y축 설정

1) HANDLE로 Y 측면 가까이 이동시킨다.

2) (가까이에서는 X10(0.01)으로 변경)
   공작물 Y축 측면을 터치한다.
   Z 방향으로 10mm 정도 반드시 올린다.
   (☹ 충돌 방지)

3) OFS/SET → 좌표계 → G54에서,
   Y에 커서 놓고 → X -5. 입력하고 → 측정
   현재의 기계 좌표 Y -200.170 상태임
   G54의 값이 Y -195.170로 변함

Y 방향에서 본 그림
(Y 측면에 엔드밀이 접촉된 상태)

10. Z축 설정

1) HANDLE로 Z측면 가까이 이동시킨다.

2) (가까이에서는 X10(0.01)으로 변경)
   공작물 Z축 측면을 터치한다.

3) OFS/SET → 좌표계 → G54에서,
   Z에 커서 놓고 → Z0. 입력하고 → 측정
   현재의 기계 좌표 Z -300.272상태임
   Z -300.272는 그대로 변하지 않는다.

정면에서 본 그림
(Z 측면에 엔드밀이 접촉된 상태)

11. T2공구 공구 길이 보정

1) MDI → PROG 모니터 화면의 프로그램

2) T2M6 EOB INSERT CYCLE START

3) HANDLE → 공작물 Z축 상면에 접촉 → OFS/SET → 옵셋

4) 001은 무조건 0.000이어야 함. 0이 아니면 0.000을 입력한다.
   만약 001의 값이 -0.375로 되어 있으면 0입력하고 → INPUT을 누른다.
   001 0.000이 된다.

5) 해당 공구번호(002) 커서 이동
   현재의 상대 좌표 Z값을 현재의 상대 좌푯값 Z+13.625이다.

- 방법 1: 좌판의 Z누르고 → $\boxed{\text{C 입력}}$ 을 누른다. 002 13.625가 됨
- 방법 2: 13.625 입력하고 → $\boxed{\text{입력}}$ 을 누른다. 002 13.625가 됨
  값만 '+', 또는 '-'로 입력하고 → 입력을 누른다.

  ※ 이때 센터 드릴과 공작물의 사이에 빳빳한 복사용 종이(0.06~0.08mm)를 이용하여 세팅하면 세팅이 정밀하면서 한결 편하게 할 수 있다. 알람 발생 방지됨

12. 공구경 보정 - 공구경 보정(D 값 설정 입력)

1) HANDLE → $\boxed{\text{OFS/SET}}$ → $\boxed{\text{형상}}$ → 해당 공구번호(001) 커서 이동
2) 공구(엔드밀)의 반경 값을 입력한다.
   ∅10이면 5. 입력하고 → 입력 누른다.
   ∅10이면 5.0 초과 입력하면 알람이 발생한다.

13. 공작물 가공

1) EDIT에서 RESET를 눌러 커서를 프로그램의 선두에 위치시킨다.
2) MEM → SINGLE BLOCK을 ON → $\boxed{\text{CYCLE START}}$
3) 모니터 화면의 전체를 누른다. 전체 좌표 값을 볼 수 있다.

14. 공구가 바뀌면 → 다시 회전 명령을 주어야 한다.

1) 센터 드릴에서 S1400M3한 후 드릴로 교체하면
2) 드릴에서도 MDI → $\boxed{\text{PROG}}$ S800 M3
3) $\boxed{\text{EOB}}$ $\boxed{\text{INSERT}}$ $\boxed{\text{CYCLE START}}$ 공구 회전됨
   또는 JOG, HANDLE 상태에서 → ON+START 공구 회전함
4) MDI에서 공구가 회전하고 있을 때
5) JOG, HANDLE 상태에서 $\boxed{\text{STOP}}$ 주축이 정지됨

15. 공구 제거 및 고정하기

1) 공구의 제거
   (1) 장갑낀 왼손으로 공구를 견고히 잡은 상태에서,
   (2) $\boxed{\text{HANDLE}}$ → $\boxed{\text{TOOL UNCLAMP}}$ 스위치를 2초간 누르고 있으면,
   (3) 불이 켜지면 공구를 뺀다.

2) 공구의 고정

(1) HANDLE → TOOL UNCLAMP 스위치에 불이 ON 상태에서
(2) 장갑 낀 왼손으로 공구를 견고히 잡은 상태에서
(3) 주축의 키와 툴 홀더의 키홈이 일치하도록 맞추고,
(4) TOOL UNCLAMP 를 누르면 공구가 고정된다.

16. 프로그램 입력(USB에서 기계 안으로 프로그램 이동)

Edit → PROG → 일람 → (조작) → 장치변경 → USB메모리 → 입력할 O????를 찾아서 → ▶ → 복사 → ▶ → 장치 변경 → CNC MEM → 상위 FOLDER → INPUT → USER → INPUT → DOOSAN → INPUT → 상위 FOLDER에서 → ▶ → 붙이기 → 이것을 가공 프로그램으로 사용하려면 메인 프로램으로 지정하고 → INPUT → 체크

17. 기계 워밍업

EDIT → PROG → 일람 → 상우 FOLDER로에서 → INPUT → PATH1에서 → INPUT → O5000에서 → (조작) → INPUT

18. 워밍업 중인 기계 스톱하기

CYCLE STOP → MEM → Reset → Edit → Reset

19. 2200 주축 워밍업이 필요합니다.

M102 알람이 뜨면 다음과 같이 실행함

MDI → PROG → M02 입력하고 → EOB INSERT → CYCLE START

DM-42VL(FAUNC) 가공하기

1. 모드 레버 설명

1) **핸들(HANDLE)**: 공구를 이동시킬 때 사용 시계 방향으로 돌리면 '+' 이동함
   반시계 방향으로 돌리면 '-' 이동함

2) **편집(EDIT)**: 프로그램 수정, 삭제, 공작물 좌표계값을 바꿀 때 사용

3) **자동(MEM)**: 공작물을 가공할 때에만 사용

4) **반자동(M.D.I)**: PROG로 화면에 명령을 주는 작업을 말한다.
   반자동에서 명령 입력 후 실행은 CYCLE START(자동개시)에서만 가능하다.

5) **조그(JOG)**: 누르고 있으면 해당 좌표축으로 이동, 손을 놓으면 정지됨

공구 회전	공구 정지
반자동에서	반자동에서
S800 M3 [EOB] [INSERT]	M5 [EOB] [INSERT]
자동개시 누름	자동개시 누름

2. 전원공급

1) 기계 뒤의 전원 스위치 ON → AIR 밸브를 연다. ($6 \sim 6 kg/mm^2$)

2) 기계 앞의 POWER ON

3) EMERGENCY STOP S/W 누르면서 시계 방향으로 약하게 돌린다. (잠금 해제됨)
   (☺ 제발 부탁드립니다. 살짝 돌려서 푸십시오! 기계 고장의 원인이 됩니다.)

4) MC READY → 작동유가 있는지 확인

3. 수동 원점복귀

1) 핸들(HANDLE) → 테이블이 중앙에 위치하도록 X축, Y축, Z축을 이동한다.

2) 이송 단위 레버를 X100(0.1)에 놓고 아래와 같이 작업을 수행한다.
   레버를 X에 놓고 → 반시계 방향(-)으로 3바퀴 이상 천천히 돌린다.
   Y에 놓고 → 반시계 방향(-)으로 3바퀴 이상 천천히 돌린다.
   Z에 놓고 → 반시계 방향(-)으로 3바퀴 이상 천천히 돌린다.

3) 모드를 ZRN(REF. RETURN = 원점)에 놓고 → AXIS DIRECTION에서

4) POS를 누른다. 전체로 놓고(RPID OVERRIDE 25~50%에서 진행)

   $\boxed{+Z}$ 계속 누르고 있으면, 기계 좌표 Z0.000될 때까지 기다린다.

   $\boxed{+X}$ 계속 누르고 있으면, 기계 좌표 X0.000될 때까지 기다린다.

   $\boxed{+Y}$ 계속 누르고 있으면, 기계 좌표 Y0.000될 때까지 기다린다.

   3방향이 동시에 원점복귀 되었다. (+X, X+Y 동시에 눌러도 됨)

기계 좌표 X0.000 Y0.000 Z0.000 상대 좌표, 절대 좌표는 같다.

상대 좌표, 절대 좌표는 이전 작업자의 01(G54) X, Y, Z 좌표계값임(+값)

4. 공구 번호 보기

핸들 → ▶↓↓↓ → PMC 보수 → 조작 → ZOOM → 툴 번호 화면에서 번호 확인

5. 공작물 고정 및 윗면 가공

1) HANDLE로 X '−'로 돌리고, Y '−'로 돌린다.
   즉, X −100. Y −100. 되게 테이블을 이동시킨다.

2) 공작물을 바이스에 견고하게 고정

3) 윗면을 가공하기 위해서 정면커터 호출 및 회전

4) 모드(M.D.I) → $\boxed{\text{PROG}}$

5) T7 M6 $\boxed{\text{EOB}}$ $\boxed{\text{INSERT}}$ $\boxed{\text{CYCLE START}}$ 공구 교체됨

6) S800M6 $\boxed{\text{EOB}}$ $\boxed{\text{INSERT}}$ $\boxed{\text{CYCLE START}}$ 공구 회전함

7) HANDLE → 공작물 근처에 가서 높이에 맞게 가공한다.

◉ MDI 상태에서 공구가 회전하고 있을 때

   $\boxed{\text{STOP}}$ 공구가 정지되지 않음

   M5입력 → $\boxed{\text{EOB}}$ $\boxed{\text{INSERT}}$ $\boxed{\text{CYCLE START}}$ 공구가 정지됨

   JOG, HANDLE 상태에서 $\boxed{\text{STOP}}$ → 공구가 정지됨

   다시 회전 → HANDLE에서 ON + START 공구 회전함. (공구 회전)

6. 좌표계 설정을 위하여 기준 공구 호출

기준 공구(T1 ∅10mm엔드밀)를 호출 및 회전

1) MDI → PROG

2) T1M6 EOB INSERT CYCLE START

3) S1000 M3 EOB INSERT CYCLE START 공구 회전됨

7. X축 설정

최초에는 행정 오버를 방지하기 위하여 레버를 X100(0.1)에 놓는다.

1) 핸들(HANDLE) X 지정 → 반시계 방향[-(마이너스) 방향]으로 1바퀴 회전시킨다.
   Y 지정 → 반시계 방향[-(마이너스) 방향]으로 1바퀴 회전시킨다.
   Z 지정 → 반시계 방향[-(마이너스) 방향]으로 1바퀴 회전시킨다.

2) 공작물 근처까지 이동한다. 공구를 공작물 X 좌측면 가까이 접근시킨다.

3) 공작물의 2~3mm 가까이에서는 RANGE를 X10(0.01)으로 하여 세팅한다.

4) HANDLE로 X100(0.1)에 놓는다.
   X -3바퀴, Y -3바퀴, Z -3바퀴 돌린다.
   X 측면 가까이 이동시킨다.

5) (가까이에서는 X10(0.01)으로 변경) 공작물 X축 측면을 터치한다.
   Z 방향으로 10mm 정도 반드시 올린다.
   (☹ 충돌 방지)

6) OFS/SET → 좌표계 → G54에서,
   X에 커서 놓고 → X -5. 입력하고 → 측정
   현재의 기계 좌표 X -275.240 상태임
   G54의 값이 X -270.240로 변함

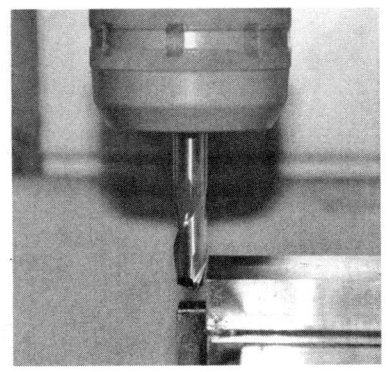

정면에서 본 그림
(X 측면에 엔드밀이 접촉된 상태)

8. Y축 설정

1) HANDLE로 Y 측면 가까이 이동시킨다.
2) (가까이에서는 X10(0.01)으로 변경)
   공작물 Y축 측면을 터치한다.
   Z 방향으로 10mm 정도 반드시 올린다.
   (☹ 충돌 방지)
3) OFS/SET → 좌표계 → G54에서,
   Y에 커서 놓고 → X -5. 입력하고 → 측정
   현재의 기계 좌표 Y -277.874 상태임
   G54의 값이 Y -272.874로 변함

Y 방향에서 본 그림
(Y 측면에 엔드밀이 접촉된 상태)

9. Z축 설정

1) HANDLE로 Z측면 가까이 이동시킨다.
2) (가까이에서는 X10(0.01)으로 변경)
   공작물 Z축 측면을 터치한다.
3) OFS/SET → 좌표계 → G54에서,
   Z에 커서 놓고 → Z0. 입력하고 → 측정
   현재의 기계 좌표 Z -358.262 상태임
   Z -358.262는 그대로 변하지 않는다.

정면에서 본 그림
(Z 측면에 엔드밀이 접촉된 상태)

10. T2(센터 드릴 ⌀3mm) 공구 길이 보정

1) MDI → PROG 모니터 화면의 프로그램
2) T2M6 EOB INSERT CYCLE START
3) HANDLE → 공작물 Z축 상면에 접촉 → OFS/SET → 옵셋
4) 001은 무조건 0.000이어야 함. 0이 아니면 0.000을 입력한다.
   만약 001의 값이 -0.375로 되어 있으면 0을 입력하고 → INPUT을 누른다.
   001 0.000이 된다.

5) 해당 공구 번호(002) 커서 이동

현재의 상대 좌표 Z값을 현재의 상대 좌푯값 Z+13.625이다.

- 방법 1: 좌판의 Z누르고 → $\boxed{\text{C 입력}}$ 을 누른다. 002 13.625가 됨
- 방법 2: 13.625 입력하고 → $\boxed{\text{입력}}$ 을 누른다. 002 13.625가 됨

값만 '+', 또는 '−'로 입력하고 '−' 입력 누른다.

※ 이때 센터 드릴과 공작물의 사이에 빳빳한 복사용 종이(0.06~0.08mm)를 이용하여 세팅하면 세팅이 정밀하면서 한결 편하게 할 수 있다. 알람 발생 방지됨

6) 드릴(T03)도 위와 같은 방법으로 길이 보정한다.

11. 공구경 보정 - 공구경 보정(D 값 설정입력)

1) HANDLE → $\boxed{\text{OFS/SET}}$ → $\boxed{\text{옵셋}}$ → 해당 공구 번호(001) 커서 이동

2) 공구(엔드밀)의 반경 값을 입력한다.

⌀10이면 5. 입력하고 → 입력 누른다.

⌀10이면 5.0 초과 입력하면 알람이 발생한다.

12. 공작물 가공

1) EDIT에서 RESET를 눌러 커서를 프로그램의 선두에 위치시킨다.
2) MEM → SINGLE BLOCK을 ON → $\boxed{\text{CYCLE START}}$
3) 모니터 화면의 전체를 누른다. 전체 좌푯값을 볼 수 있다.

13. 공구가 바뀌면 → 다시 회전 명령을 주어야 한다.

1) 센터 드릴에서 S1400M3한 후 드릴로 교체하면
2) 드릴에서도 MDI → $\boxed{\text{PROG}}$ S800 M3
3) $\boxed{\text{EOB}}$ $\boxed{\text{INSERT}}$ $\boxed{\text{CYCLE START}}$ 공구 회전됨

또는 JOG, HANDLE 상태에서 → ON+START 공구 회전함

4) MDI에서 공구가 회전하고 있을 때
5) JOG, HANDLE 상태에서 $\boxed{\text{STOP}}$ 주축이 정지됨

14. 공구 제거 및 고정하기

(HANDLE) ※ JOG, RPD, ZRN도 가능함

1) 공구의 제거
(1) 장갑 낀 왼손으로 공구를 견고히 잡은 상태에서,
(2) TOOL UNCLAMP 스위치를 누르고 공구를 제거한다.

2) 공구의 고정
(1) 장갑낀 왼손으로 공구를 견고히 잡은 상태에서,
(2) 주축의 키와 툴 홀더의 키 홈이 일치하도록 맞추고
(3) TOOL UNCLAMP 스위치를 눌러 고정되면 스위치에서 손을 뗀다.

15. UST-15의 프로그램 불러오기

모드(EDIT) → 프로그램 → 조작 → 파일 입력 → 실행(I/O chanel(0) 확인) → UST-15에서 → Send File 엔터 → 커서로 이동하여 기계로 입력할 프로그램 확인 → 엔터

16. 기계 안의 프로그램 찾기

EDIT → PROG에서 프로그램 확인 후 → O0101 입력하고 → 화면의 제일 아래에서 → O 입력을 누름

NM-410 가공하기

1. 모드 레버 설명

1) **핸들(HANDLE)**: 공구를 이동시킬 때 사용 시계 방향으로 돌리면 '+' 이동함
   반시계 방향으로 돌리면 '−' 이동함
2) **편집(EDIT)**: 프로그램 수정, 공작물 좌표계값을 바꿀 때 사용
3) **자동(MEM)**: 공작물을 가공할 때에만 사용
4) **CYCLE START(자동개시)**: MDI 또는 AUTO에서 작업을 시작할 때 사용
5) **조그(JOG)**: 누르고 있으면 해당 좌표축으로 이동, 손을 놓으면 정지됨
6) **반자동(M.D.I)**: PROG로 화면에 명령을 주는 작업을 말하다.
   반자동에서 명령 입력 후 실행은 CYCLE START(자동개시)에서만 가능하다.

공구 회전	공구 정지
반자동에서	반자동에서
S800 M3 EOB INSERT	M5 EOB INSERT
CYCLE START 누름	CYCLE START 누름

2. 전원공급

1) 기계 우측 옆의 메인 스위치 ON → 디스플레이 옆의 NC ON
2) EMERGENCY STOP S/W(비상정지 스위치) 누르면서 천천히 시계 방향으로 돌린다.
   (잠금 해제됨)
3) 머시닝센터 비상정지 스위치 밑의 READY ON
4) MESSAGE 누르면 → 조작 메시지 NO.2118이 뜬다.
   스핀들을 워밍업하라는 의미이다.
5) MDI → PROG → M101 입력 ; INSERT → C.S
   주축 스핀들 회전수가 600rpm될 때까지 기다린다. (10분 정도 소요)

3. 수동 원점복귀

1) 핸들(HANDLE) → 테이블이 중앙에 위치하도록 X축, Y축, Z축을 이동한다.

2) 이송 단위 레버를 X100(0.1)에 놓고 아래와 같이 작업을 수행한다.
   레버를 X에 놓고 → 반시계 방향(-)으로 3바퀴 이상 천천히 돌린다.
      Y에 놓고 → 반시계 방향(-)으로 3바퀴 이상 천천히 돌린다.
      Z에 놓고 → 반시계 방향(-)으로 3바퀴 이상 천천히 돌린다.

3) 모드를 ZRN(REF. RETURN = 원점)에 놓고 → AXIS DIRECTION에서

4) POS 누른다. 전체로 놓고(RPID OVERRIDE 25~50%에서 진행)
   레버를 Z에 놓고 + 꾹 누르고 있다가 손을 놓는다. Z 0.될 때까지 기다림
   레버를 X에 놓고 + 꾹 누르고 있다가 손을 놓는다. X 0.될 때까지 기다림
   레버를 Y에 놓고 + 꾹 누르고 있다가 손을 놓는다. Y 0.될 때까지 기다림

기계 좌표 X0.000 Y0.000 Z0.000이 된다. 상대 좌표, 절대 좌푯값은 같다.

※ MDI → PROG → G91 G28 X0.Y0.Z0.; INSERT → C.S 하여도 원점복귀됨

4. 공구 번호 보기

HANDLE → SYSTEM → PMC → PMCPRM → DATA → G.DATA

NO	ADDRESS	DATA
0000	D0300	0

5. 공작물 고정 및 윗면 가공

1) HANDLE로 X '-'로 돌리고, Y '-'로 돌린다.
   즉, X -100. Y -100. 되게 테이블을 이동시킨다.

2) 공작물을 바이스에 견고하게 고정

3) 윗면을 가공하기 위해서 정면커터 호출 및 회전

4) 모드(M.D.I) → PROG

5) T7 M6 EOB INSERT CYCLE START 공구 교체됨

6) S800M6 EOB INSERT CYCLE START 공구 회전함

7) HANDLE → 공작물 근처에 가서 높이에 맞게 가공한다.

🌑 MDI 상태에서 공구가 회전하고 있을 때

　　STOP　공구가 정지되지 않음

　M5입력 → EOB INSERT CYCLE START 공구가 정지됨

　JOG, HANDLE 상태에서 STOP → 공구가 정지됨

　다시 회전 → HANDLE에서 ON+START 공구 회전함 공구 회전

6. 좌표계 설정을 위하여 기준 공구 호출

기준 공구(T1 ∅10mm엔드밀)를 호출 및 회전

1) MDI → PROG

2) T1M6 EOB INSERT CYCLE START

3) S1000 M3 EOB INSERT CYCLE START 공구 회전됨

7. X축 설정

최초에는 행정 오버를 방지하기 위하여 레버를 X100(0.1)에 놓는다.

1) 핸들(HANDLE) X지정 → 반시계 방향[−(마이너스) 방향]으로 1바퀴 회전시킨다.
　　　　　　　　　　Y지정 → 반시계 방향[−(마이너스) 방향]으로 1바퀴 회전시킨다.
　　　　　　　　　　Z지정 → 반시계 방향[−(마이너스) 방향]으로 1바퀴 회전시킨다.

2) 공작물 근처까지 이동한다. 공구를 공작물 X좌측면 가까이 접근시킨다.

3) 공작물의 2~3mm 가까이에서는 RANGE를 X10(0.01)으로 하여 세팅한다.

4) HANDLE로 X100(0.1)로 놓고
　X −3바퀴, Y −3바퀴, Z −3바퀴 돌린다.
　X측면 가까이 이동시킨다.

5) (가까이에서는 X10(0.01)으로 변경)
　공작물 X축 측면을 터치한다.
　Z 방향으로 10mm 정도 반드시 올린다.
　(🙁 충돌 방지)

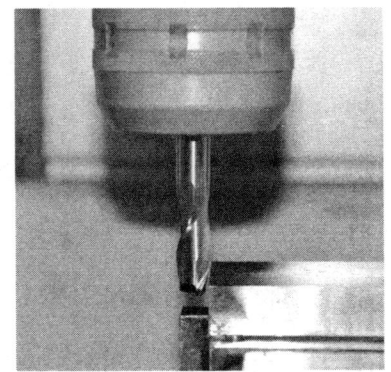

정면에서 본 그림
(X 측면에 엔드밀이 접촉된 상태)

6) OFS/SET → 좌표계 → G54에서,
X에 커서 놓고 → X -5. 입력하고 → 측정
현재의 기계 좌표 X -275.240 상태임
G54의 값이 X -270.240으로 변함

8. Y축 설정

1) HANDLE로 Y측면 가까이 이동시킨다.

2) (가까이에서는 X10(0.01)으로 변경)
공작물 Y축 측면을 터치한다.
Z 방향으로 10mm 정도 반드시 올린다.
(☹ 충돌 방지)

3) OFS/SET → 좌표계 → G54에서,
Y에 커서 놓고 → X -5. 입력하고 → 측정
현재의 기계 좌표 Y -277.874 상태임
G54의 값이 Y -272.874로 변함

Y 방향에서 본 그림
(Y 측면에 엔드밀이 접촉된 상태)

9. Z축 설정

1) HANDLE로 Z측면 가까이 이동시킨다.

2) (가까이에서는 X10(0.01)으로 변경)
공작물 Z축 측면을 터치한다.

3) OFS/SET → 좌표계 → G54에서,
Z에 커서 놓고 → Z0. 입력하고 → 측정
현재의 기계 좌표 Z -358.262 상태임
Z -358.262는 그대로 변하지 않는다.

정면에서 본 그림
(Z 측면에 엔드밀이 접촉된 상태)

10. T2(센터 드릴 ∅3mm) 공구 길이 보정

1) MDI → PROG 모니터 화면의 프로그램

2) T2M6 EOB INSERT CYCLE START

3) HANDLE → 공작물 Z축 상면에 접촉 → OFS/SET → 옵셋

4) 001은 무조건 0.000이어야 함. 0이 아니면 0.000을 입력한다.
   만약 001의 값이 −0.375로 되어 있으면 0입력하고 → INPUT 누른다.
   001 0.000이 된다.

5) 해당 공구 번호(002) 커서 이동
   현재의 상대 좌표 Z값을 현재의 상대 좌푯값 Z+13.625이다.
   - 방법 1: 좌판의 Z누르고 → C 입력 을 누른다. 002 13.625가 됨
   - 방법 2: 13.625 입력하고 → 입력 을 누른다. 002 13.625가 됨
     값만 '+', 또는 '−'로 입력하고 → 입력을 누른다.

공구 보정 화면

번호	형상(H)	마모(H)	형상(D)	마모(D)
001				
002	여기에서			

※ 이때 센터 드릴과 공작물의 사이에 빳빳한 복사용 종이(0.06~0.08mm)를 이용하여 세팅하면 세팅이 정밀하면서 한결 편하게 할 수 있다. 알람 발생 방지됨

공작물 윗면에서 세팅

11. T3(드릴 8mm) 공구 길이 보정

1) MDI → PROG 모니터 화면의 프로그램
2) T3M6 EOB INSERT CYCLE START
3) HANDLE → 공작물 Z축 상면에 접촉 → OFS/SET → 옵셋
4) 해당 공구 번호(003) 커서 이동
   현재의 상대 좌표 Z값을 현재의 상대 좌푯값 Z+11.326이다.
   - 방법 1: 좌판의 Z누르고 → C 입력 을 누른다. 003 11.326가 됨
   - 방법 2: 11.326 입력하고 → 입력 을 누른다. 003 11.326가 됨
     값만 '+', 또는 '-'로 입력하고 → 입력을 누른다.

공구 보정

번호	형상(H)	마모(H)	형상(D)	마모(D)
001				
002				
003	여기에서			

※ 이때 드릴과 공작물의 사이에 뻣뻣한 복사용 종이(0.06~0.08mm)를 이용하여 세팅하면 세팅이 정밀하면서 한결 편하게 할 수 있다. 알람 발생 방지됨

공작물 윗면에서 세팅

12. T4[탭(M8)] 공구 길이 보정

1) MDI → PROG 모니터 화면의 프로그램
2) T4M6 EOB INSERT CYCLE START
3) HANDLE → 공작물 Z축 상면에 접촉 → OFS/SET → 옵셋
4) 해당 공구 번호(004) 커서 이동
   현재의 상대 좌표 Z값을 현재의 상대 좌푯값 Z+11.326이다.

   - 방법 1: 좌판의 Z 누르고 → C 입력 을 누른다. 004 −7.365가 됨
   - 방법 2: −7.365 입력하고 → 입력 을 누른다. 004 −7.365가 됨
     값만 '+', 또는 '−'로 입력하고 → 입력을 누른다.

공구 보정

번호	형상(H)	마모(H)	형상(D)	마모(D)
001				
002				
003				
004	여기에서			

※ 이때 탭과 공작물의 사이에 빳빳한 복사용 종이(0.06~0.08mm)를 이용하여 세팅하면 세팅이 정밀하면서 한결 편하게 할 수 있다. 알람 발생 방지됨

공작물 윗면에서 세팅

13. 공구경 보정값인 데이터 입력하기

1) HANDLE → |OFS/SET| → |옵셋| → 해당 공구 번호(001) 커서 이동
2) OFFSET → 다음과 같은 화면이 뜬다.

	(길이)		(반경)	
NO.	형상	마모	형상	마모
001	-8.678	0.000	0.000	0.000

3) 공구(엔드밀)의 반경 값을 입력한다.

(반경) 형상에서 → 5.0 입력하고 → INPUT → 다음과 같이 변함

NO.	형상	마모	형상	마모
001	-8.678	0.000	5.000	0.000

14. 공작물 가공하기

1) 편집에서 커서를 프로그램의 선두에 둔다.
2) 모드를 MEM(자동)에 놓는다.
3) SINGLE BLOCK(싱글블록)의 레버를 위로 올린다.
4) CYCLE START(자동개시)를 차례로 누른다.
5) 센터 드릴이 공작물의 위 Z150.까지 올 때까지는 반드시 싱글(SINGLE BLOCK)로 한다.
6) 공구 교체 후 가공 전 G43 Z150.까지는 반드시 싱글로 한다.

※ FLOOD
　 COOLANT
　 MAN
　 AUTO 여기에 레버를 위치시킨다.
　 OFF

15. NM-410 공구 번호 확인하기

핸들 → SYSTEM → PMC → PMCPRM → DATA → G.DATA → 공구번호 확인

16. 수동으로 공구 교체하기

수동으로 공구를 주축에 장착하기 위해서는 모드를 HANDLE에 놓고 → 왼손으로 공구를 잡고 주축에 가볍고 끼운 상태에서 기계 전면의 TOOL UNCLAMP를 누르면 공구가 장착된다.

17. USB의 프로그램을 기계로 입력하기

EDIT → 프로그램(DIR 창에서) → 조작 → ▶ → READ → UST-15의 Send File 엔터 → USB 안에 있는 프로그램 커서로 찾아서 대기 → 기계의 실행 → UST-25에서 엔터

SMEC PCV 400(FAUNC) 가공하기

1. 모드 레버 설명

1) **핸들(MPG)**: 공구를 이동시킬때 사용 시계 방향으로 돌리면 '+' 이동함
   반시계 방향으로 돌리면 '−' 이동함
2) **편집(EDIT)**: 프로그램 수정, 삭제, 공작물 좌표계값을 바꿀 때 사용
3) **자동(MEMORY)**: 공작물을 가공할 때에만 사용
4) 반자동에서 가능한 작업은 다음과 같다.
   반자동에서 명령 입력 후 실행은 CYCLE START(자동개시)에서만 가능하다.

공구 회전	공구 정지
반자동에서	반자동에서
S800 M3 [EOB] [INSERT]	M5 [EOB] [INSERT]
자동개시 누름	자동개시 누름

2. 전원공급

1) 기계 뒤의 전원 스위치ON → AIR밸브 연다. → EMERGENCY STOP S/W 누르면서 시계 방향으로 약하게 돌린다. (잠금 해제됨)
   (제발 부탁드립니다. ☺ 살짝 돌려서 푸십시오! 기계 고장의 원인이 됩니다.)
2) M/C READY → 유압이 작동됨 → 작동유가 있는지 확인

3. 원점복귀

ZRN → Z, X, Y순으로 클릭

4. 자동 원점복귀

MDI → G91 G28 X0. Y0. Z0. → CYCLE START

5. 공작물 고정 및 윗면 가공

1) HANDLE로 X '-'로 돌리고, Y '-'로 돌린다.
   즉, X -100. Y -100. 되게 테이블을 이동시킨다.
2) 공작물을 바이스에 견고하게 고정
3) 윗면을 가공하기 위해서 정면커터 호출 및 회전
4) M.D.I → PROG
5) T7 M6 EOB INSERT CYCLE START 공구 교체됨
6) S800M6 EOB INSERT CYCLE START 공구 회전함
7) HANDLE → 공작물 근처에 가서 높이에 맞게 가공한다.

◉ MDI 상태에서 공구가 회전하고 있을 때

STOP 공구가 정지되지 않음

M5입력 → EOB INSERT CYCLE START 공구가 정지됨

JOG, HANDLE 상태에서 STOP → 공구가 정지됨

다시 회전 → HANDLE에서 ON+START 공구 회전함

6. 좌표계 설정을 위하여 기준 공구 호출

기준 공구(T1 ⌀10mm 엔드밀)를 호출 및 회전

1) MDI → PROG
2) T1M6 EOB INSERT CYCLE START
3) S1000 M3 EOB INSERT CYCLE START 공구 회전됨

7. X축 설정

최초에는 행정 오버를 방지하기 위하여 레버를 X100(0.1)에 놓고 다음과 같이 함

1) 핸들(M.P.G) X지정 → 반시계 방향[-(마이너스) 방향]으로 1바퀴 회전시킨다.
   Y지정 → 반시계 방향[-(마이너스) 방향]으로 1바퀴 회전시킨다.
   Z지정 → 반시계 방향[-(마이너스) 방향]으로 1바퀴 회전시킨다.

2) 공작물 근처까지 이동한다. 공구를 공작물 X좌측면 가까이 접근시킨다.

3) 공작물의 2~3mm 가까이에서는 RANGE를 X10(0.01)으로 하여 세팅한다.

4) HANDLE로 X100(0.1)로 놓고
   X -3바퀴, Y -3바퀴, Z -3바퀴 돌린다.
   X측면 가까이 이동시킨다.

5) (가까이에서는 X10(0.01)으로 변경)
   공작물 X 축 측면을 터치한다.
   Z 방향으로 10mm 정도 반드시 올린다.
   (☹ 충돌 방지)

6) POS(위치) → 상대 좌표 → X 오리진 → 실행
   → 상대 좌표 X0. 확인 또는 X0. 프리세터 →
   상대 좌표 X0. 확인

7) 현재의 기계 좌표 X -472.923 상태임

정면에서 본 그림
(X 측면에 엔드밀이 접촉된 상태)

8. Y축 설정

1) HANDLE로 Y측면 가까이 이동시킨다.

2) (가까이에서는 X10(0.01)으로 변경)
   공작물 Y축 측면을 터치한다.
   Z 방향으로 10mm 정도 반드시 올린다.
   (☹ 충돌 방지)

3) POS(위치) → 상대 좌표 → Y 오리진 → 실행 →
   상대 좌표 Y0. 확인 또는 Y0. 프리세터 → 상대
   좌표 Y0. 확인

4) 상대 좌표 X5. Y5. 위치로 이동
   (⌀10 공구지름의 반경값 만큼)

5) 현재의 기계 좌표 Y -200.170 상태임

6) X → 오리진 → Y → 오리진

7) G54의 값이 X -467.923로 변함
   G54의 값이 Y -195.170로 변함

Y 방향에서 본 그림
(Y 측면에 엔드밀이 접촉된 상태)

9. Z축 설정

1) HANDLE로 Z측면 가까이 이동시킨다.
2) (가까이에서는 X10(0.01)으로 변경)
   공작물 Z축 측면을 터치한다.
3) POS(위치) → 상대 좌표 → Z 오리진 → 실행 →
   상대 좌표 Z0. 확인 또는 Z0. 프리세터 → 상대
   좌표 Z0. 확인
   현재의 기계 좌표 Z -300.272 상태임
   Z -300.272는 그대로 변하지 않는다.
4) X0. Y0. Z0. 상태에서 절대로 이동하면 안 된다.
5) OFFSET → 좌표계 → G54로 이동하여 → X0. 측정 → Y0. 측정 → Z0. 측정
6) 절대 좌표와 상대 좌표가 모두 0인지 반드시 확인한다.

정면에서 본 그림
(Z 측면에 엔드밀이 접촉된 상태)

10. T2공구(센터 드릴) 공구 길이 보정

1) MDI → PROG → T2M6 EOB INSERT CYCLE START
2) HANDLE → 공작물 Z축 상면에 접촉 → OFS/SET
3) 001은 무조건 0.000이어야 함, 0이 아니면 0.000을 입력한다.
   만약 001의 값이 -0.375로 되어 있으면 0입력하고 → INPUT 누른다.
   001 0.000이 된다.
4) 해당 공구번호(002) 커서 이동
   현재의 상대 좌표 Z값을 현재의 상대 좌푯값 Z+13.625이다.
   - 방법 1: 좌판의 Z누르고 → C 입력 을 누른다. 002 13.625가 됨
   - 방법 2: 13.625 입력하고 → 입력 을 누른다. 002 13.625가 됨
     값만 '+', 또는 '-'로 입력하고 → 입력을 누른다.
   ※ 이때 센터 드릴과 공작물의 사이에 빳빳한 복사용 종이(0.06~0.08mm)를 이용하여 세팅하면 세팅이 정밀하면서 한결 편하게 할 수 있다. 알람 발생 방지됨

   나머지 T03 드릴, T04 탭도 길이 보정한다.

12. 공구경 보정 → 공구경 보정(D 값 설정 입력)

1) HANDLE → OFS/SET → 해당 공구번호(001) 커서 이동
2) 공구(엔드밀)의 반경 값을 입력한다.
   ∅10이면 5. 입력하고 → 입력 누른다.
   ∅10이면 5.0초과 입력하면 알람이 발생한다.

13. 공작물 가공

1) EDIT에서 RESET를 눌러 커서를 프로그램의 선두에 위치시킨다.
2) MEMORY → PROGRAM → 체크 → 전체 클릭 → SINGLE BLOCK을 ON → CYCLE START
3) 모니터 화면의 전체를 누른다. 전체 좌푯값을 볼 수 있다.

14. 공구가 바뀌면 → 다시 회전 명령을 주어야 한다.

1) 센터 드릴에서 S1400M3한 후 드릴로 교체하면
2) 드릴에서도 MDI → PROG S800 M3
3) EOB INSERT CYCLE START 공구 회전됨
   또는 JOG, HANDLE상태에서 → ON+START 공구 회전함
4) MDI에서 공구가 회전하고 있을 때
5) JOG, HANDLE 상태에서 STOP 주축이 정지됨

15. 공구 제거 및 고정하기

1) 공구의 제거
   (1) 장갑낀 왼손으로 공구를 견고히 잡은 상태에서,
   (2) TOOL UNCLAMP 스위치를 누르고 있으면,
   (3) 공구가 풀리면 공구를 뺀다.

2) 공구의 고정
   (1) 장갑낀 왼손으로 공구를 견고히 잡은 상태에서
   (2) 주축의 키와 툴 홀더의 키홈이 일치하도록 맞추고,
   (3) TOOL UNCLAMP를 누르면 공구가 고정된다.

16. 프로그램 입력(USB에서 기계 안으로 프로그램 이동)

Edit → PROG → 일람 → (조작) → 장치변경 → USB 메모리 → 우측 아래의 '+', '−' 파일 입력 → 본인의 파일로 커서 이동 → F-GET → 파일 설정 → F-GET → P 설정 → 실행 → 장치변경에서 → CNC MEM으로 변경 → 반드시 프로그램을 최종 확인한다.

② 하이트 프리세터를 이용한 좌표계 선택

2·1 NM-410 하이트 프리세터를 이용한 작업

1. 모드 레버 설명

1) **핸들(HANDLE)**: 공구를 이동 시 사용 시계 방향으로 돌리면 '+' 이동함
   반시계 방향으로 돌리면 '-' 이동함
2) **편집(EDIT)**: 프로그램 수정, 공작물 좌표계값을 바꿀 때 사용
3) **자동(MEM)**: 공작물을 가공할 때에만 사용
4) **CYCLE START(자동개시)**: MDI 또는 AUTO에서 작업을 시작할 때 사용
5) **조그(JOG)**: 누르고 있으면 해당 좌표축으로 이동, 손을 놓으면 정지됨
6) **반자동(M.D.I)**: PROG로 화면에 명령을 주는 작업을 말한다.
   반자동에서 명령 입력 후 실행은 CYCLE START(자동개시)에서만 가능하다.

공구 회전	공구 정지
반자동에서	반자동에서
S800 M3 [EOB] [INSERT]	M5 [EOB] [INSERT]
CYCLE START 누름	CYCLE START 누름

HANDLE에서 공구 정지하려면 JOG, REF 모두 가능
SPINDLE OVERRIDE 밑의 → STOP 누름
다시 공구 회전하려면
START 누름

공구 교체
MDI(반자동)에서
T01 M06 ; 엔터
CYCLE START(자동개시)를 누름

7) 공구 번호 보기

HANDLE → SYSTEM → PMC → PMCPRM → DATA → G.DATA

NO	ADDRESS	DATA
0000	D0300	0 ☜ 이것이 공구 번호임

2. 기계 작동순서

1) 기계 우측 옆의 메인 스위치 ON → 디스플레이 옆의 NC ON

2) EMERGENCY STOP S/W(비상정지 스위치) 누르면서 천천히 시계 방향으로 돌린다. (잠금 해제됨)

3) 머시닝센터 비상정지 스위치 밑의 READY ON

4) MESSAGE 누르면 → 조작 메시지 NO.2118 뜬다.
스핀들을 워밍업하라는 의미이다.

5) MDI → PROG → M101 입력 ; INSERT → C.S
주축 스핀들 회전수가 600rpm될 때까지 기다린다. (10분 정도 소요)

3. 원점복귀

1) 핸들(MPG) → 테이블이 중앙에 위치하도록 X축, Y축, Z축을 이동하여야 함
이송 단위 레버를 X100(0.1)에 놓고 아래와 같이 작업을 수행한다.
레버를 X에 놓고 → 반시계 방향(-)으로 3바퀴 이상 천천히 돌린다.
Y에 놓고 → 반시계 방향(-)으로 3바퀴 이상 천천히 돌린다.
Z에 놓고 → 반시계 방향(-)으로 3바퀴 이상 천천히 돌린다.

2) 모드를 ZRN(REF. RETURN = 원점)에 놓는다.
레버를 Z에 놓고 [+]를 누르고 있다가 손을 놓는다. Z 0.될 때까지 기다림
레버를 X에 놓고 [+]를 누르고 있다가 손을 놓는다. X 0.될 때까지 기다림
레버를 Y에 놓고 [+]를 누르고 있다가 손을 놓는다. Y 0.될 때까지 기다림

기계 좌표 X0.000 Y0.000 Z0.000이 된다. 상대 좌표, 절대 좌푯값은 같다.
※ MDI → PROG → G91G28X0.Y0.Z0.;INSERT → C.S 하여도 원점복귀 됨

3) 각 좌푯값 확인 및 상대 좌푯값 입력 방법
   (1) 좌표계 개념
      ① **기기계 좌표**: 각 업체의 기계 고유의 좌표계로써 사용자가 개인이므로 바꿀 수 없는 좌표계
      ② **절대 좌표**: 공작물의 프로그램에 따라 바꾸어서 사용하는 공작물 좌표계
      ③ **상대 좌표**: 핸들 운전과 같이 수동 운전을 통하여 공구경 보정(D 값 지령, 공구길이 보정(H 값 지령)을 할 때 사용하는 좌표계
   (2) 각 좌푯값 0점으로 하기

   - 상대좌 좌표의 각축을 "0"으로 만드는 방법

      가. POS → X → ORIGIN → Y → ORIGIN → Z → ORIGIN
         상대 좌표의 X 0.000 Y0.000 Z0.000이 된다.
      나. 전축을 동시에 "0"로 만드는 방법
         오리진 → 전축 → 상대 좌표의 X 0.000 Y0.000 Z0.000이 된다.
      다. 상대 좌표 각 축의 값을 입력하는 방법
         X 356.123 입력 → 프리세터 → X 356.123 입력됨
         Y -235.321 입력 → 프리세터 → Y -235.321 입력됨
         Y -563.321 입력 → 프리세터 → Z -563.321 입력됨

4. 공구 길이 보정하기

1) 평행대로 하이트 프리세터 0점을 세팅한다.
   이후에는 어떠한 경우에도 인디게이트 눈금을 돌리면 안 된다.
2) 공작물 위에 올려놓는다.
   (1) 기준 공구(T09)를 스핀들에 장착
      ① 모드를 HANDLE에 놓는다.
      ② 기준 공구를 하이트 프리세터 0에 맞추고 → Z → 오리진 → 상대 좌표 → Z0.000으로 한다.
      ③ 기준 공구를 위로 올린다.

(2) 엔드밀(T01)을 불러낸다.

① Z축을 움직여 하이트 프리세터 0.1로 가까이 내려서 3mm 근처에서 0.01로 변경하여 바늘이 "0"에 일치하도록 맞춘다.

② 길이 보정값을 입력하여야 한다.

OFFSET - 다음과 같은 화면이 뜬다.

NO.	(길이) 형상	마모	(반경) 형상	마모
001	-4.489	0.000	0.000	0.000
002	45.567	0.000	0.000	0.000
003	1.268	0.000	0.000	0.000
004	7.489	0.000	0.000	0.000
005	2.578	0.000	0.000	0.000

③ 상하 커서 ↑↓를 이용하여 001의 -4.489에 놓고 → 조작 → Z → C 입력

001 -4.489 → -8.678이 된다. 현재의 우측의 상대 좌푯값 Z표시 -8.678이다.

(3) 센터 드릴(T02)을 불러낸다.

① Z축을 움직여 하이트 프리세터 0.1로 가까이 내려서 3mm 근처에서 0.01로 변경하여 바늘이 "0"에 일치하도록 맞춘다.

② 길이 보정값을 입력하여야 한다.

OFFSET → 다음과 같은 화면이 뜬다.

NO.	(길이) 형상	마모	(반경) 형상	마모
001	-8.678	0.000	0.000	0.000
002	45.567	0.000	0.000	0.000
003	1.268	0.000	0.000	0.000
004	7.489	0.000	0.000	0.000
005	2.578	0.000	0.000	0.000

③ 상하 커서 ↑↓를 이용하여 002의 45.567에 놓고 → 조작 → Z → C 입력

002 45.567 → 6.849이 된다. 현재의 우측의 상대 좌푯값 Z표시 → 6.849이다.

(4) 드릴(T03)을 불러낸다.

① Z축을 움직여 하이트 프리세터를 0.1 가까이 내려서 3mm 근처에서 0.01로 변경하여 바늘이 "0"에 일치하도록 맞춘다.

② 길이 보정값을 입력하여야 한다.
OFFSET → 다음과 같은 화면이 뜬다.

NO.	(길이)		(반경)	
	형상	마모	형상	마모
001	-8.678	0.000	0.000	0.000
002	6.849	0.000	0.000	0.000
003	1.268	0.000	0.000	0.000
004	7.489	0.000	0.000	0.000
005	2.578	0.000	0.000	0.000

③ 상하 커서 ↑↓를 이용하여 003의 1.268에 놓고 → 조작 → Z → C 입력
003 1.268 → -48.678이 된다. 현재의 우측의 상대 좌푯값 Z표시 -48.678이다.

(5) 탭(T04)을 불러낸다.

① Z축을 움직여 하이트 프리세터를 0.1 가까이 내려서 3mm 근처에서 0.01로 변경하여 바늘이 "0"에 일치하도록 맞춘다.

② 길이 보정값을 입력하여야 한다.
OFFSET → 다음과 같은 화면이 뜬다.

NO.	(길이)		(반경)	
	형상	마모	형상	마모
001	-8.678	0.000	0.000	0.000
002	6.849	0.000	0.000	0.000
003	48.678	0.000	0.000	0.000
004	7.489	0.000	0.000	0.000

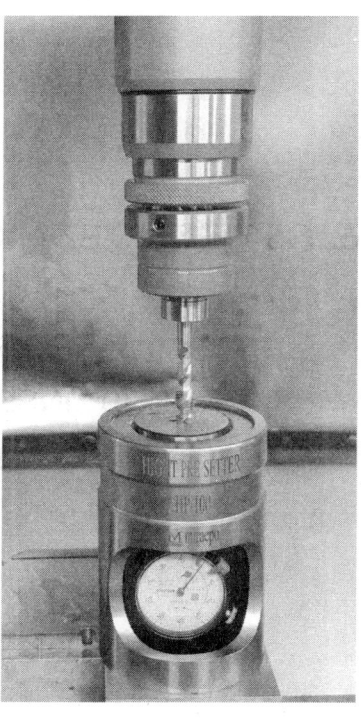

③ 상하 커서 ↑↓를 이용하여 004의 7.489에 놓고 → 조작 → Z → C 입력
004 7.489 → -56.356이 된다. 현재의 우측의 상대 좌푯값 Z표시 -56.356이다.

5. G54 Z축 좌표계 설정하기

1) 공작물 장착

   (1) 일반 바이스

   　손으로 공작물을 누르고 바이스를 강하게 조임

   (2) 유압 바이스

   　일정한 위치에 가면 멈추는데, 이 순간 힘을 조금 더 주면 회전하는데, 보통 한 바퀴 정도만 돌려준다.

2) 기준 공구(T09)를 불러온다.

   ① 모드를 HANDLE에 놓고
   ② 기준 공구를 하이트 프리세터 0에 맞추고 → OFFSETTING → 좌표계 → 전체를 누른다.
   　좌측에 기계 좌표계를 보이게 한다.

　(G54) 　Z 여기에 놓고 → 현재 기계 좌푯값이 −283.560이다.
　　　　　하이트 프리세터 높이 100mm를 감안하여 −383.560을 입력하고 → INPUT
　　　　　Z −383.560이 된다.
　　　　　또 다른 방법은 → Z를 누르고 → 100. 입력하고 → 측정을 누른다.
　　　　　Z −383.560이 된다.

6. G54 공작물 좌표계 X, Y축 설정하기

1) T07 아큐센터(∅10mm)로 교체한다.

   (1) 반자동(MDI) PROG 모니터 화면의 프로그램
   (2) T7M6 EOB INSERT CYCLE START
   (3) S1000M3 EOB INSERT CYCLE START 공구 회전됨

2) 최초에는 행정 오버를 방지하기 위하여 X100(0.1)에 놓고 다음과 같이 한다.
   　M.P.G에 놓고 X지정 → 반시계 방향[−(마이너스) 방향]으로 1바퀴 회전시킨다.
   　　　　　　　　Y지정 → 반시계 방향[−(마이너스) 방향]으로 1바퀴 회전시킨다.
   　　　　　　　　Z지정 → 반시계 방향[−(마이너스) 방향]으로 1바퀴 회전시킨다.
   　공작물 근처까지 이동한다. 공구를 공작물 X좌측면 가까이 접근시킨다.

3) 공작물의 2~3mm 가까이에서는 이송 단위 레버를 X10(0.01)로 하여 세팅한다.

7. X축 설정

1) 이송 단위 레버를 X100(0.0)에 놓고 공작물의 2~3mm 가까이에서는 이송 단위 레버를 X10(0.01)로 하여 세팅한다.

2) 공작물 X축 측면을 터치, 아큐센터 아래 위 직경이 동심원이 되었다가 순간적으로 어긋날 때 이송을 중지

3) OFS/SET → 좌표계 → 01(G54)로 이동하여 X에 커서 놓고 → X -5.를 입력하고 측정을 누른다.
   현재의 기계 좌표 X -425.470 상태임
   01(G54)의 값이 X -420.470으로 변함
   Z 방향으로 10mm 정도 반드시 올린다.
   (☹ 충돌 방지)

정면에서 본 그림
(X 측면에 아큐 센터가 접촉된 상태)

이때의 01(G54) 기계 좌푯값 → X -420.470.

8. Y축 설정

1) 이송 단위 레버를 X100(0.1)에 놓고 Y 근처까지 이동한다. 공작물의 2~3mm 가까이에서는 이송 단위 레버를 X10(0.01)로 하여 세팅한다.

2) 공작물 Y축 측면을 터치, 아큐센터 아래 위 직경이 동심원이 되었다가 순간적으로 어긋날 때 이송을 중지

3) OFS/SET → 좌표계 → 01 G54로 이동하여 Y에 커서 놓고 → Y -5.을 입력하고 측정을 누른다.
   현재의 기계 좌표 Y -194.640 상태임
   01 G54의 값이 Y -189.640으로 변함
   Z 방향으로 10mm 정도 반드시 올린다.
   (☹ 충돌 방지)

Y 방향에서 본 그림
(Y 측면에 아큐센터가 접촉된 상태)

이때의 001 G54 기계 좌푯값 → Y -189.640

9. 공구경 보정값인 데이터 입력하기

OFFSET → 다음과 같은 화면이 뜬다.

NO.	(길이) 형상	마모	(반경) 형상	마모
001	-8.678	0.000	0.000	0.000

.
.

(반경) 형상에서 → 5.0 입력하고 → INPUT → 다음과 같이 변함

NO.	(길이) 형상	마모	(반경) 형상	마모
001	-8.678	0.000	5.000	0.000

.

10. 공작물 가공하기

1) 편집에서 커서를 프로그램의 선두에 둔다.
2) 모드를 MEM(자동)에 놓는다.
3) SINGLE BLOCK(싱글블록)의 레버를 위로 올린다.
4) CYCLE START(자동개시)를 차례로 누른다.
5) 센터 드릴이 공작물의 위 Z150.에 올 때까지는 반드시 싱글(SINGLE BLOCK)로 함
6) 공구 교체 후 가공 전 G43 Z150.까지는 반드시 싱글로 한다.

※ FLOOD
　 COOLANT
　 MAN
　 AUTO 여기에 레버를 위치시킨다.
　 OFF

11. NM-410 공구 불러오기

핸들 → SYSTEM → PMC → PMCPRM → DATA → G.DATA → 공구 번호 확인

12. 수동으로 공구 교체하기

수동으로 공구를 주축에 장착하기 위해서는 모드를 HANDLE에 놓고 → 왼손으로 공구를 잡고 주축에 가볍고 끼운 상태에서 기계 전면의 TOOL UNCLAMP를 누르면 공구가 장착된다.

2·2 두산(FAUNC) 하이트 프리세터를 이용한 작업

1. 모드 레버 설명

1) **핸들(MPG)**: 공구를 이동시킬 때 사용 시계 방향으로 돌리면 '+' 이동함
   반시계 방향으로 돌리면 '−' 이동함
2) **편집(EDIT)**: 프로그램 수정, 삭제, 공작물 좌표계값을 바꿀 때 사용
3) **자동(AUTO)**: 공작물을 가공할 때에만 사용
4) **CYCLE START(자동개시)**: MDI 또는 AUTO에서 작업을 시작할 때 사용
5) **반자동(MDI)**: DISPLAY(모니터 화면)에서 명령 입력 후 작업 수행 시 사용
   반자동에서 가능한 작업은 다음과 같다.
   반자동에서 명령 입력 후 실행은 CYCLE START(자동개시)에서만 가능하다.

공구 회전	공구 정지
반자동에서	반자동에서
S800 M3 EOB INSERT	M5 EOB INSERT
자동개시 누름	자동개시 누름

2. 전원공급

1) 기계 뒤의 전원 스위치 ON → AIR 밸브를 연다. → 기계 앞의 DOOSAN POWER ON
2) EMERGENCY STOP S/W 누르면서 시계 방향으로 살짝 돌린다. (잠금해제됨)
   (제발 부탁드립니다. ☺ 살짝 돌려서 푸십시오! 기계 고장의 원인이 됩니다.)
3) MACHINE READY 누른다. 유압이 작동됨, 20초간 기다린다.
   ※ 공기압이 0.5~0.6Mpa인지 확인. 작동유가 있는지 확인

3. 수동 원점복귀

1) 핸들(HANDLE) → 테이블이 중앙에 위치하도록 X축, Y축, Z축을 이동하여야 한다.
2) 이송 단위 레버를 X100(0.1)에 놓고 아래와 같이 작업을 수행한다.
3) 레버를 X에 놓고 → 반시계 방향(−)으로 3바퀴 이상 아주 천천히 돌린다.
   Y에 놓고 → 반시계 방향(−)으로 3바퀴 이상 아주 천천히 돌린다.

Z에 놓고 → 반시계 방향(−)으로 3바퀴 이상 아주 천천히 돌린다.

4) 모드를 ZRN(REF.RETURN = 원점)에 놓는다.

|+Z|를 계속 누르고 있으면 |+Z| 위에 초록 불이 들어오면 원점복귀됨

|+X|를 계속 누르고 있으면 |+X| 위에 초록 불이 들어오면 원점복귀됨

|+Y|를 계속 누르고 있으면 |+X| 위에 초록 불이 들어오면 원점복귀됨

> **주의사항**
>
> |+Z| |+X| |+Y| 3개 축을 동시에 누르면 원점복귀되지 않는다.
> - 전부 누르면 기계 좌표 (X0.000 Y0.000 Z0.000) 상대 좌표, 절대 좌표는 같다.
> - 상대 좌표, 절대 좌표는 이전 작업자의 01(G54) X, Y, Z 좌표계값임(+값)

4. 자동 원점복귀

JOG → REF.1ST → 자동 원점복귀됨(Z축 먼저 X축, Y축 순으로 원점복귀됨)

5. 공구 번호 보기

MDI - |PROG|

모달의 HD.T → 현재 축에 있는 공구 번호

  NX.T → 현재 축 옆에 있는 공구 번호

T-MANAGE → 각 축에 장착되어 있는 공구를 볼 수 있다.

기준 공구 호출: T1M6을 입력하고 → |EOB| |INSERT| |CYCLE START|

6. 공작물 윗면 가공

1) 윗면을 가공하기 위해서 정면커터 호출 및 회전

2) MDI → |PROG| 모니터 화면의 프로그램창에 아래의 A〉에 다음과 같이 입력

3) T5M6 |EOB| |INSERT| |CYCLE START| 공구 교체됨

4) S800M6 |EOB| |INSERT| |CYCLE START| 공구 회전함

5) HANDLE → 공작물 근처에 가서 높이에 맞게 가공한다.

◉ MDI 상태에서 공구가 회전하고 있을 때

　　STOP 공구가 정지되지 않음 A>에 다음과 같이 입력하여야 한다.

　　M5입력 → EOB INSERT CYCLE START 공구가 정지됨

　　JOG, HANDLE 상태에서 STOP → 공구가 정지됨

　　다시 회전 → HANDLE에서 ON+START 공구 회전함

7. 공작물 셋팅 순서

1) 아큐센터(∅10mm)로 교체한다.

2) 반자동(MDI) PROG 모니터 화면의 프로그램

3) T7M6 EOB INSERT CYCLE START

4) S1000M3 EOB INSERT CYCLE START 공구 회전됨

5) 최초에는 행정 오버를 방지하기 위하여 X100(0.1)에 놓고 다음과 같이 한다.
　M.P.G에 놓고 X 지정 → 반시계 방향[−(마이너스) 방향]으로 1바퀴 회전시킨다.
　　　　　　　　Y 지정 → 반시계 방향[−(마이너스) 방향]으로 1바퀴 회전시킨다.
　　　　　　　　Z 지정 → 반시계 방향[−(마이너스) 방향]으로 1바퀴 회전시킨다.
　공작물 근처까지 이동한다. 공구를 공작물 X 좌측면 가까이 접근시킨다.

6) 공작물의 2~3mm 가까이에서는 이송 단위 레버를 X10(0.01)로 하여 셋팅한다.

8. X축 설정

1) 이송 단위 레버를 X100(0.0)에 놓고 공작물의 2~3mm 가까이에서는 이송 단위 레버를 X10(0.01)로 하여 셋팅한다.

2) 공작물 X축 측면을 터치, 아큐센터 아래 위 직경이 동심원이 되었을 때 Z 방향으로 10mm 정도 반드시 올린다. (☹ 충돌 방지)

3) OFS/SET → 좌표계 → 01(G54)로 이동하여 X에 커서 놓고 X −5.을 입력하고 측정을 누른다.
　현재의 기계 좌표 X −425.470 상태임
　01(G54)의 값이 X −420.470으로 변함

정면에서 본 그림
(X 측면에 아큐센터가 접촉된 상태)

9. Y축 설정

1) 이송 단위 레버를 X100(0.1)에 놓고 Y근처까지 이동한다.
   공작물의 2~3mm 가까이에서는 이송 단위 레버를 X10(0.01)로 하여 셋팅한다.

2) 공작물 Y축 측면을 터치, 아큐센터 아래 위 직경이 동심원이 되었을 때 Z 방향으로 10mm 정도 반드시 올린다. (☹ 충돌 방지)

3) OFS/SET → 좌표계 → 01 G54로 이동하여 Y에 커서를 놓고 Y -5.을 입력하고 측정을 누른다.
   현재의 기계 좌표 Y -194.640 상태임
   01 G54의 값이 Y -189.640으로 변함

Y 방향에서 본 그림
(Y 측면에 아큐센터가 접촉된 상태)

10. Z축 설정

1) 주축에서 공구를 제거한다.
2) 주축의 Z0면으로 툴 프리세터 게이지의 0점을 맞춘다.

3) OFS/SETt → 좌표계 → 001 G54에서 X Y Z에서 Z에 커어서를 놓고 전부 누르고 Z100.을 입력하고 측정을 누른다.
   좌측의 기계 좌푯값 Z -413.896가 001 G54의 Z -513.896으로 변한다.
4) 원점복귀한다. (JOG → REF.1ST → 자동 원점복귀됨)
   (다음 방법도 가능 MDI → G91 G28 X0. Y0. Z0. → 자동개시)
5) OFS/Set → 좌표계에 가서 확인하면 다음과 같이 입력되어 있다.

    001 G54   X -420.470
                   Y -189.640
                 Z -513.896 (툴 프리세터 게이지 100mm 길이만큼 더해준다.)
                 (-513.896 입력하고 → 입력을 누른다.)
                 Z -513.896 입력하고 입력을 누르면 형식이 바르지 않습니다. (알람이 발생한다. RESET로 해제)

11. T1(∅10mm 엔드밀) 툴 프리세터으로 길이 보정한다.

1) T1의 공구 끝점을 툴 프리세터 게이지의 100mm 0.점에 맞춘다.
2) OFS/SET → 옵셋

좌측의 (길이)		
번호	형상	마모
001	A	
002		
003		

A에 커서를 놓고 178.370을 입력하고
→ 입력을 누른다.

우측의 위쪽의 현재의 상태임

현재 위치
 (상대 위치)
 X 37.560
 Y 40.250
 Z 278.370

 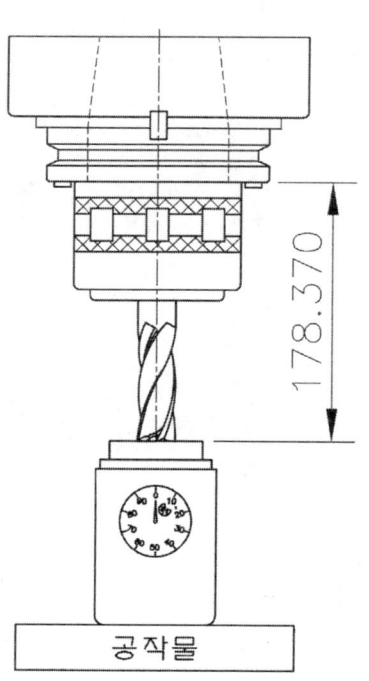

T1(∅10엔드밀)

178.370

공작물

주축의 Z0면으로부터 178.370의 총길이를 가진 공구이다.

265

12. T2(∅3mm 센터 드릴) 툴 프리세터으로 길이 보정한다.

1) T2의 공구 끝점을 툴 프리세터 게이지의 100mm 0.점에 맞춘다.
2) OFS/SET → 옵셋

좌측의 (길이)		
번호	형상	마모
001	178.370	
002	B	
003		

B에 커서를 놓고 160.729를 입력하고
→ 입력을 누른다.

우측의 위쪽의 현재의 상태임

현재 위치
  (상대 위치)
 X 37.560
 Y 40.250
 Z 260.729

 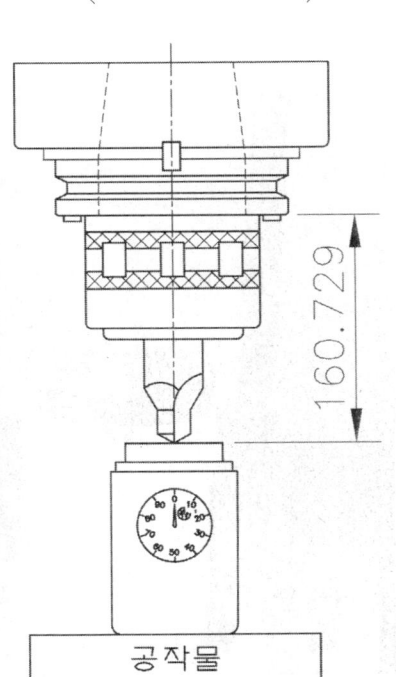

주축의 Z0면으로부터 160.729의 총길이를 가진 공구이다.

13. T3(∅8mm 드릴) 툴 프리세터으로 길이 보정한다.

1) T3의 공구 끝점을 툴 프리세터 게이지의 100mm 0.점에 맞춘다.
2) OFS/SET → 옵셋

좌측의 (길이)				우측의 위쪽의 현재의 상태임
번호	형상	마모		현재 위치 (상대 위치)
001	178.370			X 37.560
002	160.729			Y 40.250
003	C			Z 322.484
C에 커어서 놓고 222.484입력하고 → 입력을 누른다.				

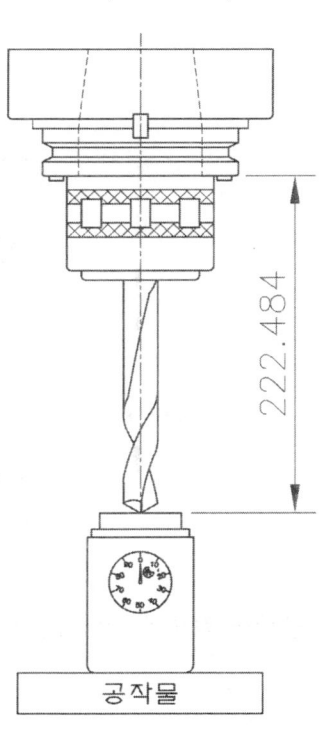

주축의 Z0면으로부터 222.484의 총길이를 가진 공구이다.

14. 공구 교환 위치의 상태

이 기계에서는 기계 좌푯값의 Z -3.에서 공구의 교환이 이루어진다.

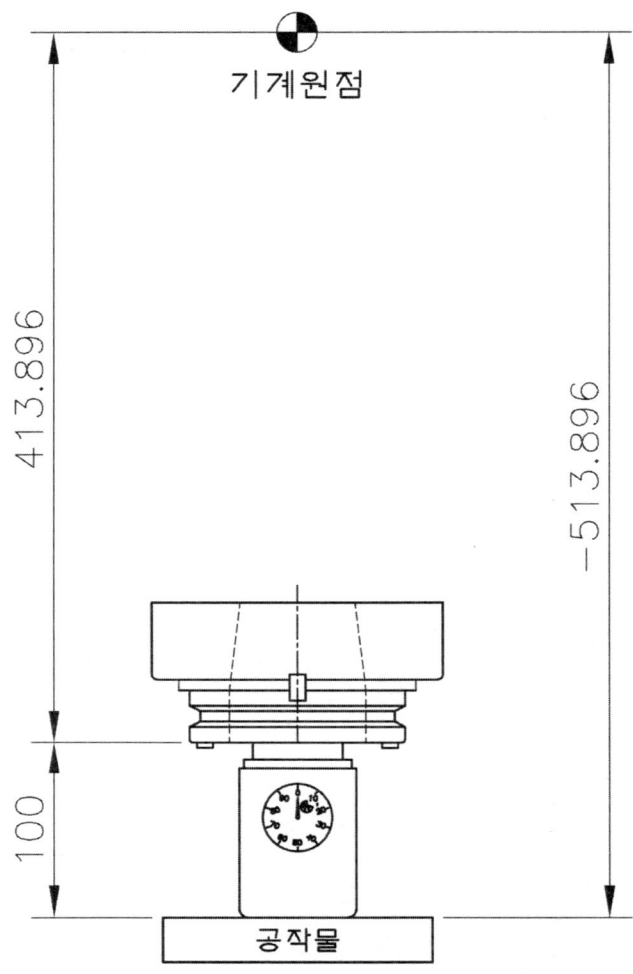

최종 공작물 좌표계 선택 값 지정상태임

```
001
G54
X -420.470
Y -189.640
Z -513.896
```

15. 길이 보정 프로그램 작성 시 G43, G49 지정함에 특히 주의한다.

공작물 좌표계(G54) 선택 및 길이 보정하기 프로그램(정확도 확인하기)

%	
O7777	
G40 G49 G80	G40 G49 G80 없어도 프로그램가공에는 이상 없음
T1 M6	
G90 G54 G00 X0. Y0.	
G43 H01 Z250. S1200 M3	G43 없으면 Z250.에서 밑으로 계속 내려가서 공작물과 충돌함
Z100.	
Z250.	
G49 M5	두산에서는 G49없어도 공구 교환 위치에서 바로 T2 교체함
M01	
T2M6	
G90 G54 G00 X50. Y37.	
G43 H02 Z250. S1500 M3	
Z100.	
Z250.	
G49 M5	
T3 M6	
M01	
G90 G54 G00 X50. Y37.	
G43 H03 Z250. S800 M3	
Z100.	
Z250.	
G49 M5	
M02	
%	

■ T1 엔드밀 가공 중 기계, 상대, 절대 좌표계의 변화 모습

프로그램	기계 좌표계	상대 좌표계	절대 좌표계
G43 H01 Z250. S1200 M3	Z -85.526	Z 428.370	Z 428.370
Z100.			
Z250.			
G49 M5			

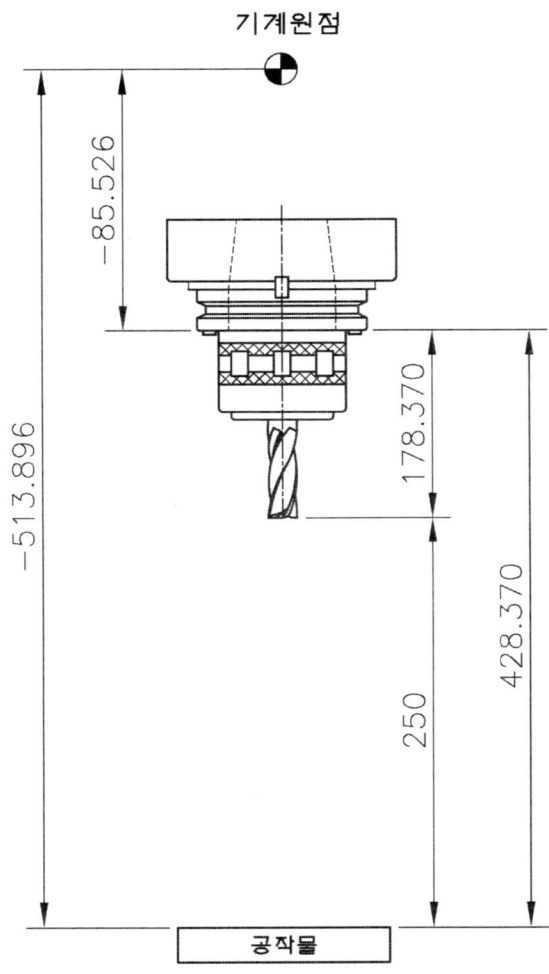

G43H01Z250.S1200M3의 좌푯값 상태

프로그램	기계 좌표계	상대 좌표계	절대 좌표계
G43 H01 Z250. S1200 M3	Z −85.526	Z 428.370	Z 428.370
Z100.	Z −235.526	Z 278.370	Z 278.370
Z250.	Z −85.526	Z 428.370	Z 428.370
G49 M5			

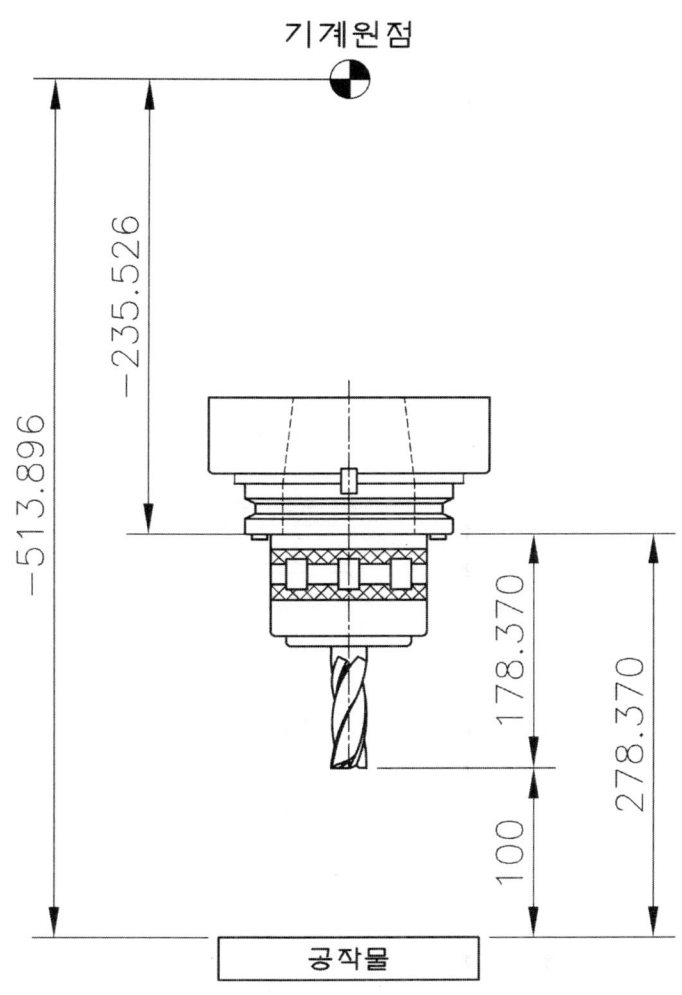

G43H01Z100.S1200M3의 좌푯값 상태

프로그램	기계 좌표계	상대 좌표계	절대 좌표계
G43 H01 Z250. S1200 M3	Z -85.526	Z 428.370	Z 428.370
Z100.	Z -235.526	Z 278.370	Z 278.370
Z250.	Z -85.526	Z 428.370	Z 428.370
G49 M5	Z -263.896	Z 250.000	Z 250.000

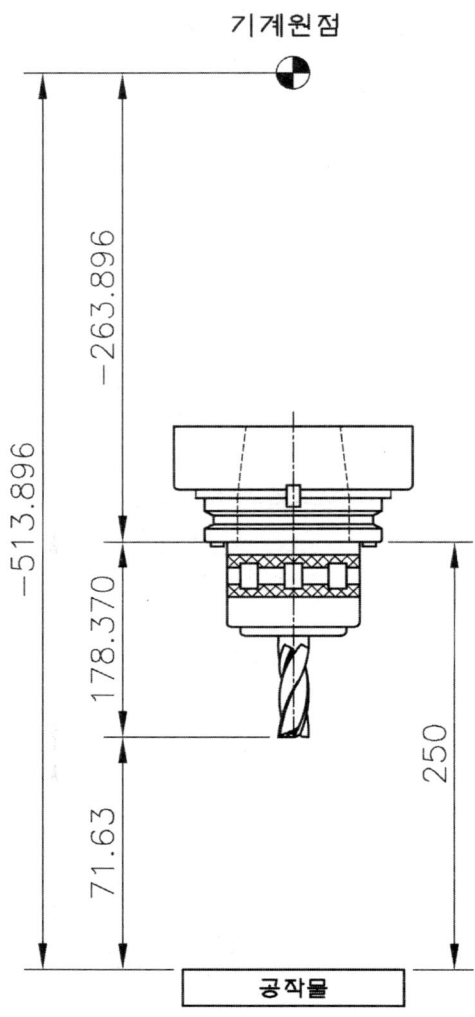

Z250mm에서 G49 보정 해제 상태의 위치 변화

■ T2 센터 드릴 가공 중 기계, 상대, 절대 좌표계의 변화 모습

프로그램	기계 좌표계	상대 좌표계	절대 좌표계
G43 H02 Z250. S1500 M3	Z -103.167	Z 410.729	Z 410.729
Z100.			
Z250.			
G49 M5			

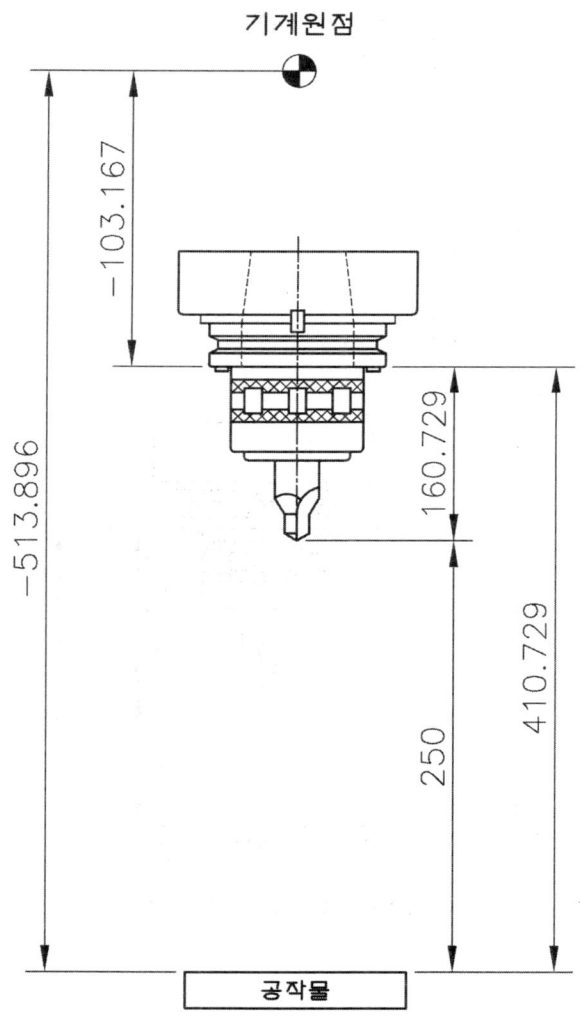

G43H02Z250.S1500M3의 좌푯값 상태

프로그램	기계 좌표계	상대 좌표계	절대 좌표계
G43 H02 Z250. S1500 M3	Z −103.167	Z 410.729	Z 410.729
Z100.	Z −253.167	Z 260.729	Z 260.729
Z250.	Z −103.167	Z 410.729	Z 410.729
G49 M5			

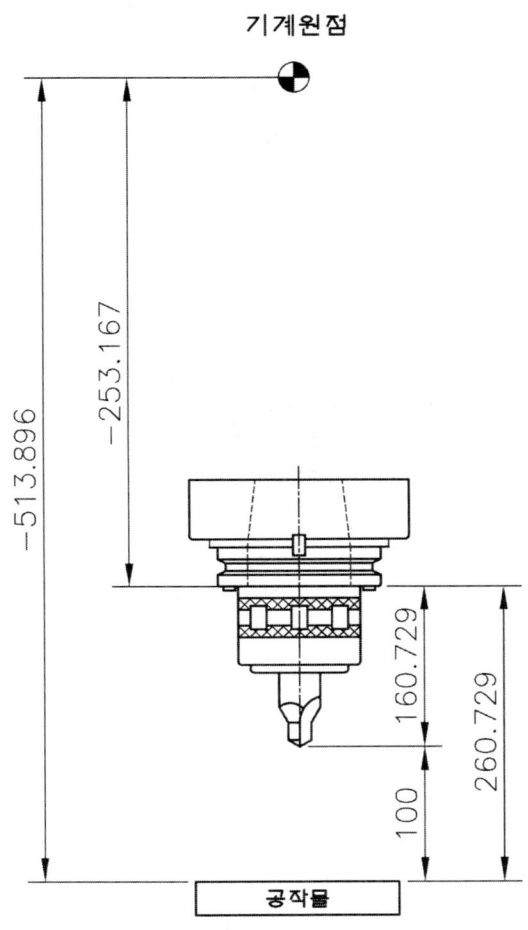

G43H02Z100.S1500M3의 좌푯값 상태

프로그램	기계 좌표계	상대 좌표계	절대 좌표계
G43 H02 Z250. S1500 M3	Z -103.167	Z 410.729	Z 410.729
Z100.	Z -253.167	Z 260.729	Z 260.729
Z250.	Z -103.167	Z 410.729	Z 410.729
G49 M5	Z -263.896	Z 250.000	Z 250.000

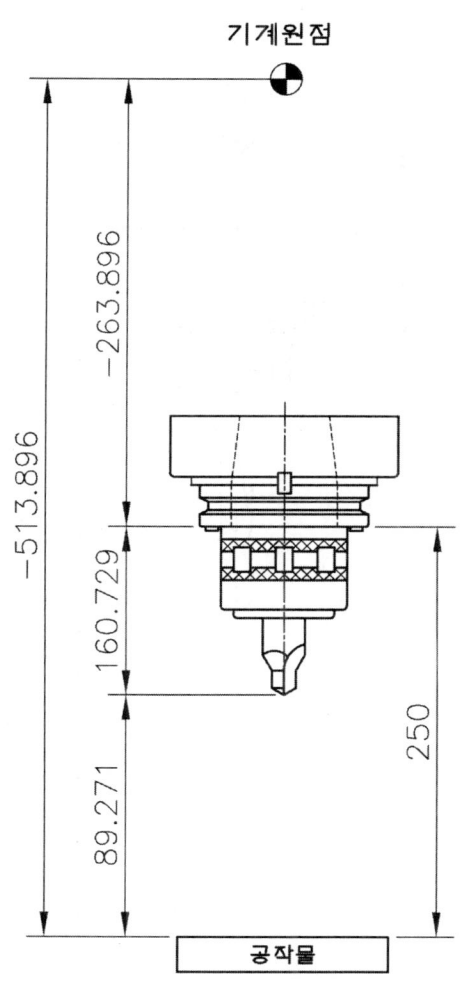

Z250mm에서 G49 보정 해제 상태의 위치 변화

■ T3 드릴 가공 중 기계, 상대, 절대 좌표계의 변화 모습

프로그램	기계 좌표계	상대 좌표계	절대 좌표계
G43 H03 Z250. S800 M3	Z -41.412	Z 472.484	Z 472.484
Z100.			
Z250.			
G49 M5			

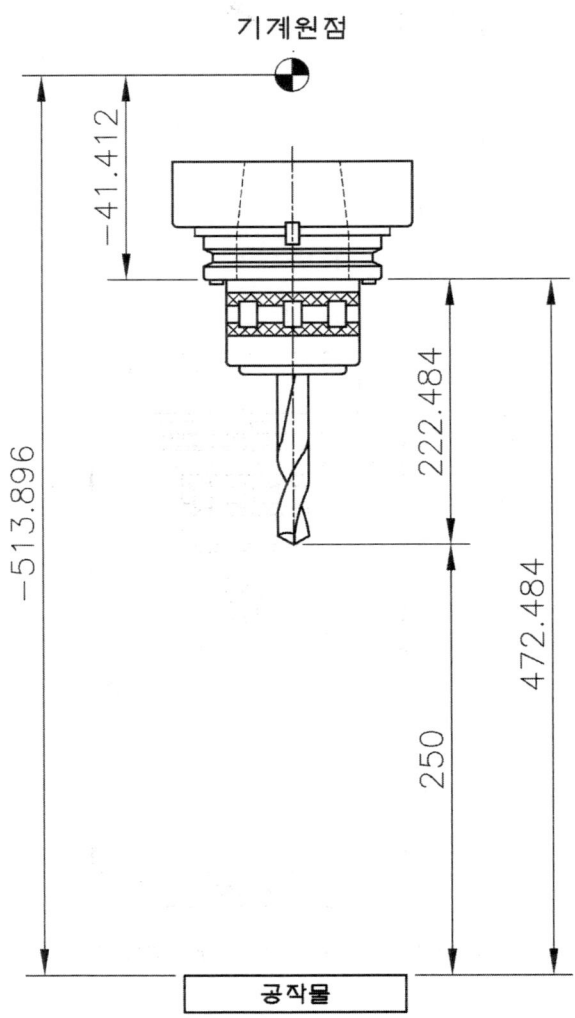

G43H03Z250.S800M3의 좌푯값 상태

프로그램	기계 좌표계	상대 좌표계	절대 좌표계
G43 H03 Z250. S800 M3	Z -41.412	Z 472.484	Z 472.484
Z100.	Z -191.412	Z 322.484	Z 322.484
Z250.	Z -41.412	Z 472.484	Z 472.484
G49 M5			

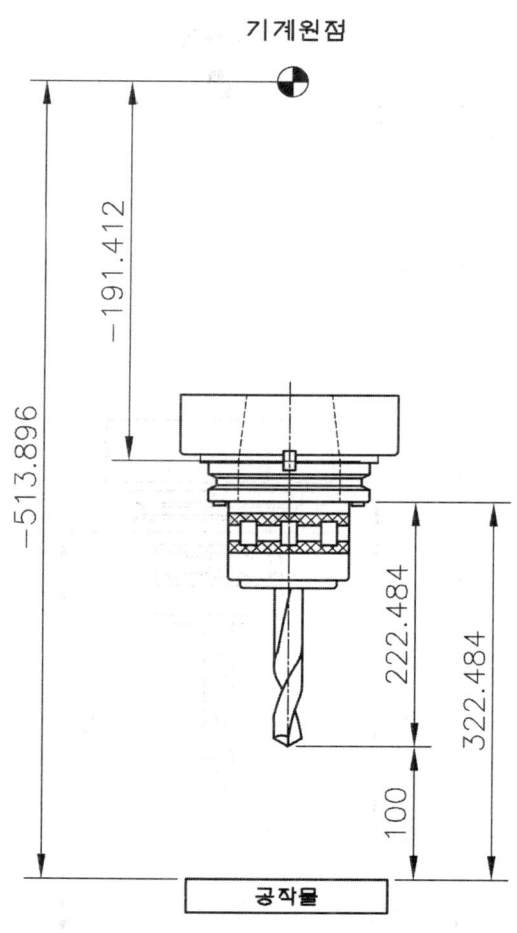

G43H03Z100.S800M3의 좌푯값 상태

프로그램	기계 좌표계	상대 좌표계	절대 좌표계
G43 H03 Z250. S800 M3	Z -41.412	Z 472.484	Z 472.484
Z100.	Z -191.412	Z 322.484	Z 322.484
Z250.	Z -41.412	Z 472.484	Z 472.484
G49 M5	Z -263.896	Z 250.000	Z 250.000

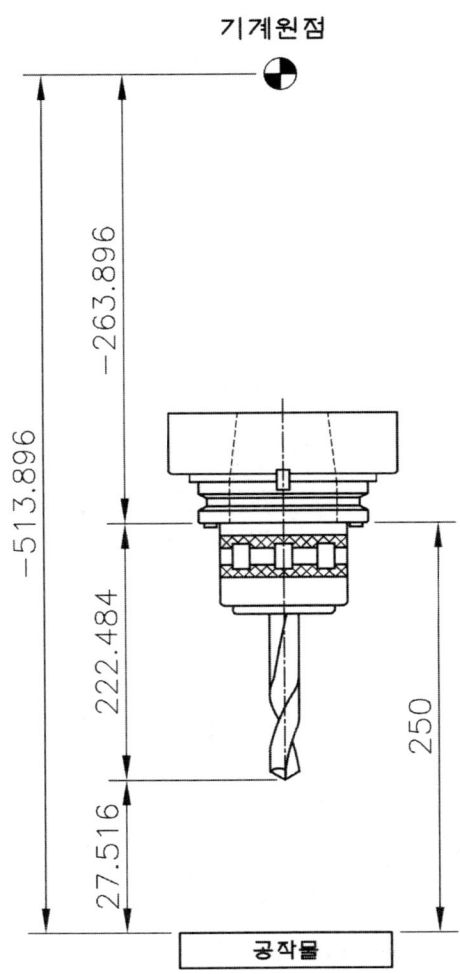

Z250mm에서 G49 보정 해제 상태의 위치 변화

16. 공구경 보정

1) 공구경 보정(D 값 설정 입력)

2) HANDLE → OFS/SET → 형상 → 해당 공구번호(001) 커서 이동

   ※ 공구(엔드밀)의 반경값을 입력한다.
   　 Ø10이면 5. 입력하고 → 입력 누른다.

17. 공작물 가공

1) MEM → PROG → 모니터 화면의 프로그램 RESET 를 누른다. 커서가 프로그램의 선두에 간다.

2) SINGLE BLOCK을 ON한다.

3) FEEDRATE OVERRIDE 를 0에 놓는다.

4) CYCLE START 누른다.

5) 모니터 화면의 전체를 누른다. 전체 좌푯값을 볼 수 있다.
   FEEDRATE OVERRIDE 를 10까지 서서히 높이면서 CYCLE START 를 계속 누른다.

18. 공구가 바뀌면 → 다시 회전 명령을 주지 않아도 된다.

센터 드릴에서 S1400M3한 후 드릴로 교체하면

1) 드릴에서도 MDI → PROG S800 M3

2) EOB INSERT CYCLE START 공구 회전됨

3) 또는 JOG, HANDLE 상태에서 → ON+START 공구 회전함

4) MDI에서 공구가 회전하고 있을 때
   → JOG, HANDLE 상태에서 STOP 주축이 정지됨

19. 공구 제거 및 고정하기

1) 공구의 제거

   (1) 장갑 낀 왼손으로 공구를 견고히 잡은 상태에서,
   (2) HANDLE → TOOL UNCLAMP 스위치를 2초간 누르고 있으면,
   (3) 불이 켜지면 공구를 뺀다.

2) 공구의 고정

(1) HANDLE → TOOL UNCLAMP 스위치에 불이 ON상태에서
(2) 장갑 낀 왼손으로 공구를 견고히 잡은 상태에서
(3) 주축의 키와 툴 홀더의 키 홈이 일치하도록 맞추고,
(4) TOOL UNCLAMP 를 누르면 공구가 고정된다.

3) 프로그램 입력(USB에서 기계 안으로 프로그램 이동)

Edit → PROG → 일람 → (조작) → 장치변경 → USB 메모리 → 입력할 O????를 찾아서 → ▶ → 복사 → ▶ → 장치변경 → CNC MEM → 상위 FOLDER → INPUT → USER → INPUT → DOOSAN → INPUT → 상위 FOLDER에서 → ▶ → 붙이기 → 이것을 가공 프로그램으로 사용하려면 → 메인 프로램으로 지정하고 → INPUT → 체크

20. 수동 프로그램 입력

MDI → PROG 모니터 화면에서 프로그램을 입력하면 된다.

21. 기계 워밍업

EDIT → PROG → 일람 → 상위 FOLDER로에서 → INPUT → PATH1에서 → INPUT → O5000에서 → (조작) → INPUT

22. 워밍업 중인 기계 스톱하기

CYCLE STOP → MEM → Reset → Edit → Reset

23. 2200 주축 워밍업이 필요합니다.

M102 알람이 뜨면 다음과 같이 실행한다.

MDI → PROG → M02 입력하고 → EOB INSERT → CYCLE START

 # 각 공구의 절삭 조건표

 ## 밀링 페이스 커터

1. 밀링 페이스 커터(초경합금) 절삭조건

피삭재		작업조건		
		절삭조건(V) (mm/min)	이송속도(fz) (mm/tooth)	비 고
탄소강	저탄소강	150~250	0.2~0.5	
	중탄소강	100~180	0.1~0.4	
	고탄소강	90~150	0.1~0.3	
합금강	Annealer	100~160	0.1~0.3	
	Hardner	80~130	0.1~0.4	
공구강		50~90	0.1~0.2	
주강	비합금	80~150	0.1~0.4	
	저합금	70~130	0.1~0.4	
	고합금	50~90	0.1~0.3	
스테인레스강	200, 300계	100~180	0.1~0.4	
	400, 500계	120~200	0.1~0.4	
회주철	저인장	80~150	0.1~0.5	
	고인장	60~100	0.1~0.4	
가단주철	짧은 칩	80~130	0.1~0.4	
	긴 칩	50~100	0.1~0.3	
구상흑연주철	펄라이트	70~120	0.1~0.4	
	페라이트	60~90	0.1~0.3	
칠드주철		10~20	0.1~0.2	

2. 일반적인 드릴, 태핑, 엔드밀, 리머, 센터 드릴의 절삭 조건표

1) 드릴, 태핑

공구 및 작업의 종류			강		주 철		알루미늄	
구분	드릴 지름	재종	절삭속도 (m/min)	이송속도 (mm/rev)	절삭속도 (m/min)	이송속도 (mm/rev)	절삭속도 (m/min)	이송속도 (mm/rev)
드릴	5~10	HSS	25	0.1~0.15	22	0.2	30~45	0.1~0.2
		초경	50	0.15~0.25	42	0.2	50~80	0.25
	10~20	HSS	25	0.25	25	0.25	50	0.25
		초경	50	0.25	50	0.25	80~100	0.25
	20~50	HSS	25	0.3	25	0.3	50	0.25
		초경	50	0.3	50	0.3	80~100	0.3
태핑	일반탭		8~12		8~12			
	테이퍼 탭		5~8		5~8			

2) 엔드밀 절삭조건

공구 재종 및 작업 종류		가공물 재료 및 조건	강		주철		알루미늄	
			절삭속도 (m/min)	이송속도 (mm/rev)	절삭속도 (m/min)	이송속도 (mm/rev)	절삭속도 (m/min)	이송속도 (mm/rev)
엔드밀	HSS	황삭	25~29	0.1~0.25	25~29	0.1~0.25	30~60	0.1~0.3
		정삭	25~29	0.08~0.12	25~29	0.08~0.15	30~60	0.1~0.12
	초경 합금	황삭	30~50	0.1~0.25	42~46	0.1~0.25	50~80	0.15~0.3
		정삭	45~50	0.08~0.12	45~50	0.08~0.15	50~80	0.1~0.12

3) 리머의 절삭속도

가공물 재질	절삭속도(m/min)
강	3~4
주강	3~5
가단주철	4~5
경질청동	5~6
청동	8~10
황동	10~12
알루미늄	12~15

4) 리머의 이송량

리머의 지름(mm)	가공물 재질에 대한 이송(mm/rev)	
	강, 주강, 가단주철, 경질청동	주철, 청동, 황동, 알루미늄
1~5	0.3	0.5
6~10	0.3~0.4	0.5~1.0
11~15	0.3~0.4	1.0~1.5
16~25	0.4~0.5	1.0~1.5
26~60	0.5~0.6	1.5~2
61~100	0.6~0.75	2~3

5) HSS 센터 드릴의 절삭속도

피삭재	탄소강				주철			
직경 (mm)	절삭속도 (m/min)	회전수 (rpm)	이송속도		절삭속도 (m/min)	회전수 (rpm)	이송속도	
			mm/rev	mm/min			mm/rev	mm/min
1	25.1	8,000	0.03~0.06	240~480	25.1	8,000	0.05~0.09	400~720
1.5	21.2	4,500	0.04~0.07	180~315	21.2	4,500	0.06~0.11	270~495
2	25.1	4,000	0.05~0.09	200~360	25.1	4,000	0.07~0.13	280~520
2.5	25.1	3,200	0.06~0.11	192~352	25.1	3,200	0.08~0.14	256~448
3	25.4	2,700	0.07~0.13	189~351	25.4	2,700	0.10~0.16	270~432
4	25.1	2,000	0.08~0.14	160~280	25.1	2,000	0.11~0.18	220~360
5	25.1	1,600	0.10~0.16	160~256	25.1	1,600	0.14~0.25	224~400
6	24.5	1,300	0.11~0.18	143~234	24.5	1,300	0.15~0.25	195~325

3. 드릴 절삭조건

1) HSS 드릴 절삭 조건표

피삭재	탄소강(SM50C) 500~710N/mm²			특수강, 조질강(SKS11) 900~1060N/mm²			알루미늄합금주철 (ADC · AC)		
절삭속도	22~23m/min			8~12m/min			63~100m/min		
직경 (mm)	회전수 (rpm)	이송속도		회전수 (rpm)	이송속도		회전수 (rpm)	이송속도	
		mm/rev	mm/min		mm/rev	mm/min		mm/rev	mm/min
1	8,000	0.03~0.05	240~400	3,000	0.03~0.05	96~160	20,000	0.06~0.09	1,200~1,800
2	4,000	0.06~0.09	240~360	1,000	0.06~0.09	96~144	10,000	0.12~0.18	1,200~1,800
3	2,800	0.10~0.13	280~364	6,000	0.10~0.13	106~138	10,000	0.20~0.28	2,200~2,800
4	2,100	0.11~0.15	231~315	800	0.11~0.15	88~120	7,500	0.24~0.34	1,200~2,550
5	1,000	0.12~0.18	192~288	630	0.12~0.18	76~113	6,300	0.28~0.40	1,200~2,520
6	1,000	0.13~0.19	172~251	530	0.13~0.19	69~101	5,000	0.34~0.48	1,200~2,400
8	1,000	0.17~0.24	170~240	400	0.17~0.24	68~96	4,000	0.38~0.53	1,200~2,120
10	800	0.20~0.28	160~224	320	0.20~0.28	64~90	3,150	0.45~0.63	1,200~1,985
12	670	0.24~0.34	161~228	270	0.24~0.34	65~92	2,650	0.53~0.75	1,200~1,988
13	610	0.26~0.36	159~220	240	0.26~0.36	62~86	2,400	0.56~0.79	1,200~1,896
14	570	0.28~0.39	160~222	230	0.28~0.39	64~90	2,250	0.57~0.81	1,200~1,823
16	500	0.30~0.43	150~215	200	0.30~0.43	60~86	1,950	0.61~0.85	1,200~1,658
18	440	0.34~0.49	150~216	180	0.34~0.49	61~88	1,750	0.63~0.90	1,200~1,575
20	400	0.36~0.50	144~200	160	0.36~0.50	58~80	1,550	0.68~0.98	1,200~1,519
22	360	0.40~0.55	144~198	150	0.40~0.55	60~83	1,400	0.73~1.06	1,200~1,484
24	330	0.41~0.60	135~198	135	0.41~0.60	55~81	1,300	0.77~1.13	1,200~1,469
26	310	0.42~0.65	130~202	120	0.42~0.65	50~78	1,200	0.81~1.20	9.72~1,440
28	290	0.45~0.70	131~203	110	0.45~0.70	50~77	1,100	0.84~1.26	9.24~1,686
30	270	0.48~0.75	130~203	105	0.48~0.75	50~79	1,000	0.87~1.32	870~1,320
32	250	0.51~0.80	128~200	100	0.51~0.80	51~80	950	0.90~1.38	855~1,311
40	200	0.60~0.95	120~190	80	0.60~0.95	48~72	750	1.00~1.60	750~1,200
50	160	0.75~1.20	120~192	65	0.75~1.20	49~72	600	1.00~2.00	600~1,200

1. 섕크의 종류(BT 32, BT 40, BT 50)에 따라 회전수와 이송속도를 낮추어 사용한다.
2. 참고자료: 한국 OSG(주) (안내서: DRILL SERIES 98쪽)

2) 초경 드릴 절삭 조건표

피삭재	탄소강, 합금강(S50C) ~1,060N/mm²			스테인레스강 (SUS300, SUS400계열)			특수강, 조질강(SKD11) HRC43~48		
절삭속도	63~100m/min			25~40m/min			32~45m/min		
직경 (mm)	회전수 (rpm)	이송속도		회전수 (rpm)	이송속도		회전수 (rpm)	이송속도	
		mm/rev	mm/min		mm/rev	mm/min		mm/rev	mm/min
2	11,00	0.06~0.08	660~880	4,700	0.03~0.06	141~282	6,000	0.06~0.08	360~480
3	8,000	0.09~0.12	720~960	3,200	0.05~0.09	160~288	4,000	0.09~0.12	360~480
4	6,300	0.10~0.15	630~945	2,400	0.06~0.10	144~240	3,000	0.10~0.15	300~450
5	5,000	0.12~0.18	600~900	1,900	0.08~0.12	152~228	2,450	0.12~0.18	294~441
6	4,200	0.14~0.20	588~840	1,600	0.09~0.15	144~240	2,050	0.14~0.20	287~410
8	3,200	0.16~0.24	512~768	1,200	0.12~0.20	144~240	1,550	0.16~0.24	248~372
10	2,550	0.18~0.27	459~689	950	0.13~0.23	124~219	1,250	0.18~0.27	225~338
12	2,100	0.20~0.30	420~630	800	0.14~0.24	112~192	1,050	0.20~0.30	210~315
14	1,800	0.22~0.35	396~630	700	0.15~0.26	105~182	880	0.22~0.33	194~308
16	1,600	0.25~0.36	400~576	600	0.16~0.26	96~156	770	0.25~0.36	193~277
18	1,400	0.28~0.38	392~532	530	0.18~0.28	95~148	680	0.28~0.38	190~258
20	1,300	0.30~0.40	390~520	480	0.20~0.30	96~144	610	0.30~0.40	183~244

1. 생크의 종류 (BT 32, BT 40, BT 50)에 따라 회전수와 이송속도를 낮추어 사용한다.
2. 참고자료: 한국 OSG(주) (안내서: DRILL SERIES 87쪽)

3) 엔드밀 절삭 조건

(1) HSS 황삭용 라핑 엔드밀

피삭재		저탄소강, 연강 (SM15C, SS400)		탄소강 (SM45C)		특수강, 조질강 (SKD61, SKD11)		알루미늄	
경도		HRC43~48		HRC43~48		HRC43~48		–	
강도		~490N/mm^2		490~735N/mm^2		1000~1300N/mm^2		–	
직경 (mm)	날수	회전수 (rpm)	이송속도 (mm/min)	회전수 (rpm)	이송속도 (mm/min)	회전수 (rpm)	이송속도 (mm/min)	회전수 (rpm)	이송속도 (mm/min)
6	4	2,000	85	1,500	63	850	25	4,500	265
8	4	1,400	100	1,060	75	600	30	3,150	315
10	4	1,120	112	850	85	475	34	2,500	350
12	4	900	125	670	95	675	38	2,000	400
14	4	900	132	600	100	335	40	1,800	425
16	4	710	140	530	106	300	42	1,600	450
18	4	630	150	475	112	265	45	1,400	475
20	4	560	170	425	128	236	48	1,250	500
22	5	500	150	375	112	212	45	1,120	475
25	5	450	140	335	106	190	42	1,000	500
28	5	400	132	300	100	170	40	900	425
30	6	400	170	300	125	170	50	900	530
32	6	355	160	265	118	150	48	800	500
35	6	315	150	236	112	132	45	710	475
40	6	280	140	212	106	118	42	630	450
45	6	250	132	190	100	106	40	560	425
50	6	224	118	170	90	95	36	500	375

1. 생크의 종류(BT 32, BT 40, BT 50)에 따라 회전수와 이송속도를 낮추어 사용한다.
2. 참고자료: OSG CORPORATION(안내서: ENDMILL SERIES 84쪽)

(2) HSS 2날 엔드밀(홈가공)

피삭재	저탄소강, 연강 (SM15C, SS400)		탄소강 (SM45C)		특수강, 조질강 (SKD61,SKD11)				알루미늄	
경도	HV160		HRC20		HRC20~30		HRC30~40		–	
강도	~500N/mm^2		500~800N/mm^2		800~1000N/mm^2		1000~1300N/mm^2		–	
직경 (mm)	회전수 (rpm)	이송속도 (mm/min)	회전수 (rpm)	이송속도 (mm/min)	회전수 (rpm)	이송속도 (mm/min)	회전수 (rpm)	이송속도 (mm/min)	회전수 (rpm)	이송속도 (mm/min)
2	7,300	50	6,000	40	5,000	40	2,900	20	16,000	210
3	4,500	70	4,200	60	3,300	50	2,100	25	14,000	330
4	3,600	90	2,900	70	2,300	60	1,400	40	10,000	380
5	2,900	115	2,300	90	2,100	80	1,200	45	8,200	400
6	2,300	115	2,000	105	1,600	80	1,000	50	7,300	400
8	1,800	130	1,400	115	1,200	90	730	60	5,000	510
10	1,400	130	1,200	115	1,000	105	600	60	4,000	520
12	1,200	145	1,000	130	800	105	500	65	3,300	500
14	1,000	145	900	115	700	105	450	65	2,800	450
16	900	145	700	115	600	90	360	60	2,600	450
18	800	130	650	115	500	90	320	60	2,300	450
20	730	130	600	115	500	90	300	60	2,100	420
22	650	130	600	115	450	90	280	60	1,800	390
25	600	120	500	105	400	80	230	48	1,600	360
28	500	105	450	90	350	70	210	40	1,400	350
30	450	90	400	80	320	65	210	40	1,400	350
32	450	90	360	70	280	60	180	40	1,300	310
36	400	80	320	65	260	50	160	30	1,200	280
40	360	80	280	65	230	50	140	30	1,000	260

1. 생크의 종류(BT 32, BT 40, BT 50)에 따라 회전수와 이송속도를 낮추어 사용한다.
2. 참고자료: YG-1(주) (안내서: END MILLS N67쪽)

(3) HSS 4날 엔드밀(측면가공)

피삭재	저탄소강, 연강 (SM15C, SS400)		탄소강 (SM45C)		특수강, 조질강 (SKD61, SKD11)				알루미늄	
경도	HV160		HRC20		HRC20~30		HRC30~40		−	
강도	~500N/mm^2		500~800N/mm^2		800~1000N/mm^2		1000~1300N/mm^2		−	
직경 (mm)	회전수 (rpm)	이송속도 (mm/min)	회전수 (rpm)	이송속도 (mm/min)	회전수 (rpm)	이송속도 (mm/min)	회전수 (rpm)	이송속도 (mm/min)	회전수 (rpm)	이송속도 (mm/min)
2	7,300	105	6,000	70	5,000	60	2,900	25	16,000	310
3	4,500	145	4,200	105	3,300	80	2,100	40	14,000	500
4	3,600	180	2,900	130	2,300	85	1,400	60	10,000	570
5	2,900	235	2,300	160	2,100	115	1,200	65	8,200	610
6	2,300	235	2,000	190	1,600	115	1,000	80	7,300	610
8	1,800	260	1,400	210	1,200	135	730	85	5,000	750
10	1,400	260	1,200	210	1,000	155	600	85	4,000	780
12	1,200	285	1,000	235	800	155	500	95	3,300	740
14	1,000	285	900	210	700	155	450	95	2,800	690
16	900	285	700	210	600	135	360	85	2,600	690
18	800	260	650	210	500	135	320	85	2,300	690
20	730	260	600	210	500	135	300	85	2,100	620
22	650	260	600	210	450	135	280	85	1,800	580
25	600	235	500	190	400	115	230	65	1,600	550
28	500	210	450	160	350	105	210	60	1,400	520
30	450	180	400	145	320	95	210	60	1,400	520
32	450	180	360	130	280	85	180	60	1,300	470
36	400	155	320	120	260	80	160	45	1,200	420
40	360	155	280	120	230	80	140	45	1,000	390

1. 생크의 종류(BT 32, BT 40, BT 50)에 따라 회전수와 이송속도를 낮추어 사용한다.
2. 참고자료: YG-1(주) (안내서: END MILLS N67쪽)

(4) 초경 2날 엔드밀(홈가공)

피삭재	탄소강, 주철 (SS400, SM55C, FC250)		합금강, 공구강 (SKD, SKS, SKT, SCM)		조질강, 프리하든강 (NAK55, HPMI, SKD, SKF)		조질강, 프리하든강 (SUS304, SKF, SKD, SKF)		조직강 초내열합금강	
경도	~HRC20		HRC20~30		HRC30~38		HRC38~45		HRC45~55	
강도	~750N/mm^2		750~1000N/mm^2		1000~1200N/mm^2		1200~1500N/mm^2		1500~2079N/mm^2	
직경 (mm)	회전수 (rpm)	이송속도 (mm/min)	회전수 (rpm)	이송속도 (mm/min)	회전수 (rpm)	이송속도 (mm/min)	회전수 (rpm)	이송속도 (mm/min)	회전수 (rpm)	이송속도 (mm/min)
1.0	19,500	130	14,500	125	12,000	90	11,000	65	7,000	30
1.5	14,500	130	10,500	125	8,900	90	7,950	65	5,050	40
2	11,000	135	8,400	125	7,000	90	6,350	70	3,950	40
3	17,400	200	6,350	150	5,300	100	4,450	75	2,750	45
4	5,950	235	4,900	185	4,250	125	3,500	90	2,200	50
5	5,300	315	4,300	235	3,550	130	3,050	100	1,900	55
6	4,450	310	3,600	235	2,950	130	2,500	100	1,550	55
8	3,300	295	2,700	235	2,200	125	1,900	100	1,150	50
10	2,650	280	2,150	230	1,750	125	1,500	95	955	50
12	2,200	280	1,800	230	1,450	125	1,250	95	795	45
14	1,900	280	1,500	215	1,250	110	1050	95	680	40
16	1,650	260	1,350	200	1,100	100	955	85	595	35
18	1,450	230	1,200	180	990	90	845	75	530	30
20	1,300	205	1,050	155	890	80	760	65	475	30
22	1,200	190	980	145	810	70	690	60	430	25
24	1,100	175	900	135	740	65	635	55	395	25
25	1,050	165	865	130	710	65	615	55	380	20

1. 섕크의 종류(BT 32, BT 40, BT 50)에 따라 회전수와 이송속도를 낮추어 사용한다.
2. 참고문헌: 한국 OSG(주) (안내서: 초경 ENDMILL Vol.8 19쪽)

(5) 초경 4날 엔드밀(측면가공)

피삭재	탄소강, 주철 (SS400, SM55C)		합금강, 공구강 (SKD, SKS, SKT, SCM)		조질강, 프리하든강 (NAK55, HPMI, SKD, SKF)		스테인레스강 (SUS304, SKD)		조직강 초내열합금강	
경도	~HRC20		HRC20~30		HRC30~38		HRC38~45		HRC45~55	
강도	~750N/mm²		750~1000N/mm²		1000~1200N/mm²		1200~1500N/mm²		1500~2079N/mm²	
직경 (mm)	회전수 (rpm)	이송속도 (mm/min)	회전수 (rpm)	이송속도 (mm/min)	회전수 (rpm)	이송속도 (mm/min)	회전수 (rpm)	이송속도 (mm/min)	회전수 (rpm)	이송속도 (mm/min)
2	13,000	310	11,000	280	7,000	110	6,350	100	3,950	60
3	8,900	505	7,400	355	5,300	125	4,750	110	2,750	60
4	6,650	530	5,550	370	4,250	135	3,700	115	2,200	70
5	5,300	620	4,450	425	3,550	140	3,150	125	1,900	75
6	4,450	615	3,700	425	2,950	145	2,650	130	1,550	70
8	3,300	590	3,750	420	2,200	145	1,950	130	1,150	65
10	2,650	590	2,200	420	1,750	145	1,550	130	955	65
12	2,200	590	1,850	420	1,450	145	1,300	130	795	60
14	1,900	575	1,550	415	1,250	145	1,100	125	680	50
16	1,650	550	1,350	415	1,100	130	995	115	595	45
18	1,450	540	1,200	405	990	115	880	105	530	40
20	1,300	520	1,100	370	890	105	795	95	475	35
22	1,200	480	1,000	340	810	95	720	85	430	30
24	1,100	440	925	315	740	85	660	75	395	30
25	1,050	420	890	300	710	85	635	75	380	30

1. 섕크의 종류(BT 32, BT 40, BT 50)에 따라 회전수와 이송속도를 낮추어 사용한다.
2. 참고자료: 한국 OSG(주) (안내서: 초경 ENDMILL Vol.8 21쪽)

(6) 탭 절삭조건

피삭재			탄소강(SM45C)			스테인레스강			알루미늄, 플라스틱		
절석속도			6~9m/min			5~8m/min			16~15m/min		
직경 (mm)	피치	드릴 직경	절삭 속도	회전수 (rpm)	이송속도 (mm/min)	절삭 속도	회전수 (rpm)	이송속도 (mm/min)	절삭 속도	회전수 (rpm)	이송속도 (mm/min)
M2	0.4	1.6	6.9	1,100	440	6	960	384	12.6	1,900	760
M3	0.5	2.5	7	740	370	6	640	320	14	1,280	640
M4	0.7	3.3	7	560	392	6	480	336	14	960	672
M5	0.8	4.2	6.9	440	352	6	380	304	14	760	608
M6	1	5	7	370	370	6	320	320	14	640	640
M8	1.25	6.8	7	280	350	6	240	300	14	480	600
M10	1.5	8.5	6.9	220	330	6	192	288	14.1	380	570
M12	1.75	10.2	6.8	180	315	6	160	280	14.3	320	560
M14	2	12	7	160	320	6	138	276	14	270	540
M16	2	14	7	140	280	6	120	240	14	240	480
M18	2.5	15.5	6.8	120	300	6	106	265	14.1	210	525
M20	2.5	17.5	6.9	110	275	6	96	240	1308	190	475
M22	2.5	19.5	6.9	100	250	6	86	215	14.5	170	425
M24	3	21	6.8	90	270	6	80	240	14.3	160	480

1. 생크의 종류(BT 32, BT 40, BT 50)에 eKGKYJ 회전수와 이송속도를 낮추어 사용한다.
2. 참고자료: 한국 OSG(주) (안내서: TAP SERES 226쪽)

Ⅳ. UG로 Nc Data 내는 법

4·1 UG CAM 따라 하기

■ NX10 기준

범례: ↓클릭, ⇓더블 클릭

1. 초기조건 설정

좌측 3번째 그림 파트 탐색기 활성화 상태에서

1) 파일/제조(Ctrl+Alt+M)↓
2) cam_general↓/mill_contour↓ 3차원 가공 가능함 - 확인
3) 좌측 4번째 오퍼레이션 탐색기 활성화 됨

2. 가공물 원점 설정, 안전 간격 거리 지정

원점지정

+MCS_MILL의 ↓

MCS 박스에서/기계 좌표계_MCS 지정의 우측 → 좌표계 다이얼로그↓ → 확인

좌표계 박스에서/유형_동적↓_화면의 X0.Y0.Z0.원점↓ → 확인

안전 간격 거리 지정

간격/간격옵션_자동평면_안전 간격 거리 10 확인/확인↓

IF 다시 지정해 주고 싶으면 → 평면 → 물체 바닥면 지정 → 거리값 '-'입력하면 됨

3. 가공물체, 소재 지정

WORKPIECE↓

파트(가공물체) 지정 우측의 ⓘ↓ → 바탕화면의 물체↓ → 확인↓

블랭크(소재 크기)지정 우측의 ⓘ↓→ 유형_경계블록↓→ ZM+0 확인하고 → 확인↓
→ 확인↓

4. 공구 생성

공구 생성

우측 마우스 클릭/기계 공구 뷰↓

1번 공구 생성: 기계 공구 뷰↓

좌측 위 공구 생성↓ → 유형_mill_contour↓ → 공구 하위 유형/MILL

이름_10FEM → 확인 → 직경 10 → 공구 번호1 조정 레지스터(길이 보정)1 공구 보정 레지스터(D01값=공구 보정값)1 → 미리 보기 체크 → 디스플레이 → 확인

2번 공구 생성: 도구 모음/탐색기/2번째 기계 공구 뷰↓

좌측 위 공구 생성↓ → 유형_mill_contour↓ → 공구 하위 유형/BALL_MILL

이름_6BALL → 확인 → 직경 6 → 공구 번호2 조정 레지스터2 공구 보정 레지스터2 → 미리 보기 체크 → 디스플레이 → 확인

5. 오퍼레이션 생성

1) 황삭 가공 시간: 4분 22초

오퍼레이션 생성↓
유형/mill_contour/캐비티 밀링(첫째 줄 첫 번째)
  프로그램: PROGRAM
  공구: 10FEM
  지오메트리: WORKPIECE
  방법: MILL_SEMI_FINISH
  이름: CAVITY_MILL → 확인
  절삭 영역 지정 우측 아이콘
  Ctrl+Alt+T 또는 F8 눌러서
  윈도우로 가공영역만 드래그로 지정 → 확인↓
	경로 설정 값
	절삭 패턴: 외곽 따르기(하향절삭)
	스텝오버: % Tool Flat ☞ 일정
	평평한 직경의 퍼센트60 ☞ 4
	절삭 당 공통 깊이: 일정
	최대거리: 0.5(절 입량) ☞ 0.5~0.7

1. 절삭 매개 변수
   절삭 매개변수의 우측 절삭 매개변수 아이콘↓
   1) 전략
      (1) 절삭 방향: 하향 절삭
      (2) 절삭 순서: 수준을 우선
      (3) 패턴 방향: 자동
   2) 스톡: 파트 측면 스톡: 0.25(잔량) 확인한다.
      확인

2. 비절삭 이동
   1) 진입
      (1) 닫힌 영역
         – 진입 유형: 나선
         – 직경: 20% 공구
            ※ 안 되면 10까지 조정
         – 램프 각도: 15
         – 높이: 3
         – 높이(시작): 이전 수준
         – 최소간격: 0.000
         – 최소 램프 거리: 10
            ※ 안 되면 3까지 조정 확인

3. 이송 및 속도
   이송 및 속도의 우측 아이콘↓
   스핀들 속도: 1800 계산기↓
   절삭: 180mmpm
   확인
   생성

검증
3D동영상 확인?
검증 → 3D 동적 → 애니메이션 속도 6 놓고 → 재생 → 확인 → 확인

2) 정삭 3분 54초

오퍼레이션 생성↓
유형/mill_contour/고정 윤곽(둘째 줄 첫 번째)
　　프로그램: PROGRAM
　　공구: BAL6
　　지오메트리: WORKPIECE
　　방법: MILL_FINISH
　　이름: FIXED_CONTOUR → 확인

절삭 영역 지정의 우측 아이콘↓
개체선택(O)에서 보기를 앞으로 하고
참고: 보기를 앞 = CTRL+Alt+T
　　　　　　또는 F8
마우스로 펀치 부분만 드래그로 지정
확인

1. 드라이브 방법	2. 경로 설정 값

1) 방법: 영역 밀링으로 하고 우측의 스패너 그림 ↓
(1) 급경사 제한
   – 방법: 없음
(2) 드라이브 설정 값
   – 비 급경사 절삭
    • 비 급경사 절삭 패턴: 외곽 따르기
    • 패턴 방향: 안쪽
    • 절삭방향: 상향 절삭
    • 스텝오버: 일정
    • 최대거리: 1(경로 간격)
      ※ 안 되면 10까지 조정
    • 적용된 스텝오버: 평면상에서
   – 급경사 절삭
    • 급경사 절삭 패턴: Z 단계 지그
    • Z 단계 절삭 수준: 일정
    • 절삭 방향: 하향 절삭
    • Z 단계 절삭 당 깊이: 1
      ※ 안 되면 10까지 조정 확인
	1) 방법: MILL_FINISH
	 (1) 절삭 매개 변수
	   – 스톡/파트 스톡: 0.000 확인
	   확인
	2) 비절삭 이동
	 (1) 진입
	   – 진입 유형: 원호-공구 축에 평행
	   – 반경: 50(% 공구)
	   확인
	3) 이송 및 속도
	   이송 및 속도의 우측 아이콘↓
	   스핀들 속도: 2000 이송률: 200mmpm → 확인
	   → 생성
	   생성
	
	3D동영상 확인?
	검증 → 3D 동적 → 애니메이션 속도 6 놓고 →
	재생 → 확인

6. 전체 시뮬레이션 보기

PROGRAM(아래에는 CAVITY_MILL 있음)에서 우측 마우스↓ → 공구경로-검증… → 3D 동적 → 애니메이션 속도 6에 놓고 → 재생 → 확인

7. NC DATA 출력하기(황삭, 정삭 NC DATA 출력)

PROGRAM(아래에는 CAVITY_MILL 있음)에서 → 우측 마우스↓ → 포스트 프로세스 → MILL_3_AXIS → 출력 파일 찾아보기

바탕화면에서 → A1AA폴더 만들고 → 파일이름(N): 0001.NC → 파일 형식: 모든 파일 (*.*) → OK → 파일 확장자가 ptp에서 NC로 변한다. → 설정 값/단위_미터법/파트↓ → V리스트 출력을 체크 → 확인 → 확인 → 닫고 → 바탕화면에서 다음과 같이 수정한다.

%
O0001
N0010 G40 G90 G17 G71
N0020 G91 G28 X0. Y0. Z0.
N0030 T01 M06
N0040 T06
N0050 G00 G90 G54 X39.263 Y51.5551
      S1600 M03
N0060 G43 Z10. H01
	N0010 G40 G49 G80
	N0020 G91 G28 X0. Y0. Z0.
	N0030 T01 M06
	N0040 T06
	N0050 G00 G90 G54 X39.263 Y51.5551
	      S2000 M03
	N0060 G43 Z100. H01

T06(볼 엔드밀 6mm)에서는 G54는 지정하지 않아도 작업에는 영향이 없다.

 컴퓨터응용가공산업기사 도면 및 답

1. 컴퓨터응용산업기사의 머시닝센터 실기시험 수준은 컴퓨터응용가공밀링기능사의 수준과 비슷하며, Endmill이 진입하는 포켓 가공 부위의 가공은 센터 Drill을 사용하고, 공차가 +0.04 ~ -0.04의 정밀도이므로 1회 가공으로 가공하면 공차점수를 획득할 수 없으므로 반드시 외곽, 포켓 부분을 황삭 가공 후 정삭을 하여야 한다.

2. 제품을 제출하기 전에는 가공 공차는 ±0.04mm 정도이므로 측정 후 치수 오차가 생기면, D01의 보정값을 수정하여 2차 정삭 가공을 하여야 점수를 취득할 수 있으므로 제출 전에 특히 측정에 주의하여야 한다.

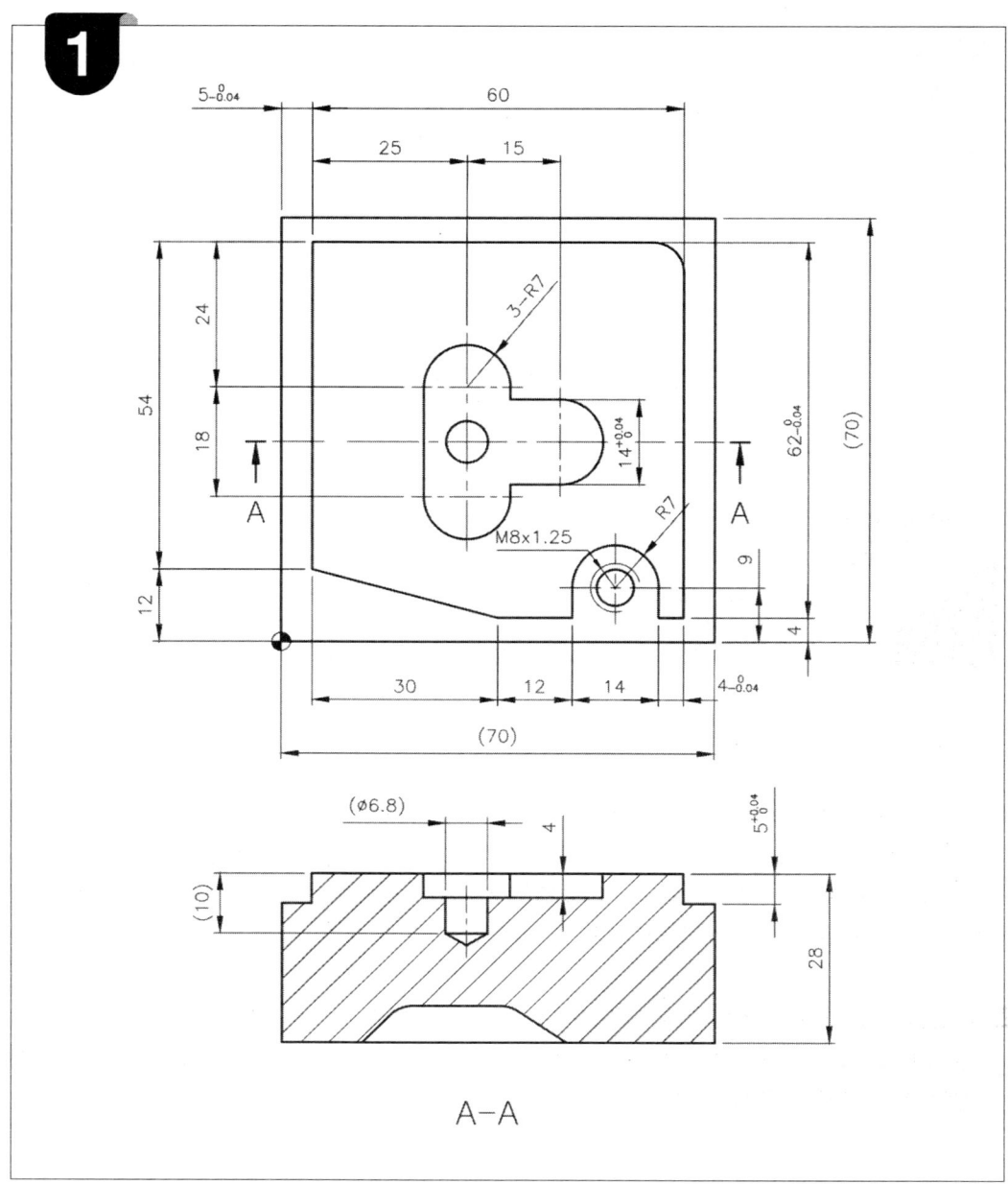

주서
1. 도시되고 지시없는 모떼기 및 라운드 C4, R6
2. 일반 모떼기 C0.2

공구번호	공구명칭	공구직경	회전수(rpm)	이송(mm/min)
T01	Endmill	Ø10mm	S2000	황삭F150, 정삭F180
T02	센터 Drill	Ø3mm	S1800	F180
T03	Drill	Ø6.8mm	S1000	F150
T04	Tap	M8mm	S500	F625

컴퓨터응용가공산업기사 1번: 답 1(국가검정자격 가공방식)

%	NC 프로그램 전송 수신 시 기계인식에 반드시 필요
O0001 ;	프로그램 번호
G40 G49 G80 ;	공구 직경 보정 취소, 공구 길이 보정 취소, 고정 사이클 취소
(G91 G30 Z0. M19) ;	공구 교환 위치로 이동. M19는 공구 일방향 정지 기능
T02 M06 (∅3 Center Drill) ;	2번 공구(∅3 Center Drill)로 교체하라.
G54 G90 G00 X30. Y33. ;	센터 Drill 가공 위치로 급속 위치 결정한다. (G54에 기계 좌푯값이 입력되어 있다)
G43H02 Z150. S1800 M03 ;	센터 Drill 길이 보정하면서 Z150.까지 급속이송한다. 위의 T02 = H02 같게 지정한다. (반드시 같지 않아도 됨) H01에 센터 Drill 길이 보정값이 입력되어 있다.
Z50. M08 ;	안전높이까지 이동한다.
G99 G81 Z -3. R3. F180 ;	G81 Drill링 사이클(스폿 Drill링 사이클) 가공을 지령한다. G99의 R점 R3.까지 이동한다.
X54. Y9. ;	두 번째 가공 위치로 위치 결정하여, G81 고정 사이클로 가공
G80 G00 Z150. M09 ;	G80 고정 사이클 취소, 공구 길이 보정 취소를 위해 안전한 높이 Z150.까지 이동(Z150.은 반드시 G54의 Z값을 면밀히 검토 후 지령한다. 잘못 지령하면 대충돌 발생) M09 절삭유 OFF
G49 M05 ;	G49 공구 길이 보정 취소, M05 주축 회전 정지
(G91 G30 Z0. M19) ;	공구 교환 위치로 이동한다.
T03 M06 (∅6.8 Drill) ;	3번 공구(∅6.8 Drill)로 교체하라.
G90 G00 X30. Y33. ;	Drill 가공 위치로 급속 위치 결정한다. (T01에 G54에 지령하였으므로 생략 가능하다)
G43H03Z150.S1000M03 ;	Drill 길이 보정하면서 Z150.까지 급속이송한다. 위의 T03 = H03 같게 지정한다. (반드시 같지 않아도 됨) H02에 Drill 길이 보정값이 입력되어 있다.
Z50. M08 ;	안전높이까지 이동한다.
G99G83Z -12.R3.Q3. F150 ;	G83팩 Drill링 사이클 가공 지령함. Z는 깊이에 +2mm 정도, G99의 R점 R3.까지 이동한다. Q3.은 1회 절삭 깊이 3mm
X54. Y9. Z -32. ;	두 번째 가공 위치로 위치 결정하여, G83 고정 사이클로 가공

컴퓨터응용가공산업기사 1번: 답 2(국가검정자격 가공방식)

G80 G00 Z150. M09 ;	G80 고정 사이클 취소, 공구 길이 보정 취소를 위해 안전한 높이 Z150.까지 이동(Z150.은 반드시 G54의 Z값을 면밀히 검토 후 지령한다. 잘못 지령하면 대충돌 발생) M09 절삭유 OFF
G49 M05 ;	G49 공구 길이 보정 취소, M05 주축 회전 정지
(G91 G30 Z0. M19) ;	공구 교환 위치로 이동한다.
T01 M06 (∅10 Endmill) ;	1번 공구(∅10 Endmill)로 교체하라.
G90 G00 X −8. Y −8. ;	직각 보정으로 가공하기 위하여 안전한 위치까지 급속 위치 결정한다.
G43H01Z150.S2000M03 ;	Drill 길이 보정하면서 Z150.까지 급속이송한다. 위의 T01 = H01 같게 지정한다. (반드시 같지 않아도 됨) H02에 Drill 길이 보정값이 입력되어 있다.
Z50. ;	안전높이까지 이동한다.
Z −4.5 ;	외곽의 깊이까지 내려간다. 비절삭 구간이므로 G00 가능함 깊이 정삭 여유 0.5mm를 두고 1차 황삭 가공을 한다.
X −0.5 M08 ;	외곽 윤곽 치수를 정삭 여유를 0.5mm 정도 여유를 두고 1차 황삭 가공을 한다. 외곽, 포켓 1차 황삭은 가능하면 G40(보정하지 않은 상태)으로 가공하면 프로그램을 하기 쉽다.
G01 Y71.5 F150 ;	Y71.5까지 직선 가공. F100로 지령한다.
X70.5 ;	X70.5까지 직선 가공
Y −1.5 ;	Y −1.5까지 직선 가공
X54. ;	X54.까지 직선 가공
Y10.5 ;	Y9.까지 직선 가공
Y −1.5. ;	Y −1.5까지 직선 가공
X −6. ;	X −6.까지 이동
G00 Y −6. ;	Y −6.까지 급속 위치 결정한다.
Z −5. ;	Z −5.까지 급속 위치 결정한다.

컴퓨터응용가공산업기사 1번: 답 3(국가검정자격 가공방식)

G41 X5. D01(D01=5.0) ;	보정 방향은 다음 진행 방향과 직각으로 보정을 주어야 하므로 G41(공구지름 좌측 보정 = 좌측 보정)을 지령한다. 공구가 교체되지 않으면 최초에 1번 D01에 보정값을 지령하면 이후에 G40, G41, G42를 주고 새로 G41, G42를 지령할 때는 D01를 지령하지 않아도 Modal(모달) 기능으로 계속 보정값은 유효함
G01 Y66. F180 ;	Y66.까지 직선 가공, F180으로 지령한다.
X65. ;	X65.까지 직선 가공
Y4. ;	Y4.까지 직선 가공
X5. ;	X5.까지 직선 가공
Y66. ;	Y66.까지 직선 가공
X60. ;	X60.까지 직선 가공
G02 X65. Y61. R5. ;	시계 방향으로 R5. 원호 가공
G01 Y4. ;	Y4.까지 직선 가공
X61. ;	X61.까지 직선 가공
Y9. ;	Y9.까지 직선 가공
G03 X47. R7. ;	반시계 방향으로 R7. 원호가 공
G01 Y4. ;	Y4.까지 직선 가공
X35. ;	X35.까지 직선 가공
X5. Y12. ;	X5. Y12.까지 직선 가공
Y18. ;	Y18.까지 직선 가공
X -6. ;	Y -6.까지 직선 가공, 안전한 위치로 이동
G00 Z5. ;	포켓 가공을 위해 위로 안전하게 급속 위치 결정으로 올라감
G52 X30. Y33. ;	포켓 작업의 프로그램을 쉽게 작성하기 위하여 로컬 좌표계(구역 좌표계)를 사용한다.
G40 X0. Y0. ;	로컬 좌표계(구역 좌표계) 원점으로 이동한다.

컴퓨터응용가공산업기사 1번: 답 4(국가검정자격 가공방식)

G01 Z -5. F100 ;	Z -5.까지 직선 가공. F100로 지령한다.
Y9. F150 ;	Y9.까지 직선 가공
Y0. F300 ;	Y0.까지 직선 가공
Y -9. F150 ;	Y -9.까지 직선 가공
Y0. F300 ;	Y0.까지 직선 가공
X15. F150 ;	X15.까지 직선 가공
G41 Y7. F180 ;	좌측 보정지령하면서 Y7.까지 접근 직선 가공
X7. ;	X7.까지 직선 가공
Y9. ;	Y9.까지 직선 가공
G03 X -7. R7. ;	반시계 방향으로 R7. 원호 가공
G01 Y -9. ;	Y -9.까지 직선 가공
G03 X7. R7. ;	반시계 방향으로 R7. 원호 가공
G01 Y -7. ;	Y -7.까지 직선 가공
X15. ;	X15.까지 직선 가공
G03 Y7. R7. ;	반시계 방향으로 R7. 원호 가공
G01 X5. ;	X5.까지 직선 가공
G52 X0. Y0. ;	로컬 좌표계(구역 좌표계) 해제
G00 Z150. M09 ;	공구 길이 보정 취소를 위해 Z150.까지 급속 위치 결정이동 M09 절삭유 OFF
G49 M05 ;	G49 공구 길이 보정 취소, M05 주축 회전 정지
G40 ;	G40으로 공구 직경 보정 해제
(G91 G30 Z0. M19) ;	공구 교환 위치로 이동한다.
T04 M06 (M8 Tap) ;	4번 공구(M8 Tap)로 교체하라.
G90 G00 X54. Y9. ;	Tap 가공 위치로 급속 위치 결정한다. (T01에 G54에 지령하였으므로 생략 가능하다)

컴퓨터응용가공산업기사 1번: 답 5(국가검정자격 가공방식)

G43H04Z150.S500M03 ;	Tap 길이 보정하면서 Z150.까지 급속이송한다. 위의 T04 = H04 같게 지정한다. (반드시 같지 않아도 됨) H03에 Tap 길이 보정값이 입력되어 있다.
Z50. M08 ;	안전높이까지 이동한다.
G99G84Z -33.R10.F625 ;	G84 Tap 사이클 가공 지령한다. Z는 두께 +5mm 정도, G99의 R점 R3.까지 이동한다. 이송값 지령 → F = 회전수×피치값(625 = 500×1.25)
G00 G80 Z150. M09 ;	고정 사이클 해제. 공구 길이 보정 취소를 위해 Z150.까지 이동 M09 절삭유 OFF
G49 M05 ;	G49 공구 길이 보정 취소, M05 주축 정지
M02 ;	프로그램 종료
%	NC 프로그램 전송 수신 시 기계인식에 반드시 필요

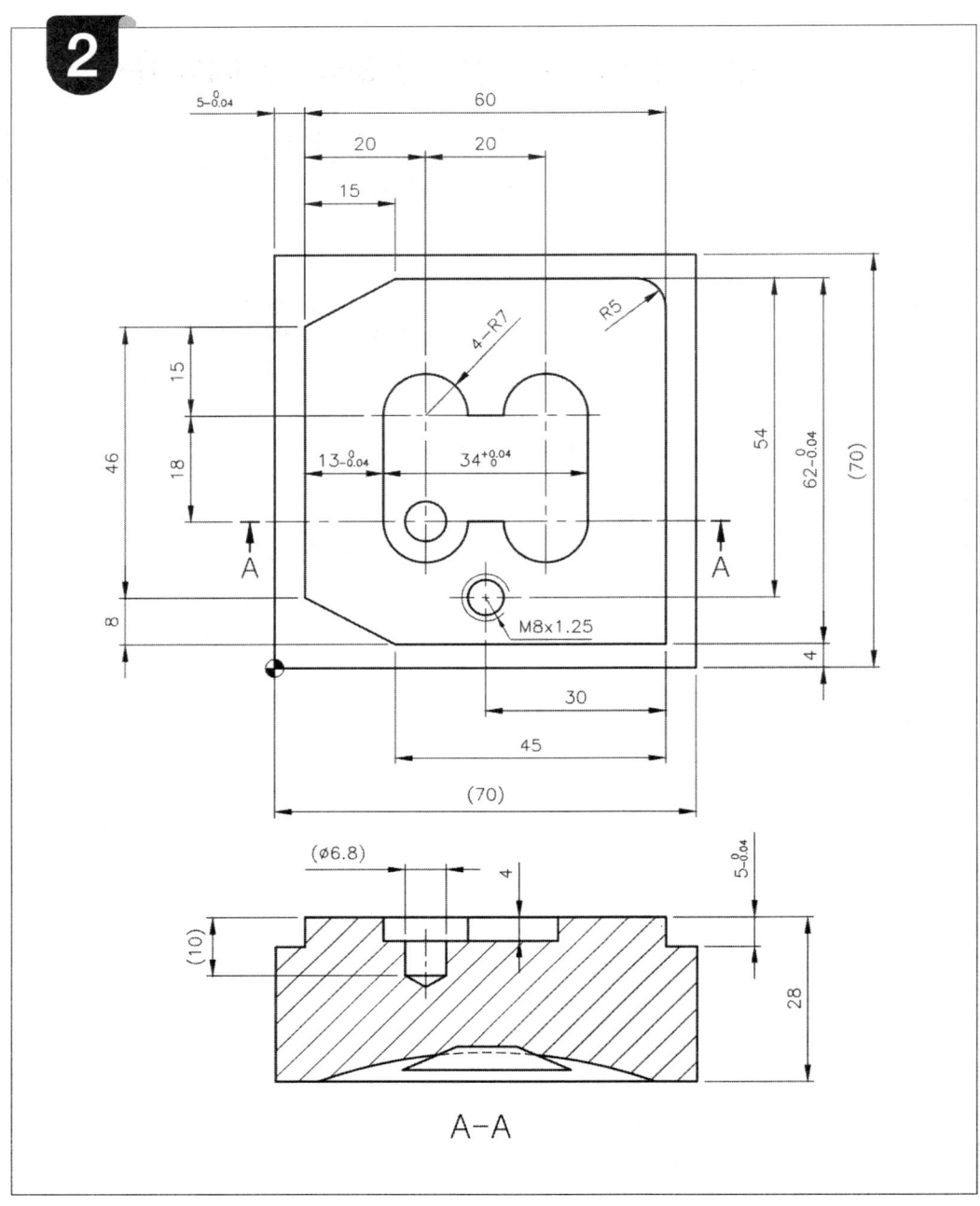

주서
1. 도시되고 지시없는 모떼기 및 라운드 C4, R6
2. 일반 모떼기 C0.2

공구번호	공구명칭	공구직경	회전수(rpm)	이송(mm/min)
T01	Endmill	∅10mm	S2000	황삭F150, 정삭F180
T02	센터 Drill	∅3mm	S1800	F180
T03	Drill	∅6.8mm	S1000	F150
T04	Tap	M8mm	S500	F625

컴퓨터응용가공산업기사 2번: 답 1(국가검정자격 가공방식)

%	NC 프로그램전송 수신 시 기계인식에 반드시 필요
O0002 ;	프로그램 번호
G40 G49 G80 ;	공구 직경 보정 취소, 공구 길이 보정 취소, 고정 사이클 취소
(G91 G30 Z0. M19) ;	공구 교환 위치로 이동. M19는 공구 일방향 정지 기능
T02 M06 (∅3 Center Drill) ;	2번 공구(∅3 Center Drill)로 교체하라.
G54 G90 G00 X25. Y29. ;	센터 Drill 가공 위치로 급속 위치 결정한다. (G54에 기계 좌푯값이 입력되어 있다)
G43H02Z150.S1800M03 ;	센터 Drill 길이 보정하면서 Z150.까지 급속이송한다. 위의 T02 = H02 같게 지정한다. (반드시 같지 않아도 됨) H01에 센터 Drill 길이 보정값이 입력되어 있다.
Z50. M08 ;	안전높이까지 이동한다.
G99G81Z -3.R3.F180 ;	G81 Drill링 사이클(스폿 Drill링 사이클) 가공 지령한다. G99의 R점 R3.까지 이동한다.
X35. Y12. ;	두 번째 가공 위치로 위치 결정하여, G81 고정 사이클로 가공
G80 G00 Z150. M09 ;	G80 고정 사이클 취소, 공구 길이 보정 취소를 위해 안전한 높이 Z150.까지 이동(Z150.은 반드시 G54의 Z값을 면밀히 검토 후 지령한다. 잘못 지령하면 대충돌 발생) M09 절삭유 OFF
G49 M05 ;	G49 공구 길이 보정 취소, M05 주축 회전 정지
(G91 G30 Z0. M19) ;	공구 교환 위치로 이동한다.
T03 M06 (∅6.8 Drill) ;	3번 공구(∅6.8 Drill)로 교체하라.
G90 G00 X30. Y33. ;	Drill 가공 위치로 급속 위치 결정한다. (T01에 G54에 지령하였으므로 생략 가능하다)
G43H03Z150.S1000M03 ;	Drill 길이 보정하면서 Z150.까지 급속이송한다. 위의 T03 = H03 같게 지정한다. (반드시 같지 않아도 됨) H02에 Drill 길이 보정값이 입력되어 있다.
Z50. M08 ;	안전높이까지 이동한다.
G99G83Z -12.R3.Q3.F150 ;	G83팩 Drill링 사이클 가공 지령함. Z는 깊이에 +2mm 정도. G99의 R점 R3.까지 이동한다. Q3.은 1회 절삭 깊이 3mm
X35. Y12. Z -32. ;	두 번째 가공 위치로 위치 결정하여, G83 고정 사이클로 가공

컴퓨터응용가공산업기사 2번: 답 2(국가검정자격 가공방식)

G80 G00 Z150. M09 ;	G80 고정 사이클 취소, 공구 길이 보정 취소를 위해 안전한 높이 Z150.까지 이동(Z150.은 반드시 G54의 Z값을 면밀히 검토 후 지령한다. 잘못 지령하면 대충돌 발생) M09 절삭유 OFF
G49 M05 ;	G49 공구 길이 보정 취소, M05 주축 회전 정지
(G91 G30 Z0. M19) ;	공구 교환 위치로 이동한다.
T01 M06 (∅10 Endmill) ;	1번 공구(∅10 Endmill)로 교체하라.
G90 G00 X -8. Y -8. ;	직각 보정으로 가공하기 위하여 안전한 위치까지 급속 위치 결정한다.
G43H01Z150.S2000M03 ;	Drill 길이 보정하면서 Z150.까지 급속이송한다. 위의 T01 = H01 같게 지정한다. (반드시 같지 않아도 됨) H02에 Drill 길이 보정값이 입력되어 있다.
Z50. ;	안전높이까지 이동한다.
Z -4.5 ;	외곽의 깊이까지 내려간다. 비절삭 구간이므로 G00 가능함 깊이 정삭 여유 0.5mm를 두고 1차 황삭 가공을 한다.
X -0.5 M08 ;	외곽 윤곽 치수를 정삭 여유를 0.5mm 정도 여유를 두고 1차 황삭 가공을 한다. 외곽, 포켓 1차 황삭은 가능하면 G40(보정하지 않은 상태)으로 가공하면 프로그램을 하기 쉽다.
G01 Y71.5 F150 ;	Y71.5까지 직선 가공, F100로 지령한다.
X70.5 ;	X70.5까지 직선 가공
Y -1.5 ;	Y -1.5까지 직선 가공
X -6. ;	X -6.까지 이동
G00 Y -6. ;	Y -6.까지 급속 위치 결정한다.
Z -5. ;	Z -5.까지 급속 위치 결정한다.
G41 X5. D01(D01=5.0) ;	보정 방향은 다음 진행 방향과 직각으로 보정을 주어야 하므로 G41(공구지름 좌측 보정 = 좌측 보정)을 지령한다. 공구가 교체되지 않으면 최초에 1번 D01에 보정값을 지령하면 이후에 G40, G41, G42를 주고 새로 G41, G42를 지령할 때는 D01를 지령하지 않아도 Modal(모달) 기능으로 계속 보정값은 유효함

컴퓨터응용가공산업기사 2번: 답 3(국가검정자격 가공방식)

G01 Y66. F180 ;	Y62.까지 직선 가공. F180로 지령한다.
X65. ;	X65.까지 직선 가공
Y4. ;	Y4.까지 직선 가공
X5. ;	X5.까지 직선 가공
Y62. ;	Y62.까지 직선 가공
X20. Y66. ;	X20. Y66.까지 직선 가공
X60. ;	Y60.까지 직선 가공
G02 X65. Y61. R5. ;	시계 방향으로 R5. 원호가공
G01 Y4. ;	Y4.까지 직선 가공
X20. ;	X20.까지 직선 가공
X5. Y12. ;	X5. Y12.까지 직선 가공
Y18. ;	Y18.까지 직선 가공
X -6. ;	Y -6.까지 직선 가공. 안전한 위치로 이동
G00 Z5. ;	포켓가공을 위해 위로 안전하게 급속 위치 결정으로 올라감
G52 X25. Y29. ;	포켓 작업의 프로그램을 쉽게 작성하기 위하여 로컬 좌표계(구역 좌표계)를 사용한다.
G40 X0. Y0. ;	로컬 좌표계(구역 좌표계) 원점으로 이동한다.
G01 Z -5. F100 ;	Z -5.까지 직선 가공. F100로 지령한다.
Y18. F150 ;	Y18.까지 직선 가공
Y9. F300 ;	Y9.까지 직선 가공
X20. F150 ;	X20.까지 직선 가공
Y18. ;	Y18.까지 직선 가공
Y9. F300 ;	Y9.까지 직선 가공
Y0. ;	Y0.까지 직선 가공
G41 X27. F180 ;	좌측 보정지령하면서 X27.까지 접근 직선 가공
G01 Y18. ;	Y18.까지 직선 가공

컴퓨터응용가공산업기사 2번: 답 4(국가검정자격 가공방식)

G03 X13. R7. ;	반시계 방향으로 R7. 원호가공
G01 X7. ;	X7.까지 직선 가공
G03 X −7. R7. ;	반시계 방향으로 R7. 원호가공
G01 Y0. ;	Y0.까지 직선 가공
G03 X7. R7. ;	반시계 방향으로 R7. 원호가공
G01 X13. ;	X13.까지 직선 가공
G03 X27. R7. ;	반시계 방향으로 R7. 원호가공
G01 Y2. ;	Y2.까지 직선 가공
G40 X20. ;	X20.까지 직선 가공
G52 X0. Y0. ;	로컬 좌표계(구역 좌표계) 해제
G00 Z150. M09 ;	공구 길이 보정 취소를 위해 Z150.까지 급속 위치 결정이동 M09 절삭유 OFF
G49 M05 ;	G49 공구 길이 보정 취소, M05 주축 회전 정지
G40 ;	G40으로 공구 직경 보정 해제
T04 M06 (M8 Tap) ;	4번 공구(M8 Tap)로 교체하라.
G90 G00 X35. Y12. ;	Tap 가공 위치로 급속 위치 결정한다. (T01에 G54에 지령하였으므로 생략 가능하다)
G43H04Z150.S500M03 ;	Tap 길이 보정하면서 Z150.까지 급속이송한다. 위의 T04 = H04 같게 지정한다. (반드시 같지 않아도 됨) H03에 Tap 길이 보정값이 입력되어 있다.
Z50. M08 ;	안전높이까지 이동한다.
G99G84Z −33.R10.F625 ;	G84 Tap 사이클 가공 지령한다. Z는 두께 +5mm 정도, G99의 R점 R3.까지 이동한다. 이송값 지령 → F = 회전수×피치값(625 = 500×1.25)
G00 G80 Z150. M09 ;	고정 사이클 해제, 공구 길이 보정 취소를 위해 Z150.까지 이동 M09 절삭유 OFF
G49 M05 ;	G49 공구 길이 보정 취소, M05 주축 정지
M02 ;	프로그램 종료
%	NC 프로그램 전송 수신 시 기계인식에 반드시 필요

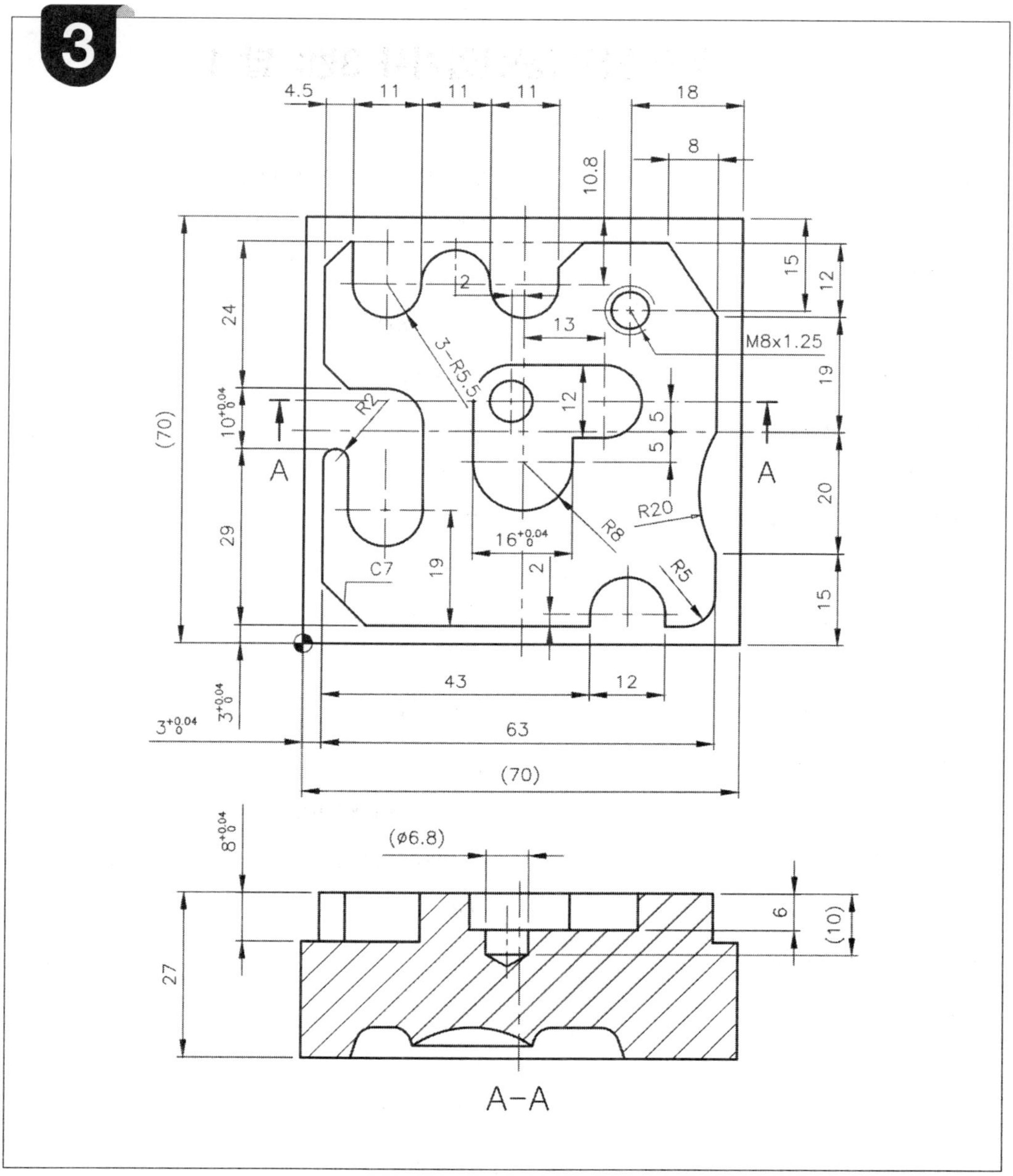

 1. 도시되고 지시없는 모떼기 및 라운드 C4, R6
    2. 일반 모떼기 C0.2

공구번호	공구명칭	공구직경	회전수(rpm)	이송(mm/min)
T01	Endmill	⌀10mm	S2000	황삭F150, 정삭F180
T02	센터 Drill	⌀3mm	S1800	F180
T03	Drill	⌀6.8mm	S1000	F150
T04	Tap	M8mm	S500	F625

컴퓨터응용가공산업기사 3번: 답 1

```
%
O0003 ;
G40 G49 G80 ;
(G91 G30 Z0. M19) ;
T02 M06 (∅3 Center Drill) ;
G54 G90 G00 X33. Y40. ;
G43 H02 Z150. S1800 M03 ;
Z50. M08 ;
G99 G81 Z -3. R3. F180 ;
X52. Y55. ;
G80 G00 Z150. M09 ;
G49 M05 ;
G91 G30 Z0. (M19) ;
T03 M06 (∅6.8 Drill) ;
G90 G00 X33. Y40. ;
G43 H03 Z150. S1000 M03 ;
Z50. M08 ;
G99 G83 Z -12. R3. Q3. F150 ;
X52. Y55. Z -31. ;
G80 G00 Z150. M09 ;
G49 M05 ;
(G91 G30 Z0. M19) ;
T01 M06 (∅10  Endmill) ;
G90 G00 X -8. Y -8. ;
G43 H01 Z150. S2000 M03 ;
Z50. ;
Z -7.5 ;
X -2.5 M08 ;
Y37. F150 ;
X13. ;
X -2.5 ;
Y71.5 ;
X71.5 ;
Y -2.5 ;
X -6. ;
G00 Y -6. ;
Z -8. ;
G41 X3. D01(D01=5.0) ;
G01 Y66. F180 ;
X66. ;
Y3. ;
X3. ;
Y30. ;
G02 X7. R2. ;
G01 Y22. ;
G03 X19. R6. ;
G01 Y36. ;
```

컴퓨터응용가공산업기사 3번: 답 2

G03 X13. Y42. R6. ;
G01 X7. ;
X3. Y46. ;
Y62. ;
X7. Y66. ;
X7.5 ;
Y59.2 ;
G03 X18.5 R5.5 ;
G02 X29.5 R5.5 ;
G03 X40.5 R5.5 ;
G01 Y62. ;
X44.5 Y66. ;
X58. ;
X66. Y54. ;
Y35. ;
G03 Y15. R20. ;
G01 Y8. ;
G02 X61. Y3. R5. ;
G01 X58. ;
Y5. ;

G03 X46. R6. ;
G01 Y3. ;
X10. ;
X3. Y10. ;
Y16. ;
X -6. ;
G00 Z5. ;
G52 X33. Y40. ;
G40 X0. Y0. ;
G01 Z -6. F100. ;
X2. Y -10. F150 ;
Y0. F300 ;
X15. F150 ;
G00 Z5. ;
X0. ;
Z -5.7 ;
G01 Z -6. ;
G41 Y -6. F180 ;
X15. ;
G03 Y6. R6. ;

G01 X0. ;
G03 X -6. Y0. R6. ;
G01 Y -10. ;
G03 X10. R8. ;
G01 Y -4. ;
G52 X0. Y0. ;
G00 Z150. M09 ;
G40 ;
G49 M05 ;
(G91 G30 Z0. M19) ;
T04 M06 (M8 Tap) ;
G90 G00 X52. Y55. ;
G43 H04 Z150. S500 M03 ;
Z50. M08 ;
G99G84Z -32.R10.F625 ;
G80 Z150. M09 ;
G49 M05 ;
M02 ;
%

4

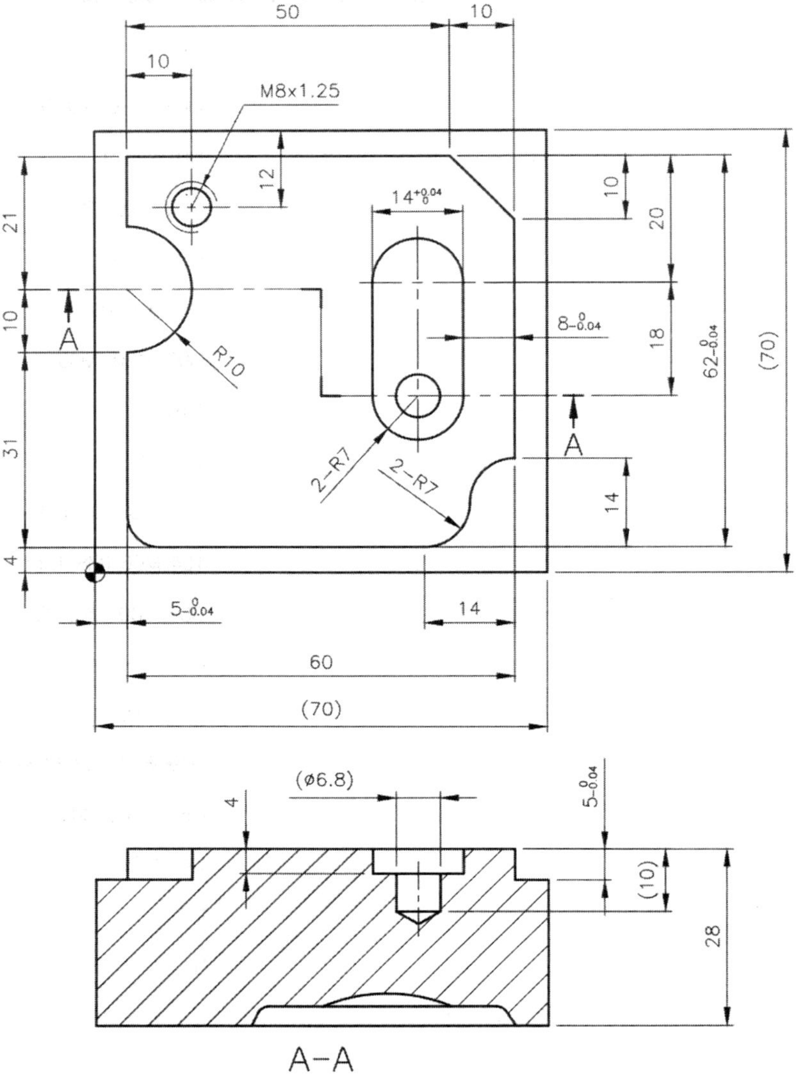

1. 도시되고 지시없는 모떼기 및 라운드 C4, R6
2. 일반 모떼기 C0.2

공구번호	공구명칭	공구직경	회전수(rpm)	이송(mm/min)
T01	Endmill	∅10mm	S2000	황삭F150, 정삭F180
T02	센터 Drill	∅3mm	S1800	F180
T03	Drill	∅6.8mm	S1000	F150
T04	Tap	M8mm	S500	F625

컴퓨터응용가공산업기사 4번: 답 1

```
%
O0004 ;
G40 G49 G80 ;
(G91 G30 Z0. M19) ;
T02 M06 (∅3 Center Drill) ;
G54 G90 G00 X15. Y58. ;
G43 H02 Z150. S1800 M03 ;
Z50. M08 ;
G99 G81 Z -3. R3. F180 ;
X50. Y28. ;
G80 G00 Z150. M09 ;
G49 M05 ;
(G91 G30 Z0. M19) ;
T03 M06 (∅6.8 Drill) ;
G90 G00 X50. Y28. ;
G43 H03 Z150. S1000 M03 ;
Z50. M08 ;
G99 G83 Z -12. R3. Q3. F150 ;
X15. Y58. Z -32. ;
G80 G00 Z150. M09 ;
G49 M05 ;
(G91 G30 Z0. M19) ;
T01 M06 (∅10 Endmill) ;
G90 G00 X -8. Y -8. ;
G43 H01 Z150. S2000 M03 ;
Z50. ;
Z -4.5 ;
X -0.5 M08 ;
G01 Y45. F100 ;
X5. ;
X -0.5 ;
Y71.5 ;
X70.5 ;
Y -1.5 ;
X -6. ;
G00 Y -6. ;
Z -5. ;
G41 X5. D01(D01=5.0) ;
G01 Y66. F180 ;
X65. ;
Y4. ;
X5. ;
Y35. ;
G03 Y55. R10. ;
```

컴퓨터응용가공산업기사 4번: 답 2

G01 Y66. ;

X55. ;

X65. Y56. ;

Y18. ;

G03 X58. Y11. R7. ;

G02 X51. Y4. R7. ;

G01 X10. ;

G02 X5. Y9. R5. ;

G01 Y15. ;

X -6. ;

G40 G00 Y45. ;

G01 X5. ;

G00 Z5. ;

G52 X50. Y28. ;

G40 X0. Y0. ;

G01 Z -4. F100. ;

Y18. F150 ;

G41 X -7. F180 ;

Y0. ;

G03 X7. R7. ;

G01 Y18. ;

G03 X -7. R7. ;

G01 Y16. ;

G40 X0. ;

G52 X0. Y0. ;

G00 Z150. M09 ;

G40 ;

G49 M05 ;

(G91 G30 Z0. M19) ;

T04 M06 (M8 Tap) ;

G90 G00 X15. Y58. ;

G43 H04 Z150. S500 M03 ;

G99 G84 Z -32. R10. F625 ;

G80 Z150. M09 ;

G49 M05 ;

M02 ;

%

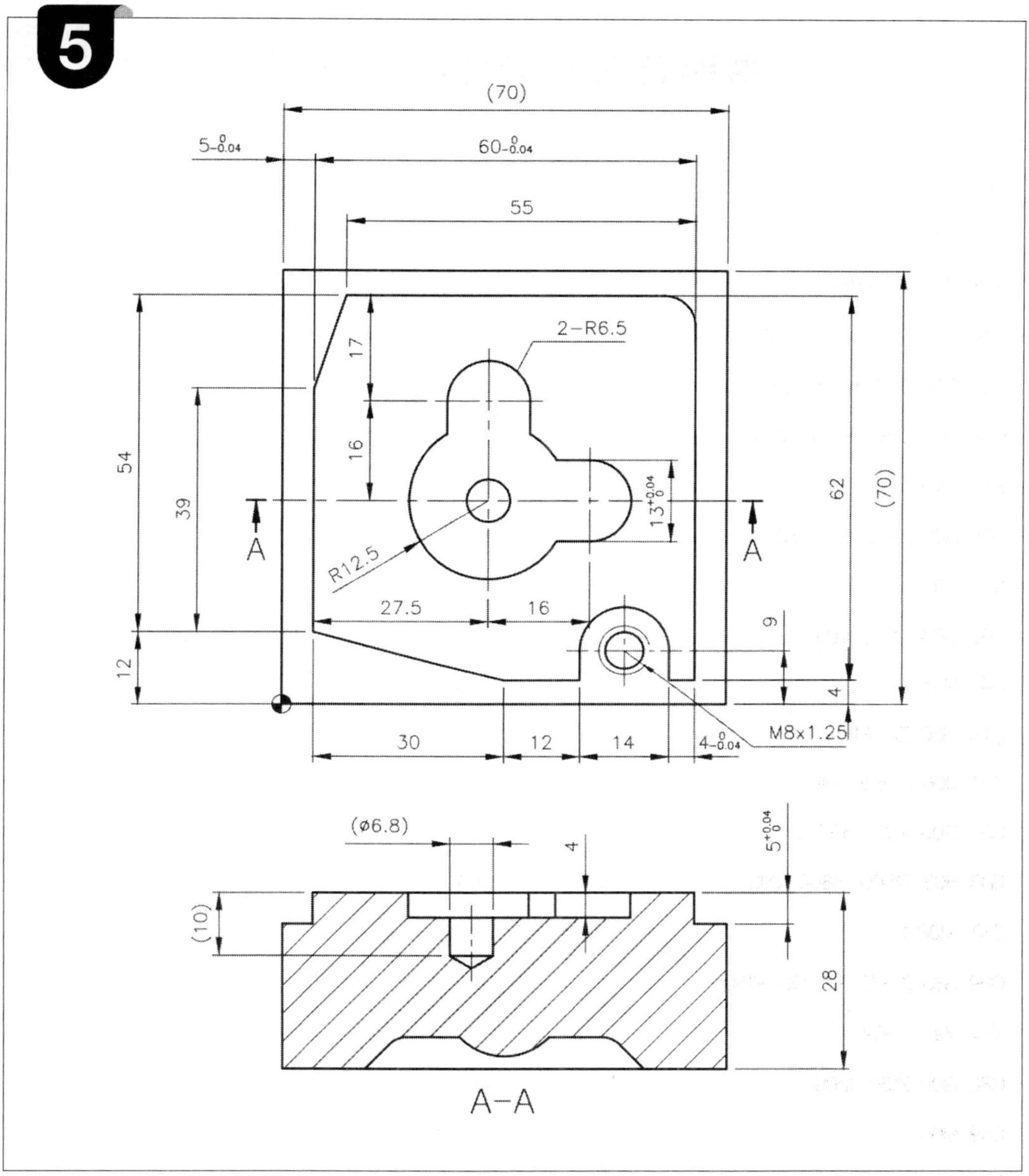

5

주서
1. 도시되고 지시없는 모떼기 및 라운드 C4, R6
2. 일반 모떼기 C0.2

공구번호	공구명칭	공구직경	회전수(rpm)	이송(mm/min)
T01	Endmill	⌀10mm	S2000	황삭F150, 정삭F180
T02	센터 Drill	⌀3mm	S1800	F180
T03	Drill	⌀6.8mm	S1000	F150
T04	Tap	M8mm	S500	F625

컴퓨터응용가공산업기사 5번: 답 1

```
%
O0005 ;
G40 G49 G80 ;
(G91 G30 Z0. M19) ;
T02 M06 (∅3 Center Drill) ;
G54 G90 G00 X32.5 Y33. ;
G43 H02 Z150. S1800 M03 ;
Z50. M08 ;
G99 G81 Z -3. R3. F180 ;
X54. Y9. ;
G80 G00 Z150. M09 ;
G49 M05 ;
(G91 G30 Z0. M19) ;
T03 M06 (∅6.8 Drill) ;
G90 G00 X32.5 Y33. ;
G43 H03 Z1500. S800 M03 ;
Z50. M08 ;
G99 G83 Z -12. R3. Q3. F150 ;
X54. Y9. Z -32. ;
G80 G00 Z150. M09 ;
G49 M05 ;
(G91 G30 Z0. M19) ;
T01 M06 (∅10 Endmill) ;
G90 G00 X -8. Y -8. ;
G43 H01 Z150. S2000 M03 ;
Z50. ;
Z -4.5 ;
X -0.5 M08 ;
G01 Y71.5 F150 ;
X70.5 ;
Y -1.5 ;
X -6. ;
G00 Y -6. ;
Z -5. ;
G41 X5. D01(D01=5.0) ;
G01 Y66. F180
X65. ;
Y4. ;
X5. ;
Y51. ;
X10. Y66. ;
X60. ;
G02 X65. Y61. R5. ;
G01 Y4. ;
```

컴퓨터응용가공산업기사 5번: 답 2

X61. ;
Y9. ;
G03 X47. R7. ;
G01 Y4. ;
X35. ;
X5. Y12. ;
Y18. ;
X -6. ;
G00 Z5. ;
G52 X32.5 Y33. ;
G40 X0. Y0. ;
G01 Z -4. F100. ;
Y16. F150 ;
Y0. F300 ;
X16. F150 ;
X0. F300;
G41 X12.5 F180 ;
G03 I-12.5   ;
G40 G01 X0. Y0. ;
G41 Y -6.5 ;

X16. ;
G03 Y6.5 R6.5 ;
G01 X6.5 ;
Y16. ;
G03 X -6.5 R6.5 ;
G01 Y0. ;
G52 X0. Y0. ;
G00 Z150. M09 ;
G40 ;
G49 M05 ;
(G91 G30 Z0. M19) ;
T04 M06 (M8 Tap) ;
G90 G00 X54. Y9. ;
G43 H04 Z150. S500 M03 ;
G99 G84 Z -32. R10. F625 ;
G80 Z150. M09 ;
G49 M05 ;
M02 ;
%

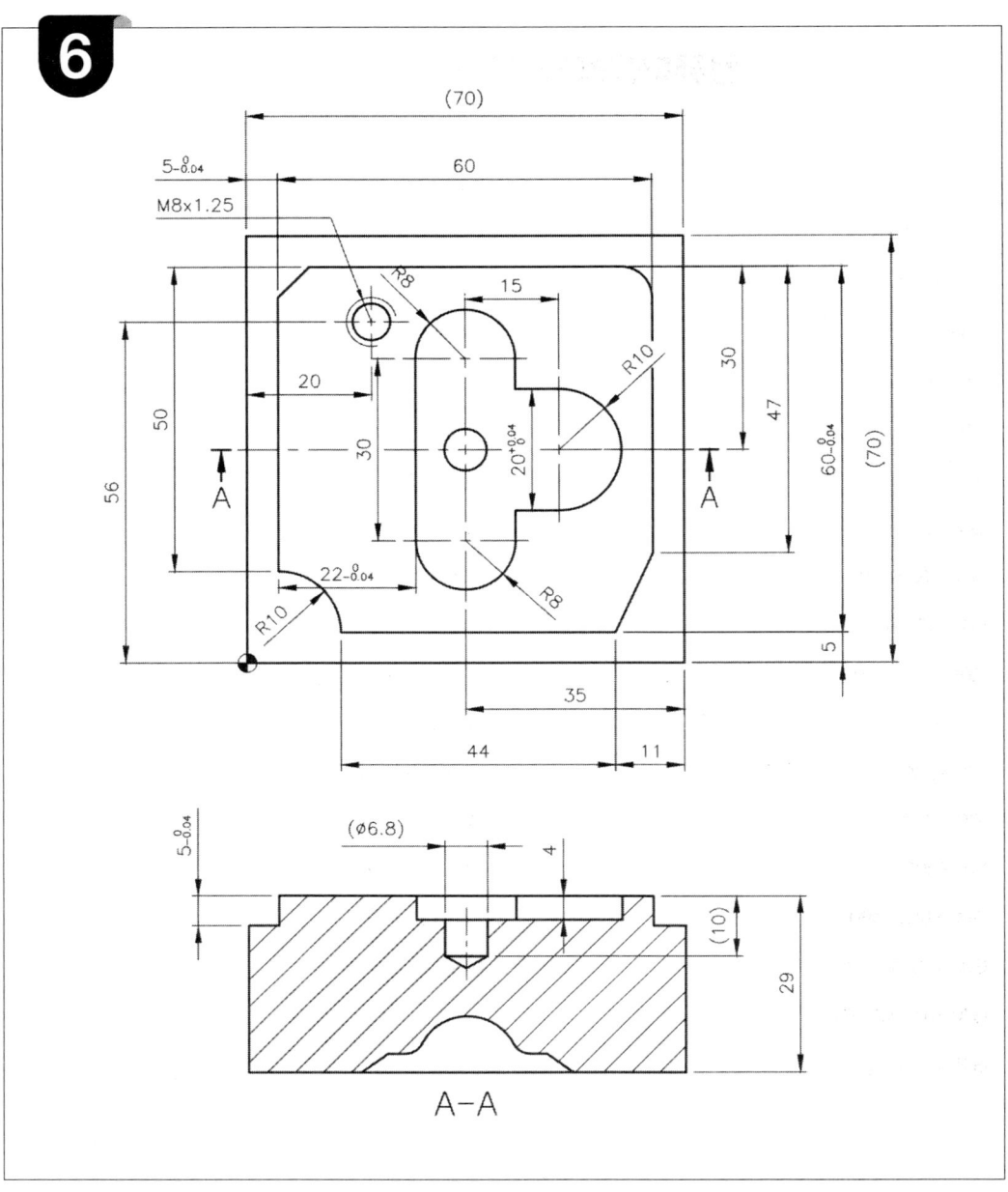

주서
1. 도시되고 지시없는 모떼기 및 라운드 C4, R6
2. 일반 모떼기 C0.2

공구번호	공구명칭	공구직경	회전수(rpm)	이송(mm/min)
T01	Endmill	∅10mm	S2000	황삭F150, 정삭F180
T02	센터 Drill	∅3mm	S1800	F180
T03	Drill	∅6.8mm	S1000	F150
T04	Tap	M8mm	S500	F625

컴퓨터응용가공산업기사 6번: 답 1

```
%
O0006 ;
G40 G49 G80 ;
(G91 G30 Z0. M19) ;
T02 M06 (∅3 Center Drill) ;
G54 G90 G00 X20. Y56. ;
G43 H02 Z150. S1800 M03 ;
Z50. M08 ;
G99 G81 Z -3. R3. F180 ;
X35. Y35. ;
G80 G00 Z150. M09 ;
G49 M05 ;
(G91 G30 Z0. M19) ;
T03 M06 (∅6.8 Drill) ;
G90 G00 X20. Y56. ;
G43 H03 Z150. S800 M03 ;
Z50. M08 ;
G99 G83 Z -12. R3. Q3. F150 ;
X35. Y35. Z -33. ;
G80 G00 Z150. M09 ;
G49 M05 ;
(G91 G30 Z0. M19) ;
T01 M06 (∅10 Endmill) ;
G90 G00 X -8. Y -8. ;
G43 H01 Z150. S2000 M03 ;
Z50. ;
Z -4.5 ;
X -0.5 M08 ;
G01 Y70.5 F150 ;
X70.5 ;
Y -0.5 ;
X -6. ;
G00 Y -6. ;
Z -5. ;
G41 X5. D01(D01=5.0) ;
G01 Y65. F180 ;
X65. ;
Y5. ;
X5. ;
Y60. ;
X10. Y65. ;
X60. ;
G02 X65. Y60. R5. ;
G01 Y14. ;
```

컴퓨터응용가공산업기사 6번: 답 2

```
X59. Y5. ;
X15. ;
G03 X5. Y15. R10. ;
G01 Y21. ;
X -6. ;
G40 G00 Y5. ;
G01 X5. ;
G00 Z5. ;
G52 X35. Y35. ;
G40 X0. Y0. ;
G01 Z -4. F100. ;
Y15. F150 ;
Y0. F300 ;
X15. F150 ;
G41 Y10. F180 ;
X8. ;
Y15. ;
G03 X -8. R8. ;
G01 Y -15. ;
G03 X8. R8. ;
G01 Y -10. ;
X15. ;
G03 Y10. R10. ;
G01 X0. ;
G52 X0. Y0. ;
G00 Z150. M09 ;
G40 ;
G49 M05 ;
(G91 G30 Z0. M19) ;
T04 M06 (M8 Tap) ;
G90 G00 X20. Y56. ;
G43 H04 Z150. S500 M03 ;
G99 G84 Z -34. R10. F625 ;
G80 Z150. M09 ;
G49 M05 ;
M02 ;
%
```

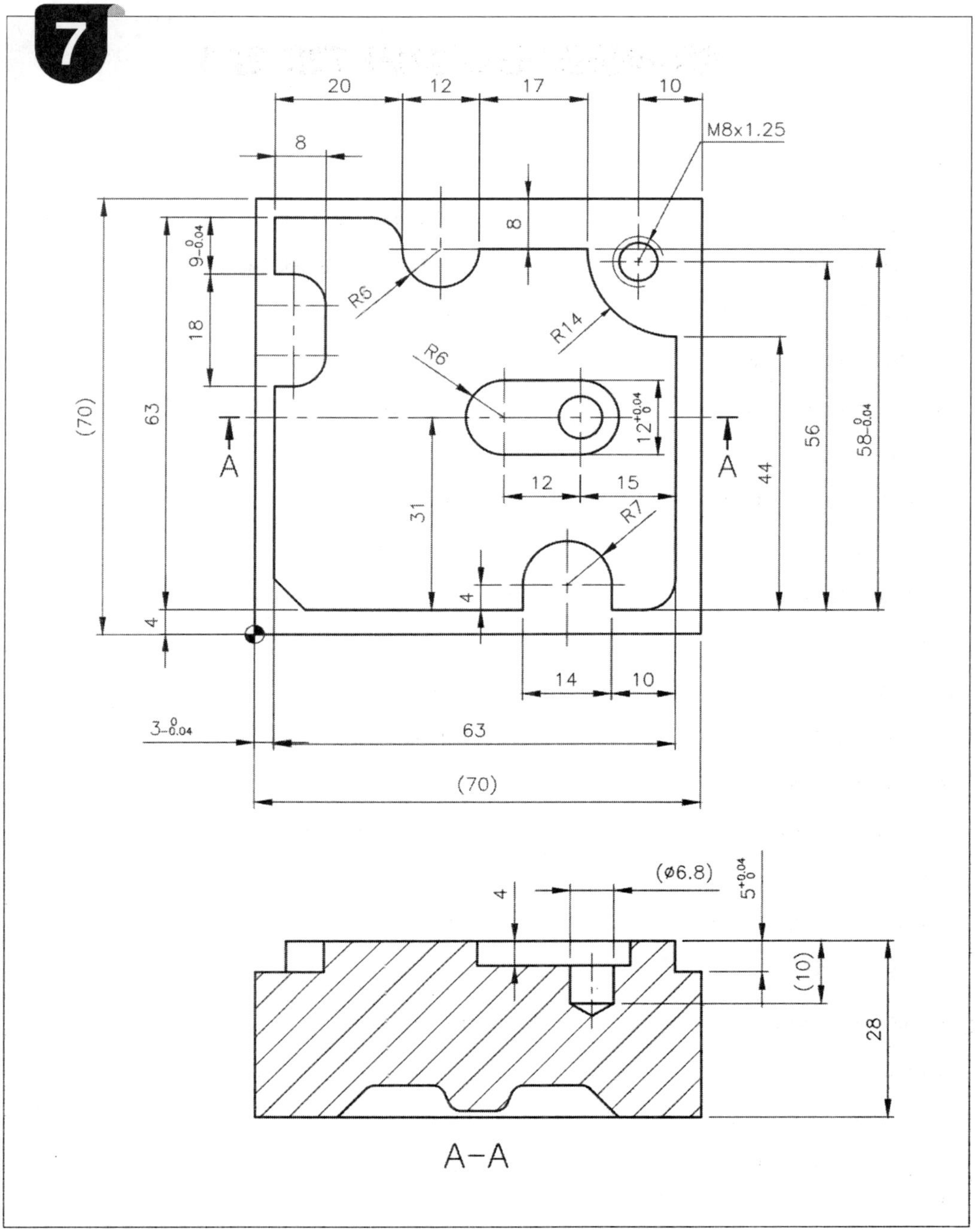

주서
1. 도시되고 지시없는 모떼기 및 라운드 C4, R6
2. 일반 모떼기 C0.2

공구번호	공구명칭	공구직경	회전수(rpm)	이송(mm/min)
T01	Endmill	∅10mm	S2000	황삭F150, 정삭F180
T02	센터 Drill	∅3mm	S1800	F180
T03	Drill	∅6.8mm	S1000	F150
T04	Tap	M8mm	S500	F625

컴퓨터응용가공산업기사 7번: 답 1

%

O0007 ;

G40 G49 G80 ;

(G91 G30 Z0. M19) ;

T02 M06 (∅3 Center Drill) ;

G54 G90 G00 X51. Y35. ;

G43 H02 Z150. S1800 M03 ;

Z50. M08 ;

G99 G81 Z -3. R3. F180 ;

X60. Y60. ;

G80 G00 Z150. M09 ;

G49 M05 ;

(G91 G30 Z0. M19) ;

T03 M06 (∅6.8 Drill) ;

G90 G00 X51. Y35. ;

G43 H03 Z150. S800 M03 ;

Z50. M08 ;

G99 G83 Z -12. R3. Q3. F150 ;

X60. Y60. Z -32. ;

G80 G00 Z150. M09 ;

G49 M05 ;

(G91 G30 Z0. M19) ;

T01 M06 (∅10 Endmill) ;

G90 G00 X -8. Y -8. ;

G43 H01 Z150. S2000 M03 ;

Z50. ;

Z -4.5 ;

X -2.5 M08 ;

G01 Y72.5 F150 ;

X66. ;

Y60. ;

X71.5 ;

Y -1.5 ;

X -6. ;

G00 Y -6. ;

Z -5. ;

G41 X3. D01(D01=5.0) ;

G01 Y67. F180 ;

X66. ;

Y4. ;

X3. ;

Y40. ;

X6. ;

G03 X11. Y45. R5. ;

컴퓨터응용가공산업기사 7번: 답 2

G01 Y53. ;
G03 X6. Y58. R5. ;
G01 X6. ;
Y67. ;
X18. ;
G02 X23. Y62. R5. ;
G03 X35. R6. ;
G01 X52. ;
G03 X66. Y48. R14. ;
G01 Y9. ;
G02 X61. Y4. R5. ;
G01 X56. ;
Y8. ;
G03 X42. R7. ;
G01 Y4. ;
X8. ;
X3. Y9. ;
Y14. ;
X −9. ;
G00 Z5. ;
G40 X76. Y62. ;
Z −5. ;
G01 X62. ;

G00 Z5. ;
G52 X51. Y35. ;
G40 X0. Y0. ;
G01 Z −4. F100 ;
X −12 F150 ;
G41 Y −6. F180 ;
X0. ;
G03 Y6. R6. ;
G01 X −12. ;
G03 Y −6. R6. ;
G01 X −7. ;
G40 Y0. ;
G52 X0. Y0. ;
G49 M05 ;
G91 G30 Z0. M19) ;
T04 M06 (M8 Tap) ;
G90 G00 X60. Y60. ;
G43 H04 Z150. S500 M03 ;
G99 G84 Z −32. R3. F625 ;
G80 Z150. M09 ;
G49 M05 ;
M02 ;
%

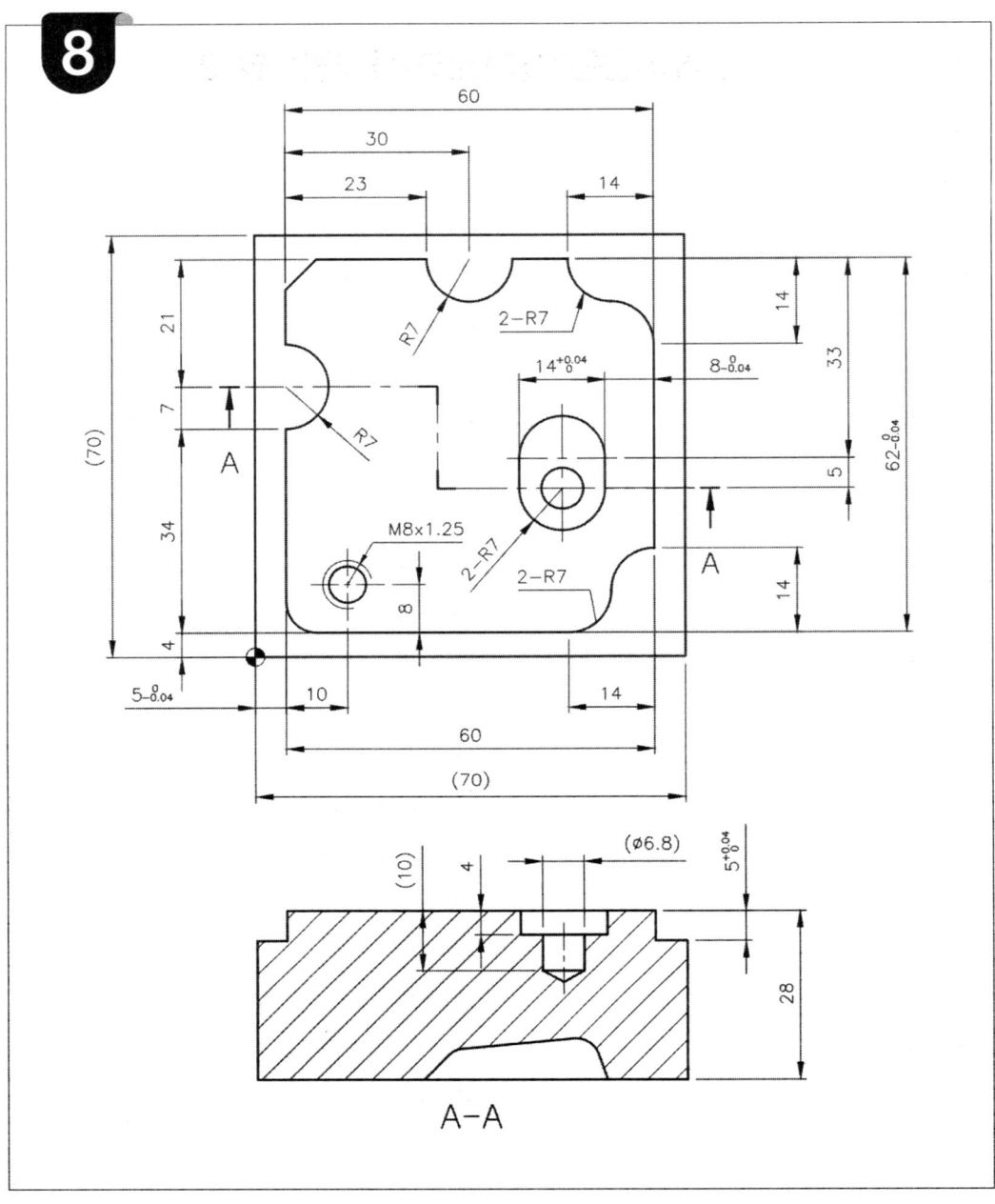

주서
1. 도시되고 지시없는 모떼기 및 라운드 C4, R6
2. 일반 모떼기 C0.2

공구번호	공구명칭	공구직경	회전수(rpm)	이송(mm/min)
T01	Endmill	⌀10mm	S2000	황삭F150, 정삭F180
T02	센터 Drill	⌀3mm	S1800	F180
T03	Drill	⌀6.8mm	S1000	F150
T04	Tap	M8mm	S500	F625

컴퓨터응용가공산업기사 8번: 답 1

```
%
O0008 ;
G40 G49 G80 ;
G91 G30 Z0. (M19) ;
T02 M06 (∅3 Center Drill) ;
G54 G90 G00 X15. Y12. ;
G43 H02 Z150. S1800 M03 ;
Z50. M08 ;
G99 G81 Z -3. R3. F180 ;
X50. Y28. ;
G80 G00 Z150. M09 ;
G49 M05 ;
G91 G30 Z0. (M19) ;
T03 M06 (∅6.8 Drill) ;
G90 G00 X15. Y12. ;
G43 H03 Z200. S800 M03 ;
Z50. M08 ;
G99 G83 Z -12. R3. Q3. F150 ;
X50. Y28. Z -32. ;
G80 G00 Z150. M09 ;
G49 M05 ;
G91 G30 Z0. (M19) ;
T01 M06 (∅10 Endmill) ;
G90 G00 X -8. Y -8. ;
G43 H01 Z150. S2000 M03 ;
Z50. ;
Z -4.5 ;
X -0.5 M08 ;
G01 Y71.5 F150 ;
X70.5 ;
Y -1.5 ;
X -6. ;
G00 Y -6. ;
Z -5. ;
G41 X5. D01(D01=5.0) ;
G01 Y66. F180 ;
X65. ;
Y4. ;
X5. ;
Y38. ;
G03 Y52. R7. ;
G01 Y61. ;
X10. Y66. ;
X28. ;
```

컴퓨터응용가공산업기사 8번: 답 2

```
G03 X42. R7. ;
G01 X51. ;
G03 X58. Y59. R7. ;
G02 X65. Y52. R7. ;
G01 Y18. ;
G03 X58. Y11. R7. ;
G02 X51. Y4. R7. ;
G01 X10. ;
G02 X5. Y9. R5. ;
G01 Y15. ;
X -6. ;
G00 Z5. ;
G52 X50. Y28. ;
G40 X0. Y0. ;
G01 Z -4. F100 ;
G01 Y5. F150 ;
G41 X -7. F180 ;
G01 Y0. ;
G03 X7. R7. ;
G01 Y5. ;
G03 X -7. R7. ;
G01 Y2. ;
G40 X0. ;
G52 X0. Y0. ;
G00 Z150. M09 ;
G49 M05 ;
G00 Z150. M09 ;
G49 M05 ;
G91 G30 Z0. (M19) ;
T04 M06 (M8 Tap) ;
G90 G00 X60. Y60. ;
G43 H04 Z150. S500 M03 ;
G99 G84 Z -32. R3. F625 ;
G80 Z150. M09 ;
G49 M05 ;
M02 ;
%
```

1. 도시되고 지시없는 모떼기 및 라운드 C4, R6
2. 일반 모떼기 C0.2

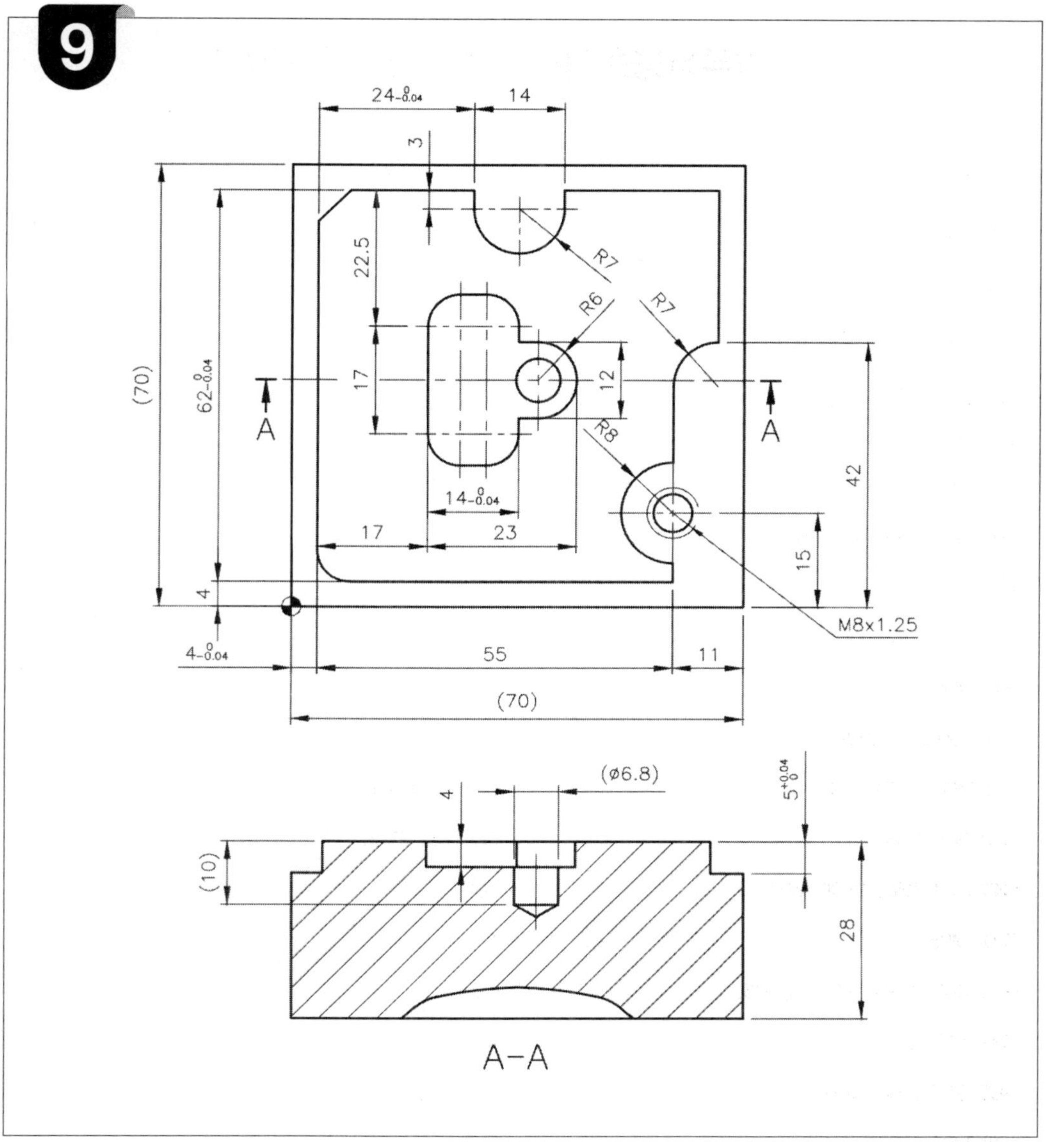

공구번호	공구명칭	공구직경	회전수(rpm)	이송(mm/min)
T01	Endmill	⌀10mm	S2000	황삭F150, 정삭F180
T02	센터 Drill	⌀3mm	S1800	F180
T03	Drill	⌀6.8mm	S1000	F150
T04	Tap	M8mm	S500	F625

컴퓨터응용가공산업기사 9번: 답 1

%
O0009 ;
G40 G49 G80 ;
G91 G30 Z0. (M19) ;
T02 M06 (∅3 Center Drill) ;
G54 G90 G00 X38. Y35. ;
G43 H02 Z150. S1800 M03 ;
Z50. M08 ;
G99 G81 Z -3. R3. F180 ;
X59. Y15. ;
G80 G00 Z150. M09 ;
G49 M05 ;
G91 G30 Z0. (M19) ;
T03 M06 (∅6.8 Drill) ;
G90 G00 X38. Y35. ;
G43 H03 Z150. S800 M03 ;
Z50. M08 ;
G99 G83 Z -12. R3. Q3. F150 ;
X59. Y15. Z -32. ;
G80 G00 Z150. M09 ;
G49 M05 ;
G91 G30 Z0. (M19) ;
T01 M06 (∅10 Endmill) ;

G90 G00 X -8. Y -8. ;
G43 H01 Z150. S2000 M03 ;
Z50. ;
Z -4.5 ;
X -1.5 M08 ;
G01 Y71.5 F150 ;
X71.5 ;
Y -1.5 ;
X -6. ;
G00 Y -6. ;
Z -5. ;
G41 X4. D01(D01=5.0) ;
G01 Y66. F180 ;
X66. ;
Y4. ;
X4. ;
Y61. ;
X9. Y66. ;
X28. ;
Y63. ;
G03 X42. R7. ;

컴퓨터응용가공산업기사 9번: 답 2

G01 Y66. ;
X66. ;
Y42. ;
G03 X59. Y35. R7. ;
G01 Y23. ;
G03 Y7. R8. ;
G01 Y4. ;
X9. ;
G02 X4. Y9. R5. ;
G01 Y14. ;
X −6. ;
G00 Z5. ;
G52 X38. Y35. ;
G40 X0. Y0. ;
G01 Z −4. F100 ;
X −10. F150 ;
Y8. ;
Y0. F300 ;
Y −8. F150 ;
G41 X −3. F180 ;
Y −6. ;
X0. ;
G03 Y6. R6. ;
G01 X −3. ;

Y8.5 ;
G03 X −8. Y13.5 R5. ;
G01 X −12. ;
G03 X −17. Y8.5 R5. ;
G01 Y −8.5 ;
G03 X −12. Y −13.5 R5. ;
G01 X −8. ;
G03 X −3. Y −8.5 R5. ;
G01 Y0. ;
G52 X0. Y0. ;
G00 Z150. M09 ;
G49 M05 ;
G40 ;
G49 M05 ;
G91 G30 Z0. (M19) ;
T04 M06 (M8 Tap) ;
G90 G00 X59. Y15. ;
G43 H04 Z150. S500 M03 ;
G99 G84 Z −32. R3. F625 ;
G80 Z150. M09 ;
G49 M05 ;
M02 ;
%

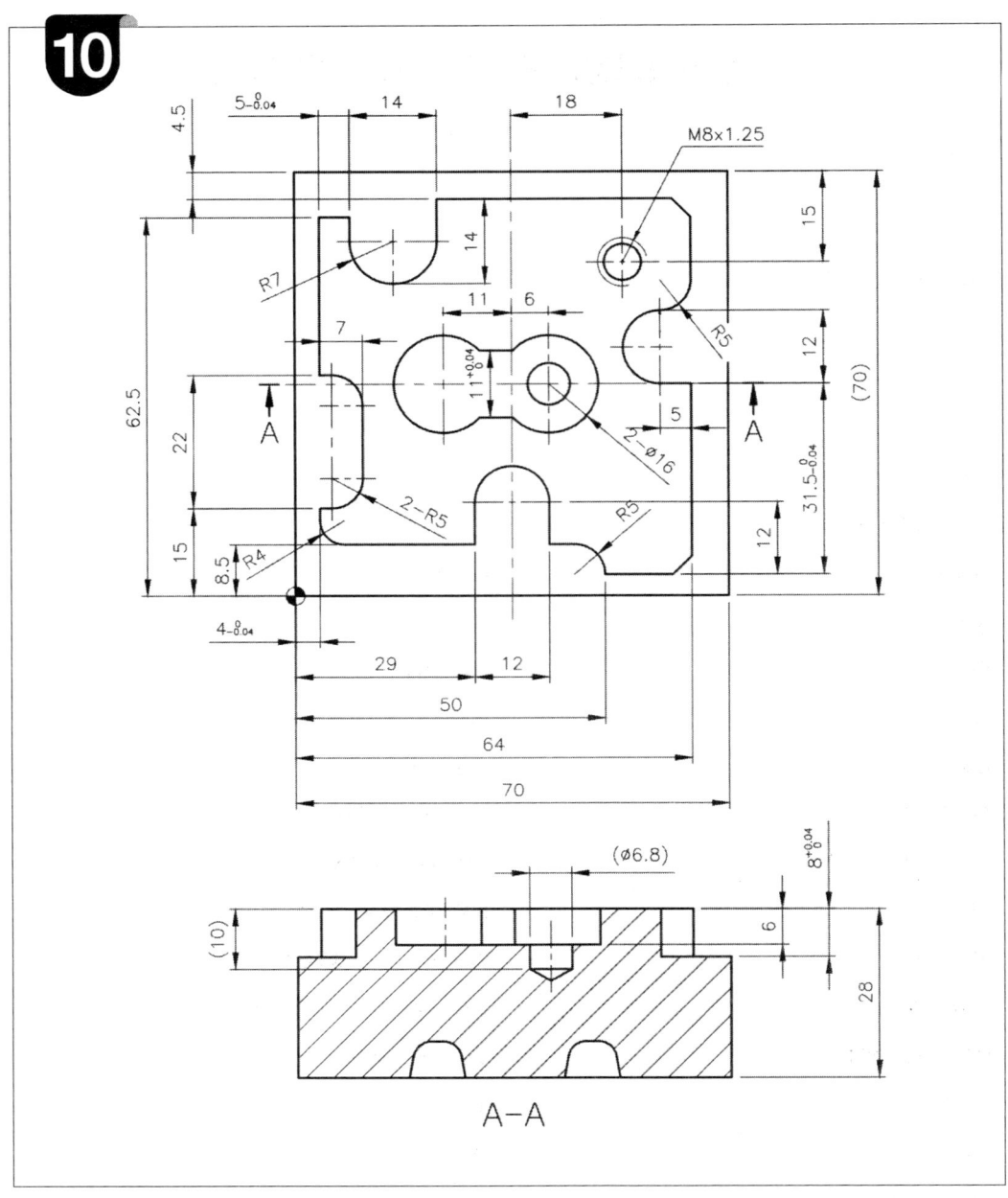

주석
1. 도시되고 지시없는 모떼기 및 라운드 C4, R6
2. 일반 모떼기 C0.2

공구번호	공구명칭	공구직경	회전수(rpm)	이송(mm/min)
T01	Endmill	⌀10mm	S2000	황삭F150, 정삭F180
T02	센터 Drill	⌀3mm	S1800	F180
T03	Drill	⌀6.8mm	S1000	F150
T04	Tap	M8mm	S500	F625

컴퓨터응용가공산업기사 10번: 답 1

%
O0010 ;
G40 G49 G80 ;
G91 G30 Z0. (M19) ;
T02 M06 (∅3 Center Drill) ;
G54 G90 G00 X41. Y35. ;
G43 H02 Z150. S1800 M03 ;
Z50. M08 ;
G99 G81 Z -5. R3. F100 ;
X53. Y55. ;
G80 G00 Z150. M09 ;
G49 M05 ;
G91 G30 Z0. (M19) ;
T03 M06 (∅6.8 Drill) ;
G90 G00 X41. Y35. ;
G43 H03 Z150. S800 M03 ;
Z50. M08 ;
G99 G83 Z -12. R3. Q3. F80 ;
X53. Y55. Z -33. ;
G80 G00 Z150. M09 ;
G49 M05 ;
G91 G30 Z0. (M19) ;
T01 M06 (∅10 Endmill) ;
G90 G00 X -8. Y -8. ;
G43 H01 Z150. S2000 M03 ;
Z50. ;
Z -7.5 ;
X -1.5 M08 ;
G01 Y67.5 F100 ;
X16. ;
Y58. ;
Y71. ;
X69.5 ;
Y -2.0 ;
X -6. ;
G00 Y -6. ;
G41 X4. D01(D01=5.0) ;
G01 Y65.5 F180;
X64. ;
Y3.5 ;
X4. ;
Y14.5 ;
G03 X11. Y19.5 R5. ;
G01 Y31.5 ;
G03 X6. Y36.5 R7. ;
G01 X4. ;
Y62.5 ;
X9. ;
Y58.5 ;
G03 X23. R7. ;

컴퓨터응용가공산업기사 10번: 답 2

G01 Y65.5 ;

X61. ;

X64. Y60.5 ;

Y52. ;

G02 X59. Y47. R5. ;

G03 Y35. R6. ;

G01 X64. ;

Y6.5 ;

X61. Y3.5 ;

X50. ;

G03 X45. Y8.5 R5. ;

G01 X41. ;

Y15.5 ;

G03 X29. R6. ;

G01 Y8.5 ;

X8. ;

G02 X4. Y12.5 R4. ;

G01 Y17. ;

G00 Z5. ;

G40 X41. Y35. ;

G01 Z -6. F50 ;

G41 X33. F100 ;

G03 I8. F180 ;

G40 G01 X41. Y35. ;

X24. ;

G41 X32. ;

G03 I-8. ;

G40 G01 X24. Y35. ;

G41 Y29.5 ;

X41. ;

Y40.5 ;

X24. ;

G00 Z150. M09 ;

G49 M05 ;

G40 ;

G91 G30 Z0. (M19) ;

T04 M06 (M8 Tap) ;

G90 G00 X53. Y55. ;

G43 H04 Z150. S500 M03 ;

G99 G84 Z -33. R3. F625 ;

G80 Z150. M09 ;

G49 M05 ;

M02 ;

%

11

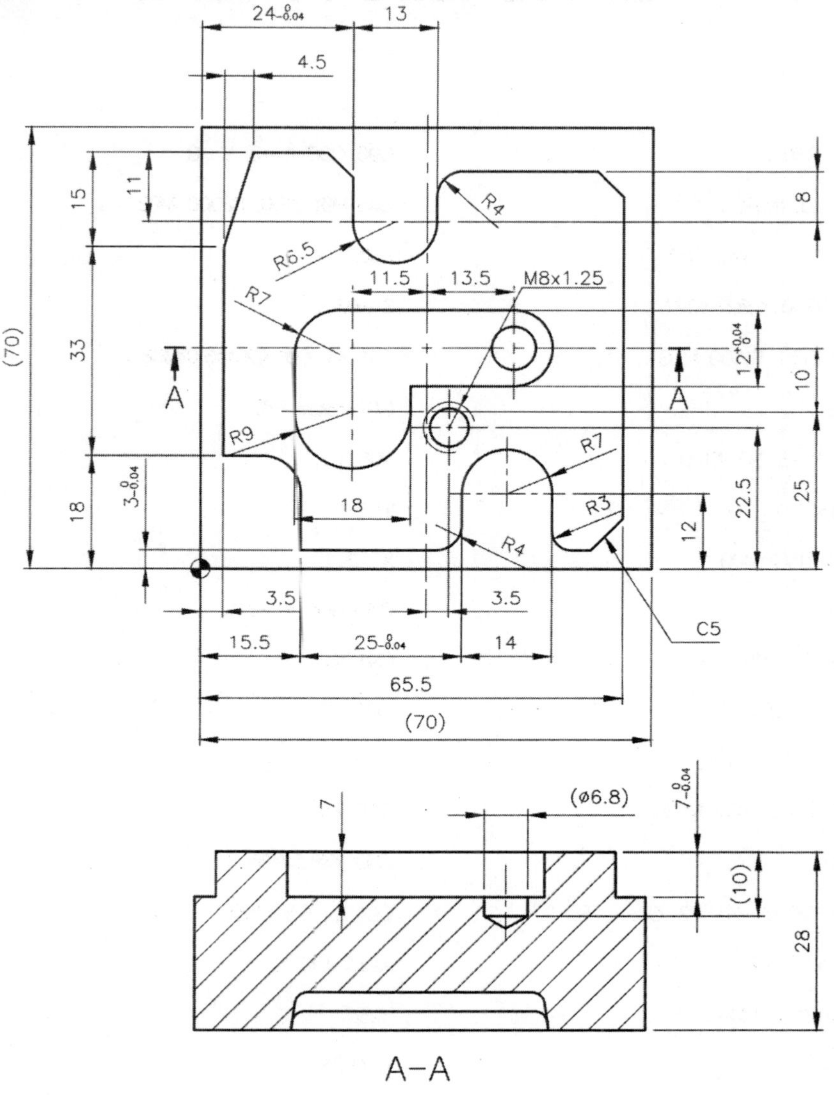

주서
1. 도시되고 지시없는 모떼기 및 라운드 C4, R6
2. 일반 모떼기 C0.2

공구번호	공구명칭	공구직경	회전수(rpm)	이송(mm/min)
T01	Endmill	⌀10mm	S2000	황삭F150, 정삭F180
T02	센터 Drill	⌀3mm	S1800	F180
T03	Drill	⌀6.8mm	S1000	F150
T04	Tap	M8mm	S500	F625

컴퓨터응용가공산업기사 11번: 답 1

%
O0011 ;
G40 G49 G80 ;
G91 G30 Z0. (M19) ;
T02 M06 (∅3 Center Drill) ;
G54 G90 G00 X38.5 Y22.5 ;
G43 H02 Z150. S1800 M03 ;
Z50. M08 ;
G99 G81 Z -5. R3. F100 ;
X48.5 Y35. ;
G80 G00 Z150. M09 ;
G49 M05 ;
G91 G30 Z0. (M19) ;
T03 M06 (∅6.8 Drill) ;
G90 G00 X38.5 Y22.5 ;
G43 H03 Z150. S800 M03 ;
Z50. M08 ;
G99 G83 G81 Z -33. R3. Q3.   F80 ;
X48.5 Y35. Z -12. ;
G80 G00 Z150. M09 ;
G49 M05 ;
G91 G30 Z0. (M19) ;
T01 M06 (∅10 Endmill) ;

G90 G00 X -8. Y -8. ;
G43 H01 Z150. S2000 M03 ;
Z50. ;
Z -6.5 ;
G41 X3. D01 (D01=5.0)M08 ;
G01 Y66.5 F70 ;
X66. ;
Y2.5 ;
X -8. ;
G40 G00 Y -8. ;
G41 X3. ;
G01 Y13. ;
X -8. ;
G00 Z5. ;
G40 X48.5 Y35. ;
G01 Z -6.5 F100 ;
X23.5 F70 ;
Y25. ;
G00 Z5. ;
X -8. Y -8. ;
Z -7. ;

컴퓨터응용가공산업기사 11번: 답 2

G41 X3.5 ;	Y12. ;	Y29. ;
G01 Y51. F90 ;	G03 X9.5 Y18. R6. ;	X48.5 ;
X8. Y66. ;	G01 X -8. ;	G03 Y41. R6. ;
X20. ;	G40 G00 Y -8. ;	G01 X21.5 ;
X24. Y62. ;	G41 X3. ;	G03 X14.5 Y34. R7. ;
Y55. ;	G01 Y13. ;	G01 Y25. ;
G03 X37. R6.5 ;	X -8. ;	G03 X32.5 R9. ;
G01 Y59. ;	G40 G00 Y77. ;	G01 Y35. ;
G03 X41. Y63. R4. ;	X30.5 ;	G40 X23.5 ;
G01 X61.5 ;	Y70. ;	G00 Z150. M09 ;
X65.5 Y59. ;	Y77. ;	G49 M05 ;
Y8. ;	G00 X70. ;	G91 G30 Z0. (M19) ;
X60.5 Y3. ;	G01 Y70. ;	T04 M06 (M8 Tap) ;
X57.5 ;	G00 Z5. ;	G90 G00 X38.5 Y22.5 ;
G02 X54.5 Y6. R3. ;	G40 X48.5 Y35. ;	G43 H04 Z150. S500 M03 ;
G01 Y12. ;	G01 Z -7. F100 ;	G99 G84 Z -32. R3. F625 ;
G03 X40.5 R7. ;	X23.5 F180 ;	G80 Z150. M09 ;
G01 Y7. ;	Y25. ;	G49 M05 ;
G02 X36.5 Y3. R4. ;	Y35. ;	M02 ;
G01 X15.5 ;	G41 X29. ;	

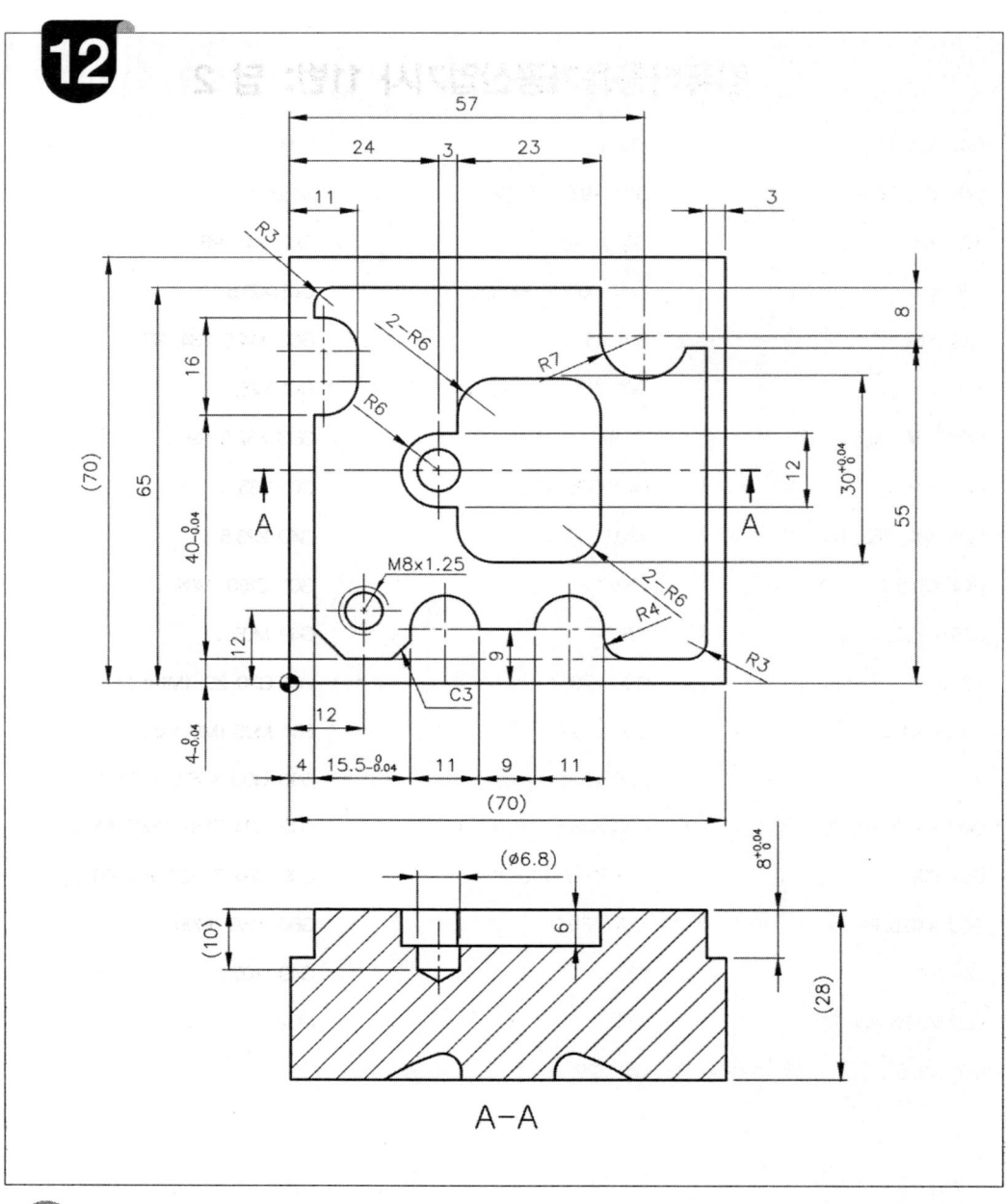

주서
1. 도시되고 지시없는 모떼기 및 라운드 C4, R6
2. 일반 모떼기 C0.2

공구번호	공구명칭	공구직경	회전수(rpm)	이송(mm/min)
T01	Endmill	∅10mm	S2000	황삭F150, 정삭F180
T02	센터 Drill	∅3mm	S1800	F180
T03	Drill	∅6.8mm	S1000	F150
T04	Tap	M8mm	S500	F625

컴퓨터응용가공산업기사 12번: 답 1

```
%
O0012 ;
G40 G49 G80 ;
G91 G30 Z0. (M19) ;
T02 M06 (∅3 Center Drill) ;
G54 G90 G00 X12. Y12. ;
G43 H02 Z150. S1800 M03 ;
Z50. M08 ;
G99 G81 Z -5. R3. F100 ;
X24. Y35. ;
G80 G00 Z150. M09 ;
G49 M05 ;
G91 G30 Z0. (M19) ;
T03 M06 (∅6.8 Drill) ;
G90 G00 X12. Y12. ;
G43 H03 Z150. S800 M03 ;
Z50. M08 ;
G99 G83 G81 Z -33. R3. Q3.    F80 ;
X24. Y35. Z -12. ;
G80 G00 Z150. M09 ;
G49 M05 ;
G91 G30 Z0. (M19) ;
T01 M06 (∅10 Endmill) ;
G90 G00 X -8. Y -8. ;
G43 H01 Z150. S2000 M03 ;
Z50. ;
Z -7.5 ;
G41 X3.5 D01(D01=5.0) M08 ;
G01 Y65.5 F70 ;
X67.5 ;
Y3.5 ;
X -8. ;
G00 Z5. ;
G40 X57. Y77. ;
Z -7.5 ;
G41 G01 Y63. ;
X77. ;
G00 Z5. ;
G40 X24. Y35. ;
G01 Z -5.5 F100 ;
X34. ;
Y44. ;
X43. ;
Y26. ;
```

컴퓨터응용가공산업기사 12번: 답 2

X34. ;
Y35. ;
G00 Z5. ;
X -8. Y -8. ;
Z -8. ;
G41 X4. ;
G01 Y44. F90 ;
X5.5 ;
G03 X11. Y49.5 R5.5 ;
G01 Y54.5 ;
G03 X5.5 Y60. R5.5 ;
G01 X4. ;
Y62. ;
G02 X7. Y65. R3. ;
G01 X50. ;
Y57. ;
G03 X64. R7. ;
G01 X77. ;
G40 G00 Y77. ;
X52. ;
G41 G01 Y55. ;
X77. ;
Y7. ;
G02 X64. Y4. R3. ;
G01 X54.5 ;
G02 X50.5 Y8. R4. ;
G01 Y9. ;
G03 X39.5 R5.5 ;
G01 X30.5 ;
G03 X19.5 R5.5 ;
G01 Y7. ;
X16.5 Y4. ;
X9. ;
X4. Y9. ;
Y14. ;
X -8. ;
G00 Z5. ;
G40 X24. Y35. ;
G01 Z -6. F50 ;
X34. F100 ;
Y44. ;
X43. ;
Y26. ;
X34. ;
Y35. ;
G41 Y41. F180 ;
X24. ;
G03 Y29. R6. ;
G01 X27. ;
Y26. ;
G03 X33. Y20. R6. ;
G01 X44. ;
G03 X50. Y26. R6. ;
G01 Y44. ;
G03 X44. Y50. R6. ;
G01 X33. ;
G03 X27. Y44. R6. ;
G01 Y35. ;
G40 X35. ;
G00 Z150. M09 ;
G49 M05 ;
G91 G30 Z0. (M19) ;
T04 M06 (M8 Tap) ;
G90 G00 X12. Y12. ;
G43 H04 Z150. S500 M03 ;
G99 G84 Z -33. R33. F625 ;
G80 Z150. M09 ;
G49 M05 ;
M02 ;
%

13

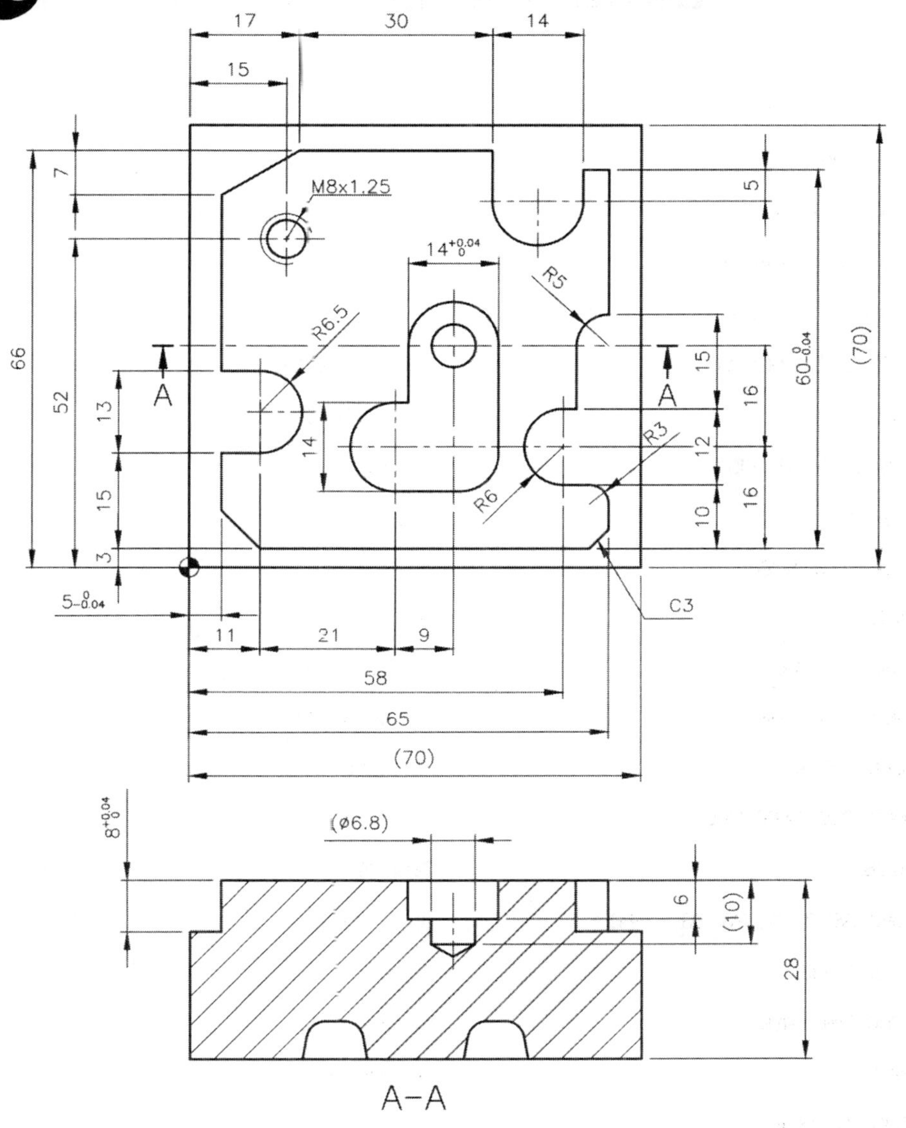

주석
1. 도시되고 지시없는 모떼기 및 라운드 C4, R6
2. 일반 모떼기 C0.2

공구번호	공구명칭	공구직경	회전수(rpm)	이송(mm/min)
T01	Endmill	⌀10mm	S2000	황삭F150, 정삭F180
T02	센터 Drill	⌀3mm	S1800	F180
T03	Drill	⌀6.8mm	S1000	F150
T04	Tap	M8mm	S500	F625

339

컴퓨터응용가공산업기사 13번: 답 1

%
O0013 ;
G40 G49 G80 ;
G91 G30 Z0. (M19) ;
T02 M06 (∅3 Center Drill) ;
G54 G90 G00 X15. Y52. ;
G43 H02 Z150. S1800 M03 ;
Z50. M08 ;
G99 G81 Z -5. R3. F100 ;
X41. Y35. ;
G80 G00 Z150. M09 ;
G49 M05 ;
G91 G30 Z0. (M19) ;
T03 M06 (∅6.8 Drill) ;
G90 G00 X15. Y52. ;
G43 H03 Z150. S800 M03 ;
Z50. M08 ;
G99 G83 G81 Z -12. R3. Q3. F80 ;
X41. Y35. Z -33. ;
G80 G00 Z150. M09 ;
G49 M05 ;
G91 G30 Z0. (M19) ;
T01 M06 (∅10 Endmill) ;

G90 G00 X -8. Y -8. ;
G43 H01 Z150. S2000 M03 ;
Z50. ;
Z -7.5 ;
G41 X4.5 D01(D01 =5.0) M08 ;
G01 Y66.5 F70 ;
X65.5 ;
Y2.5 ;
X -8. ;
G00 Z5. ;
G40 X41. Y35. ;
G01 Z -5.5 F100 ;
Y19. F70 ;
X32. ;
G00 Z5. ;
X -8. Y -8. ;
Z -8. ;
G41 X5. ;
G01 Y18. F90 ;
X11. ;
G03 Y31. R6.5 ;

컴퓨터응용가공산업기사 13번: 답 2

G01 X5. ;
Y59. ;
X17. Y66 ;
X47. ;
Y58. ;
G03 X61. R7. ;
G01 Y63. ;
X65. ;
Y40. ;
G03 X60. Y35. R5. ;
G01 Y25. ;
X58. ;
G03 Y13. R6. ;
G01 X62. ;
G03 X65. Y10. R3. ;
G01 Y6. ;
X62. Y3. ;

X11. ;
X5. Y9. ;
Y24.5 ;
X −8.;
G40 G00 Y70. ;
G01 X0. ;
G00 Z5. ;
G40 X41. Y35. ;
G01 Z −6. F100 ;
Y19. F180 ;
X31. ;
X41. ;
G41 Y26. ;
X32. ;
G03 Y12. R7. ;
GC1 X42. ;
G03 X48. Y18. R6. ;

G01 Y35. ;
G03 X34. R7. ;
G01 Y19. ;
G40 X41. ;
G00 Z150. M09 ;
G49 M05 ;
G91 G30 Z0. (M19) ;
T04 M06 (M8 Tap) ;
G90 G00 X15. Y52. . ;
G43 H04 Z150. S500 M03 ;
G99 G84 Z −32. R3. F625 ;
G80 Z150. M09 ;
G49 M05 ;
M02 ;
%

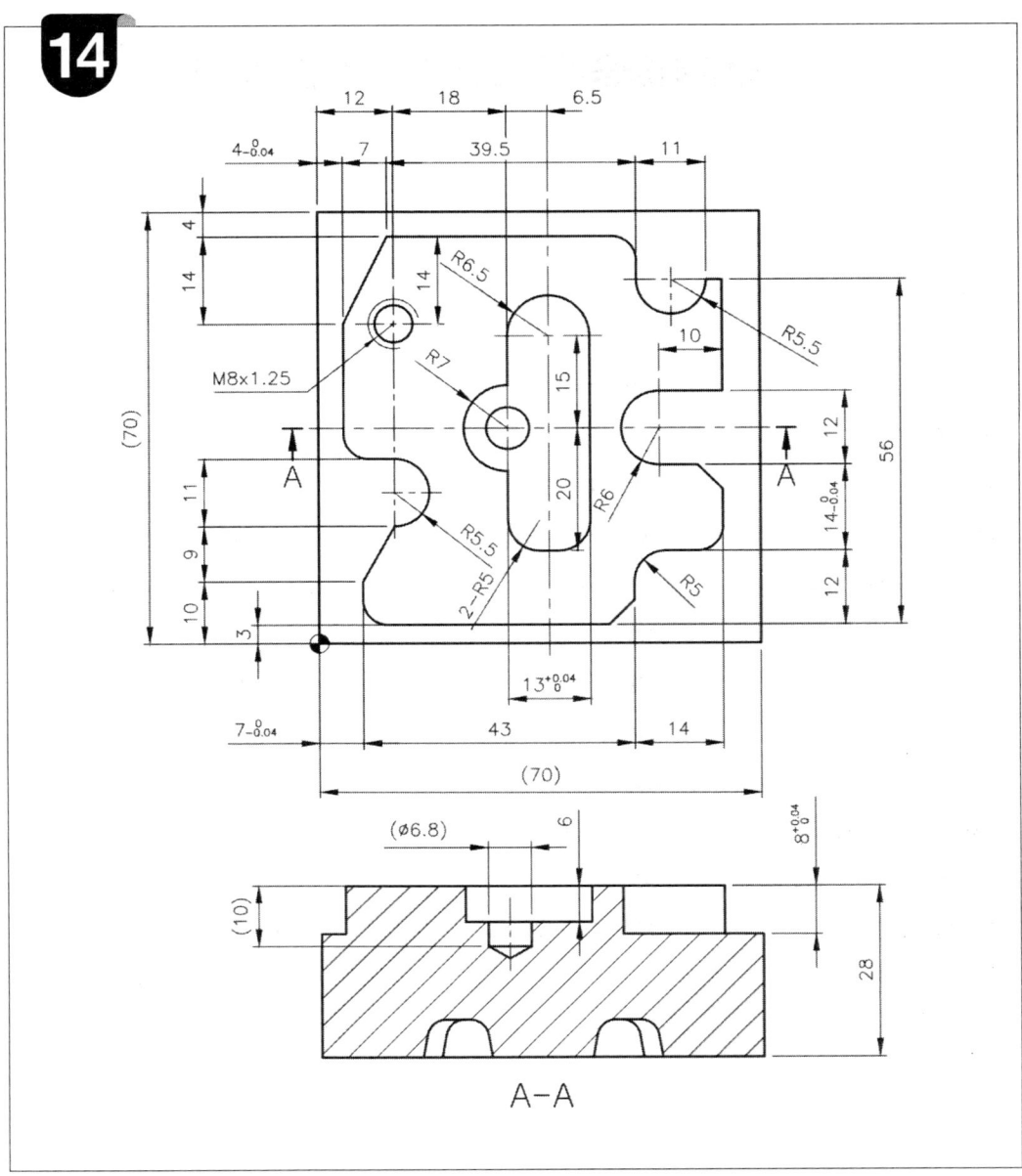

주서
1. 도시되고 지시없는 모떼기 및 라운드 C4, R6
2. 일반 모떼기 C0.2

공구번호	공구명칭	공구직경	회전수(rpm)	이송(mm/min)
T01	Endmill	⌀10mm	S2000	황삭F150, 정삭F180
T02	센터 Drill	⌀3mm	S1800	F180
T03	Drill	⌀6.8mm	S1000	F150
T04	Tap	M8mm	S500	F625

컴퓨터응용가공산업기사 14번: 답 1

%
O0014 ;
G40 G49 G80 ;
G91 G30 Z0. (M19) ;
T02 M06 (∅3 센터 드릴) ;
G54 G90 G00 X12. Y52. ;
G43 H02 Z150. S1800 M03 ;
Z50. M08 ;
G99 G81 Z -5. R3. F100 ;
X30. Y35. ;
G80 G00 Z150. M09 ;
G49 M05 ;
(G91 G30 Z0. M19) ;
T03 M06 (∅6.8 드릴) ;
G90 G00 X12. Y52. ;
G43 H03 Z150. S800 M03 ;
Z50. M08 ;
G99 G83 Z -33. R3. Q3. F80 ;
X30. Y35. Z -12. ;
G80 G00 Z150. M09 ;
G49 M05 ;
(G91 G30 Z0. M19) ;
T01 M06 (∅10 엔드밀) ;
G90 G00 X -8. Y -8. ;

G43 H01 Z150. S2000 M03 ;
Z50. ;
Z -7.5 ;
X -1.5 ;
G01 Y71.5 F100 M08 ;
X70.5 ;
Y6. ;
X59. ;
Y -2.5 ;
X -6. ;
G00 Y -6. ;
G41 X4. D01(D01=4.0) M08 ;
G01 Y66. F180 ;
X64. ;
Y3. ;
X7. ;
Y10. ;
X12. Y19. ;
G03 Y30. R5.5 ;
G01 X8. ;
G02 X4. Y34. R4. ;
G01 Y52. ;
X11. Y66. ;

컴퓨터응용가공산업기사 14번: 답 2

X47. ;	X47. ;	Y35. F180 ;
G02 X51. Y62. R4. ;	G02 X51. Y62. R4. ;	Y20. F100;
Z50. ;	G01 Y59. ;	G41 X43. F180 ;
Z -7.5 ;	G03 X62. R5.5 ;	Y50. ;
X -1.5 ;	G01 X64. ;	G03 X30. R6.5 ;
G01 Y71.5 F100 M08 ;	Y41. ;	G01 Y42. ;
X70.5 ;	X54. ;	G03 Y28. R7. ;
Y6. ;	G03 Y29. R6. ;	G01 Y20. ;
X59. ;	G01 X60. ;	G03 X35. Y15. R5. ;
Y -2.5 ;	X64. Y25. ;	G01 X38. ;
X -6. ;	Y19. ;	G03 X43. Y20. R5. ;
G00 Y -6. ;	G02 X60. Y15. R4. ;	G01 Y25. ;
G41 X4. D01(D01=4.0)M08 ;	G01 X55. ;	G40 X36.5 ;
G01 Y66. F180 ;	G03 X50. Y10. R5. ;	G00 Z150. M09 ;
X64. ;	G01 Y7. ;	G49 M05 ;
Y3. ;	X46. Y3. ;	(G91 G30 Z0. M19) ;
X7. ;	X11. ;	T04 M06 (M8 탭) ;
Y10. ;	G02 X7. Y7. R4. ;	G90 G00 X12. Y52. ;
X12. Y19. ;	G01 Y12. ;	G43 H04 Z150. S500 M03 ;
G03 Y30. R5.5 ;	G00 Z5. ;	G99 G84 Z -33. R3. F625 ;
G01 X8. ;	G40 X30. Y35. ;	G80 Z150. M09 ;
G02 X4. Y34. R4. ;	G01 Z -6. F50 ;	G49 M05 ;
G01 Y52. ;	X36.5 F100 ;	M02 ;
X11. Y66. ;	Y50. ;	%

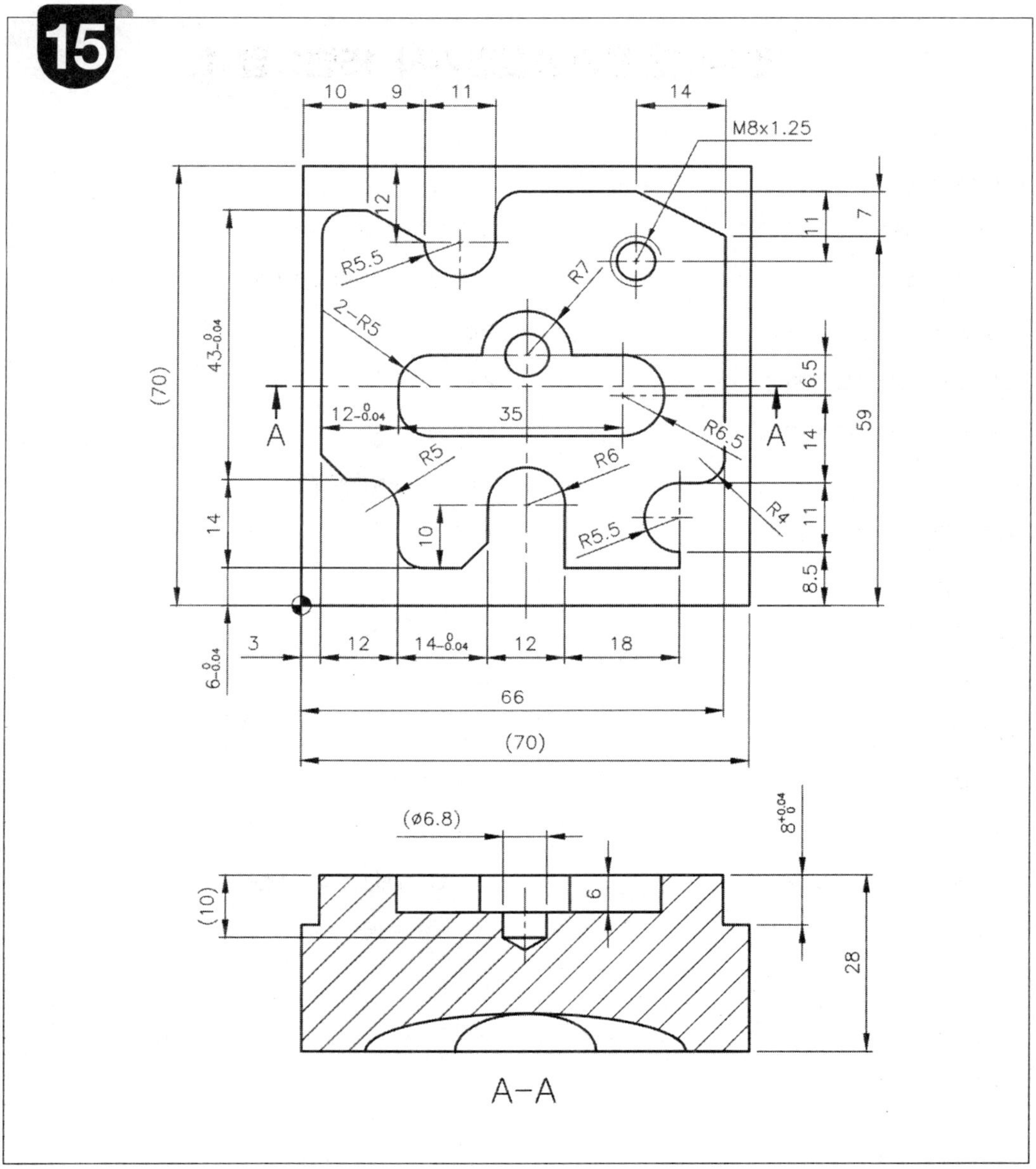

1. 도시되고 지시없는 모떼기 및 라운드 C4, R6
2. 일반 모떼기 C0.2

공구번호	공구명칭	공구직경	회전수(rpm)	이송(mm/min)
T01	Endmill	⌀10mm	S2000	황삭F150, 정삭F180
T02	센터 Drill	⌀3mm	S1800	F180
T03	Drill	⌀6.8mm	S1000	F150
T04	Tap	M8mm	S500	F625

컴퓨터응용가공산업기사 15번: 답 1

%
O0015 ;
G40 G49 G80 ;
G91 G30 Z0. (M19) ;
T02 M06 (∅3 Center Drill) ;
G54 G90 G00 X35. Y40. ;
G43 H02 Z150. S1800 M03 ;
Z50. M08 ;
G99 G81 Z -5. R3. F100 ;
X52. Y55. ;
G80 G00 Z150. M09 ;
G49 M05 ;
G91 G30 Z0. (M19) ;
T03 M06 (∅6.8 Drill) ;
G90 G00 X35. Y40. ;
G43 H03 Z150. S800 M03 ;
Z50. M08 ;
G99 G83 Z -12. R3. Q3. 80 ;
X52. Y55. Z -33. ;
G80 G00 Z150. M09 ;
G49 M05 ;
G91 G30 Z0. (M19) ;
T01 M06 (∅10 Endmill) ;

G90 G00 X -8. Y -8. ;
G43 H01 Z150. S2000 M03 ;
Z50. ;
Z -7.5 ;
X -2.5 ;
G01 Y71.5 F100 M08 ;
X71.5 ;
Y0.5 ;
X6. ;
Y14.5 ;
G00 Z5. ;
X -6. Y -6. ;
Z -8. ;
G41 X3. D01(D01=4.0) M08 ;
G01 Y66. F180 ;
X66. ;
Y6. ;
X3. ;
Y59. ;
G02 X7. Y63. R4. ;
G01 X10. ;

컴퓨터응용가공산업기사 15번: 답 2

X19. Y58. ;	G03 X10. Y20. R5. ;	G03 X15. Y35. R5. ;
G03 X30. R5.5 ;	G01 X7. ;	G01 Y32. ;
G01 Y62. ;	X3. Y24. ;	G03 X20. Y27. R5. ;
G02 X34. Y66. R4. ;	Y29. ;	G01 X50. ;
G01 X52. ;	X −6. ;	G03 Y40. R6.5 ;
X66. Y59. ;	G00 G40 Y14. ;	G01 X35. ;
Y23.5 ;	G01 X6. ;	G00 Z150. M09 ;
G02 X62. Y19.5 R4. ;	Y −6. ;	G49 M05 ;
G01 X59. ;	G00 Z5. ;	G40 ;
G03 Y8.5 R5.5 ;	G40 X35. Y40. ;	G91 G30 Z0. (M19) ;
G01 Y6. ;	G01 Z −6. F0 ;	T04 M06 (M8 Tap) ;
X41. ;	Y33.5 F100 ;	G90 G00 X52. Y55. ;
Y16. ;	X21. ;	G43 H04 Z250. S200 M03 ;
G03 X29. R6. ;	X35. F180 ;	G99 G84 Z −33. R3. F625 ;
G01 Y10. ;	X50. F100 ;	G80 Z150. M09 ;
X25. Y6. ;	G41 Y40. F180 ;	G49 M05 ;
X19. ;	X42. ;	M02 ;
G02 X15. Y10. R4. ;	G03 X28. R7. ;	%
G01 Y15. ;	G01 X20. ;	

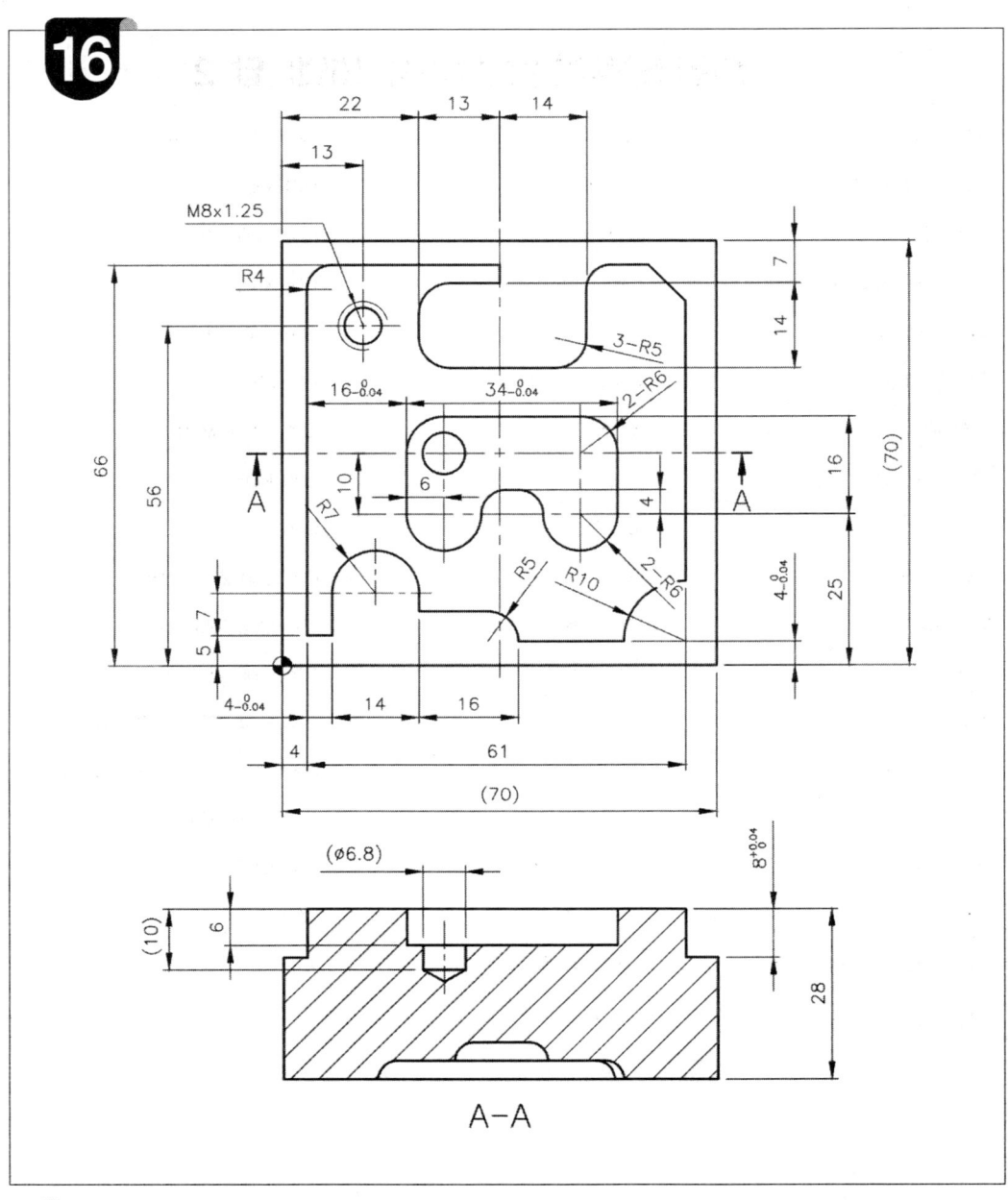

1. 도시되고 지시없는 모떼기 및 라운드 C4, R6
2. 일반 모떼기 C0.2

공구번호	공구명칭	공구직경	회전수(rpm)	이송(mm/min)
T01	Endmill	∅10mm	S2000	황삭F150, 정삭F180
T02	센터 Drill	∅3mm	S1800	F180
T03	Drill	∅6.8mm	S1000	F150
T04	Tap	M8mm	S500	F625

컴퓨터응용가공산업기사 16번: 답 1

```
%
O0016 ;
G40 G49 G80 ;
G91 G30 Z0. (M19) ;
T02 M06 (∅3 Center Drill) ;
G54 G90 G00 X13. Y56. ;
G43 H02 Z150. S1800 M03 ;
Z50. M08 ;
G99 G81 Z -5. R3. F100 ;
X26. Y35. ;
G80 G00 Z150. M09 ;
G49 M05 ;
G91 G30 Z0. (M19) ;
T03 M06 (∅6.8 Drill) ;
G90 G00 X13. Y56. ;
G43 H03 Z200. S800 M03 ;
Z50. M08 ;
G99 G83 Z -33. R3. Q3. F50 ;
X26. Y35. Z -12. ;
G80 G00 Z200. M09 ;
G49 M05 ;
G91 G30 Z0. (M19) ;
T01 M06 (∅10 Endmill) ;
G90 G00 X -8. Y -8. ;
G43 H01 Z200. S1200 M03 ;
Z50. ;
Z -7.5 ;
X -1.5 ;
G01 Y71.5 F80 M08 ;
X70.5 ;
Y -1.5 ;
X22. ;
Y -0.5 ;
X -6. ;
G00 Y -6. ;
Z -8. ;
G41 X4. D01 (D01=4.0) ;
G01 Y62. F100 ;
G02 X8. Y66. R4. ;
G01 X35. ;
Y63. ;
X27. ;
G03 X22. Y58. R5. ;
G01 Y54. ;
```

컴퓨터응용가공산업기사 16번: 답 2

```
G03 X27. Y49. R5. ;
G01 X44. ;
G03 X49. Y54. R5. ;
G01 Y60. ;
G02 X53. Y66. R4. ;
G01 X59. ;
X65. Y60. ;
Y14. ;
G03 X55. Y4. R10. ;
G01 X38. ;
G03 X33. Y9. R5. ;
G01 X22. ;
Y12. ;
G03 X8. R7. ;
G01 Y5. ;
X -6. ;
G00 Z5. ;

G40 X65. Y -6. ;
Z -8. ;
G01 Y4. ;
G00 Z5. ;
X26. Y35. ;
G01 Z -6. F30 ;
Y25. F80 ;
Y35. F140 ;
X48. F80 ;
Y25. ;
G41 X54. F100 ;
Y35. ;
G03 X48. Y41. R6. ;
G01 X26. ;
G03 X20. Y35. R6. ;
G01 Y25. ;
G03 X32. R6. ;

G02 X36. Y29. R4. ;
G01 X38. ;
G02 X42. Y25. R4. ;
G03 X54. R6. ;
G01 Y30. ;
G40 X48. ;
G00 Z200. M09 ;
G49 M05 ;
G91 G30 Z0. (M19) ;
T04 M06 (M8 Tap) ;
G90 G00 X13. Y56. ;
G43 H04 Z200. S200 M03 ;
G99 G84 Z -33. R3. F250 ;
G80 Z200. M09 ;
G49 M05 ;
M02 ;
%
```

17

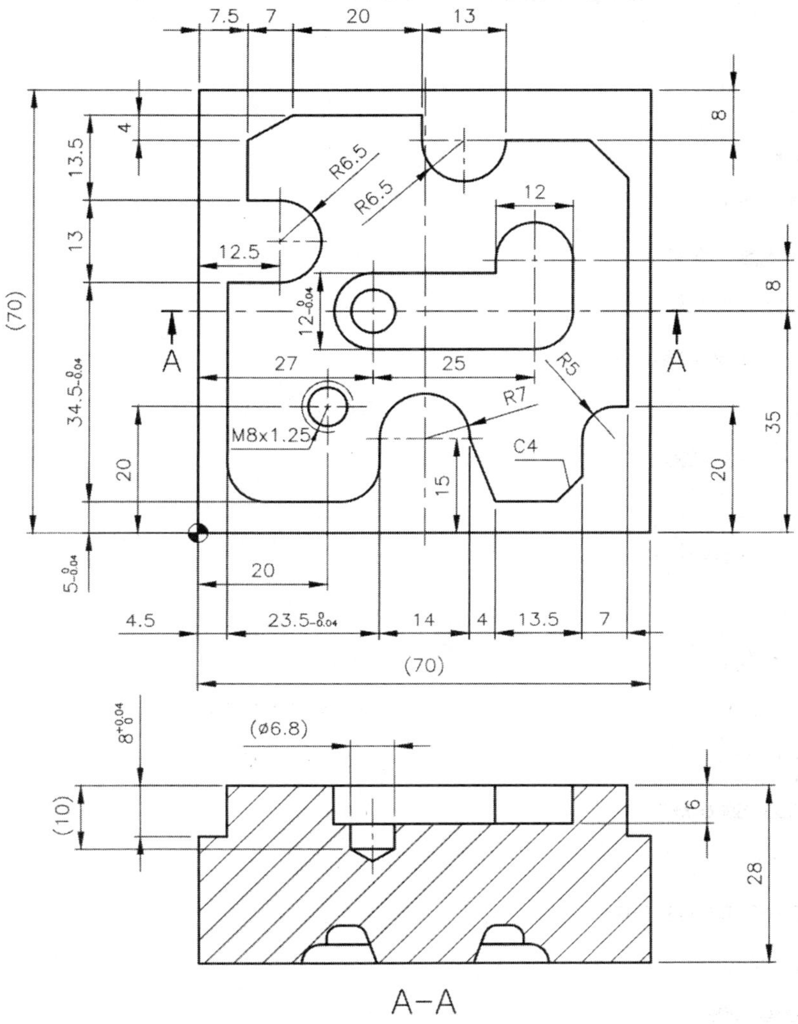

주서
1. 도시되고 지시없는 모떼기 및 라운드 C4, R6
2. 일반 모떼기 C0.2

공구번호	공구명칭	공구직경	회전수(rpm)	이송(mm/min)
T01	Endmill	⌀10mm	S2000	황삭F150, 정삭F180
T02	센터 Drill	⌀3mm	S1800	F180
T03	Drill	⌀6.8mm	S1000	F150
T04	Tap	M8mm	S500	F625

컴퓨터응용가공산업기사 17번: 답 1

```
%
O0017 ;
G40 G49 G80 ;
(G91 G30 Z0. M19) ;
T02 M06 (Ø3 센터 드릴) ;
G54 G90 G00 X20. Y20. ;
G43 H02 Z150. S1800 M03 ;
Z50. M08 ;
G99 G81 Z -5. R3. F100 ;
X27. Y35. ;
G80 G00 Z150. M09 ;
G49 M05 ;
T03 M06 (Ø6 드릴) ;
G91 G30 Z0. (M19) ;
G90 G00 X20. Y20. ;
G43 H03 Z150. S800 M03 ;
Z50. M08 ;
G99 G83 Z -33. R3. Q3. F80 ;
X27. Y35. Z -12. ;
G80 G00 Z150. M09 ;
G49 M05 ;
(G91 G30 Z0. M19) ;
T01 M06 (Ø10 엔드밀) ;
G90 G00 X -8. Y -8. ;
G43 H01 Z150. S2000 M03 ;
Z50. ;
Z -7.5 ;
X -1. ;
G01 Y71.5 F100 M08 ;
X72. ;
Y -0.5 ;
X -6. ;
G00 Y -6. ;
Z -8. ;
G41 X4. D01(D01=4.0) ;
G01 Y66. F100 ;
X66.5 ;
Y5. ;
X4.5 ;
Y39.5 F180 ;
X12.5 ;
G03 Y52.5 R6.5 ;
G01 X7.5 ;
Y62. ;
```

컴퓨터응용가공산업기사 17번: 답 2

X14.5 Y66. ;
X34.5 ;
Y62. ;
G03 X47.5 R6.5 ;
G01 X60.5 ;
X66.5 Y56. ;
Y20. ;
X64.5 ;
G03 X59.5 Y15. R5. ;
G01 Y9. ;
X55.5 Y5. ;
X46. ;
X42. Y15. ;
G03 X28. R7. ;
G01 Y11. ;
G02 X22. Y5. R6. ;

G01 X10.5 ;
G02 X4.5 Y11. R6. ;
G01 Y16. ;
X −6. ;
G00 Z5. ;
G40 X27. Y35. ;
G01 Z −6. F530 ;
X52. F100 ;
Y43. ;
Y35. F180 ;
G41 Y41. F180 ;
X27. ;
G03 Y29. R6. ;
G01 X52. ;
G03 X58. Y35. R6. ;
GC1 Y43. ;

G03 X46. R6. ;
G01 Y35. ;
G00 Z150. M09 ;
G49 M05 ;
G40 ;
(G91 G30 Z0. M19) ;
T04 M06 (M8 탭) ;
G90 G00 X20. Y20. ;
G43 H04 Z150. S500 M03 ;
G99 G84 Z −33. R3. F625 ;
G80 Z150. M09 ;
G49 M05 ;
M02 ;
%

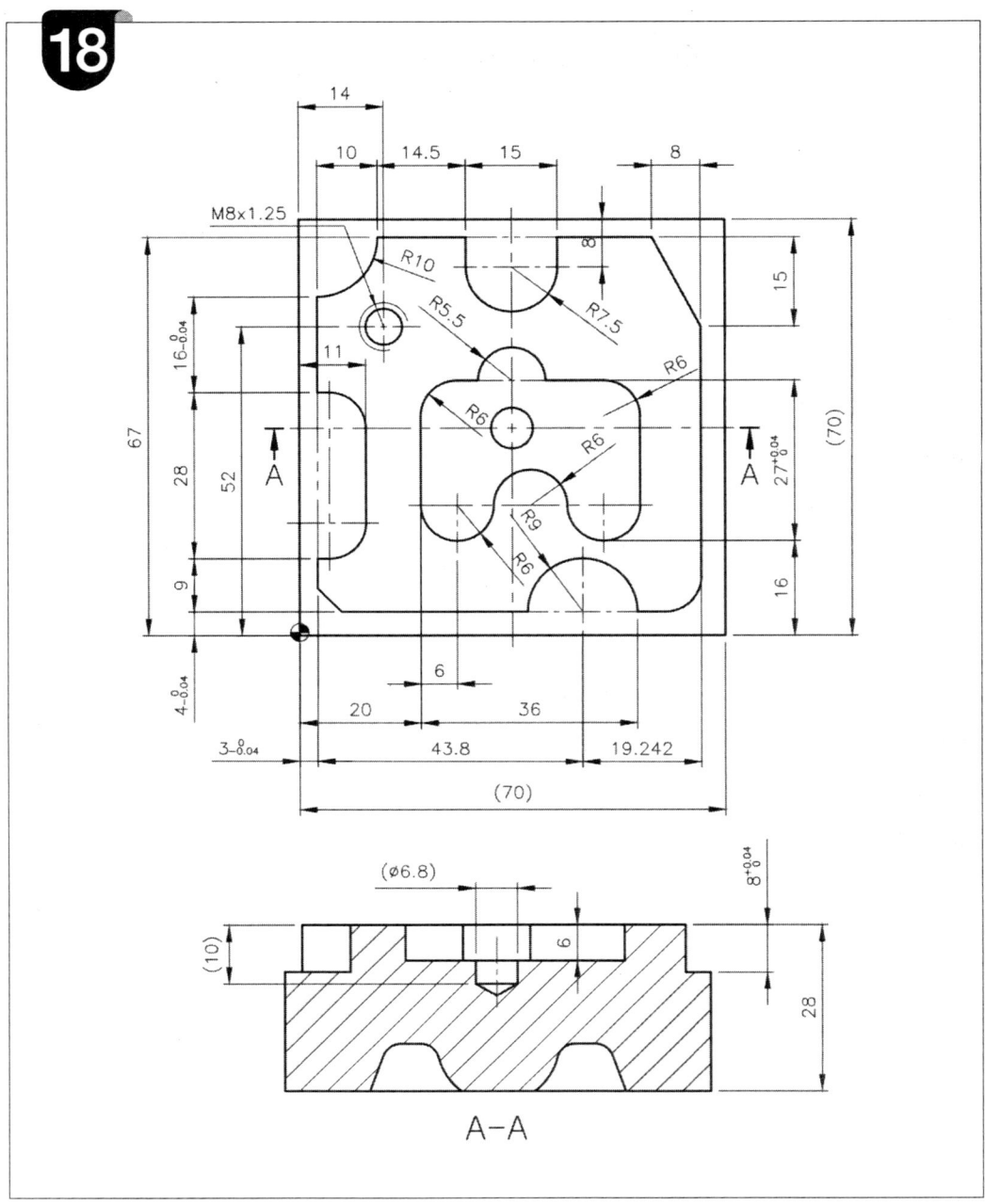

주서
1. 도시되고 지시없는 모떼기 및 라운드 C4, R6
2. 일반 모떼기 C0.2

공구번호	공구명칭	공구직경	회전수(rpm)	이송(mm/min)
T01	Endmill	∅10mm	S2000	황삭F150, 정삭F180
T02	센터 Drill	∅3mm	S1800	F180
T03	Drill	∅6.8mm	S1000	F150
T04	Tap	M8mm	S500	F625

컴퓨터응용가공산업기사 18번: 답 1

```
%
O0018 ;
G40 G49 G80 ;
G91 G30 Z0. (M19) ;
T02 M06 (∅3 Center Drill) ;
G54 G90 G00 X14. Y52. ;
G43 H02 Z150. S1800 M03 ;
Z50. M08 ;
G99 G81 Z -5. R3. F100 ;
X35. Y35. ;
G80 G00 Z150. M09 ;
G49 M05 ;
G91 G30 Z0. (M19) ;
T03 M06 (∅6.8 Drill) ;
G90 G00 X14. Y52. ;
G43 H03 Z150. S800 M03 ;
Z50. M08 ;
G99 G83 Z -33. R3. Q3. F80 ;
X35. Y35. Z -12. ;
G80 G00 Z150. M09 ;
G49 M05 ;
G91 G30 Z0. (M19) ;
T01 M06 (∅10 Endmill) ;
G90 G00 X -8. Y -8. ;
G43 H01 Z150. S2000 M03 ;
Z50. ;
Z -7.5 ;
X -2.5 ;
G01 Y72.5 F100 M08 ;
X71.242 ;
Y -1.5 ;
X -6. ;
G00 Y -6. ;
Z -8. ;
G41 X3. D01(D01=5.0) ;
G01 Y13. F180 ;
X5. ;
G03 X11. Y19. R6. ;
G01 Y35. ;
G03 X5. Y41. R6. ;
G01 X3. ;
Y57. ;
G03 X13. Y67. R10. ;
G01 X27.5 ;
```

컴퓨터응용가공산업기사 18번: 답 2

Y62. ;
G03 X42.5 R7.5 ;
G01 Y67. ;
X58. ;
X66.242 Y52. ;
Y10. ;
G02 X59.242 Y4. R6. ;
G01 X56. ;
G03 X38. R9. ;
G01 X7. ;
X3. Y8. ;
Y18. ;
X -6. ;
G40 G00 Y67. ;
G01 X0. ;
G00 Z5. ;

X35. Y35. ;
G01 Z -6. F50 ;
X26. F100 ;
Y25. ;
Y35. F180 ;
X35. ;
X50. F100 ;
Y22. ;
G41 X56. F180 ;
Y37. ;
G03 X50. Y43. R6. ;
G01 X40.5 ;
G03 X29.5 R5.5 ;
G01 X26. ;
G03 X20. Y37. R6. ;
G01 Y25. ;

G03 X32. R6. ;
G02 X44. R6. ;
G03 X56. R6. ;
G01 Y27. ;
G40 X50.
G00 Z150. M09 ;
G49 M05 ;
G91 G30 Z0. (M19) ;
T04 M06 (M8 Tap) ;
G90 G00 X14. Y52. ;
G43 H04 Z150. S500 M03 ;
G99 G84 Z -33. R3. F625 ;
G80 Z150. M09 ;
G49 M05 ;
M02 ;
%

19

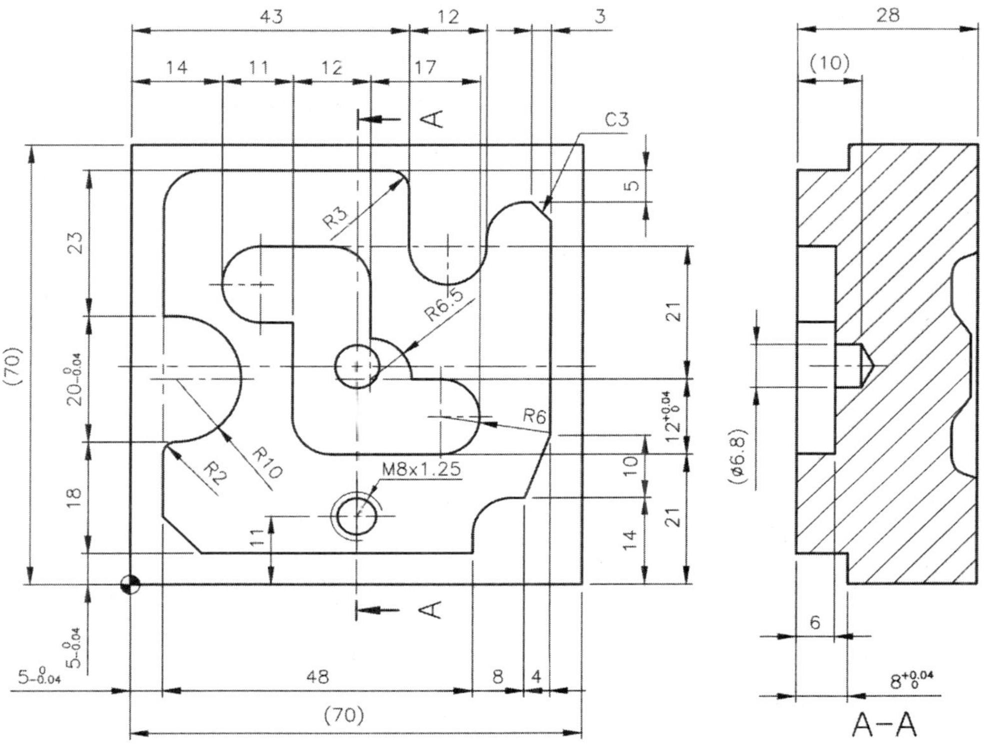

주서
1. 도시되고 지시없는 모떼기 및 라운드 C4, R6
2. 일반 모떼기 C0.2

공구번호	공구명칭	공구직경	회전수(rpm)	이송(mm/min)
T01	Endmill	⌀10mm	S2000	황삭F150, 정삭F180
T02	센터 Drill	⌀3mm	S1800	F180
T03	Drill	⌀6.8mm	S1000	F150
T04	Tap	M8mm	S500	F625

컴퓨터응용가공산업기사 19번: 답 1

%

O0019 ;

G40 G49 G80 ;

G91 G30 Z0. (M19) ;

T02 M06 (∅3 Center Drill) ;

G54 G90 G00 X35. Y11. ;

G43 H02 Z150. S1800 M03 ;

Z50. M08 ;

G99 G81 Z -5. R3. F100 ;

X35. Y35. ;

G80 G00 Z150. M09 ;

G49 M05 ;

G91 G30 Z0. (M19) ;

T03 M06 (∅6.8 Drill) ;

G90 G00 X35. Y11. ;

G43 H03 Z150. S800 M03 ;

Z50. M08 ;

G99 G83 Z -33. R3. Q3. F80 ;

X35. Y35. Z -12. ;

G80 G00 Z150. M09 ;

G49 M05 ;

G91 G30 Z0. (M19) ;

T01 M06 (∅10 Endmill) ;

G90 G00 X -8. Y -8. ;

G43 H01 Z150. S2000 M03 ;

Z50. ;

Z -7.5 ;

X -0.5 F100 ;

Y71.5 ;

X70.5 ;

Y -0.5 ;

X -6. ;

G00 G40 Y -6. ;

Z -8. ;

G41 X5. D01(D01=5.0) ;

G01 Y21. F180 ;

G02 X7. Y23. R2. ;

G03 Y43. R10. ;

G01 X5. ;

Y60. ;

G02 X11. Y66. R6. ;

G01 X40. ;

G02 X43. Y63. R3. ;

G01 Y54. ;

컴퓨터응용가공산업기사 19번: 답 2

G03 X55. R6. ;
G01 Y55. ;
G02 X61. Y61. R6. ;
G01 X62. ;
X65. Y58. ;
Y24. ;
X61. Y14. ;
X59. ;
G03 X53. Y8. R6. ;
G01 Y5. ;
X11. ;
X5. Y11. ;
Y16. ;
X -6. ;
G40 G00 Y35. ;
G01 X0. ;

G00 Z5. ;
G40 X35. Y35. ;
G01 Z -6. F50 ;
Y27. F100 ;
X48. ;
G41 Y33. F180 ;
X43.5 ;
G03 X37. Y39.5 R6.5 ;
G01 Y48. ;
G03 X31. Y54. R6. ;
G01 X20. ;
G03 Y42. R6. ;
G01 X25. ;
Y27. ;
G03 X31. Y21. R6. ;
G01 X48. ;

G03 Y33. R6. ;
G01 X37. ;
G00 Z200. M09 ;
G49 M05 ;
G40 ;
G91 G30 Z0. (M19) ;
T04 M06 (M8 Tap ;
G90 G00 X35. Y11. ;
G43 H04 Z150. S500 M03 ;
G99 G84 Z -33. R3. F625 ;
G80 Z150. M09 ;
G49 M05 ;
M02 ;
%

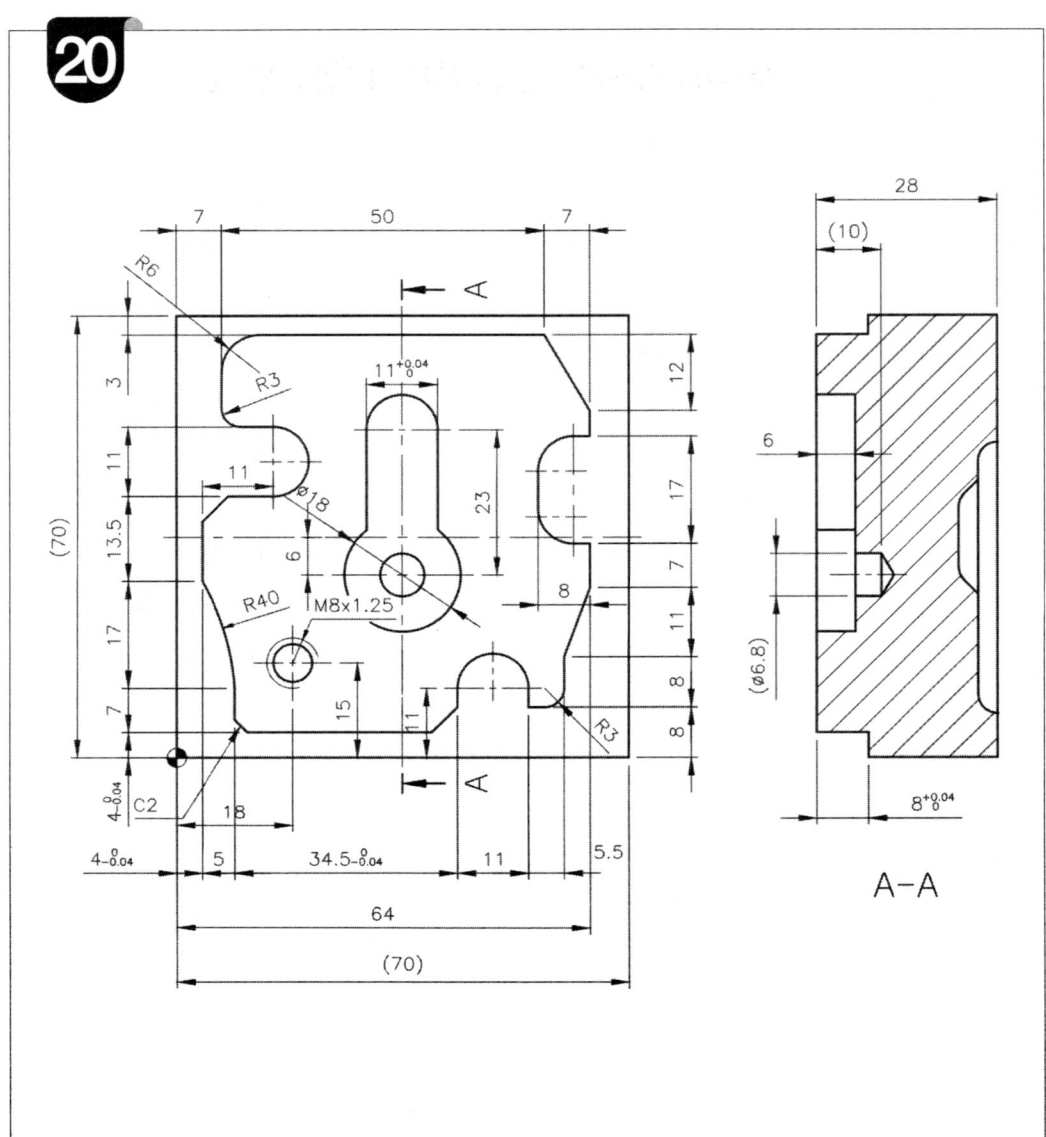

주서
1. 도시되고 지시없는 모떼기 및 라운드 C4, R6
2. 일반 모떼기 C0.2

공구번호	공구명칭	공구직경	회전수(rpm)	이송(mm/min)
T01	Endmill	⌀10mm	S2000	황삭F150, 정삭F180
T02	센터 Drill	⌀3mm	S1800	F180
T03	Drill	⌀6.8mm	S1000	F150
T04	Tap	M8mm	S500	F625

컴퓨터응용가공산업기사 20번: 답 1

%

O0020 ;

G40 G49 G80 ;

(G91 G30 Z0. M19) ;

T02 M06 (∅3 Center Drill) ;

G54 G90 G00 X18. Y15. ;

G43 H02 Z150. S1800 M03 ;

Z50. M08 ;

G99 G81 Z -5. R3. F100 ;

X35. Y29. ;

G80 G00 Z150. M09 ;

G49 M05 ;

(G91 G30 Z0. M19) ;

T03 M06 (∅6.8 Drill) ;

G90 G00 X18. Y15. ;

G43 H03 Z150. S800 M03 ;

Z50. M08 ;

G99 G83 Z -33. R3. Q3. F80 ;

X35. Y29. Z -12. ;

G80 G00 Z150. M09 ;

G49 M05 ;

(G91 G30 Z0. M19) ;

T01 M06 (∅10 Endmill) ;

G90 G00 X -8. Y -8. ;

G43 H01 Z150. S2000 M03 ;

Z50. ;

Z -7.5 ;

X -1.5 ;

G01 Y72.5 F100 M08 ;

X69.5 ;

Y -1.5 ;

X -6. ;

G00 Y -6. ;

Z -8. ;

G41 X4. D01(D01=5.0) ;

G01 Y37.5 F180 ;

X8. Y41.5 ;

X15. ;

G03 Y52.5 R5.5 ;

G01 X10. ;

G02 X7. Y55.5 R3. ;

G01 Y61. ;

G02 X13. Y67. R6. ;

G01 X57. ;

컴퓨터응용가공산업기사 20번: 답 2

X64. Y55. ;
Y51. ;
X61.5;
G03 X56. Y45.5 R5.5 ;
G01 Y39.5 ;
G03 X61.5 Y34. R5.5 ;
G01 X64. ;
Y27. ;
X50. Y16. ;
Y11. ;
G02 X47. Y8. R3. ;
G01 X44.5 ;
Y11. ;
G03 X33.5 R5.5 ;
G01 Y8. ;
X29.5 Y4. ;

X11. ;
X9. Y6. ;
Y11. ;
G03 X4. Y28. R40. ;
G01 Y42. ;
X −6. ;
G00 Z5. ;
G40 X35. Y29. ;
G01 Z −6. F50 ;
Y52. F100 ;
Y29. F180 ;
G41 Y38. F180 ;
G03 J−9. ;
G40 G01 X35. Y29. ;
G41 X40.5 ;
Y52. ;

G03 X29.5 R5.5 ;
G01 Y29. ;
G00 Z150. M09 ;
G49 M05 ;
G40 ;
(G91 G30 Z0. M19) ;
T04 M06 (M8 Tap) ;
G90 G00 X18. Y15. ;
G43 H04 Z150. S500 M03 ;
G99 G84 Z −33. R3. F625 ;
G80 Z150. M09 ;
G49 M05 ;
M02 ;
%

 기계가공기능장 도면 및 답

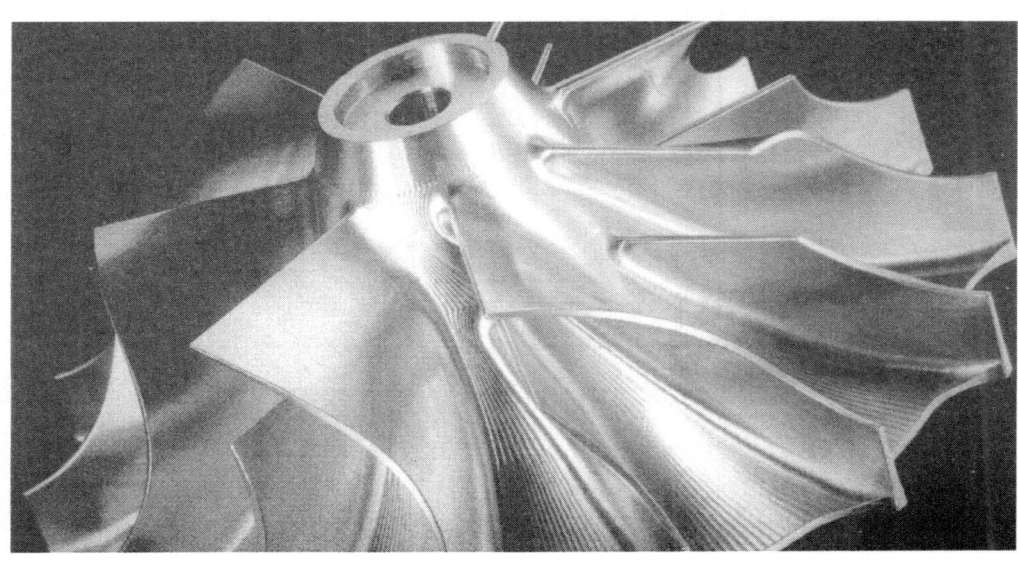

1. 기계가공기능장의 머시닝센터 실기시험 수준은 컴퓨터응용가공산업기사의 수준과 비슷하며, Endmill이 진입하는 포켓 가공 부위의 가공은 센터 Drill을 사용하고, 공차가 +0.04~-0.04의 정밀도이므로 1회 가공으로 가공하면 공차점수를 획득할 수 없으므로 반드시 외곽, 포켓부분을 황삭 가공 후 정삭을 하여야 한다.

2. 제품을 제출하기전에는 가공 공차는 ±0.04mm 정도이므로 측정 후 치수 오차가 생기면, D02의 보정값을 수정하여 2차 정삭 가공을 하여야 점수를 취득할 수 있으므로 제출 전에 특히 측정에 주의하여야 한다.

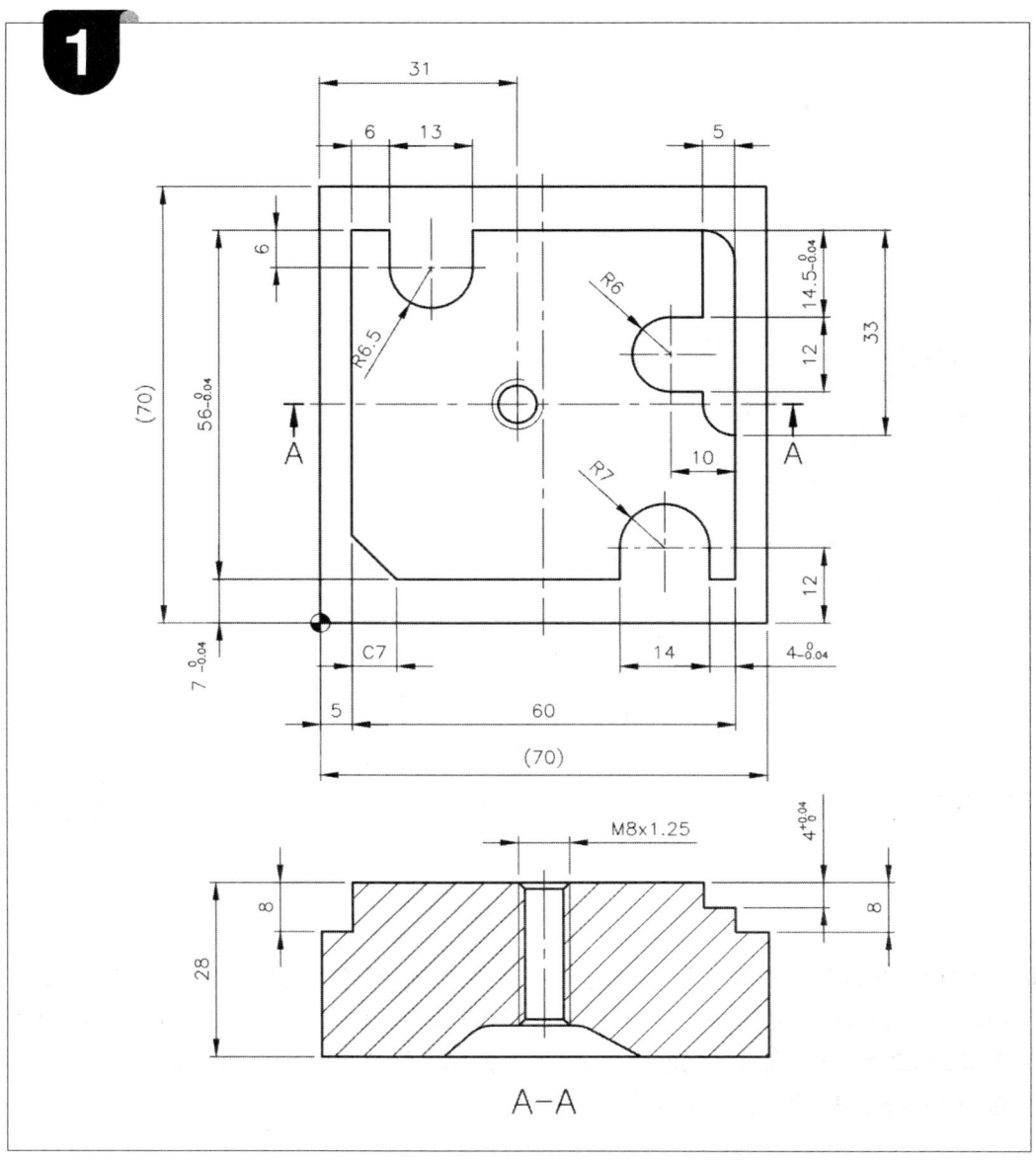

주서
1. 도시되고 지시없는 모떼기 및 라운드 C5, R5, 일반 모떼기 C0.2
2. 상면 형상 1단 모떼기 C0.3(챔퍼밀 사용)

공구번호	공구명칭	공구직경	회전수(rpm)	이송(mm/min)
T01	Endmill	∅10mm	S2000	황삭F150, 정삭F180
T02	센터 Drill	∅3mm	S2500	F180
T03	Drill	∅6.8mm	S1000	F150
T04	Champmill	∅6mm	S1800	F180
T05	Tap	M8x1.25	S500	F625

기계가공기능장 1번: 답 1(국가검정자격 가공방식)

%	NC 프로그램 전송 수신 시 기계인식에 반드시 필요
O0001 ;	프로그램 번호
G40 G49 G80 ;	공구 직경보정 취소, 공구 길이 보정 취소, 고정 사이클 취소
(G91 G30 Z0. M19) ;	공구 교환 위치로 이동, M19는 공구 일방향 정지 기능
T02 M06(∅3 Center Drill) ;	2번 공구(∅3 Center Drill)로 교체하라.
G54 G90 G00 X31. Y35. ;	센터 Drill 가공 위치로 급속 위치결정한다. (G54에 기계 좌푯값이 입력되어 있다.)
G43H02Z150.S2500M03 ;	센터 Drill 길이 보정하면서 Z150.까지 급속이송한다. 위의 T02 = H02 같게 지정한다. (반드시 같지 않아도 됨) H02에 센터 Drill 길이 보정값이 입력되어 있다.
Z50. M08 ;	안전높이까지 이동한다.
G99 G81 Z -3. R3. F180 ;	G81 Drill링 사이클(스폿 Drill링 사이클) 가공 지령한다. G99의 R점 R3.까지 이동한다.
G80 G00 Z150. M09 ;	G80 고정 사이클 취소, 공구 길이 보정 취소를 위해 안전한 높이 Z150.까지 이동(Z150.은 반드시 G54의 Z값을 면밀히 검토 후 지령한다. 잘못 지령하면 대충돌 발생 M09 절삭유 OFF
G49 M05 ;	G49 공구 길이 보정 취소, M05 주축 회전 정지
(G91 G30 Z0. M19) ;	공구 교환 위치로 이동한다.
T03 M06 (∅6.8 Drill) ;	3번 공구(∅6.8 Drill)로 교체하라.
G90 G00 X31. Y35. ;	Drill가공 위치로 급속 위치결정한다. (T01에 G54에 지령하였으므로 생략 가능하다)
G43H03Z150.S1000M03 ;	Drill 길이 보정하면서 Z150.까지 급속이송한다. 위의 T03 = H03 같게 지정한다. (반드시 같지 않아도 됨) H03에 Drill 길이 보정값이 입력되어 있다.
Z50. M08 ;	안전높이까지 이동한다.
G99G83Z -33.R3.Q3.F150 ;	G83팩 Drill링 사이클 가공 지령함. Z는 두께에 +5mm 정도, G99의 R점 R3.까지 이동한다. Q3.은 1회 절삭깊이 3mm

기계가공기능장 1번: 답 2(국가검정자격 가공방식)

G80 G00 Z150. M09 ;	G80 고정 사이클 취소, 공구 길이 보정 취소를 위해 안전한 높이 Z150.까지 이동(Z150.은 반드시 G54의 Z값을 면밀히 검토 후 지령한다. 잘못 지령하면 대충돌 발생) M09 절삭유 OFF
G49 M05 ;	G49 공구 길이 보정 취소, M05 주축 회전 정지
(G91 G30 Z0. M19) ;	공구 교환 위치로 이동한다.
T01 M06 (∅10 Endmill) ;	1번 공구(∅10 Endmill)로 교체하라.
G90 G00 X −8. Y −8. ;	직각 보정으로 가공하기 위하여 안전한 위치까지 급속 위치결정한다.
G43 H01 Z150. S2000 M03 ;	Endmill 길이 보정하면서 Z150.까지 급속이송한다. 위의 T01 = H01 같게 지정한다. (반드시 같지 않아도 됨) H01에 Endmill 길이 보정값이 입력되어 있다.
Z50. ;	안전높이까지 이동한다.
Z −7.5 ;	외곽의 깊이까지 내려간다. 비절삭 구간이므로 G00 가능함 깊이 정삭 여유 0.5mm를 두고 1차 황삭 가공을 한다.
X −0.5 M08 ;	G40 보정으로 외곽을 정삭 여유 0.5mm를 두고, G40으로 1차 황삭 가공을 한다. 전체적인 가공 부위를 검토 후 황삭을 가공한다.
G01 Y68.5 F150 ;	Y68.5까지 직선 가공, 이송속도를 80mm/min을 지령한다.
X17.5 ;	X17.5까지 직선 가공
Y56. ;	Y56.까지 직선 가공
Y68.5 ;	Y68.5까지 직선 가공
X70.5 ;	X70.5까지 직선 가공
Y1.5 ;	Y1.5까지 직선 가공
X54. ;	X54.까지 직선 가공
Y13.5 ;	Y13.5까지 직선 가공
Y1.5 ;	Y1.5까지 직선 가공
X −6. ;	X −6.까지 직선 가공
G00 Z5. ;	안전 위치로 이동
X65.5 Y70. ;	Z −4의 윗부분을 1차 황삭 가공을 위해서 안전한 위치로 이동

기계가공기능장 1번: 답 3(국가검정자격 가공방식)

Z -3.5 ;	Z -3.5까지 이동, 비절삭 구간이므로 G00 가능함
G01 Y42.5 ;	Y42.5까지 직선 가공
X54.5 ;	X54.5까지 직선 가공
G00 Z5. ;	안전 위치로 이동
X -6. Y -6. ;	2차 외곽 정삭가공을 위하여 작업시작점으로 이동
Z -8. ;	외곽의 깊이까지 내려간다. 비절삭 구간이므로 G00 가능함 깊이 정삭 여유 0mm를 두고 Z -8.값을 지령한다.
G41 X5. D01(D01=5.0) ;	정삭 여유를 0mm를 두고 외곽 G40 보정 1차 사각 가공을 한다. 보정 방향은 다음 진행 방향과 직각으로 보정을 주어야 하므로 G41(공구지름 좌측 보정 = 좌측 보정)을 지령한다. D01에 공구의 반경값 D01=5.0이 입력되어 있다.
G01 Y63. F180 ;	Y63.까지 직선 가공
X65. ;	X65.까지 직선 가공
Y7. ;	Y7.까지 직선 가공
X5. ;	X5.까지 직선 가공
Y63. ;	Y63.까지 직선 가공
X11. ;	X11.까지 직선 가공
Y57. ;	Y57.까지 직선 가공
G03 X24. R6.5 ;	반시계 방향으로 R6.5 원호가공
G01 Y63. ;	Y63.까지 직선 가공
X60. ;	X60.까지 직선 가공
G02 X65. Y58. R5. ;	시계 방향으로 R5. 원호가공
G01 Y7. ;	Y7.까지 직선 가공
X61. ;	X61.까지 직선 가공
Y12. ;	Y12.까지 직선 가공
G03 X47. R7. ;	반시계 방향으로 R7. 원호가공
G01 Y7. ;	Y7.까지 직선 가공

기계가공기능장 1번: 답 4(국가검정자격 가공방식)

X12. ;	X12.까지 직선 가공
X5. Y14. ;	X5. Y14.까지 직선 가공
Y19. ;	Y19.까지 직선 가공
X -6. ;	X -6.까지 직선 가공
G00 Z5. ;	안전 위치로 이동
G40 X70. Y70. ;	Z -4의 윗부분을 G41로 정삭가공을 위해서 안전 위치로 이동
Z -4. ;	Z -4.까지 이동, 비절삭 구간이므로 G00 가능함
G41 X60. ;	G41 보정을 주면서 X60.까지 접근, 비절삭 구간으로 G00 가능
G01 Y48.5 ;	Y48.5까지 직선 가공
X55. ;	X55.까지 직선 가공
G03 Y36.5 R6. ;	반시계 방향으로 R6. 원호가공
G01 X60. ;	X60.까지 직선 가공
Y35. ;	Y35.까지 직선 가공
G03 X65. Y30. R5. ;	반시계 방향으로 R5 원호가공
G01 X71. ;	X71.까지 직선 가공
G00 Z150. M09 ;	공구 길이 보정 취소를 위해 안전한 높이 Z150.까지 이동(Z150.은 반드시 G54의 Z값을 면밀히 검토 후 지령한다. 잘못 지령하면 대충돌 발생) M09 절삭유 OFF
G49 M05 ;	G49 공구 길이 보정 취소, M05 주축 회전 정지
G40 ;	공구지름 보정 해제
(G91 G30 Z0. M19) ;	공구 교환 위치로 이동한다.
T05 M06 (∅6 Champmill) ;	5번 공구(∅6 Champmill)로 교체하라.
G90 G40 G00 X -8. Y -8. ;	직각 보정으로 가공하기 위하여 안전한 위치까지 급속 위치결정한다. Champmill은 G40 보정으로 가공한다.
G43H05Z150.S2500M03 ;	Champmill 길이 보정하면서 Z150.까지 급속이송한다. 위의 T05 = H05 같게 지정한다. (반드시 같지 않아도 됨) H05에 Champmill 길이 보정값이 입력되어 있다.
Z50. ;	안전높이까지 이동한다.

기계가공기능장 1번: 답 5(국가검정자격 가공방식)

Z -0.8 M08 ;	외곽의 깊이까지 내려간다. 비절삭 구간이므로 G00 가능함 깊이 0.3mm를 지령한다.
G41 X5. D05(D05=0.6) ;	좌측보정 주면서 X5.까지 직선 가공
G01 Y63. F300 ;	Y63.까지 직선 가공
X11. ;	X11.까지 직선 가공
Y57. ;	Y57.까지 직선 가공
G03 X24. R6.5 ;	반시계 방향으로 R6.5 원호가공
G01 Y63. ;	Y63.까지 직선 가공
X60. ;	X60.까지 직선 가공
Y48.5 ;	Y48.5까지 직선 가공
X55. ;	X55.까지 직선 가공
G03 Y36.5 R6. ;	반시계 방향으로 R6. 원호가공
G01 X60. ;	X60.까지 직선 가공
Y35. ;	Y35.까지 직선 가공
G03 X65. Y30. R5. ;	반시계 방향으로 R5 원호가공
G01 Y7. ;	Y7.까지 직선 가공
X61. ;	X61.까지 직선 가공
Y12. ;	Y12.까지 직선 가공
G03 X47. R7. ;	반시계 방향으로 R7. 원호가공
G01 Y7. ;	Y7.까지 직선 가공
X12. ;	X12.까지 직선 가공
X5. Y14. ;	X5. Y14.까지 직선 가공
Y18. ;	Y18.까지 직선 가공
X -6. ;	X -6.까지 직선 가공
G00 Z150. M09 ;	공구 길이 보정 취소를 위해 안전한 높이 Z150.까지 이동(Z150.은 반드시 G54의 Z값을 면밀히 검토 후 지령한다. 잘못 지령하면 대충돌 발생) M09 절삭유 OFF
G49 M05 ;	G49 공구 길이 보정 취소, M05 주축 회전 정지 M09 절삭유 OFF

기계가공기능장 1번: 답 6(국가검정자격 가공방식)

G40 ;	공구지름 보정 해제
(G91 G30 Z0. M19) ;	공구 교환 위치로 이동. M19는 공구 일방향 정지 기능
T04 M06 (M8 Tap) ;	4번 공구(M8 Tap)로 교체하라.
G90 G00 X31. Y35. ;	Tap 가공 위치로 급속 위치결정한다. Tap 가공은 반드시 G40 보정으로 가공한다. (T01에 G54에 지령하였으므로 생략 가능하다)
G43H04Z150.S500M03 ;	Tap 길이 보정하면서 Z150.까지 급속이송한다. 위의 T04 = H04 같게 지정한다. (반드시 같지 않아도 됨) H04에 Tap 길이 보정값이 입력되어 있다.
G99G84Z −33.R3.F625M08 ;	G84 Tap 사이클 가공 지령한다. Z는 두께 +5mm 정도, G99의 R점 R3.까지 이동한다. 이송값 지령 → F = 회전수×피치값(625 = 500×1.25)
G80 Z150. M09 ;	고정 사이클 해제, 공구 길이 보정 취소를 위해 Z150.까지 이동
G49 M05 ;	G49 공구 길이 보정 취소, M05 주축 정지
M02 ;	프로그램 종료
%	NC 프로그램 전송 수신 시 기계인식에 반드시 필요

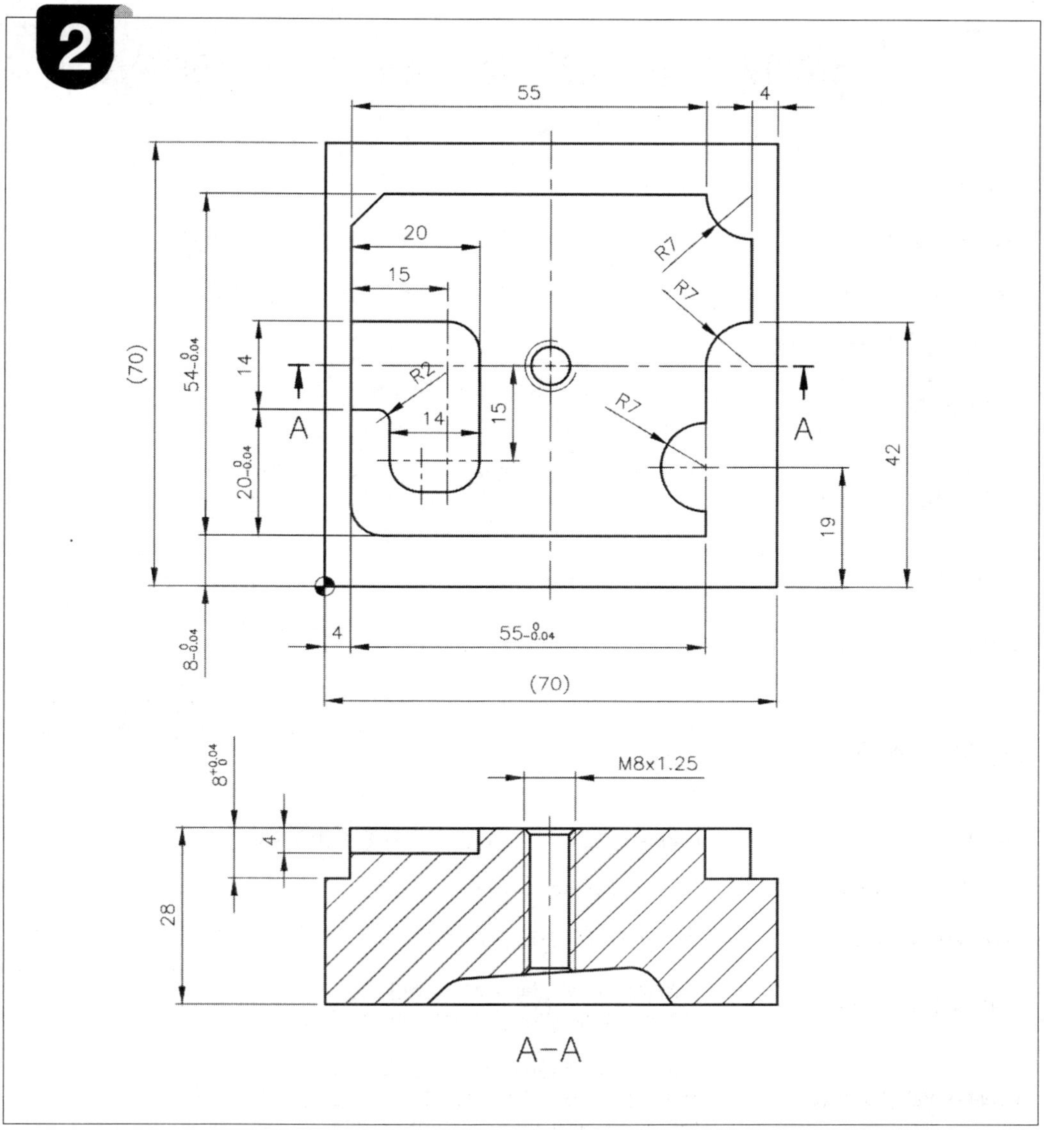

1. 도시되고 지시없는 모떼기 및 라운드 C5, R5, 일반 모떼기 C0.2
2. 상면 형상 1단 모떼기 C0.3(챔퍼밀 사용)

공구번호	공구명칭	공구직경	회전수(rpm)	이송(mm/min)
T01	Endmill	∅10mm	S2000	황삭F150, 정삭F180
T02	센터 Drill	∅3mm	S2500	F180
T03	Drill	∅6.8mm	S1000	F150
T04	Champmill	∅6mm	S1800	F180
T05	Tap	M8x1.25	S500	F625

기계가공기능장 2번: 답 1(국가검정자격 가공방식)

%	NC 프로그램 전송 수신 시 기계인식에 반드시 필요
O6002 ;	프로그램 번호
G40 G49 G80 ;	공구 직경보정 취소, 공구 길이 보정 취소, 고정 사이클 취소
(G91 G30 Z0. M19) ;	공구 교환 위치로 이동, M19는 공구 일방향 정지 기능
T02 M06 (∅3 Center Drill) ;	2번 공구(∅3 Center Drill)로 교체하라.
G54 G90 G00 X35. Y35. ;	센터 Drill 가공 위치로 급속 위치결정한다. (G54에 기계 좌푯값이 입력되어 있다.)
G43H02Z150.S2500M03 ;	센터 Drill 길이 보정하면서 Z150.까지 급속이송한다. 위의 T02 = H02 같게 지정한다. (반드시 같지 않아도 됨) H02에 센터 Drill 길이 보정값이 입력되어 있다.
Z50. M08 ;	안전높이까지 이동한다.
G99 G81 Z −3. R3. F180 ;	G81 Drill링 사이클(스폿 Drill링 사이클) 가공 지령한다. G99의 R점 R3.까지 이동한다.
G80 G00 Z150. M09 ;	G80 고정 사이클 취소, 공구 길이 보정 취소를 위해 안전한 높이 Z150.까지 이동(Z150.은 반드시 G54의 Z값을 면밀히 검토 후 지령한다. 잘못 지령하면 대충돌 발생) M09 절삭유 OFF
G49 M05 ;	G49 공구 길이 보정 취소, M05 주축 회전 정지
(G91 G30 Z0. M19) ;	공구 교환 위치로 이동한다.
T03 M06 (∅6.8 Drill) ;	3번 공구(∅6.8 Drill)로 교체하라.
G90 G00 X35. Y35. ;	Drill가공 위치로 급속 위치결정한다. (T01에 G54에 지령하였으므로 생략 가능하다.)
G43H03Z150.S1000M03 ;	Drill 길이 보정하면서 Z150.까지 급속이송한다. 위의 T03 = H03 같게 지정한다. (반드시 같지 않아도 됨) H03에 Drill 길이 보정값이 입력되어 있다.
Z50. M08 ;	안전높이까지 이동한다.
G99G83Z −33.R3.Q3.F150 ;	G83팩 Drill링 사이클 가공 지령함. Z는 두께에 +5mm 정도, G99의 R점 R3.까지 이동한다. Q3.은 1회 절삭깊이 3mm

기계가공기능장 2번: 답 2(국가검정자격 가공방식)

G80 G00 Z150. M09 ;	G80 고정 사이클 취소, 공구 길이 보정 취소를 위해 안전한 높이 Z150.까지 이동(Z150.은 반드시 G54의 Z값을 면밀히 검토 후 지령한다. 잘못 지령하면 대충돌 발생) M09 절삭유 OFF
G49 M05 ;	G49 공구 길이 보정 취소, M05 주축 회전 정지
(G91 G30 Z0. M19) ;	공구 교환 위치로 이동한다.
T01 M06 (⌀10 Endmill) ;	1번 공구(⌀10 Endmill)로 교체하라.
G90 G00 X −8. Y −8. ;	직각 보정으로 가공하기 위하여 안전한 위치까지 급속 위치결정한다.
G43H01Z150.S2000M03 ;	Endmill 길이 보정하면서 Z150.까지 급속이송한다. 위의 T01 = H01 같게 지정한다. (반드시 같지 않아도 됨) H01에 Endmill 길이 보정값이 입력되어 있다.
Z50. ;	안전높이까지 이동한다.
Z −7.5 ;	외곽의 깊이까지 내려간다. 비절삭 구간이므로 G00 가능함 깊이 정삭 여유 0.5mm를 두고 1차 황삭 가공을 한다.
X −1.5 M08 ;	G40 보정으로 외곽을 정삭 여유 0.5mm를 두고, G40으로 1차 황삭 가공을한다. 전체적인 가공 부위를 검토 후 황삭을 가공한다.
G01 Y67.5 F150 ;	Y66.5까지 직선 가공, 이송속도를 60mm/min 지령한다.
X71.5 ;	X71.5까지 직선 가공
Y2.5. ;	Y2.5까지 직선 가공
X −6. ;	Y −6.까지 직선 가공
G00 Z −3.5 ;	Z −4의 윗부분을 1차 황삭 가공을 위해서 안전한 위치로 이동
Y35. ;	Y35.까지 직선 가공
G01 X17. ;	X17.까지 직선 가공
Y21. ;	Y21.까지 직선 가공
G00 Z5. ;	안전 위치로 이동
X −6. Y −6. ;	2차 외곽 정삭 가공을 위하여 작업시작점으로 이동
Z −8. ;	외곽의 깊이까지 내려간다. 비절삭 구간이므로 G00 가능함 깊이값 Z −8.을 지령한다.

기계가공기능장 2번: 답 3(국가검정자격 가공방식)

G41 X4. D01(D01=5.0)	외곽 G41 보정 정삭가공을 한다. 보정 방향은 다음 진행 방향과 직각으로 보정을 주어야 하므로 G41(공구지름 좌측 보정 = 좌측 보정)을 지령한다. D01에 공구의 반경값 D01=5.00l 입력되어 있다.
G01 Y62. F180 ;	Y62.까지 직선 가공, 이송속도를 F180mm/min을 지령한다.
X66. ;	X66.까지 직선 가공
Y8. ;	Y8.까지 직선 가공
X4. ;	X4.까지 직선 가공
Y57. ;	Y57.까지 직선 가공
X9. Y62. ;	X9. Y62.까지 직선 가공
X59. ;	X59.까지 직선 가공
G03 X66. Y55. R7. ;	반시계 방향으로 R7. 원호가공
G01 Y42. ;	Y42.까지 직선 가공
G03 X59. Y35. R7. ;	반시계 방향으로 R7. 원호가공
G01 Y26. ;	Y26.까지 직선 가공
G03 Y12. R7. ;	반시계 방향으로 R7. 원호가공
G01 Y8. ;	Y8.까지 직선 가공
G01 X9. ;	X9.까지 직선 가공
G02 X4. Y13. R5. ;	시계 방향으로 R5. 원호가공
G01 Y17. ;	Y17.까지 직선 가공
X −6. ;	X −6.까지 직선 가공
G00 Y28. ;	Z −4의 윗부분을, G41로 1차 황삭 가공을 위해서 안전한 위치로 이동
Z −4. ;	Z −3.5까지 이동, 비절삭 구간이므로 G00 가능함
G01 X8.	Y17.까지 직선 가공
G02 X10. Y26. R2.	시계 방향으로 R2. 원호가공
G01 Y20. ;	Y20.까지 직선 가공
G03 X15. Y15. R5. ;	반시계 방향으로 R5. 원호가공
G01 X −2. ;	X −2.까지 직선 가공
G00 Z150. M09 ;	공구 길이 보정 취소를 위해 안전한 높이 Z150.까지 이동(Z150. 반드시 G54의 Z값을 면밀히 검토 후 지령한다. M09 절삭유 OFF

기계가공기능장 2번: 답 4(국가검정자격 가공방식)

G01 X19. ;	X19.까지 직선 가공
G03 X24. Y20. R5. ;	반시계 방향으로 R5. 원호가공
G01 Y37. ;	Y37.까지 직선 가공
G03 X19. Y42. R5. ;	반시계 방향으로 R5. 원호가공
G49 M05 ;	G49 공구 길이 보정 취소, M05 주축 회전 정지
(G91 G30 Z0. M19) ;	공구 교환 위치로 이동한다.
T05 M06 (∅6 Champmill) ;	5번 공구(∅6 Champmill)로 교체하라.
G90 G40 G00 X −8. Y −8. ;	직각 보정으로 가공하기 위하여 안전한 위치까지 급속 위치결정한다. Champmill은 G40 보정으로 가공한다.
G43H05Z150.S2500M03 ;	Champmill 길이 보정하면서 Z150.까지 급속이송한다. 위의 T05 = H05 같게 지정한다. (반드시 같지 않아도 됨) H05에 Champmill 길이 보정값이 입력되어 있다.
Z50. ;	안전높이까지 이동한다.
Z −0.8 M08 ;	외곽의 깊이까지 내려간다. 비절삭 구간이므로 G00 가능함 깊이 0.3mm를 지령한다.
G41 X4. D05(D05=0.6) ;	좌측보정 주면서 X4.까지 직선 가공
G01 Y28. F300 ;	Y28.까지 직선 가공
X8.	Y8.까지 직선 가공
G02 X10. Y26. R2.	시계 방향으로 R2. 원호가공
G01 Y20. ;	Y20.까지 직선 가공
G03 X15. Y15. R5. ;	반시계 방향으로 R5. 원호가공
G01 X19. ;	X19.까지 직선 가공
G03 X24. Y20. R5. ;	반시계 방향으로 R5. 원호가공
G01 Y37. ;	Y37.까지 직선 가공
G03 X19. Y42. R5. ;	반시계 방향으로 R5. 원호가공
G01 X4. ;	X4.까지 직선 가공
Y57. ;	Y57.까지 직선 가공
X9. Y62. ;	X9. Y62.까지 직선 가공

기계가공기능장 2번: 답 5(국가검정자격 가공방식)

X59. ;	X59.까지 직선 가공
G03 X66. Y55. R7. ;	반시계 방향으로 R7. 원호가공
G01 Y42. ;	Y42.까지 직선 가공
G03 X59. Y35. R7. ;	반시계 방향으로 R7. 원호가공
G01 Y26. ;	Y26.까지 직선 가공
G03 Y12. R7. ;	반시계 방향으로 R7. 원호가공
G01 Y8. ;	Y8.까지 직선 가공
G01 X9. ;	X9.까지 직선 가공
G02 X4. Y13. R5. ;	시계 방향으로 R5. 원호가공
G01 Y35. ;	Y35.까지 직선 가공
G00 Z150. M09 ;	공구 길이 보정 취소를 위해 안전한 높이 Z150.까지 이동(Z150.은 반드시 G54의 Z값을 면밀히 검토 후 지령한다. 잘못 지령하면 대충돌 발생) M09 절삭유 OFF
G49 M05 ;	G49 공구 길이 보정 취소, M05 주축 회전 정지, M09 절삭유 OFF
G40 ;	공구지름 보정 해제
(G91 G30 Z0. M19) ;	공구 교환 위치로 이동, M19는 공구 일방향 정지 기능
T04 M06 (M8 Tap) ;	4번 공구(M8 Tap)로 교체하라.
G90 G00 X35. Y35. ;	Tap 가공 위치로 급속 위치결정한다. Tap 가공은 반드시 G40 보정으로 가공한다. (T01에 G54에 지령하였으므로 생략 가능하다)
G43H04Z150.S500M03 ;	Tap 길이 보정하면서 Z150.까지 급속이송한다. 위의 T04 = H04 같게 지정한다. (반드시 같지 않아도 됨) H04에 Tap 길이 보정값이 입력되어 있다.
G99G84Z −33.R3.F625 ;	G84 Tap 사이클 가공 지령한다. Z는 두께 +5mm 정도, G99의 R점 R3.까지 이동한다. 이송값 지령 → F = 회전수×피치값(F = 200×1.25)
G80 Z150. M09 ;	고정 사이클 해제, 공구 길이 보정 취소를 위해 Z150.까지 이동
G49 M05 ;	G49 공구 길이 보정 취소, M05 주축 정지
M02 ;	프로그램 종료
%	NC 프로그램 전송 수신 시 기계인식에 반드시 필요

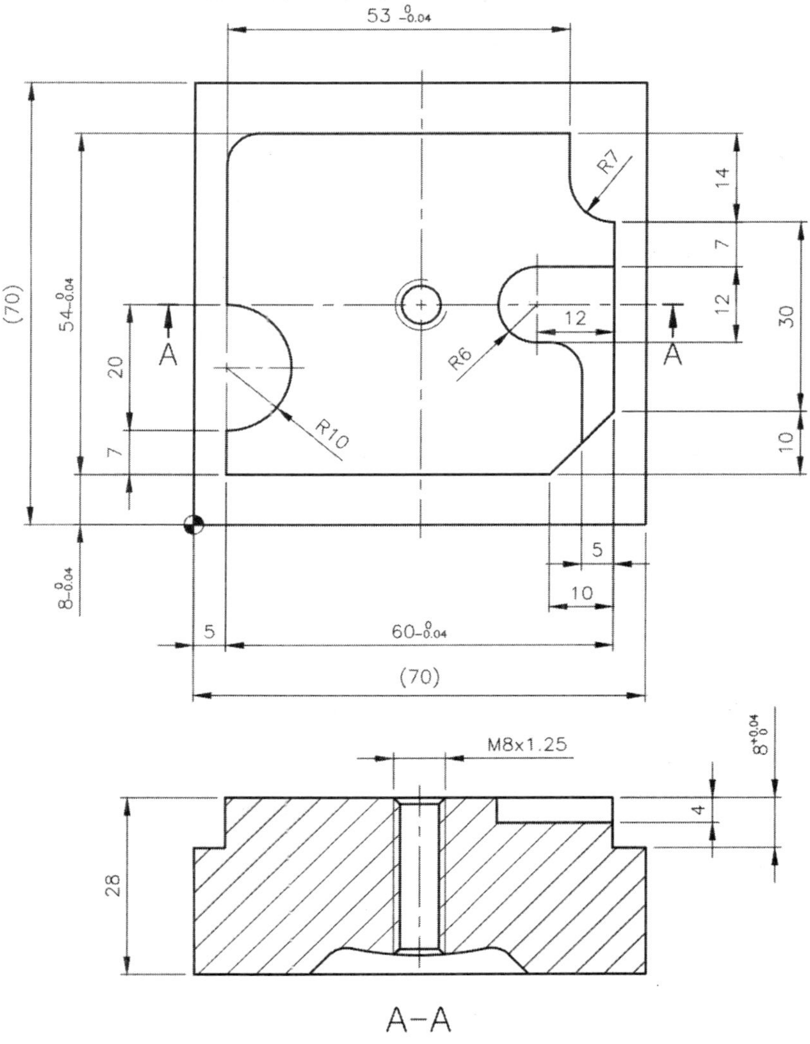

주서
1. 도시되고 지시없는 모떼기 및 라운드 C5, R5, 일반 모떼기 C0.2
2. 상면 형상 1단 모떼기 C0.3(챔퍼밀 사용)

공구번호	공구명칭	공구직경	회전수(rpm)	이송(mm/min)
T01	Endmill	∅10mm	S2000	황삭F150, 정삭F180
T02	센터 Drill	∅3mm	S2500	F180
T03	Drill	∅6.8mm	S1000	F150
T04	Champmill	∅6mm	S1800	F180
T05	Tap	M8x1.25	S500	F625

기계가공기능장 3번: 답 1

```
%
O6003 ;
G40 G49 G80 ;
(G91 G30 Z0. M19) ;
T02 M06 (∅3 Center Drill) ;
G54 G90 G00 X35. Y35. ;
G43 H02 Z150. S2500 M03 ;
Z50. M08 ;
G99 G81 Z -3. R3. F180 ;
G80 G00 Z150. M09 ;
G49 M05 ;
(G91 G30 Z0. M19) ;
T03 M06 (∅6.8 Drill) ;
G90 G00 X35. Y35. ;
G43 H03 Z150. S1000 M03 ;
Z50. M08 ;
G99 G83 Z -33. R3. Q3. F150 ;
G80 G00 Z150. M09 ;
G49 M05 ;
(G91 G30 Z0. M19) ;
T01 M06 (∅10 Endmill) ;
G90 G00 X -8. Y -8. ;
G43 H01 Z150. S2000 M03 ;
Z50. ;
Z -7.5 ;
X -0.5 M08 ;
G01 Y67.5 F150 ;
X70.5 ;
Y2.5 ;
X -6. ;
G00 Z5. ;
X65.5 Y2.5 ;
Z -3.5 ;
G01 Y35. ;
X52.5 ;
G00 Z5. ;
X -6. Y -6. ;
Z -8. ;
G41 X5. D01(D01=5.0) ;
G01 Y62. F180 ;
X65. ;
Y8. ;
X5. ;
Y15. ;
G03 Y35. R10. ;
G01 Y57. ;
G02 X10. Y62. R5. ;
```

기계가공기능장 3번: 답 2

G01 X58. ;
Y55. ;
G03 X65. Y48. R7. ;
G01 Y18. ;
X55. Y8. ;
X -2. ;
G00 Z5. ;
G40 X77. Y31. ;
Z -4. ;
G41 Y41. ;
G01 X53. ;
G03 Y29. R6. ;
G01 X55. ;
G02 X60. Y24. R5. ;
G01 Y6. ;
G00 Z150. M09 ;
G49 M05 ;
(G91 G30 Z0. M19) ;
T05 M06 (∅6 Champmill) ;
G90 G40 G00 X -8. Y -8. ;
G43 H05 Z150. S2500 M03 ;
Z50. ;
Z -0.8 M08 ;
G41 X5. D05(D05=0.6) ;
G01 Y15. F300 ;
G03 Y35. R10. ;

G01 Y57. ;
G02 X10. Y62. R5. ;
G01 X58. ;
Y55. ;
G03 X65. Y48. R7. ;
G01 Y41. ;
X53. ;
G03 Y29. R6. ;
G01 X55. ;
G02 X60. Y24. R5. ;
G01 Y13. ;
X55. Y8. ;
X -6. ;
G00 Z150. M09 ;
G40 ;
G49 M05 ;
(G91 G30 Z0. M19) ;
T04 M06 (M8 Tap) ;
G90 G00 X35. Y35. ;
G43 H04 Z150. S500 M03 ;
G99 G84 Z -33. R3. F625 ;
G80 Z150. M09 ;
G49 M05 ;
M02 ;
%

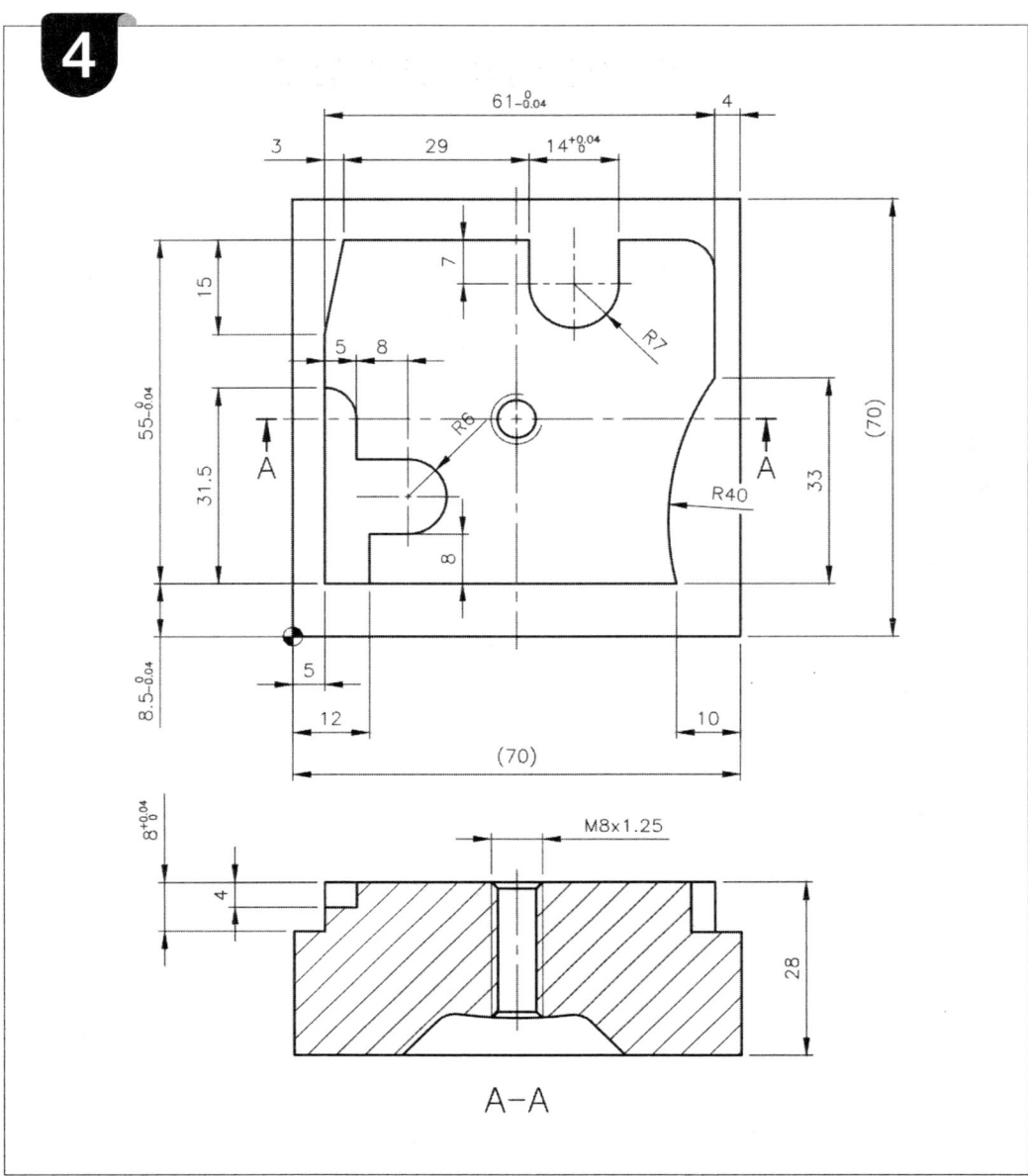

주서
1. 도시되고 지시없는 모떼기 및 라운드 C5, R5, 일반 모떼기 C0.2
2. 상면 형상 1단 모떼기 C0.3(챔퍼밀 사용)

공구번호	공구명칭	공구직경	회전수(rpm)	이송(mm/min)
T01	Endmill	∅10mm	S2000	황삭F150, 정삭F180
T02	센터 Drill	∅3mm	S2500	F180
T03	Drill	∅6.8mm	S1000	F150
T04	Champmill	∅6mm	S1800	F180
T05	Tap	M8x1.25	S500	F625

기계가공기능장 4번: 답 1

```
%
O6004 ;
G40 G49 G80 ;
T02 M06 (∅3 Center Drill) ;
G54 G90 G00 X35. Y35. ;
G43 H02 Z150. S2500 M03 ;
Z50. M08 ;
G99 G81 Z -3. R3. F180 ;
G80 G00 Z150. M09 ;
G49 M05 ;
(G91 G30 Z0. M19) ;
T03 M06 (∅6.8 Drill) ;
G90 G00 X35. Y35. ;
G43H03Z150.S1000M03 ;
Z50. M08 ;
G99G83Z -33.R3.Q3.F150;
G80 G00 Z150. M09 ;
G49 M05 ;
(G91 G30 Z0. M19) ;
T01 M06 (∅10 Endmill) ;
G90 G00 X -8. Y -8. ;
G43 H01 Z150. S2000 M03 ;
Z50. ;
Z -7.5 ;
X -0.5 M08 ;
G01 Y69. F150 ;
X44. ;
Y55. ;
Y69. ;
X71.5 ;
Y3.;
X -6. ;
G00 Z5. ;
X -6. Y -6. ;
Z -8. ;
G41 X5. D01(D01=5.0) ;
G01 Y63.5 F180 ;
X66. ;
Y8.5 ;
X5. ;
Y48.5 ;
X8. Y63.5 ;
X37. ;
Y56.5 ;
G03 X51. R7. ;
G01 Y63.5 ;
X61. ;
G02 X66. Y58.5 R5. ;
G01 Y41.5 ;
G03 X60. Y8.5 R40. ;
G01 X -6. ;
G40 G00 X -6. Y -6. ;
Z -4. ;
G41 G01 X12. ;
Y16.5 ;
X18. ;
G03 Y28.5 R6. ;
G01 X10. ;
Y35. ;
G03 X5. Y40. R5. ;
G01 X -6. ;
G00 Z150. M09 ;
G49 M05 ;
G40 ;
(G91 G30 Z0. M19) ;
T05M06(∅6 Champmill) ;
G90G40G00X -8.Y -8. ;
G43H05Z150.S2500M03 ;
```

기계가공기능장 4번: 답 2

Z50. ;

Z -0.8 M08 ;

G41 X5. D05(D05=0.6) M08 ;

G01 Y48.5 F300 ;

X8. Y63.5 ;

X37. ;

Y56.5 ;

G03 X51. R7. ;

G01 Y63.5 ;

X61. ;

G02 X66. Y58.5 R5. ;

G01 Y41.5 ;

G03 X60. Y8.5 R40. ;

G01 X12. ;

Y16.5 ;

X18. ;

G03 Y28.5 R6. ;

G01 X10. ;

Y35. ;

G03 X5. Y40. R5. ;

G01 X -6. ;

G00 Z150. M09 ;

G49 M05 ;

G40 ;

(G91 G30 Z0. M19) ;

T04 M06 (M8 Tap) ;

G90 G00 X35. Y35. ;

G43 H04 Z150. S500 M03 ;

G99 G84 Z -33. R3. F625 ;

G80 Z150. M09 ;

G49 M05 ;

M02 ;

%

5

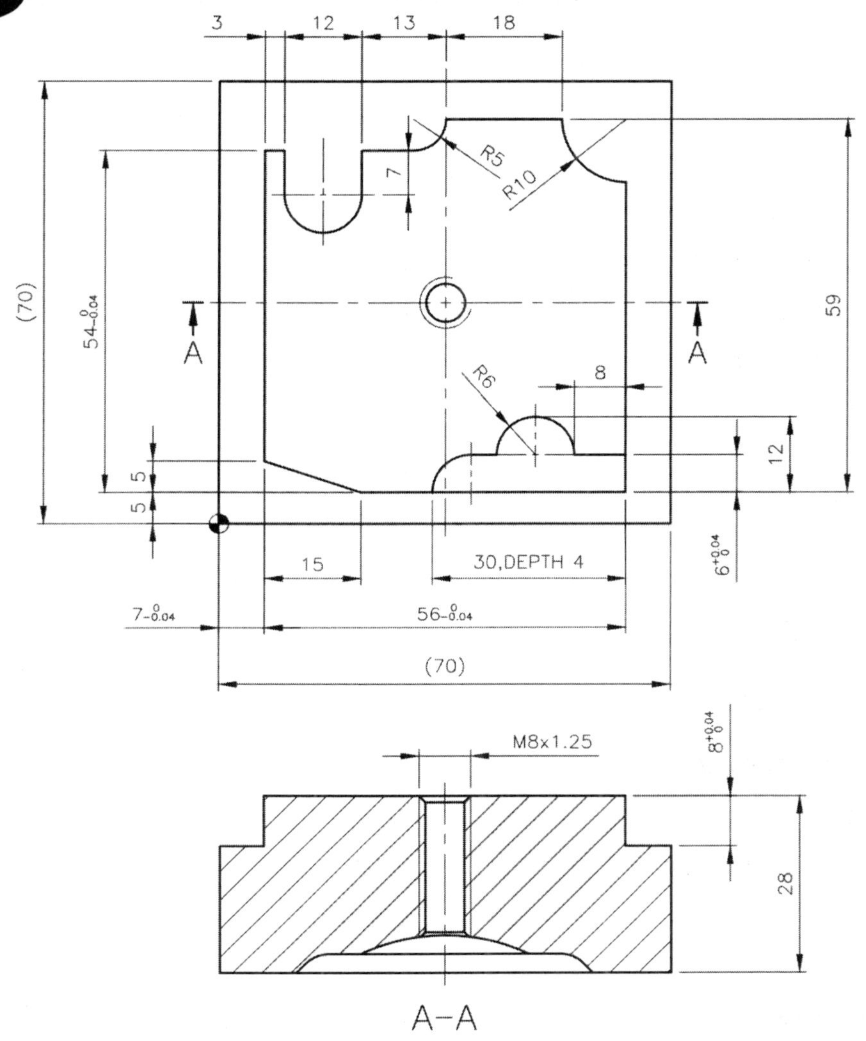

1. 도시되고 지시없는 모떼기 및 라운드 C5, R5, 일반 모떼기 C0.2
2. 상면 형상 1단 모떼기 C0.3(챔퍼밀 사용)

공구번호	공구명칭	공구직경	회전수(rpm)	이송(mm/min)
T01	Endmill	⌀10mm	S2000	황삭F150, 정삭F180
T02	센터 Drill	⌀3mm	S2500	F180
T03	Drill	⌀6.8mm	S1000	F150
T04	Champmill	⌀6mm	S1800	F180
T05	Tap	M8x1.25	S500	F625

기계가공기능장 5번: 답 1

```
%
O6005 ;
G40 G49 G80 ;
(G91 G30 Z0. M19) ;
T02 M06 (∅3 Center Drill) ;
G54 G90 G00 X35. Y35. ;
G43 H02 Z150. S2500 M03 ;
Z50. M08 ;
G99 G81 Z -3. R3. F180 ;
G80 G00 Z150. M09 ;
G49 M05 ;
(G91 G30 Z0. M19) ;
T03 M06 (∅6.8 Drill) ;
G90 G00 X35. Y35. ;
G43 H03 Z150. S1000 M03 ;
Z50. M08 ;
G99 G83 Z -33. R3. Q3. F150 ;
G80 G00 Z150. M09 ;
G49 M05 ;
(G91 G30 Z0. M19) ;
T01 M06 (∅10 Endmill) ;
G90 G00 X -8. Y -8. ;
G43 H01 Z150. S2000 M03 ;
Z50. ;
Z -7.5 ;
X1.5 M08 ;
G01 Y69.5 F150 ;
X68.5 ;
Y -0.5 ;
X -6. ;
G00 Z5. ;
X71. Y5.5 ;
Z -3.5 ;
G01 X49. ;
Y11.5 ;
Y5.5 ;
X39. ;
G00 Z5. ;
X -6. Y -6. ;
Z -8. ;
G41 X7. D01(D01=5.0) ;
G01 Y64. F180 ;
X63. ;
Y5. ;
```

기계가공기능장 5번: 답 2

X7. ;
Y59. ;
X10. ;
Y52. ;
G03 X22. R6. ;
G01 Y59. ;
X30. ;
G03 X35. Y64. R5. ;
G01 X53. ;
G03 X63. Y54. R10. ;
G01 Y5. ;
X22. ;
X7. Y10. ;
Y15. ;
X -6. ;
G00 Z5. ;
G40 X71. Y0. ;
Z -4. ;
G41 Y11. ;
G01 X55. ;
G03 X43. R6. ;
G01 X39. ;

G03 X33. Y5. R5. ;
G01 Y -6. ;
G00 Z150. M09 ;
G49 M05 ;
(G91 G30 Z0. M19) ;
T05 M06 (∅6 Champmill) ;
G90 G40 G00 X -8. Y -8. ;
G43 H05 Z150. S2500 M03 ;
Z50. ;
Z -0.8 M08 ;
G41 X7. D05(D05=0.6) M08 ;
G01 Y59. F300 ;
X10. ;
Y52. ;
G03 X22. R6. ;
G01 Y59. ;
X30. ;
G03 X35. Y64. R5. ;
G01 X53. ;
G03 X63. Y54. R10. ;
G01 Y11. ;
G01 X55. ;

G03 X43. R6. ;
G01 X39. ;
G03 X33. Y5. R5. ;
G01 Y -6. ;
X22. ;
X7. Y10. ;
Y15. ;
X -6. ;
G00 Z150. M09 ;
G49 M05 ;
G40 ;
(G91 G30 Z0. M19) ;
T04 M06 (M8 Tap) ;
G90 G00 X35. Y35. ;
G43 H04 Z150. S500 M03 ;
G99 G84 Z -33. R3. F625 ;
G80 Z150. M09 ;
G49 M05 ;
M02 ;
%

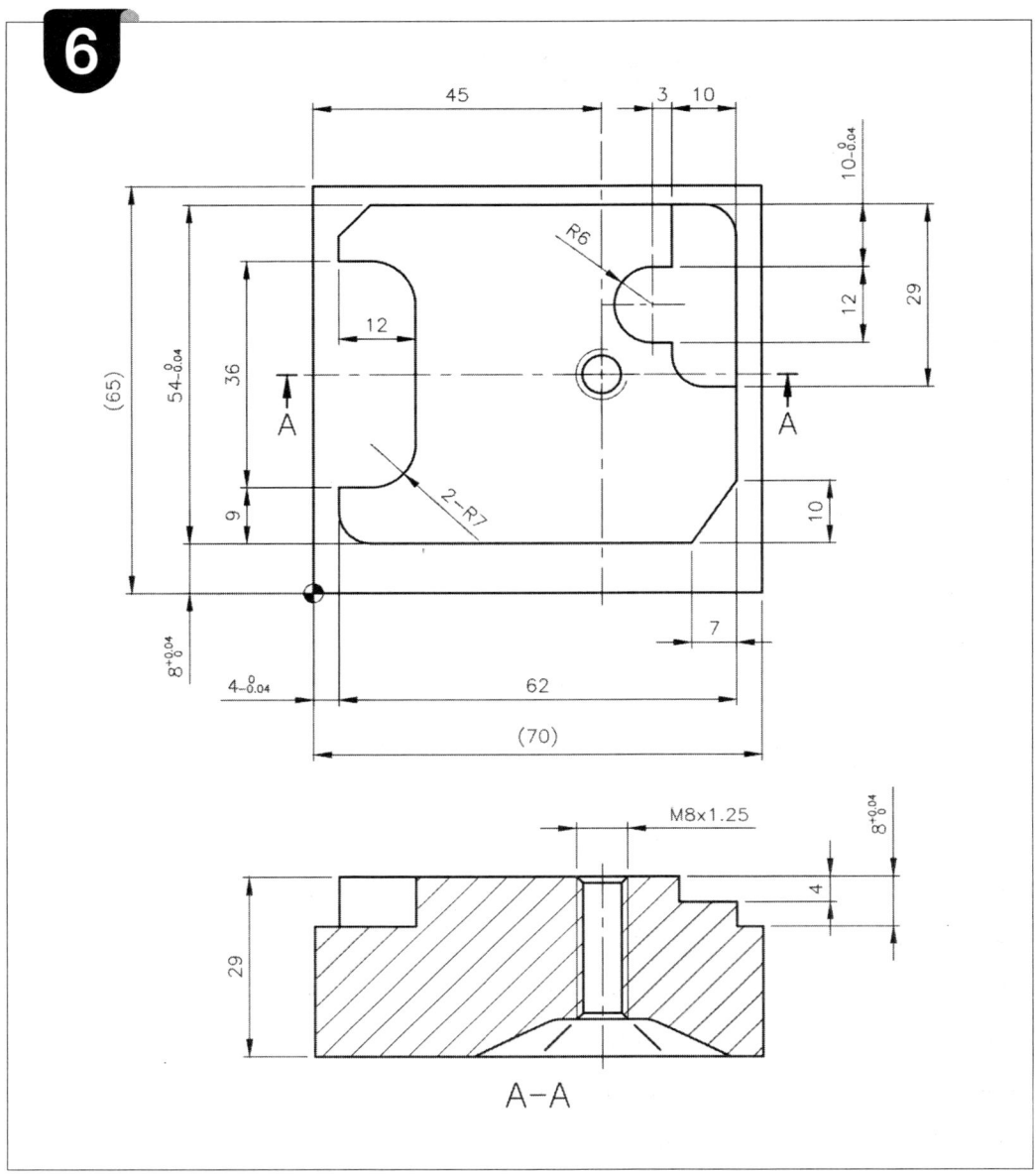

주석
1. 도시되고 지시없는 모떼기 및 라운드 C5, R5, 일반 모떼기 C0.2
2. 상면 형상 1단 모떼기 C0.3(챔퍼밀 사용)

공구번호	공구명칭	공구직경	회전수(rpm)	이송(mm/min)
T01	Endmill	⌀10mm	S2000	황삭F150, 정삭F180
T02	센터 Drill	⌀3mm	S2500	F180
T03	Drill	⌀6.8mm	S1000	F150
T04	Champmill	⌀6mm	S1800	F180
T05	Tap	M8x1.25	S500	F625

기계가공기능장 6번: 답 1

```
%
O6006 ;
G40 G49 G80 ;
(G91 G30 Z0. M19) ;
T02 M06 (∅3 Center Drill) ;
G54 G90 G00 X31. Y35. ;
G43 H02 Z150. S2500 M03 ;
Z50. M08 ;
G99 G81 Z -3. R3. F180 ;
G80 G00 Z150. M09 ;
G49 M05 ;
(G91 G30 Z0. M19) ;
T03 M06 (∅6.8 Drill) ;
G90 G00 X31. Y35. ;
G43 H03 Z150. S1000 M03 ;
Z50. M08 ;
G99 G83 Z -33. R3. Q3. F150 ;
G80 G00 Z150. M09 ;
G49 M05 ;
(G91 G30 Z0. M19) ;
T01 M06 (∅10 Endmill) ;
G90 G00 X -8. Y -8. ;
G43 H01 Z150. S2000 M03 ;
Z50. ;
Z -7.5 ;
 X -1.5 M08 ;
G01 Y67.5 F150 ;
X71.5 ;
Y2.5 ;
X -6. ;
G00 G40 Y22.5 ;
G01 X8. ;
Y47.5 ;
G00 Z5. ;
X61.5 Y68. ;
Z -3.5 ;
G01 Y46. ;
X52.5 ;
X61.5 ;
Y38. ;
X72. ;
G00 Z5. ;
X -6. Y -6. ;
Z -8. ;
G41 X4. D01(D01=5.0) ;
G01 Y62. F180 ;
X66. ;
Y8. ;
X4. ;
Y17. ;
X9. ;
G03 X16. Y24. R7. ;
G01 Y46. ;
G03 X9. Y53. R7. ;
G01 X4. ;
Y57. ;
X9. Y62. ;
X61. ;
G02 X66. Y57. R5. ;
G01 Y18. ;
X59. Y8. ;
X9. ;
G02 X4. Y13. R5. ;
G01 Y17. ;
X9. ;
```

기계가공기능장 6번: 답 2

```
G03 X16. Y24. R7. ;
G01 Y46. ;
G03 X9. Y53. R7. ;
G01 X -6. ;
G00 G40 Y23. ;
G01 X8. ;
Y47. ;
G00 Z5. ;
G40 X62. Y63. ;
G01 Z -4. ;
G41 X56. ;
Y52. ;
X53. ;
G03 Y40. R6. ;
G01 X56. ;
Y38. ;
G03 X61. Y33. R5. ;
G01 X72. ;
G00 Z150. M09 ;
G49 M05 ;
G40 ;

(G91 G30 Z0. M19) ;
T05 M06 (∅6 Champmill) ;
G90 G40 G00 X -8. Y -8. ;
G43 H05 Z150. S2500 M03 ;
Z50. ;
Z -0.8 M08 ;
G41 X4. (D05=0.6) ;
G01 Y17. F300 ;
X9. ;
G03 X16. Y24. R7. ;
G01 Y46. ;
G03 X9. Y53. R7. ;
G01 X4. ;
Y57. ;
X9. Y62. ;
X56. ;
Y52. ;
X53. ;
G03 Y40. R6. ;
G01 X56. ;
Y38. ;

G03 X61. Y33. R5. ;
G01 X66. ;
Y18. ;
X59. Y8. ;
X9. ;
G02 X4. Y13. R5. ;
G01 Y18. ;
X -6. ;
G00 Z150. M09 ;
G49 M05 ;
G40 ;
(G91 G30 Z0. M19) ;
T04 M06 (M8 Tap) ;
G90 G00 X45. Y35. ;
G43 H04 Z150. S500 M03 ;
G99 G84 Z -34. R3. F625 ;
G80 Z150. M09 ;
G49 M05 ;
M02 ;
%
```

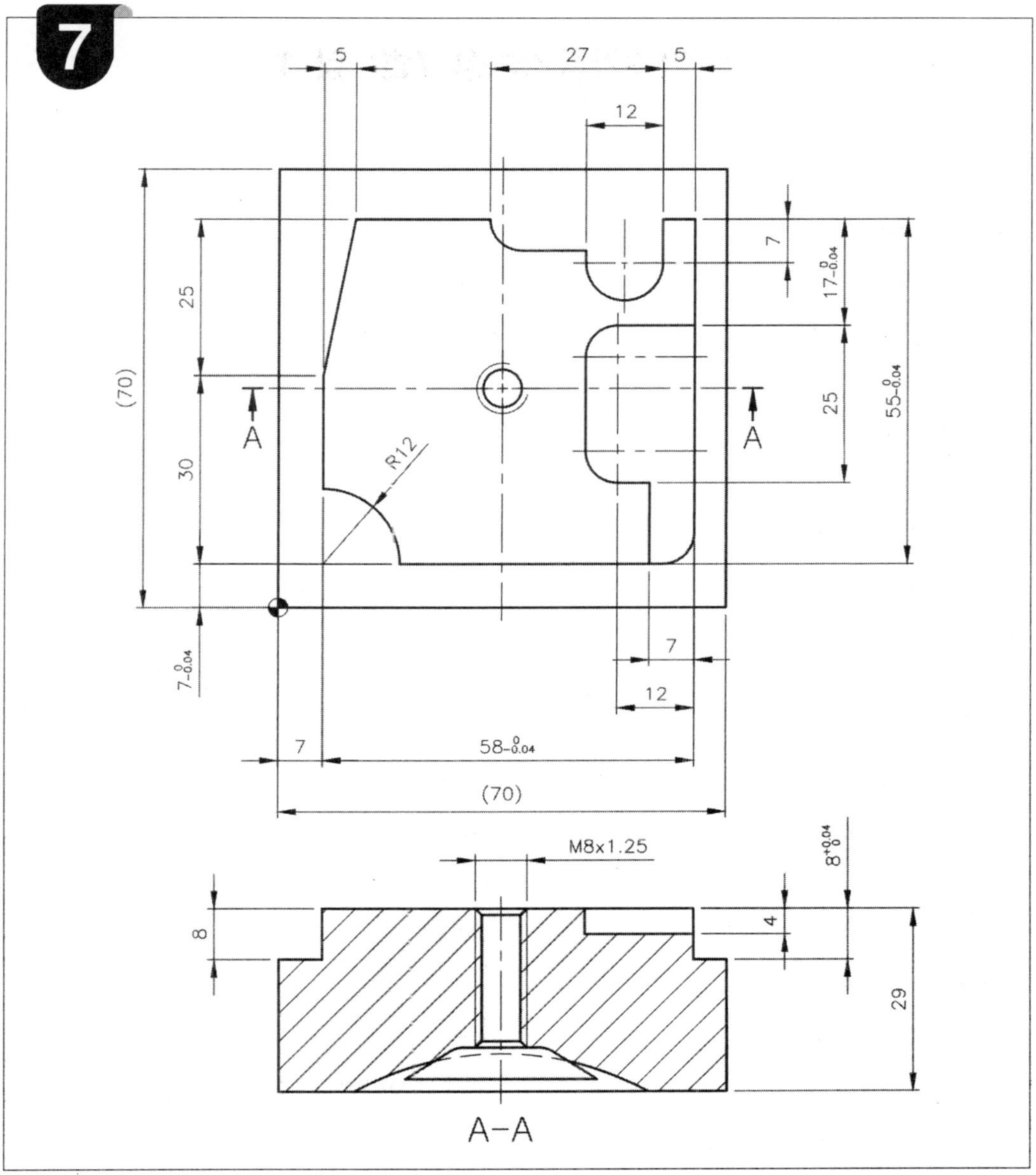

7

주서
1. 도시되고 지시없는 모떼기 및 라운드 C5, R5, 일반 모떼기 C0.2
2. 상면 형상 1단 모떼기 C0.3(챔퍼밀 사용)

공구번호	공구명칭	공구직경	회전수(rpm)	이송(mm/min)
T01	Endmill	Ø10mm	S2000	황삭F150, 정삭F180
T02	센터 Drill	Ø3mm	S2500	F180
T03	Drill	Ø6.8mm	S1000	F150
T04	Champmill	Ø6mm	S1800	F180
T05	Tap	M8x1.25	S500	F625

기계가공기능장 7번: 답 1

```
%
O6007 ;
G40 G49 G80 ;
(G91 G30 Z0. M19) ;
T02 M06 (∅3 Center Drill) ;
G54 G90 G00 X35. Y35. ;
G43 H02 Z150. S2500 M03 ;
Z50. M08 ;
G99 G81 Z -3. R3. F180 ;
G80 G00 Z150. M09 ;
G49 M05 ;
(G91 G30 Z0. M19) ;
T03 M06 (∅6.8 Drill) ;
G90 G00 X35. Y35. ;
G43 H03 Z150. S1000 M03 ;
Z50. M08 ;
G99 G83 Z -33. R3. Q3. F150 ;
G80 G00 Z150. M09 ;
G49 M05 ;
(G91 G30 Z0. M19) ;
T01 M06 (∅10 Endmill) ;
G90 G00 X -8. Y -8. ;
G43 H01 Z150. S2000 M03 ;
Z50. ;
Z -7.5 ;
X1.5 M08 ;
G01 Y67.5 F150 ;
X70.5 ;
Y1.5 ;
X7. ;
Y14. ;
X7. Y7. ;
G00 Z5. ;
X63.5 Y1. ;
Z -3.5 ;
G01 Y39. ;
X54. ;
Y26. ;
G00 Z5. ;
X -8. Y -8. ;
Z -8. ;
G41 X7. D01(D01=5.0) ;
G01 Y62. F180 ;
X65. ;
Y7. ;
X7. ;
```

기계가공기능장 7번: 답 2

Y37. ;
X12. Y62. ;
X33. ;
G03 X38. Y57. R5. ;
G01 X48. ;
Y55. ;
G03 X60. R6. ;
G01 Y62. ;
X65. ;
Y12. ;
G02 X60. Y7. R5. ;
G01 X19. ;
G03 X7. Y19. R12. ;
G01 X -6. ;
G40 G00 Y7. ;
G01 X7. ;
G00 Z5. ;
G40 X71. Y35. ;
Z -4. ;
G41 Y45. ;
G01 X53. ;
G03 X48. Y40. R5. ;
G01 Y25. ;
G03 X53. Y20. R5. ;

G01 X58. ;
Y1.5 ;
G00 Z5. ;
G40 X71. Y25. ;
Z -4. ;
G01 X61.
Y38. ;
G00 Z150. M09 ;
G49 M05 ;
(G91 G30 Z0. M19) ;
T05 M06 (⌀6 Champmill) ;
G90 G40 G00 X -8. Y -8. ;
G43 H05 Z150. S2500 M03 ;
Z50. ;
Z -0.8 ;
G41X7.D05(D05=0.6)M08 ;
G01 Y37. F300 ;
X12. Y62. ;
X33. ;
G03 X38. Y57. R5. ;
G01 X48. ;
Y55. ;
G03 X60. R6. ;
G01 Y62. ;

X65. ;
Y45. ;
X53. ;
G03 X48. Y40. R5. ;
G01 Y25. ;
G03 X53. Y20. R5. ;
G01 X58. ;
Y7. ;
G01 X19. ;
G03 X7. Y19. R12. ;
G01 Y24. ;
X -6. ;
G00 Z150. M09 ;
G49 M05 ;
G40 ;
(G91 G30 Z0. M19) ;
T04 M06 (M8 Tap) ;
G90 G00 X35. Y35. ;
G43 H04 Z150. S500 M03 ;
G99 G84 Z -33. R3. F625 ;
G80 Z150. M09 ;
G49 M05 ;
M02 ;
%

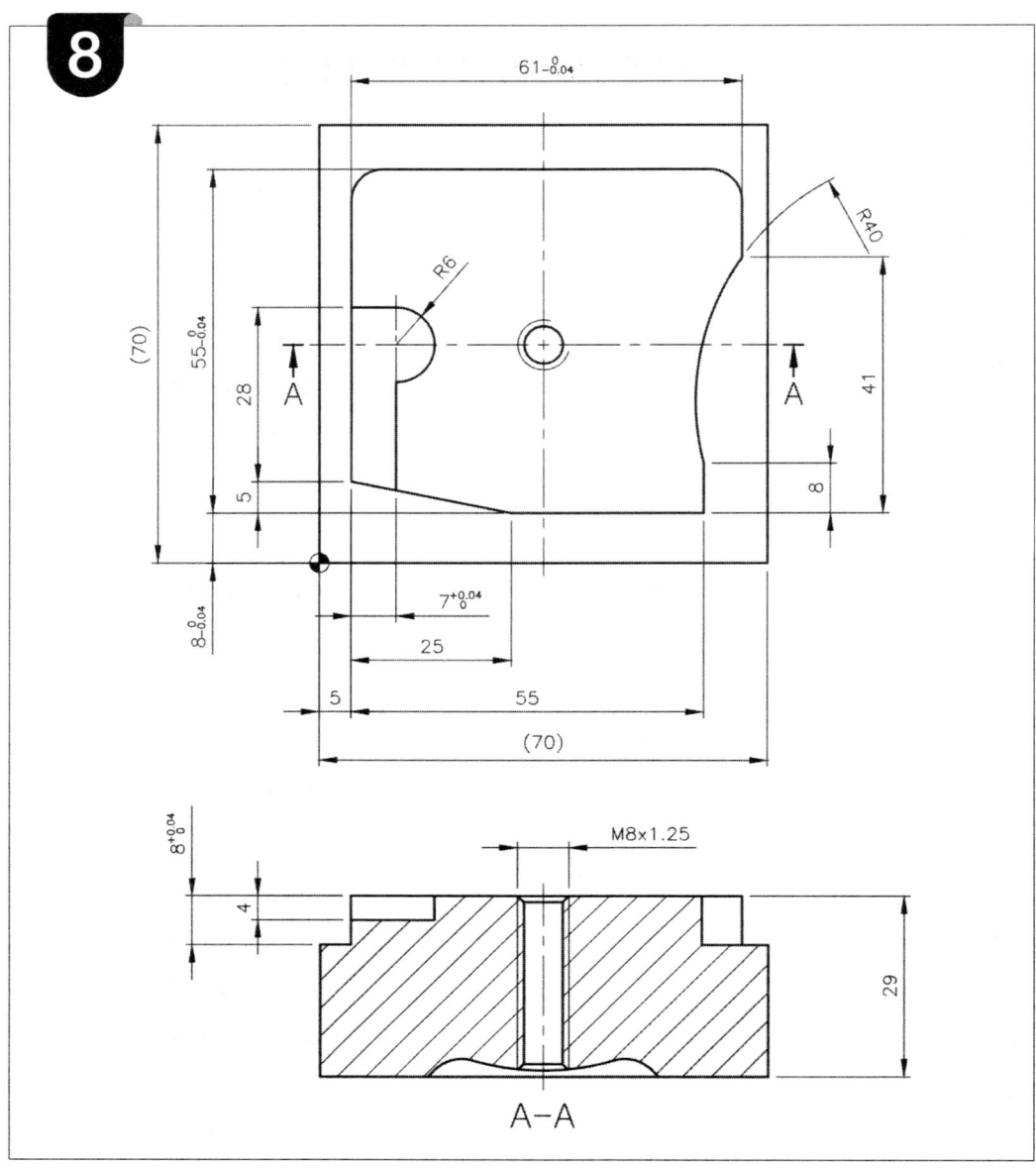

> 주서
> 1. 도시되고 지시없는 모떼기 및 라운드 C5, R5, 일반 모떼기 C0.2
> 2. 상면 형상 1단 모떼기 C0.3(챔퍼밀 사용)

공구번호	공구명칭	공구직경	회전수(rpm)	이송(mm/min)
T01	Endmill	⌀10mm	S2000	황삭F150, 정삭F180
T02	센터 Drill	⌀3mm	S2500	F180
T03	Drill	⌀6.8mm	S1000	F150
T04	Champmill	⌀6mm	S1800	F180
T05	Tap	M8x1.25	S500	F625

기계가공기능장 8번: 답 1

```
%
O6008 ;
G40 G49 G80 ;
(G91 G30 Z0. M19) ;
T02 M06 (∅3 Center Drill) ;
G54 G90 G00 X35. Y35. ;
G43 H02 Z150. S2500 M03 ;
Z50. M08 ;
G99 G81 Z -3. R3. F180 ;
G80 G00 Z150. M09 ;
G49 M05 ;
(G91 G30 Z0. M19) ;
T03 M06 (∅6.8 Drill) ;
G90 G00 X35. Y35. ;
G43 H03 Z150. S1000 M03 ;
Z50. M08 ;
G99 G83 Z -33. R3. Q3. F150 ;
G80 G00 Z150. M09 ;
G49 M05 ;
(G91 G30 Z0. M19) ;
T01 M06 (∅10 Endmill) ;
G90 G00 X -8. Y -8. ;
G43 H01 Z150. S2000 M03 ;
Z50. ;
Z -7.5 ;
X -0.5 M08 ;
G01 Y68.5 F150 ;
X71.5 ;
Y2.5 ;
X -6. ;
G00 Z -3.5 ;
X6.5 ;
G01 Y35. ;
G00 X -6. Y -6. ;
Z -8. ;
G41 X5. D01(D02=5.0) ;
G01 Y63. F180 ;
X66. ;
Y8. ;
X5. ;
Y58. ;
G02 X10. Y63. R5. ;
G01 X61. ;
G02 X66. Y58. R5. ;
G01 Y49. ;
G03 X60. Y16. R40. ;
```

기계가공기능장 8번: 답 2

```
G01 Y8. ;
X30. ;
X5. Y13. ;
Y18. ;
X -6. ;
G40 G00 Y5. ;
Z -4. ;
G41 X12. ;
G01 Y29. ;
G03 Y41. R6. ;
G01 X -6. ;
G00 Z150. M09 ;
G49 M05 ;
G40 ;
(G91 G30 Z0. M19) ;
T05 M06 (∅6 Champmill) ;
G90 G40 G00 X -8. Y -8. ;
G43 H05 Z150. S2500 M03 ;
Z50. ;
Z -0.8 ;
G41 X12. D05(D05=0.6) ;
G01 Y29. F300 ;
G03 Y41. R6. ;

G01 X5. ;
Y58. ;
G02 X10. Y63. R5. ;
G01 X61. ;
G02 X66. Y58. R5. ;
G01 Y49. ;
G03 X60. Y16. R40. ;
G01 Y8. ;
X30. ;
X5. Y13. ;
X -6. ;
G00 Z150. M09 ;
G49 M05 ;
G40 ;
(G91 G30 Z0. M19) ;
T04 M06 (M8 Tap) ;
G90 G00 X35. Y35. ;
G43 H04 Z150. S500 M03 ;
G99 G84 Z -34. R3. F625 ;
G80 Z150. M09 ;
G49 M05 ;
M02 ;
%
```

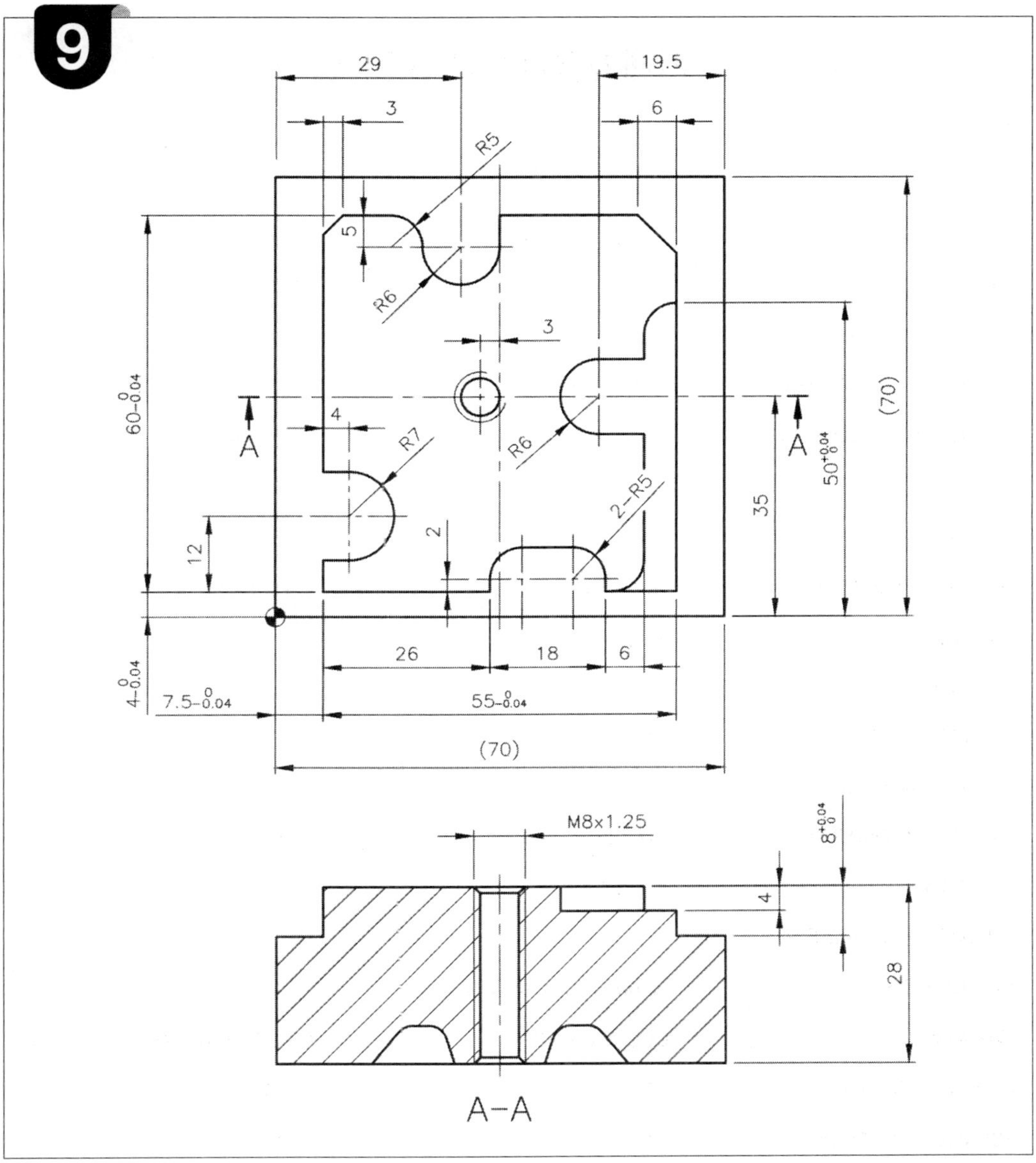

주서 1. 도시되고 지시없는 모떼기 및 라운드 C5, R5, 일반 모떼기 C0.2
2. 상면 형상 1단 모떼기 C0.3(챔퍼밀 사용)

공구번호	공구명칭	공구직경	회전수(rpm)	이송(mm/min)
T01	Endmill	∅10mm	S2000	황삭F150, 정삭F180
T02	센터 Drill	∅3mm	S2500	F180
T03	Drill	∅6.8mm	S1000	F150
T04	Champmill	∅6mm	S1800	F180
T05	Tap	M8x1.25	S500	F625

기계가공기능장 9번: 답 1

```
%
O6009 ;
G40 G49 G80 ;
(G91 G30 Z0. M19) ;
T02 M06 (∅3 Center Drill) ;
G54 G90 G00 X32. Y35. ;
G43H02Z150.S2500M03 ;
Z50. M08 ;
G99 G81 Z -3. R3. F180 ;
G80 G00 Z150. M09 ;
G49 M05 ;
(G91 G30 Z0. M19) ;
T03 M06 (∅6.8 Drill) ;
G90 G00 X32. Y35. ;
G43H03Z150.S1000M03 ;
Z50. M08 ;
G99G83Z -33.R3.Q3.F150 ;
G80 G00 Z150. M09 ;
G49 M05 ;
(G91 G30 Z0. M19) ;
T01 M06 (∅10 Endmill) ;
G90 G00 X -8. Y -8. ;
G43H01Z150.S2000M03 ;

Z50. ;
Z -7.5 ;
X2. ;
G01 Y69.5 F150 ;
X68. ;
Y -1.5 ;
X -6. ;
G00 Z5. ;
X63. ;
Z -3.5 ;
G01 Y35. ;
X50.5 ;
G00 Z5. ;
X -6. Y -6. ;
Z -8. ;
G41X7.5D01(D01=5.0)M08 ;
G01 Y64. F180 ;
X62.5 ;
Y4. ;
X7.5 ;
Y9. ;

X11.5 ;
G03 Y23. R7. ;
G01 X7.5 ;
Y61. ;
X10.5 Y64. ;
X18. ;
G02 X23. Y59. R5. ;
G03 X35. R6. ;
G01 Y64. ;
X56.5 ;
X62.5 Y58. ;
Y4. ;
X51.5 ;
Y6. ;
G03 X46.5 Y11. R5. ;
G01 X38.5 ;
G03 X33.5 Y6. R5. ;
G01 Y4. ;
X -6. ;
G00 Z5. ;
G40 X69. Y41. ;
```

기계가공기능장 9번: 답 2

```
Z -4. ;                          G41X7.5D05(D05=0.6) ;         G02 X52.5 Y4. R5. ;
G41 Y50.    ;                    G01 Y9. F300 ;                G01 X51.5 ;
G01 X62.5 ;                      X11.5 ;                       Y6. ;
G03 X57.5 Y45. R5. ;             G03 Y23. R7. ;                G03 X46.5 Y11. R5. ;
G01 Y41. ;                       G01 X7.5 ;                    G01 X38.5 ;
X50.5 ;                          Y61. ;                        G03 X33.5 Y6. R5. ;
G03 Y29. R6. ;                   X10.5 Y64. ;                  G01 Y4. ;
G01 X57.5 ;                      X18. ;                        X -6. ;
Y9. ;                            G02 X23. Y59. R5. ;           G00 Z150. M09 ;
G02 X52.5 Y4. R5. ;              G03 X35. R6. ;                G49 M05 ;
G01 X50. ;                       G01 Y64. ;                    G40 ;
G00 Z150. M09 ;                  X56.5 ;                       (G91 G30 Z0. M19) ;
G49 M05 ;                        X62.5 Y58. ;                  T04 M06 (M8 Tap) ;
G40 ;                            Y50. ;                        G90 G00 X32. Y35. ;
(G91 G30 Z0. M19) ;              G03 X57.5 Y45. R5. ;          G43H04Z150.S500M03 ;
T05 M06 (∅6 Champmill) ;         G01 Y41. ;                    G99 G84 Z -33. R3. F625 ;
G90 G40 G00 X -8. Y -8. ;        X50.5 ;                       G80 Z150. M09 ;
G43H05Z150.S2500M03 ;            G03 Y29. R6. ;                G49 M05 ;
Z50. ;                           G01 X57.5 ;                   M02 ;
Z -0.8 M08 ;                     Y9. ;                         %
```

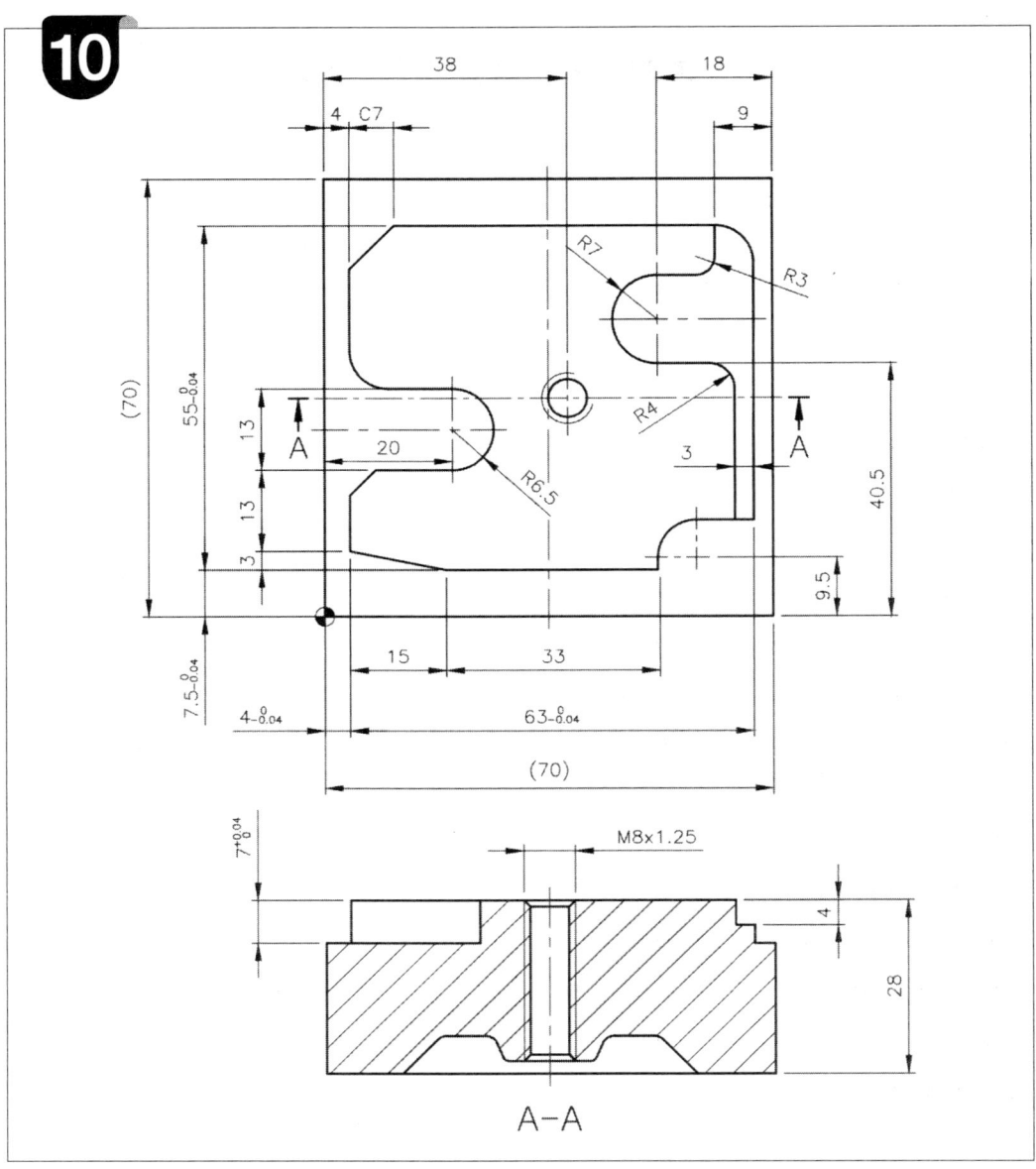

주서
1. 도시되고 지시없는 모떼기 및 라운드 C5, R5, 일반 모떼기 C0.2
2. 상면 형상 1단 모떼기 C0.3(챔퍼밀 사용)

공구번호	공구명칭	공구직경	회전수(rpm)	이송(mm/min)
T01	Endmill	∅10mm	S2000	황삭F150, 정삭F180
T02	센터 Drill	∅3mm	S2500	F180
T03	Drill	∅6.8mm	S1000	F150
T04	Champmill	∅6mm	S1800	F180
T05	Tap	M8x1.25	S500	F625

기계가공기능장 10번: 답 1

%

O6010 ;

G40 G49 G80 ;

G91 G30 Z0. (M19) ;

T02 M06 (⌀3 Center Drill) ;

G54 G90 G00 X38. Y35. ;

G43H02Z150.S2500M03 ;

Z50. M08 ;

G99 G81 Z -3. R3. F180 ;

G80 G00 Z150. M09 ;

G49 M05 ;

G91 G30 Z0. (M19) ;

T03 M06 (⌀6.8 Drill) ;

G90 G00 X38. Y35. ;

G43H03Z150.S1000M03 ;

Z50. M08 ;

G99G83Z -33.R3.Q3.F150 ;

G80 G00 Z150. M09 ;

G49 M05 ;

G91 G30 Z0. (M19) ;

T01 M06 (⌀10 Endmill) ;

G90 G00 X -8. Y -8. ;

G43H01Z150.S2000M03 ;

Z50. ;

Z -6.5 ;

X1.5 M08 ;

G01 Y30. F150 ;

X21. ;

X -1.5 ;

Y68. ;

X72.5 ;

Y4. ;

X -2. ;

G00 Z5. ;

X66.5 Y70. ;

Z -3.5 ;

G01 Y47.5 ;

X51.5 ;

X66.5 ;

Y12. ;

G00 Z5. ;

X -6. Y -6. ;

Z -8. ;

G41 X4. D01(D01=5.0) ;

G01 Y62.5 F180 ;

X67. ;

Y9.5 ;

X4. ;

Y19.5 ;

X8. Y23.5 ;

X20. ;

G03 Y36.5 R6.5 ;

G01 X13. ;

G02 X7. Y42.5 R6. ;

G01 Y55.5 ;

X14. Y62.5 ;

X61. ;

G02 X67. Y56.5 R6. ;

G01 Y15.5 ;

X58. ;

G03 X52. Y9.5 R6. ;

G01 Y7.5 ;

X19. ;

X4. Y10.5 ;

Y20. ;

X -6. ;

G00 Z5. ;

G40 X73. Y68. ;

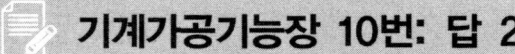
기계가공기능장 10번: 답 2

```
Z -4. ;                              G02 X7. Y42.5 R6. ;
G41 G01 X61. ;                       G01 Y55.5 ;
Y57.5 ;                              X14. Y62.5 ;
G02 X58. Y54.5 R3. ;                 X61. ;
G01 X52. ;                           Y57.5 ;
G03 Y40.5 R7. ;                      G02 X58. Y54.5 R3. ;
G01 X60. ;                           G01 X52. ;
G02 X64. Y36.5 R4. ;                 G03 Y40.5 R7. ;
G01 Y9.5 ;                           G01 X60. ;
G00 Z150. M09 ;                      G02 X64. Y36.5 R4. ;
G49 M05 ;                            G01 Y9.5 ;
G40 ;                                G00 Z150. M09 ;
(G91 G30 Z0. M19) ;                  G49 M05 ;
T05 M06 (∅6. Champmill) ;            G40 ;
G90 G40 G00 X -8. Y -8. ;            (G91 G30 Z0. M19) ;
G43 H05 Z150. S2500 M03 ;            T04 M06 (M8 Tap) ;
Z50. ;                               G90 G00 X38. Y35. ;
Z -0.8 ;                             G43 H04 Z150. S500 M03 ;
G41 X4. D05(D05=0.5) M08 ;           G99 G84 Z -33. R3. F625 ;
G01 Y19.5 F300 ;                     G80 Z150. M09 ;
X8. Y23.5 ;                          G49 M05 ;
X20. ;                               M02 ;
G03 Y36.5 R6.5 ;                     %
G01 X13. ;
```

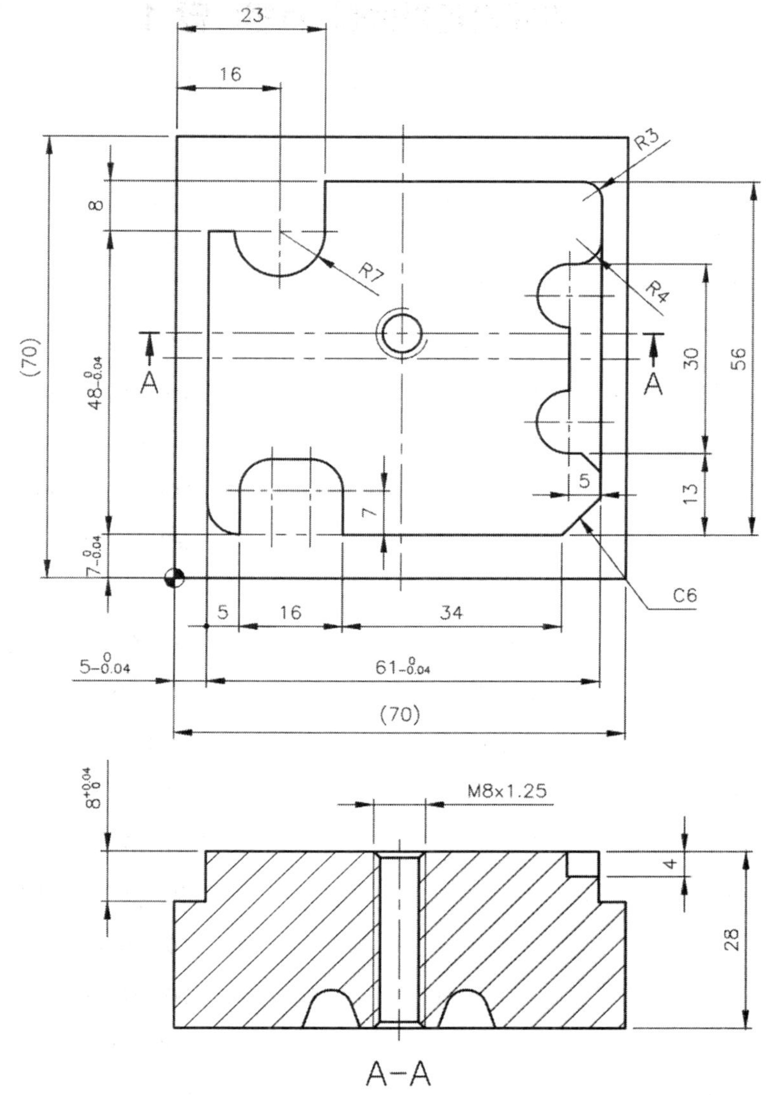

주서
1. 도시되고 지시없는 모떼기 및 라운드 C5, R5, 일반 모떼기 C0.2
2. 상면 형상 1단 모떼기 C0.3(챔퍼밀 사용)

공구번호	공구명칭	공구직경	회전수(rpm)	이송(mm/min)
T01	Endmill	⌀10mm	S2000	황삭F150, 정삭F180
T02	센터 Drill	⌀3mm	S2500	F180
T03	Drill	⌀6.8mm	S1000	F150
T04	Champmill	⌀6mm	S1800	F180
T05	Tap	M8x1.25	S500	F625

기계가공기능장 11번: 답 1

```
%
O6011 ;
G40 G49 G80 ;
G91 G30 Z0. (M19) ;
T02 M06 (∅3 Center Drill) ;
G54 G90 G00 X35. Y39. ;
G43 H02 Z150. S2500 M03 ;
Z50. M08 ;
G99 G81 Z -3. R3. F180 ;
G80 G00 Z150. M09 ;
G49 M05 ;
G91 G30 Z0. (M19) ;
T03 M06 (∅6.8 Drill) ;
G90 G00 X35. Y39. ;
G43H03Z150.S1000M03 ;
Z50. M08 ;
G99G83Z -33.R3.Q3.F150 ;
G80 G00 Z150. M09 ;
G49 M05 ;
G91 G30 Z0. (M19) ;
T01 M06 (∅10 Endmill) ;
G90 G00 X -8. Y -8. ;
G43H01Z150.S2000M03 ;

Z50. ;
Z -7.5 ;
X -0.5 M08 ;
G01 Y59.5 F150 ;
X16. ;
Y52.5 ;
Y67.5 ;
X70.5 ;
Y2.5 ;
X -6. ;
G00 Z5. ;
X75. Y45. ;
Z -3.5 ;
G01 X61.5 ;
X65.5 ;
G00 Z5. ;
X -6. Y -6. ;
Z -8. ;
G41 X5. D01(D01=5.0) ;
G01 Y63. F180 ;
X66. ;

Y7. ;
X5. ;
Y55. ;
X9. ;
G03 X23. R7. ;
G01 Y7. ;
G02 X5. Y12. R5. ;
G01 Y17. ;
X -6. ;
G00 Z5. ;
G40 X76. Y69. ;
Z -4. ;
G41 X66. ;
G01 Y54. ;
G02 X62. Y50. R4. ;
G01 X62. ;
G03 Y40. R5. ;
G01 Y30. ;
G03 Y20. R5. ;
G01 X63. ;
X66. Y17. ;
```

기계가공기능장 11번: 답 2

Y12. ;
G00 Z150. M09 ;
G49 M05 ;
G40 ;
(G91 G30 Z0. M19) ;
T05 M06 (∅6. Champmill) ;
G90 G40 G00 X −8. Y −8. ;
G43H05Z150.S2500 M03 ;
Z50. ;
Z −0.8 ;
G41X5.D05(D05=0.6) M08;
G01 Y55. F300 ;
X9. ;
G03 X23. R7. ;
G01 Y63. ;
X63. ;
G02 X66. Y60. R3. ;
G01 Y54. ;
G02 X62. Y50. R4. ;
G03 Y40. R5. ;
G01 Y30. ;
G03 Y20. R5. ;
G01 X63. ;
X66. Y17. ;
Y13. ;
X60. Y7. ;
X26. ;
Y14. ;
G03 X21. Y19. R5. ;
G01 X15. ;
G03 X10. Y14. R5. ;
G01 Y7. ;
G02 X5. Y12. R5. ;
G01 Y17. ;
X −6. ;
G00 Z150. M09 ;
G49 M05 ;
G40 ;
(G91 G30 Z0. M19) ;
T04 M06 (M8 Tap) ;
G90 G00 X35. Y39. ;
G43H04Z150.S500M03 ;
G99 G84 Z −33. R3. F625 ;
G80 Z150. M09 ;
G49 M05 ;
M02 ;
%

12

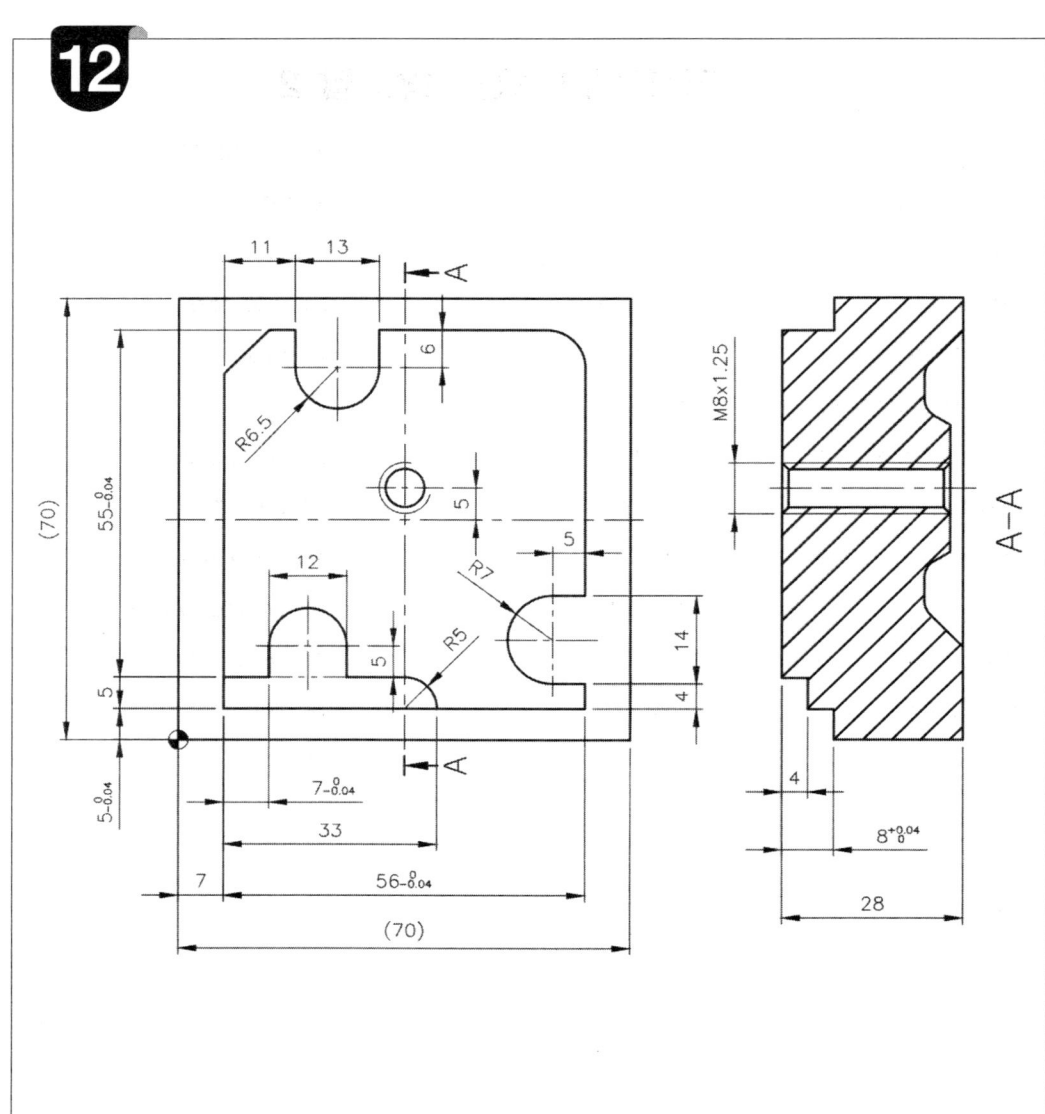

주서
1. 도시되고 지시없는 모떼기 및 라운드 C5, R5, 일반 모떼기 C0.2
2. 상면 형상 1단 모떼기 C0.3(챔퍼밀 사용)

공구번호	공구명칭	공구직경	회전수(rpm)	이송(mm/min)
T01	Endmill	⌀10mm	S2000	황삭F150, 정삭F180
T02	센터 Drill	⌀3mm	S2500	F180
T03	Drill	⌀6.8mm	S1000	F150
T04	Champmill	⌀6mm	S1800	F180
T05	Tap	M8x1.25	S500	F625

기계가공기능장 12번: 답 1

```
%
O6012 ;
G40 G49 G80 ;
G91 G30 Z0. (M19) ;
T02 M06 (∅3 Center Drill) ;
G54 G90 G00 X35. Y40. ;
G43H02Z150.S2500M03 ;
Z50. M08 ;
G99G81Z -3.R3.F180 ;
G80 G00 Z150. M09 ;
G49 M05 ;
G91 G30 Z0. (M19) ;
T03 M06 (∅6.8 Drill) ;
G90 G00 X35. Y40. ;
G4 H03Z150.S1000M03 ;
Z50. M08 ;
G99G83Z -33.R3.Q3.F150 ;
G80 G00 Z150. M09 ;
G49 M05 ;
G91 G30 Z0. (M19) ;
T01 M06 (∅10 Endmill) ;
G90 G00 X -8. Y -8. ;
G43H01Z150.S2000M03 ;

Z50. ;
Z -7.5 ;
X2.5 M08 ;
G01 Y69.5 F150 ;
X68.5 ;
Y16. ;
X57. ;
X68.5 ;
Y -0.5 ;
X -6. ;
G00 Z5. ;
Y4.5 ;
Z -3.5 ;
G01 X20. ;
Y5. ;
Y4.5 ;
X34. ;
G00 Z5. ;
X -6. Y -6. ;
Z -8. ;
G41X7.D01(D01=5.0) ;

G01 Y65. F180 ;
X63. ;
Y5. ;
X7. ;
Y58. ;
X14. Y65. ;
X18. ;
Y59. ;
G03 X31. R6.5 ;
G01 Y65. ;
X57. ;
G02 X63. Y59. R6. ;
G01 Y23. ;
X58. ;
G03 Y9. R7. ;
G01 X63. ;
Y5. ;
X -6. ;
G00 Z5. ;
G40 X33. Y -2. ;
Z -4. ;
```

기계가공기능장 12번: 답 2

G41 G01 X40. ;
G01 Y5. ;
G03 X35. Y10. R5. ;
G01 X26. ;
Y15. ;
G03 X14. R6. ;
G01 Y10. ;
X2. ;
G00 Z150. M09 ;
G49 M05 ;
G40 ;
(G91 G30 Z0. M19) ;
T05M06(∅6. Champmill) ;
G90 G40 G00 X -8. Y -8. ;
G43H05Z150.S2500M03 ;
Z50. ;
Z -0.8 ;

G41X7.D05(D05=0.6)M08 ;
G01 Y65. F300 ;
Y58. ;
X14. Y65. ;
X18. ;
Y59. ;
G03 X31. R6.5 ;
G01 Y65. ;
X57. ;
G02 X63. Y59. R6. ;
G01 Y23.
X58. ;
G03 Y9. R7. ;
G01 X63. ;
Y5. ;
X40. ;
G03 X35. Y10. R5. ;

G01 X26. ;
Y15. ;
G03 X14. R6. ;
G01 Y10. ;
X2. ;
G00 Z150. M09 ;
G49 M05 ;
G40 ;
(G91 G30 Z0. M19) ;
T04 M06 (M8 Tap) ;
G90 G00 X35. Y40. ;
G43H04Z150.S500 M03 ;
G99G84Z -33.R3.F625 ;
G80 Z150. M09 ;
G49 M05 ;
M02 ;
%

VII 산업현장 가공방식

이 장에서는 산업기사, 기능장의 가공 예제를 산업현장에 맞게 다양한 방식으로 제시되어 있으니 어떠한 방식으로 프로그램이 구성되어 있는지 연구하기 바란다.

1. 일반 산업기사, 기능장의 머시닝센터 가공 기술은 실제 산업현장에서는 시간도 많이 소요되고 비능률적이어서 잘 사용하지는 않는다. 따라서 반드시 보조 프로그램의 작성법을 터득하기 바란다.

2. 대부분의 가공은 수기 프로그램으로 작성하고, 곡선 등 수기로 곤란한 경우에만 캠 등을 사용하므로, 이 책의 보조 프로그램의 예시를 이용하여 산업현장에서도 즉시 적용할 수 있도록 다양한 문제를 제시하였으니 본 교재를 깊이 있게 학습하기 바란다.

1

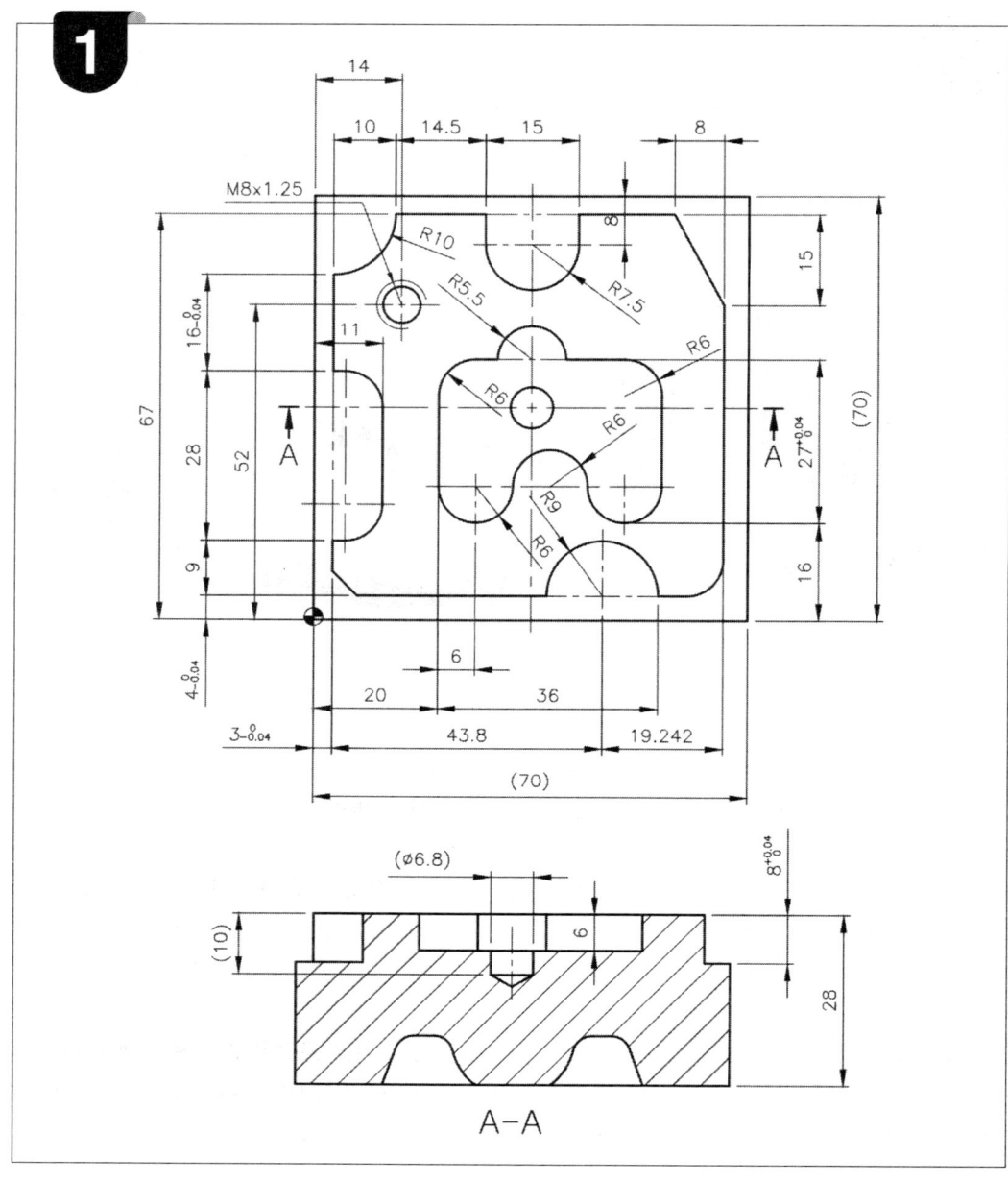

공구번호	공구명칭	공구직경	회전수(rpm)	이송(mm/min)
T01	Endmill(황삭용)	⌀10mm	S2000	황삭F150, 정삭F180
T02	센터 Drill	⌀3mm	S2500	F180
T03	Drill	⌀6.8mm	S1000	F150
T04	Champmill	⌀6mm	S1800	F180
T05	Tap	M8x1.25	S500	F625
T06	Endmill(정삭용)	⌀10mm	S3000	정삭F300

컴퓨터응용가공산업기사 18번: 답 1(산업현장 가공방식)

```
%
O0118 ;
G40 G49 G80 ;
G91 G30 Z0. (M19) ;
T02 M06 (∅3 Center Drill) ;
G54 G90 G00 X14. Y52. ;
G43H02Z150.S2500M03 ;
Z50. M08 ;
G99 G81 Z -5. R3. F180 ;
X35. Y35. ;
G80 G00 Z150. M09 ;
G49 M05 ;
G91 G30 Z0. (M19) ;
T03 M06 (∅6.8 Drill) ;
G90 G00 X14. Y52. ;
G43 H03 Z150. S1000 M03 ;
Z50. M08 ;
G99G83Z -33.R3.Q3.F150 ;
X35. Y35. Z -12. ;
G80 G00 Z150. M09 ;
G49 M05 ;
G91 G30 Z0. (M19) ;
T01 M06 (∅10 Endmill) ;
G90 G00 X -8. Y -8. ;
G43H01Z150.S2000M03 ;
Z50. ;
Z -7.5 ;
X -3. M08 ;
G01 Y73. F150 ;
X72.042 ;
Y -2. ;
X -8. ;
G00 Y19. ;
G01 X5. ;
Y35. ;
X -8. ;
G00 Y67. ;
G01 X3. ;
Y77. ;
G00 X35. ;
G01 Y60. ;
Y77. ;
G00 X65. ;
G01 Y70. ;
X70. Y65. ;
X77. ;
G00 Y -7. ;
X46.8 ;
G01 Y7. ;
G00 Z5. ;
X35. Y35. ;
G01 Z -5.5 F100 ;
X26. F150 ;
Y22. ;
Y35. ;
X50. ;
Y22. ;
G00 Z5. ;
X -8. Y -8. ;
Z -7.5 M08 ;
G41 X3. D01(D01=5.5) ;
G01 Y13. F180 ;
X5. ;
G03 X11. Y19. R6. ;
G01 Y35. ;
G03 X5. Y41. R6. ;
G01 X3. ;
Y57. ;
G03 X13. Y67. R10. ;
G01 X27.5 ;
Y62. ;
G03 X42.5 R7.5 ;
G01 Y67. ;
X58. ;
X66. Y52. ;
Y10. ;
G03 X59.742 Y4. R6. ;
```

컴퓨터응용가공산업기사 18번: 답 2(산업현장 가공방식)

G01 X56. ;
G03 X38. R9. ;
G01 X7. ;
X3. Y8. ;
Y18. ;
X -8. ;
G40 G00 Y67. ;
G01 X3. ;
G00 Z5. ;
G40 X35. Y35. ;
G01 Z -6. F100 ;
G41 Y43. F150 ;
G01 X26. ;
G03 X20. Y37. R6. ;
G01 Y25. ;
G03 X32. R6. ;
G02 X44. R6. ;
G03 X56. R6. ;
G01 Y37. ;
G03 X50. Y43. R6. ;
G01 X40.5 ;
G03 X29.5 R5.5 ;
G01 Y35. ;
G00 Z150. M09 ;
G49 M05 ;
G40

G91 G30 Z0. (M19) ;
T06 M06 (⌀10 Endmill) ;
G90 G00 X -8. Y -8. ;
G43H06Z150.S3000M03 ;
Z50. ;
Z -8. M08 ;
G41 X3. D06(D06=5.0) ;
G01 Y13. F300 ;
X5. ;
G03 X11. Y19. R6. ;
G01 Y35. ;
G03 X5. Y41. R6. ;
G01 X3. ;
Y57. ;
G03 X13. Y67. R10. ;
G01 X27.5 ;
Y62. ;
G03 X42.5 R7.5 ;
G01 Y67. ;
X58. ;
X66. Y52. ;
Y10. ;
G03 X59.742 Y4. R6. ;
G01 X56. ;
G03 X38. R9. ;
G01 X7. ;

X3. Y8. ;
Y18. ;
X -8. ;
G40 G00 Y67. ;
G01 X3. ;
G00 Z5. ;
G40 X35. Y35. ;
G01 Z -6. F100 ;
G41 Y43. F150 ;
G01 X26. ;
G03 X20. Y37. R6. ;
G01 Y25. ;
G03 X32. R6. ;
G02 X44. R6. ;
G03 X56. R6. ;
G01 Y37. ;
G03 X50. Y43. R6. ;
G01 X40.5 ;
G03 X29.5 R5.5 ;
G01 Y35. ;
G00 Z150. M09 ;
G40 ;
G49 M05 ;
G91 G30 Z0. (M19) ;
T05 M06 (⌀6 Champmill) ;
G90 G00 X -8. Y -8. ;

컴퓨터응용가공산업기사 18번: 답 3(산업현장 가공방식)

```
G43 H05 Z150. S1800 M03 ;

Z50. ;

Z -0.8 M08 ;

G41 X3. D05(D05=0.5) ;

G01 Y13. F300 ;

X5. ;

G03 X11. Y19. R6. ;

G01 Y35. ;

G03 X5. Y41. R6. ;

G01 X3. ;

Y57. ;

G03 X13. Y67. R10. ;

G01 X27.5 ;

Y62. ;

G03 X42.5 R7.5 ;

G01 Y67. ;

X58. ;

X66. Y52. ;

Y10. ;

G03 X59.742 Y4. R6. ;

G01 X56. ;

G03 X38. R9. ;

G01 X7. ;

X3. Y8. ;

Y18. ;

X -8. ;

G00 Z5. ;

X35. Y35. ;

G01 Z -0.3 ;

G41 Y43. F180 ;

G01 X26. ;

G03 X20. Y37. R6. ;

G01 Y25. ;

G03 X32. R6. ;

G02 X44. R6. ;

G03 X56. R6. ;

G01 Y37. ;

G03 X50. Y43. R6. ;

G01 X40.5 ;

G03 X29.5 R5.5 ;

G01 Y35. ;

G00 Z150. M09 ;

G40 ;

G49 M05 ;

G91 G30 Z0. (M19) ;

T04 M06 (M8 Tap) ;

G90 G00 X14. Y52. ;

G43 H04 Z150. S500 M03 ;

G99 G84 Z -33. R3. F625 ;

G80 Z150. M09 ;

G49 M05 ;

M02 ;
```

컴퓨터응용가공산업기사 18번: 답 1
(산업현장 가공방식 보조프로그램)

```
%
O0118 ;
G40 G49 G80 ;
G91 G30 Z0. (M19) ;
T02 M06 (∅3 Center Drill) ;
G54 G90 G00 X14. Y52. ;
G43 H02 Z150. S2500 M03
Z50. M08 ;
G99G81Z -5.R3.F100 ;
X35. Y35. ;
G80G00Z150.M09 ;
G49 M05 ;
G91 G30 Z0. (M19) ;
T03 M06 (∅6.8 Drill) ;
G90 G00 X14. Y52. ;
G43H03Z150.S1000M03 ;
Z50. M08 ;
G99G83Z -33.R3.Q3.F80 ;
X35. Y35. Z -12. ;
G80 G00 Z150. M09 ;
G49 M05 ;
G91 G30 Z0. (M19) ;
T01 M06 (∅10 Endmill) ;
G90 G00 X -8. Y -8. ;
G43H01Z150.S2000M03 ;
Z50. ;
X -3. ;
M98 P2000 ;
G00 X -8. Y -8. ;
Z -7.5 M08 ;
G41X3.D01(D01=5.5)F180 ;
M98 P2001 ;
G00 X35. Y35. ;
G01 Z -5.5 F100 M08 ;
G41Y43.D01(D01=5.5)F180 ;
M98 P2002 ;
Z150. M09
G49 M05
G91 G30 Z0. (M19) ;
T06 M06 (∅10 Endmill) ;
G90 G00 X -8. Y -8. ;
G43 H06 Z150. S3000 M03 ;
Z50. ;
 Z -8. M08 ;
G41X3.D02(D01=5.0)F300 ;
M98 P2001 ;
G00 X35. Y35. ;
G01 Z -6.0 F100 M08 ;
G41Y43. D02(D01=5.0)F300 ;
Z -7.5 ;
```

컴퓨터응용가공산업기사 18번: 답 2
(산업현장 가공방식 보조프로그램)

M98 P2002 ;
Z150. M09 ;
G40 ;
G49 M05 ;
G91 G30 Z0. (M19) ;
T05 M06 (⌀6 Champmill) ;
G90 G00 X -8. Y -8. ;
G43 H05 Z150. S3000 M03 ;
Z50. ;
Z -0.8 M08 ;
G41 X3. D05(D05=0.6) ;
G01 Y13. F300 ;
M98 P2003
G00 Z150. M09 ;
G49 M05 ;
G91 G30 Z0. (M19) ;
T04 M06 (M8 Tap) ;
G90 G00 X14. Y52. ;
G43 H04 Z150. S500 M03 ;
G99 G84 Z -33. R3. F625 ;
G80 Z150. M09 ;
G49 M05 ;
M02 ;
%

%
O2000 ;
G01 Y73. F150 ;
X72.042 ;
Y -2. ;
X -8. ;
G00 Y19. ;
G01 X5. ;
Y35. ;
X -8. ;
G00 Y67. ;
G01 X3. ;
Y77. ;
G00 X35. ;
G01 Y60. ;
Y77. ;
G00 X65. ;
G01 Y70. ;
X70. Y65. ;
X77. ;
G00 Y -7. ;
X46.3 ;
G01 Y7. ;
G00 Z5. ;
X35. Y35. ;
G01 Z -5.5 F180 ;
X26. Y70 ;
Y22. ;
Y35. ;
X50. ;
Y22. ;
G00 Z5. M09 ;
M99 ;
%

%
O2001 ;
Y67. ;
X66.042 ;
Y4. ;
X3. ;
Y13. ;
X5. ;
G03 X11. Y19. R6. ;
G01 Y35. ;
G03 X5. Y41. R6. ;
G01 X3. ;
Y57. ;
G03 X13. Y67. R10. ;
G01 X27.5 ;
Y62. ;
G03 X42.5 R7.5 ;
G01 Y67. ;
X58. ;
X66. Y52. ;
Y10. ;
G03 X59.742 Y4. R6. ;
G01 X56. ;
G03 X38. R9. ;
G01 X7. ;
X3. Y8. ;
Y18. ;
X -8. ;
G40 G00 Y67. ;
G01 X3. ;
G00 Z5. M09 ;
M99 ;
%

컴퓨터응용가공산업기사 18번: 답 3
(산업현장 가공방식 보조프로그램)

```
%
O2002 ;
G01 X26. ;
G03 X20. Y37. R6. ;
G01 Y22. ;
G03 X32. R6. ;
G02 X44. R6. ;
G03 X56. R6. ;
G01 Y37. ;
G03 X50. Y43. R6. ;
G01 X40.5 ;
G03 X29.5 R5.5 ;
G01 Y35. ;
G40 X35. ;
X26. ;
Y22. ;
Y35. ;
X50. ;
Y22. ;
G00 Z5. M09 ;
M99 ;
%
```

```
%
O2003
X5. ;
G03 X11. Y19. R6. ;
G01 Y35. ;
G03 X5. Y41. R6. ;
G01 X3. ;
Y57. ;
G03 X13. Y67. R10. ;
G01 X27.5 ;
Y62. ;
G03 X42.5 R7.5 ;
G01 Y67. ;
X58. ;
X66. Y52. ;
Y10. ;
G03 X59.742 Y4. R6. ;
G01 X56. ;
G03 X38. R9. ;
G01 X7. ;
 X3. Y8. ;
```

```
Y18. ;
X −8. ;
G00 Z5. ;
X35. Y35. ;
Z −0.3 ;
G01 Y43. ;
X26. ;
G03 X20. Y37. R6. ;
G01 Y22. ;
G03 X32. R6. ;
G02 X44. R6. ;
G03 X56. R6. ;
G01 Y37. ;
G03 X50. Y43. R6. ;
G01 X40.5 ;
G03 X29.5 R5.5 ;
G01 Y35. ;
M99;
%
```

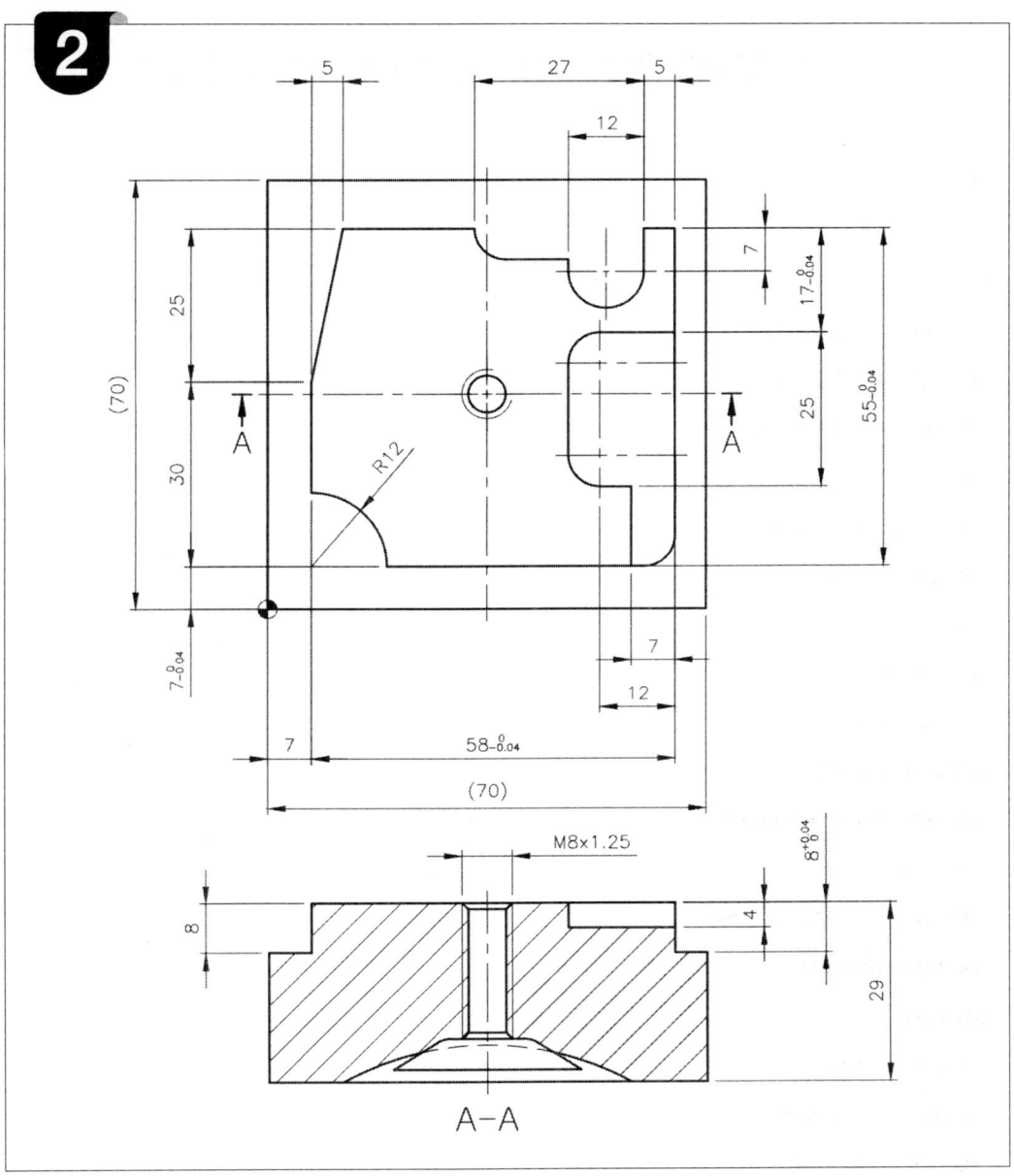

공구번호	공구명칭	공구직경	회전수(rpm)	이송(mm/min)
T01	Endmill(황삭용)	⌀10mm	S2000	황삭F150, 정삭F180
T02	센터 Drill	⌀3mm	S2500	F180
T03	Drill	⌀6.8mm	S1000	F150
T04	Champmill	⌀6mm	S1800	F180
T05	Tap	M8x1.25	S500	F625
T06	Endmill(정삭용)	⌀10mm	S3000	정삭F300

기계가공기능장 7번: 답 1(산업현장 가공방식)

```
%
O0117 ;
G40 G49 G80 ;
G91 G30 Z0. (M19) ;
T02 M06 (∅3 Center Drill) ;
G54 G90 G00 X35. Y35. ;
G43 H02 Z150. S2500 M03 ;
Z50. M08 ;
G99 G81 Z -3. R3. F180 ;
G80 G00 Z150. M09 ;
G49 M05 ;
G91 G30 Z0. (M19) ;
T03 M06 (∅6.8 Drill) ;
G90 G00 X35. Y35. ;
G43 H03 Z150. S1000 M03 ;
Z50. M08 ;
G99 G83 Z -33. R3. Q3. F150 ;
G80 G00 Z150. M09 ;
G49 M05 ;
G91 G30 Z0. (M19) ;
T01 M06 (∅10 Endmill) ;
G90 G00 X -8. Y -8. ;
G43 H01 Z150. S2000 M03 ;
Z50. ;
Z -7.5 ;
X2.5 M08 ;
G01 Y66.5 F150 ;
X69.5 ;
Y2.5 ;
X7. ;
Y14. ;
Y7. ;
X14. ;
G00 Z5. ;
X38. Y76. ;
Z -7.5 ;
G01 Y62. ;
X54. ;
Y55. ;
Y67. ;
G00 Z5. ;
X63. Y2. ;
Z -3.5 ;
G01 Y25. ;
X53. ;
Y40. ;
X76. ;
G00 Z5. ;
X -8. Y -8. ;
Z -7.5 ;
G41 X7. D01(D01=4.3) ;
G01 Y62. F180 ;
```

기계가공기능장 7번: 답 2(산업현장 가공방식)

X65. ;	G03 X48. Y40. R5. ;	X65. ;
Y7. ;	G01 Y25. ;	Y12. ;
X7. ;	G03 X53. Y20. R5. ;	G02 X60. Y7. R5. ;
Y37. ;	G01 X58. ;	G01 X19. ;
X12. Y62. ;	Y -2. ;	G03 X7. Y19. R12. ;
X33. ;	G00 Z150. M09 ;	G01 X -6. ;
G03 X38. Y57. R5. ;	G49 M05 ;	G40 G00 Y0. ;
G01 X48. ;	G91 G30 Z0. (M19) ;	G01 X14. ;
Y55. ;	T06 M06 (∅10 Endmill) ;	X7. ;
G03 X60. R6. ;	G90 G00 X -8. Y -8. ;	Y14. ;
G01 Y62. ;	G43H06Z150.S3000M03 ;	G00 Z5. ;
X65. ;	Z50. ;	X75. Y35. ;
Y12. ;	Z -8. M08 ;	Z -4. ;
G02 X60. Y7. R5. ;	G41 X7. D02(D02=4.0) ;	G41 Y45. ;
G01 X19. ;	G01 Y62. F300 ;	G01 X53. ;
G03 X7. Y19. R12. ;	X65. ;	G03 X48. Y40. R5. ;
G01 X -6. ;	Y7. ;	G01 Y25. ;
G40 G00 Y0. ;	X7. ;	G03 X53. Y20. R5. ;
G01 X14. ;	Y37. ;	G01 X58. ;
X7. ;	X12. Y62. ;	Y -2. ;
Y14. ;	X33. ;	G00 Z150. M09 ;
G00 Z5. ;	G03 X38. Y57. R5. ;	G49 M05 ;
X75. Y35. ;	G01 X48. ;	G91 G30 Z0. (M19) ;
Z -3.5 ;	Y55. ;	T05 M06 (∅6 Champmill) ;
G41 Y45. ;	G03 X60. R6. ;	G90 G40 G00 X -8. Y -8. ;
G01 X53. ;	G01 Y62. ;	G43 H05 Z150. S1800 M03 ;

기계가공기능장 7번: 답 3(산업현장 가공방식)

```
Z50. ;
Z -0.8 M08 ;
G41 X7. D05(D05=0.5) ;
G01 Y62. F300 ;
Y37. ;
X12. Y62. ;
X33. ;
G03 X38. Y57. R5. ;
G01 X48. ;
Y55. ;
G03 X60. R6. ;
G01 Y62. ;
X65. ;
Y12. ;
G02 X60. Y7. R5. ;
G01 X19. ;
G03 X7. Y19. R12. ;
G01 X -6. ;
G00 Z5. ;

X75. Y35. ;
Z -0.3 ;
Y45. ;
G01 X53. ;
G03 X48. Y40. R5. ;
G01 Y25. ;
G01 X58. ;
Y -2. ;
G00 Z150. M09 ;
G49 M05 ;
G91 G30 Z0. (M19) ;
T04 M06 (M8 Tap) ;
G90 G00 X35. Y35. ;
G43 H04 Z150. S500 M03 ;
G99 G84 Z -34. R3. F625 ;
G80 Z150. M09 ;
G49 M05 ;
M02 ;
%
```

기계가공기능장 7번: 답 1
(산업현장 가공방식 보조프로그램)

%
O0117 ;
G40 G49 G80 ;
G91 G30 Z0. (M19) ;
T02 M06 (∅3 Center Drill) ;
G54 G90 G00 X35. Y35. ;
G43 H02 Z150. S2500 M03 ;
Z50. M08 ;
G99 G81 Z -3. R3. F180 ;
G80 G00 Z150. M09 ;
G49 M05 ;
G91 G30 Z0. (M19) ;
T03 M06 (∅6.8 Drill) ;
G90 G00 X35. Y35. ;
G43 H03 Z150. S1000 M03 ;
Z50. M08 ;
G99 G83 G81 Z -33. R3. Q3. F150 ;
X35. Y35. Z -12. ;
G80 G00 Z150. M09 ;
G49 M05 ;
G91 G30 Z0. (M19) ;
T01 M06 (∅10 Endmill) ;
G90 G00 X -8. Y -8. ;
G43 H01 Z150. S2000 M03 ;
Z50. ;
Z -7.5 ;
X -3. ;
M98 P2005 ;
G00 X -8. Y -8. ;
Z -7.5 ;
G41 X7. D01(D01=4.3) F180 M08 ;
M98 P2006 ;
X75. Y35. ;
Z -3.5 ;
G41 Y45. D01(D01=4.3) F180 M08 ;
M98 P2007 ;
Z150. M09
G49 M05
G91 G30 Z0. (M19) ;
T06 M06 (∅10 Endmill) ;
G90 G00 X -8. Y -8. ;
G43 H06 Z150. S3000 M03 ;
Z50. ;
Z -8. ;
G41 X7. D02(D02=4.0) F300 M08 ;
M98 P2006 ;
X75. Y35. ;
Z -4. ;
G41 Y45. D02(D02=4.0) F300 M08 ;
M98 P2007 ;

기계가공기능장 7번: 답 2
(산업현장 가공방식 보조프로그램)

Z150. M09 ;

G49 M05 ;

G91 G30 Z0. (M19) ;

T05 M06 (∅6 Champmill) ;

G90 G40 G00 X −8. Y −8. ;

G43 H05 Z150. S1800 M03 ;

Z50. ;

Z −0.3 ;

X7. ;

G01 Y37. F300 ;

M98 P2008 ;

X75. Y35. ;

Z −0.3 ;

Y45. ;

M98 P2007 ;

Z150. M09 ;

G49 M05 ;

G91 G30 Z0. (M19) ;

T04 M06 (M8 Tap) ;

G90 G00 X35. Y35. ;

G43 H04 Z150. S500 M03 ;

G99 G84 Z −34. R3. F625 ;

G80 Z150. M09 ;

G49 M05 ;

M02 ;

%

기계가공기능장 7번: 답 3
(산업현장 가공방식 보조프로그램)

%

O2005 ;

G01 Y66.5 F150 ;

X69.5 ;

Y2.5 ;

X7. ;

Y14. ;

Y7. ;

X14. ;

G00 Z5. ;

X38. Y76. ;

Z -7.5 ;

G01 Y62. ;

X54. ;

Y55. ;

Y67. ;

G00 Z5. ;

M99

%

%

O2006 ;

Y62. ;

X65. ;

Y7. ;

X7. ;

Y37. ;

X12. Y62. ;

X33. ;

G03 X38. Y57. R5. ;

G01 X48. ;

Y55. ;

G03 X60. R6. ;

G01 Y62. ;

X65. ;

Y12. ;

G02 X60. Y7. R5. ;

G01 X19. ;

G03 X7. Y19. R12. ;

G01 X -6. ;

G40 G00 Y0. ;

G01 X14. ;

X7. ;

Y14. ;

G00 Z5. ;

M99

%

기계가공기능장 7번: 답 4
(산업현장 가공방식 보조프로그램)

```
%
O2007
G01 X53. ;
G03 X48. Y40. R5. ;
G01 Y25. ;
G03 X53. Y20. R5. ;
G01 X58. ;
Y -2. ;
G00 Z5. ;
M99 ;
%
```

```
%
O2008
X12. Y62. ;
X33. ;
G03 X38. Y57. R5. ;
G01 X48. ;
Y55. ;
G03 X60. R6. ;
G01 Y62. ;
X65. ;
Y12. ;
G02 X60. Y7. R5. ;
G01 X19. ;
G03 X7. Y19. R12. ;
G01 X -6. ;
G00 Z5. ;
M99
%
```

참고 문헌 및 인용 자료

1. 이영식, CNC 공작법(한국산업인력공단, 2002)
2. 이영식, 머시닝센터 기초실기(한국산업인력공단, 2005)
3. 이영식, 머시닝센터 응용실기(한국산업인력공단, 2005)
4. 이희문, CNC 프로그램과 가공(원창출판사, 2009)
5. 이봉구, CNC 프로그램 및 가공(도서출판 과학기술, 2008)
6. 박효열, 이명신(도서출판 대가, 2005)
7. 하종국, CNC 공작법(일진사, 1997)
8. 하종국, 수치제어 선반·밀링기능사(일진사, 1995)
9. 하종국, 컴퓨터응용 선반·밀링기능사(일진사, 2010)
10. 박종열, 장용호 CNC 프로그래밍&가공기술(일진사, 1999)
11. 배종 외, 머시닝센터 프로그램과 가공(성안당, 2003)
12. 한국OSG(주), Drill(안내서), Tap(안내서), Endmill(안내서), 초경 Endmill(안내서)
13. YG-1(주), Endmill(안내서)

저/자/약/력/

윤경욱
동의대학교 대학원 기계공학 졸업
(현) 한국폴리텍대학 대구캠퍼스 융합기계과

〈저서〉
컴퓨터응용선반(CNC 선반) 프로그램과 가공_건기원
컴퓨터응용밀링(머시닝센터) 프로그램과 가공_건기원
CAM 알기 쉽게 따라 하기_건기원
설비보전기능사[필기·실기]_건기원

최신 머시닝센터
프로그램과 가공 기술

정가 | 22,000원

지은이 | 윤 경 욱
펴낸이 | 차 승 녀
펴낸곳 | 도서출판 건기원

2022년 9월 29일 제1판 제1쇄 인쇄
2022년 9월 30일 제1판 제1쇄 발행

주소 | 경기도 파주시 연다산길 244(연다산동 186-16)
전화 | (02)2662-1874~5
팩스 | (02)2665-8281
등록 | 제11-162호, 1998. 11. 24

• 건기원은 여러분을 책의 주인공으로 만들어 드리며 출판 윤리 강령을 준수합니다.
• 본 교재를 복제·변형하여 판매·배포·전송하는 일체의 행위를 금하며, 이를 위반할 경우 저작권법 등에 따라 처벌받을 수 있습니다.

ISBN 979-11-5767-695-8 13560